2021 全国科技名词审定委员会科研项目研究成果
2022 年大连海事大学本科教材项目研究成果
2022 年大连海事大学研究生科研项目研究成果

U0162961

# 涉海术语学研究

## Research on Maritime Terminology

张晓峰　著

哈尔滨工程大学出版社
Harbin Engineering University Press

## 内 容 简 介

涉海术语学属于特殊术语学的范畴之一,该著作是特殊术语学理论及特殊术语名词组织与管理领域的创新之作。该著作研究涉海术语学的概念基础、涉海术语学科涉及的名词管理机构及涉海术语学的管理、涉海术语词汇的传播特征;该著作还总结了国际海事公约中的定义与作者在我国涉海术语应用方面的研究成果;并从认知语言学、社会语言学、符号学、应用语言学、地理术语学等多角度研究涉海术语。本著作对于航海科学技术、水产、海洋科学技术、船舶工程等领域的术语研究者及相关专业师生学习与研究相关术语有借鉴意义。

**图书在版编目(CIP)数据**

涉海术语学研究/张晓峰著. —哈尔滨 : 哈尔滨
工程大学出版社, 2023.11
ISBN 978-7-5661-4178-1

Ⅰ. ①涉… Ⅱ. ①张… Ⅲ. ①海洋学–术语–研究
Ⅳ. ①P7-61

中国国家版本馆 CIP 数据核字(2023)第 234583 号

**涉海术语学研究**
SHEHAI SHUYUXUE YANJIU

| | | |
|---|---|---|
| **选题策划** | 雷 霞 | |
| **责任编辑** | 雷 霞 | |
| **封面设计** | 李海波 | |

| | | |
|---|---|---|
| **出版发行** | 哈尔滨工程大学出版社 | |
| **社 址** | 哈尔滨市南岗区南通大街 145 号 | |
| **邮政编码** | 150001 | |
| **发行电话** | 0451-82519328 | |
| **传 真** | 0451-82519699 | |
| **经 销** | 新华书店 | |
| **印 刷** | 哈尔滨市海德利商务印刷有限公司 | |
| **开 本** | 787 mm×1 092 mm 1/16 | |
| **印 张** | 26.25 | |
| **字 数** | 496 千字 | |
| **版 次** | 2023 年 11 月第 1 版 | |
| **印 次** | 2023 年 11 月第 1 次印刷 | |
| **书 号** | ISBN 978-7-5661-4178-1 | |
| **定 价** | 108.00 元 | |

http://www.hrbeupress.com
E-mail:heupress@hrbeu.edu.cn

# 编 者 的 话

在习近平总书记关于建设海洋强国和交通强国的指引下,中国正向海洋强国的方向迈进。随着我们涉海科技领域发生日新月异的变化,涉海术语表述就变得更加严谨与科学。术语的研究发展必须与学科的飞速发展相适应。然而对于涉海术语研究目前还鲜有探索,有感于此,笔者在 2019 年"源于外来语的航海科技新词术语及时规范研究(结合语言学及翻译学理念)"及 2021 年"国际海事公约重要词汇转化为涉海学科术语研究"基础上进行涉海术语学拓展研究,把本人从事的海事英语教学与研究推向了纵深。笔者从事涉海方向的本科生和研究生教学多年,对于本科生及研究生的涉海英语教学有着深刻的感悟,并期望通过著作的方式把本人在近年来的学术研究心得发表出来。与本研究相关的项目有大连海事大学本科教学建设,以及辽宁省研究生项目"新文科外语类研究生涉海类课程多模态教学体系构建"。在其中的大连海事大学专业英语本科教材编写过程中,积累与沉淀了大量涉海术语,并整理形成了本著作。总之,本著作研究的源头来自多个渠道,经过了长时间的积累与沉淀。

在写作中,笔者充分地阅读了在国内能够读到的术语学研究的相关论著,并充分理解了术语学精髓,在术语学的基础上创新性地提出了涉海学科和涉海术语学的构想。采用了当今快速发展的术语群中的学科整合和学科集群的概念体系,在新视角下进行多学科的整合研究,将从术语角度关联最大的四个学科,即航海科学技术、水产、海洋科学技术、船舶工程视为学科集群,即涉海术语学科,并在此基础上进行了相关探索研究。

在研究中,笔者得到了全国科学技术名词审定委员会等相关方面的大力支持;并得到了大连海事大学研究生院和大连海事大学教务处等部门的支持;出版中得到了哈尔滨工程大学出版社的大力协助;同时大连海事大学外国语学院 2022 级研究生孙雯雯同学、2023 级研究生袁芷若、杨惠茜、吴晓楠、任河宇同学参与了审校工作,在此一并表示感谢。人生不知不觉接近了花甲之年,在几十年写作生涯中笔者始终在创新中前行,期望为社会主义涉海术语建设事业奉献绵薄之力。

张晓峰

癸卯年初春于大连海事大学心海湖畔

# 目　　录

## 第三篇 从不同语言学视角探究英汉涉海术语

# 第一篇 涉海术语学的概念创立

随着新时代中国特色社会主义的发展,交通强国、海洋强国建设向纵深推进,涉海术语学的建设需要和我国时代发展相适应,因此我们根据目前涉海领域的发展,提出涉海术语学的概念架构。

哈特曼和斯托克(1981:356)在语言与语言学词典中专门收录了"术语"(term)这一词条:"terminology 术语集,术语是指某一学科(如化学、语音学、游泳运动)中使用术语的汇总,收集在专门术语汇编或者词典里。关于术语标准化的可能性和有效性的问题,一直是词典学(lexicography)认真讨论的课题。"奥地利术语学家赫尔穆特·费尔伯(Helmut Felber)在定义术语学概念和研究方法的外延时指出:"术语学或术语学理论,研究术语的共性问题,即研究概念、概念符号及其系统的科学;普通术语学,即形成了一门跨语言科学、逻辑学、信息学和各门具体科学的边缘科学,侧重对不同术语学基本原则和方法的基础性研究;特殊术语学,即侧重对个别专业领域或者个别语言的术语学原则和方法的基础性研究;术语学原则学说,即研究制定术语学基础原则和方法的学说;普通术语学原则学说,即拟定普通术语学基本原则和方法的学说,适用于所有的专业领域和多种语言;特殊术语学原则学说,即拟定特殊的术语学基本原则和方法的学说,适用于个别专业领域或者个别语言。"(费尔伯和布丁,2022:1)奥地利术语学家维斯特(2011:23-24)还勾画了从术语学角度来看语言状况的原则,即术语学要从概念的研究出发;术语学只限于研究词汇;术语学要进行共时研究。以上的概念与方法对创立"涉海术语学"理论与研究方法具有指导性意义。

# 第一章 我国涉海术语学的概念体系与学科集群

吴凤鸣(1985:39)论述道:"术语学(Terminology)是介于自然科学与社会科学之间的边缘学科;与语言学、语音学、分类学、情报学、逻辑学和本体论密切相关,是一门'博大精深'的学科。它专门探讨各学科术语的概念、概念分类,术语命名的原则、演变以及规范化等,一言以蔽之,就是研究各学科术语的命名原则,它建立在语言学、逻辑学和本体论理论基础上。"刘青等(2015:30),研究了我国国家标准《术语工作词汇第一部分:理论与应用》(GB/T 15237.1—2000)部分,对术语定义为,"在特定专业领域中一般概念的词语指称"。很显然创立涉海术语学不仅仅是涉海行业领域概念的需要,从术语学理论体系来看,也有其自身的科学性。

按照术语学发展阶段来说,我国术语学已经历几十年发展,到目前为止仍然处于普通术语学建构时期,而术语学需要向纵深发展,这就呼唤涉海行业等特殊术语学集群的诞生。

## 第一节 涉海术语学的相关概念

术语学有两个层面,一个是术语管理层面,另外一个就是术语词汇层面。术语学之所以区别于语言学中的词汇学,其本质就是需要首先探讨术语管理层面。必须有很好的管理手段、管理方法、管理体制,才能得到有效的术语提取、术语传播、术语规范,才能保证行业的有序发展。

我们在构建中国特色的涉海术语体系时,必须首先厘清几个和涉海相关的名词,如海事、航海、造船、水产、海运物流、海商法等概念。

要明确这些概念必须首先明确以海洋为中心的理念。海洋约占地球表面的71%,人类很多活动都离不开海洋,比如,海洋作为一种媒介,就有了海运这一行业;海洋作为一种资源,水产就是一种利用海洋的行业;为了完成海运和其他水上运输,造船与修船就成了一个行业;为了有效地服务海运及其他水上运输,港口物流就变成了一个行业;为了有效地研究海洋变迁等基本规律,海洋科考也成了一个行业。今天我国的全国科学技术名词审定委员会(以下简称全国科技名词审定委员会)的70多个(分)委员会所审定的科技名词中,至少有10个(分)委员会审定了大量的涉海科技名词,有半数以上(分)委员会审定过涉海科技术语。"涉海"就是"涉及海洋"的意思,我们可以从目前涉海类高等学校专业中提炼出"涉海"的含义。

# 一、航海

"航海"一词,是20世纪中后期作为第一泛化词的"标签"词汇。航海技术类学科属于如何科学、有效、安全操纵水上运载工具的专业学科,该学科包含的主要专业有航海技术、轮机工程、船舶电子电气、船舶厨师、船舶服务生、船舶医护人员等,航海是此专业的统称。航海技术通用名称虽然取之于其龙头专业"航海",从名称的广义性来说,航海技术是培养水上运载工具操作与维修人员的"标签词"。"航海"于20世纪中后期首次作为概念用作轮机工程、船舶电工、船舶无线电通信的标签词。比如我们常说的"航海是勇敢者的事业""郑和是伟大的航海家",这里的"航海"不仅仅指如何驾驶船舶,而且泛指在船上司职的人。但是"航海"作为泛化词有着致命的缺陷,首先是"航海"的概念与"船舶驾驶"过于接近,如果用"航海"来概括海上工作人员比较牵强。其次,如果用该词来形容整个包括有关航海支持保障的行业,则非常不合适。为了更好地研究"航海"作为术语名词在我国的传播程度,我们使用全国科技名词审定委员会的数据库"术语在线"(http://www.cnterm.cn/,以下简称"术语在线")对包含"航海"的术语词进行搜索,搜索结果详见表1.1。

表1.1 "术语在线"中包含"航海"的术语

| 序号 | 术语 | 英语名称 | 定义学科 | 子学科 | 定义年份 |
|---|---|---|---|---|---|
| 1 | 航海 | navigate | 水产 | 渔业工程与渔港 | 2002 |
| 2 | 三维航海图 | three-dimensional nautical chart | 测绘学 | 海洋测绘学 | 2020 |
| 3 | 航海史 | history of marine navigation, nautical history | 航海科学技术 | 航海科技总论 | 1996 |
| 4 | 航海表 | nautical table, navigation table | 航海科学技术 | 航海保证 | 1996 |
| 5 | 航海书表 | nautical publication | 测绘学 | 海洋测绘学 | 2020 |

表 1.1(续 1)

| 序号 | 术语 | 英语名称 | 定义学科 | 子学科 | 定义年份 |
|------|------|----------|----------|--------|----------|
| 6 | 航海图 | nautical chart | 测绘学 | 海洋测绘学 | 2020 |
| 7 | 军事航海 | military navigation | 航海科学技术 | 航海科技总论 | 1996 |
| 8 | 地文航海 | geo-navigation | 水产 | 渔业工程与渔港 | 2002 |
| 9 | 航海保证 | nautical service | 航海科学技术 | 航海科技总论 | 1996 |
| 10 | 航海学 | marine navigation | 航海科学技术 | 航海科技总论 | 1996 |
| 11 | 航海医学 | nautical medicine | 海洋科学技术 | 海洋技术_海洋水下技术 | 2007 |
| 12 | 航海疾病 | seafaring diseases | 海洋科学技术 | 海洋技术_海洋水下技术 | 2007 |
| 13 | 航海医学 | marine medicine | 航海科学技术 | 航海科技总论 | 1996 |
| 14 | 军事航海 | military navigation | 海洋科学技术 | 其他_军事海洋 | 2007 |
| 15 | 地文航海 | geo-navigation | 航海科学技术 | 航海科技总论 | 1996 |
| 16 | 航海科学 | nautical science | 航海科学技术 | 航海科技总论 | 1996 |
| 17 | 天文航海 | celestial navigation | 水产 | 渔业工程与渔港 | 2002 |
| 18 | 航海晨昏朦影 | nautical twilight | 航海科学技术 | 天文航海 | 1996 |
| 19 | 航海技术 | seamanship | 水产 | 渔业工程与渔港 | 2002 |
| 20 | 航海雷达 | marine radar | 电子学 | 雷达与电子对抗 | 1993 |
| 21 | 天文航海 | celestial navigation | 航海科学技术 | 航海科技总论 | 1996 |
| 22 | 航海仪器 | nautical instrument | 航海科学技术 | 航海科技总论 | 1996 |

表 1.1(续 2)

| 序号 | 术语 | 英语名称 | 定义学科 | 子学科 | 定义年份 |
|---|---|---|---|---|---|
| 23 | 电子航海 | electronic navigation | 航海科学技术 | 航海科技总论 | 1996 |
| 24 | 航海日志 | log book | 航海科学技术 | 航海保证 | 1996 |
| 25 | 航海条例 | Navigation Acts | 世界历史 | 近现代美国、加拿大、欧洲_英国、爱尔兰 | 2012 |
| 26 | 航海气象 | nautical meteorology | 航海科学技术 | 航海科技总论 | 1996 |
| 27 | 标准航海用语 | standard marine navigational vocabulary, SMNV | 航海科学技术 | 水上通信 | 1996 |
| 28 | 航海通告 | notice to mariners | 航海科学技术 | 航海保证 | 1996 |
| 29 | 航海地图 | nautical map | 地理学 | 地图学 | 2006 |
| 30 | 航海通告 | notice to mariners, NtM | 测绘学 | 海洋测绘学 | 2020 |
| 31 | 战斗航海勤务 | combating navigation service | 航海科学技术 | 军事航海 | 1996 |
| 32 | 航海天文历 | nautical almanac | 天文学 | 天体力学 | 1998 |
| 33 | 航海法规 | maritime rules and regulations | 航海科学技术 | 航海科技总论 | 1996 |
| 34 | 布雷航海勤务 | mine-laying navigation service | 航海科学技术 | 军事航海 | 1996 |
| 35 | 航海健康申报书 | maritime declaration of health | 航海科学技术 | 航行管理与法规 | 1996 |
| 36 | 航海天文历 | nautical almanac | 航海科学技术 | 天文航海 | 1996 |
| 37 | 航海天文历 | nautical almanac | 测绘学 | 大地测量学与导航定位 | 2020 |
| 38 | 登陆航海勤务 | navigation service for landing | 航海科学技术 | 军事航海 | 1996 |

**表 1.1**(续 3)

| 序号 | 术语 | 英语名称 | 定义学科 | 子学科 | 定义年份 |
|---|---|---|---|---|---|
| 39 | 航海天文学 | nautical astronomy | 天文学 | 天体测量学 | 1998 |
| 40 | 通商航海条约 | Treaty of Commerce and Navigation | 航海科学技术 | 航行管理与法规 | 1996 |
| 41 | 扫雷航海勤务 | mine-sweeping navigation service | 航海科学技术 | 军事航海 | 1996 |
| 42 | 郑和航海图 | Zheng He's Nautical Chart | 测绘学 | 海洋测绘学 | 2020 |
| 43 | 航海生理学 | nautical physiology | 生理学 | 总论 | 2020 |
| 44 | 航海心理学 | marine psychology | 心理学 | 工程心理学 | 2014 |
| 45 | 航海心理学 | marine psychology | 航海科学技术 | 航海科技总论 | 1996 |
| 46 | 航海浮式起重机 | sea-going floating crane | 机械工程 | 物料搬运机械_起重机械_浮式起重机 | 2013 |
| 47 | 无线电航海警告 | radio navigational warning | 航海科学技术 | 航海保证 | 1996 |
| 48 | 航海图书资料 | nautical charts and publications | 航海科学技术 | 航海科技总论 | 1996 |
| 49 | 航海专家系统 | marine navigation expert system | 航海科学技术 | 航海仪器 | 1996 |
| 50 | 电子航海图 | electronic navigational chart, ENC | 测绘学 | 海洋测绘学 | 2020 |
| 51 | 遥控扫雷航海勤务 | remote control mine-sweeping navigation service | 航海科学技术 | 军事航海 | 1996 |
| 52 | 自动航海通告系统 | automatic notice to mariners system, ANMS | 航海科学技术 | 水上通信 | 1996 |
| 53 | 航海医学心理学 | nautical medical psychology | 海洋科学技术 | 海洋技术_海洋水下技术 | 2007 |
| 54 | 航海图书目录 | catalog of charts and publications | 航海科学技术 | 航海保证 | 1996 |
| 55 | 军事航海气象学 | military nautical meteorology | 海洋科学技术 | 其他_军事海洋 | 2007 |

从表 1.1 中我们可以分析出,采纳了"航海"词汇的学科有航海科学技术、海洋科学技术、测绘学、机械工程、生理学、心理学、天文学、地理学、世界历史、电子学、水产共 11 个。

涉及子学科或者研究方向有:海洋科学技术的其他类别中的军事海洋、海洋技术中的海洋水下技术 2 个方向;航海科学技术的军事航海、水上通信、航海保证、航海科技总论、航海仪器、航行管理与法规、天文航海 7 个方向;测绘学的海洋测绘学、大地测量学与导航定位 2 个方向;水产的渔业工程与渔港 1 个方向;世界历史的近现代美国、加拿大、欧洲之英国、爱尔兰 1 个方向;天文学的天体测量学和天体力学 2 个方向;电子学的雷达与电子对抗 1 个方向;生理学的总论 1 个方向;心理学的工程心理学 1 个方向;地理学的地图学 1 个方向;机械工程的物料搬运机械子学科的起重机械方向中的浮式起重机 1 个方向。也就是说,涉及子学科与方向共 20 个。其中航海科学技术涉及的最多,共 7 个方向,其次是测绘学、海洋科学技术和天文学各有 2 个方向,其他均为 1 个方向。说明航海作为术语的通用性并没有得到普及,也就是航海作为术语只是专业性较强的术语,且已有的航海只有船舶操作方式的意思,并没有扩展为航海相关活动的通用类术语。说明"航海"不能作为行业的通用术语,因为它不能代表轮机、船舶电气、船舶物流、海商法、港口机械、船舶建造、船舶修理等其他航运类别,因此"航海"作为学科属类的标签词,其词义却偏向船舶驾驶这一方面,是概念意义上的硬伤,因此不能用"航海"一词作为涉海领域的集群术语名称。

## 二、海事

海事是继航海之后较早的泛化名词,比如在 20 世纪 90 年代初,大连海运学院更名为大连海事大学就是一个实例。作为交通部直属的航海类院校,在更名时自然会考虑到能够包含更多学科的院校名称,因此校名没有继续使用"海运"作为属类名词,而采用了"海事"作为名称术语,既然学校选择了"海事"作为名称,那么一定包括办学定位、专业设置整体走向、学校发展方向等。因此虽然当时学校只有 4 个航海技术类专业,分别是航海技术、轮机工程、船舶电工、船舶无线电通信,但还有其他陆上专业,形成围绕航海方向的保障专业,比如海商法专业,是围绕涉海行业的法律保障,物流专业是围绕涉海的商务专业,电子信息工程是围绕涉海的服务类专业,因此"海事的"(maritime),就成了涉海类名称中第一个有泛化意义的"标签词",可以说它成了涉海类第一个泛化术语。我们在 2023 年 1 月 7 日使用术语在线查询以"海事"为关键词,共显示有 3 741 个词条,但多数是包含"海"和"事"两个单字的,与"海事"完全匹配的只有 36 条。

如表1.2所示。

**表1.2　"术语在线"中包含"海事"的术语**

| 序号 | 术语 | 英语名称 | 定义学科 | 子学科 | 定义年份 |
|---|---|---|---|---|---|
| 1 | 海事<br>(泛指事故) | marine accidents | 水产 | 渔业工程与渔港 | 2002 |
| 2 | 海事卫星 | maritime satellite | 航天科学技术 | 航天器 | 2005 |
| 3 | 海事报告 | marine accident report | 航海科学技术 | 航行管理与法规 | 1996 |
| 4 | 海事仲裁 | maritime arbitration | 航海科学技术 | 航行管理与法规 | 1996 |
| 5 | 海事援助 | maritime assistance | 航海科学技术 | 水上通信 | 1996 |
| 6 | 海事请求 | maritime claim | 航海科学技术 | 航行管理与法规 | 1996 |
| 7 | 海事判例 | maritime case | 航海科学技术 | 航行管理与法规 | 1996 |
| 8 | 海事条例 | Grand Ordinance on the Fleet | 世界历史 | 近现代美国、加拿大、欧洲_法国 | 2012 |
| 9 | 海事调查 | maritime investigation | 航海科学技术 | 航行管理与法规 | 1996 |
| 10 | 海事声明 | sea protest | 航海科学技术 | 航行管理与法规 | 1996 |
| 11 | 海事和解 | maritime reconciliation | 航海科学技术 | 航行管理与法规 | 1996 |
| 12 | 国际海事卫星 | international maritime satellite | 航海科学技术 | 水上通信 | 1996 |
| 13 | 海事诉讼 | maritime litigation | 航海科学技术 | 航行管理与法规 | 1996 |

表 1.2(续 1)

| 序号 | 术语 | 英语名称 | 定义学科 | 子学科 | 定义年份 |
|------|------|----------|----------|--------|----------|
| 14 | 海事管辖 | maritime jurisdiction | 航海科学技术 | 航行管理与法规 | 1996 |
| 15 | 海事调解 | maritime mediation | 航海科学技术 | 航行管理与法规 | 1996 |
| 16 | 海事分析 | marine accident analysis | 航海科学技术 | 航行管理与法规 | 1996 |
| 17 | 国际海事组织 | International Maritime Organization, IMO | 船舶工程 | 船舶种类及船舶检验、国际公约和证书 | 1998 |
| 18 | 海事处理 | settlement of marine accidents | 水产 | 渔业工程与渔港 | 2002 |
| 19 | 海事法院 | marine court | 资源科学技术 | 资源法学 | 2008 |
| 20 | 国际海事组织 | International Maritime Organization, IMO | 经济学 | 国际贸易 | 2020 |
| 21 | 国际海事组织 | International Maritime Organization, IMO | 海洋科学技术 | 其他_国际海洋组织和重大科学计划 | 2007 |
| 22 | 国际海事组织 | International Maritime Organization, IMO | 水产 | 渔业船舶及渔业机械 | 2002 |
| 23 | 海事卫星业务 | maritime satellite service | 通信科学技术 | 服务与应用 | 2007 |
| 24 | 延伸海事声明 | extended protest | 航海科学技术 | 航行管理与法规 | 1996 |
| 25 | 国际海事组织类号 | International Maritime Organization class, IMO class | 航海科学技术 | 客货运输 | 1996 |
| 26 | 国际海事卫星组织 | International Maritime Satellite Organization, IMSO | 海洋科学技术 | 其他_国际海洋组织和重大科学计划 | 2007 |

表 1.2(续 2)

| 序号 | 术语 | 英语名称 | 定义学科 | 子学科 | 定义年份 |
|---|---|---|---|---|---|
| 27 | 海事通讯系统 | marine radio system | 石油 | 海洋石油技术_海洋石油安全、消防、救生与环保 | 1994 |
| 28 | 国际海事卫星系统 | international maritime satellite system, INMARSAT | 航海科学技术 | 水上通信 | 1996 |
| 29 | 国际海事卫星 A 船舶地球站 | INMARSAT A ship earth station | 航海科学技术 | 水上通信 | 1996 |
| 30 | 国际海事卫星船舶地球站 | international maritime satellite ship earth station, INMARSAT SES | 航海科学技术 | 水上通信 | 1996 |
| 31 | 国际海事卫星 M 船舶地球站 | INMARSAT M ship earth station | 航海科学技术 | 水上通信 | 1996 |
| 32 | 国际海事卫星网络协调站 | INMARSAT network coordination station | 航海科学技术 | 水上通信 | 1996 |
| 33 | 国际海事卫星 B 船舶地球站 | INMARSAT B ship earth station | 航海科学技术 | 水上通信 | 1996 |
| 34 | 国际海事卫星 C 船舶地球站 | INMARSAT C ship earth station | 航海科学技术 | 水上通信 | 1996 |
| 35 | 国际海事卫星陆地地球站 | INMARSAT land earth station, INMARSAT LES | 航海科学技术 | 水上通信 | 1996 |
| 36 | 国际海事卫星海岸地球站 | INMARSAT coast earth station, INMARSAT CES | 航海科学技术 | 水上通信 | 1996 |

　　根据表1.2,从1994年石油委员会的海洋石油安全、消防、救生与环保子学科收录及审定"海事通讯系统"开始,到2020年经济学_国际贸易学科收录与审定"国际海事组织"的27年间,"海事"作为术语中的形容词在上述的36个词条中,第21、22、23词条与第17条是不同学科收录的相同词条,只能算作1个,因此包含海事作为形容词的词条共33个,收录的学科有航海科学技术、海洋科学技术、石油、水产、船舶工程、世界历史、经济学、资源科学技术、航天科学技术、通信科学技术共10个学科(包含第17、21、22、23词条的定义学科),它们均关注了"海事"这一词条,采纳的对应英语词条中表达"海事的"含义多数用maritime一词,此外还有用marine和sea等词。

　　增补"海事"相关词条最多的年份是1996年,主要是航海科学技术名词管理(分)委员会增补的词条。增加最多的海事词条是"国际海事组织",共4个(分)委员会审定通过了该词条,说明海事领域的影响在稳步扩大。

　　从术语名称上看,海事(maritime)主要作为形容词出现在术语中,除了少数的海事含有从上而下的海事行业管理意味外(这一意味应该是大连海事大学和上海海事大学更改名称的初衷),更多的含义是指事故的、事情的,比如海事法院,不涉及海事案件,人们一般也不会和海事法院联系起来。类似的还有海事事故、海事和解等许多例子,这些词从语义韵的角度来说都是负面的,而且海事的本身就排除了陆地,以此看来"海事"作为涉海行业集群名称也比较牵强,比如说水产如何和海事相联系的问题,尽管二者行业相关,但是从名称意义上看,使用者在大脑中无法建立"水产"与"海事"概念之间的必然联系。

　　总而言之,目前涉海行业中,"海事的"(maritime)作为术语搭配的成分之一,在目前使用中所包含的含义明显比水产、船舶工程、海运物流、海商法等外延更加宽泛,比如说航海技术、轮机工程、船舶电气等航海类子学科可以归类为"海事"概念范畴;海运物流、港口、海商法等也可以归类为"海事"概念范畴;造船、水产中部分子学科也可以归类为"海事"概念范畴。可以说"海事"也是目前术语外延中涉海范围最广的,它正在向泛化名词转化。

## 二、水产

　　单纯从"水产"术语的字面上看,只能代表涉海活动中的单一种类,就是说海洋类大学培养的专业与水产品这些相关的行业部门都有关联。如海洋渔业科学与技术、海洋资源与环境、水产养殖学、海洋渔业科学与技术、水族科学与技术、水生动物医学,等等。尽管水产是一目了然的名词,不能代替水上运输、造船等涉海类活动,且水产作为一个单独术语并未收集在我国的"术语在线"

中,但以"水产"作为术语名词的组成部分却有很多,详见表1.3。

表 1.3 "术语在线"中包含"水产"的术语

| 序号 | 术语 | 英语名称 | 定义学科 | 子学科 | 定义年份 |
|---|---|---|---|---|---|
| 1 | 清蒸水产罐头 | canned aquatic product in natural style | 水产 | 水产品保鲜及加工 | 2002 |
| 2 | 水产品 | fish, fishery products | 水产 | 水产品保鲜及加工 | 2002 |
| 3 | 水产养殖 | aquaculture | 航海科学技术 | 海上作业 | 1996 |
| 4 | 水产养殖 | aquiculture, aquaculture | 水产 | 水产养殖学 | 2002 |
| 5 | 水产养殖 | aquaculture | 资源科学技术 | 动物资源学 | 2008 |
| 6 | 总水产率 | total water yield | 煤炭科学技术 | 煤炭加工利用_煤转化 | 1996 |
| 7 | 水产学 | fishery sciences | 水产 | 水产基础科学 | 2002 |
| 8 | 水产业 | water industry | 水利科学技术 | 水利管理_水政(水利) | 1997 |
| 9 | 水产资源 | fishery resources | 航海科学技术 | 海上作业 | 1996 |
| 10 | 水产捕捞学 | piscatology | 水产 | 捕捞学 | 2002 |
| 11 | 干制水产品 | dried fish | 食品科学技术 | 食品工程_食品原料与加工_水产品 | 2020 |
| 12 | 冷冻水产品 | frozen fish, frozen aquatic products | 水产 | 水产品保鲜及加工 | 2002 |
| 13 | 水产皮革 | aquatic leather | 水产 | 水产品保鲜及加工 | 2002 |
| 14 | 水产养殖学 | science of aquiculture, aquaculture science | 水产 | 水产养殖学 | 2002 |
| 15 | 水产池塘 | farm pond | 林学 | 森林生态、湿地与自然保护区_湿地 | 2016 |

**表 1.3**(续 1)

| 序号 | 术语 | 英语名称 | 定义学科 | 子学科 | 定义年份 |
|------|------|---------|---------|--------|---------|
| 16 | 水产养殖业 | aquaculture industry | 水产 | 水产基础科学 | 2002 |
| 17 | 茄汁水产罐头 | canned aquatic product in tomato paste | 水产 | 水产品保鲜及加工 | 2002 |
| 18 | 水产食品 | aquatic food | 水产 | 水产品保鲜及加工 | 2002 |
| 19 | 水产捕捞业 | fishing industry | 水产 | 水产基础科学 | 2002 |
| 20 | 水产品保鲜 | preservation of fishery products | 水产 | 水产品保鲜及加工 | 2002 |
| 21 | 水产养殖场 | aquafarm | 建筑学 | 建筑类型及组成_农业建筑 | 2014 |
| 22 | 油浸水产罐头 | canned aquatic product in oil | 水产 | 水产品保鲜及加工 | 2002 |
| 23 | 水产品及制品 | marine product | 资源科学技术 | 旅游资源学 | 2008 |
| 24 | 热解水产率 | thermolysis water yield | 煤炭科学技术 | 煤炭加工利用_煤转化 | 1996 |
| 25 | 水产业政策 | policy of water industry | 水利科学技术 | 水利管理_水政(水利) | 1997 |
| 26 | 水产类调味品 | aquatic flavoring, aquatic condiment | 食品科学技术 | 食品工程_食品原料与加工_调味品 | 2020 |
| 27 | 调味水产罐头 | canned seasoned aquatic product | 水产 | 水产品保鲜及加工 | 2002 |
| 28 | 水产品加工 | fish processing | 水产 | 水产品保鲜及加工 | 2002 |
| 29 | 水产品干燥设备 | aquatic product dryer | 水产 | 渔业船舶及渔业机械 | 2002 |
| 30 | 淡化水产量 | output of desalted water | 资源科学技术 | 海洋资源学 | 2008 |

表 1.3(续 2)

| 序号 | 术语 | 英语名称 | 定义学科 | 子学科 | 定义年份 |
|---|---|---|---|---|---|
| 31 | 水产动物营养不良病 | malnutrition disease of aquatic animal | 水产 | 水产生物病害及防治 | 2002 |
| 32 | 水产加工业 | aquatic products processing industry | 水产 | 水产基础科学 | 2002 |
| 33 | 水产业地理学 | geography of fishery | 地理学 | 经济地理学 | 2006 |
| 34 | 转基因水产品 | transgenic fish | 水产 | 水产品保鲜及加工 | 2002 |
| 35 | 水产品综合利用 | comprehensive utilization of aquatic products | 水产 | 水产品保鲜及加工 | 2002 |
| 36 | 转基因水产食品 | transgenic seafood | 水产 | 水产品保鲜及加工 | 2002 |
| 37 | 水产品水分活度 | water activity of fish products | 水产 | 水产品保鲜及加工 | 2002 |
| 38 | 水产动物传染性疾病 | infectious disease of aquatic animal | 水产 | 水产生物病害及防治 | 2002 |
| 39 | 非寄生性水产动物病 | non-parasitic aquatic animal disease | 水产 | 水产生物病害及防治 | 2002 |
| 40 | 水产品加工机械 | processing machinery | 水产 | 渔业船舶及渔业机械 | 2002 |
| 41 | 水产品质量指标 | quality index of aquatic product | 水产 | 水产品保鲜及加工 | 2002 |
| 42 | 海洋水产品加工业 | marine aquatic products processing | 海洋科学技术 | 其他_海洋经济 | 2007 |
| 43 | 水产资源 | fisheries resources | 水产 | 渔业资源学 | 2002 |
| 44 | 水产资源学 | science of fisheries resources | 水产 | 渔业资源学 | 2002 |
| 45 | 水产业 | aquatic product industry | 水产 | 水产基础科学 | 2002 |

以"水产"为关键词在"术语在线"中查阅,得到 45 个查询结果,但是其中第 6 条"总水产率"、第 24 条"热解水产率"、第 30 条"淡化水产量"三个术语中"水产"只是字符上匹配水产,并非我们需要的"水产"术语含义,属于"XXX 水,产

XXX"，而非"水产"的紧密组合，因此此处研究不作统计。此外第 3、4、5 条是不同(分)委员会收录的同一词条，第 9、43 条和第 8、45 条同样也是不同委员会收录的相同词条，故此共 38 个有效词条。水产、航海科学技术、资源科学技术、水利科学技术、食品科学技术、林学、建筑学、地理学、海洋科学技术共 9 个学科收录了"水产"这一术语。其中水产学科收录最多，共 30 个词条。水产涉及的子学科或者研究领域有：水产品保鲜及加工、水产养殖学、捕捞学、渔业船舶及渔业机械、水产生物病害及防治、水产基础科学、渔业资源学等 7 个；航海科学技术的海上作业领域共 1 个；水利科学技术的水利管理中的水政(水利)方向共 1 个；资源科学技术的旅游资源学、动物资源学、海洋资源学共 3 个；食品科学技术的食品工程中食品原料与加工的水产品和调味品共 1 个；地理学的经济地理学共 1 个；海洋科学技术中的其他类之海洋经济共 1 个；林学的森林生态、湿地与自然保护区之湿地共 1 个；建筑学中建筑类型及组成之农业建筑共 1 个；煤炭科学技术中煤炭加工利用之煤转化共 1 个。

总体上看，水产学科的概念只是关注水产，符合水产学科的发展规律，从"水产"(aquatic product of)作为术语修饰成分在中国术语中出现的频度之多即可看出这一点。但是，从"水产"名称涉及的广度来看，它无法涵盖如造船、运输等其他涉海领域，也无法使用水产作为涉海的集群名称标记词。

## 三、船舶工程、造船、修船

船舶工程行业是以服务海运为目的的船舶建造、改建与维修工程。船舶工程属于重工业，其中包括造船、修船、舾装等相关行业。船舶工程行业通常以大型重工业集团或者企业为支柱，属于航运保障产业，与其直接相关的企业就是造船厂和修船厂。因此"船舶工程"只是涉海领域的一个门类，从术语的角度，其外延缺乏广泛的代表性。我们从"术语在线"以"船舶工程"为关键词来查阅，发现只有船舶工程学科的船舶种类及船舶检验、国际公约和证书领域定义了"船舶工程"这一术语。因此从术语使用广度来看，船舶工程仍然属于深度深而广度窄的学科，而且船舶工程只是涉海过程的一个阶段，不能作为涉海行业的名称"标签"。换言之，尽管船舶工程规模大，但是不是普及的涉海行业概念，不能以偏概全，不能作为涉海行业代名词的标记术语。我们也可以通过"术语在线"查阅一下船舶工程、造船、修船、舾装作为学科术语的使用情况，详见表1.4。

表1.4　"术语在线"中包含"船舶工程"的术语

| 序号 | 术语 | 英语名称 | 定义学科 | 子学科 | 定义年份 |
|---|---|---|---|---|---|
| 1 | 船舶工程 | ship engineering, maritime engineering | 船舶工程 | 船舶种类及船舶检验、国际公约和证书 | 1998 |
| | 定义 | 船舶和海上构造物设计、建造、维修的理论研究和工程技术的总称 | | | |

　　根据表1.4可以分析出,"船舶工程"仅仅出现一处,说明这是学科名词,而且仅仅是学科名称,也说明了船舶工程内涵与外延特别专业,并没有被泛化。作为具有特别专业特征的专业术语,而且在其他学科并没有使用的前提下,"船舶工程"一词无法作为涉海的各个学科的泛化名词。
　　"术语在线"中包含"造船"的术语情况,详见表1.5。

表1.5　"术语在线"中包含"造船"的术语

| 序号 | 术语 | 英语名称 | 定义学科 | 子学科 | 定义年份 |
|---|---|---|---|---|---|
| 1 | 造船厂 | shipyard | 建筑学 | 建筑类型及组成_工业建筑 | 2014 |
| 2 | 造船材 | ship-building timber | 林学 | 森林工程_森林采运 | 2016 |
| 3 | 两段造船法 | two-part hull construction | 船舶工程 | 船舶工艺 | 1998 |
| 4 | 串联造船法 | tandem shipbuilding method | 船舶工程 | 船舶工艺 | 1998 |
| 5 | 造船门式起重机 | shipbuilding gantry crane | 机械工程 | 物料搬运机械_起重机械_门式起重机 | 2013 |
| 6 | 造船用浮式起重机 | shipyard floating crane | 机械工程 | 物料搬运机械_起重机械_浮式起重机 | 2013 |
| 7 | 船舶建造检验 | survey for ship construction | 船舶工程 | 船舶工艺 | 1998 |
| 8 | 渔船建造规范 | rules for the construction of fishing vessel | 水产 | 渔业船舶及渔业机械 | 2002 |

表 1.5(续)

| 序号 | 术语 | 英语名称 | 定义学科 | 子学科 | 定义年份 |
|------|------|----------|----------|--------|----------|
| 9 | 货船构造安全证书 | Cargo Ship Safety Construction Certificate | 船舶工程 | 船舶种类及船舶检验、国际公约和证书 | 1998 |
| 10 | 船体建造工艺 | technology of hull construction | 船舶工程 | 船舶工艺 | 1998 |
| 11 | 海洋船舶制造业 | marine shipbuilding industry | 海洋科学技术 | 其他_海洋经济 | 2007 |
| 12 | 船舶入级和建造规范 | rules for classification and construction of ships | 船舶工程 | 船舶种类及船舶检验、国际公约和证书 | 1998 |

　　根据表 1.5 可以分析出,"造船"作为术语的形容词仅仅出现了 12 次,出现的学科有船舶工程、海洋科学技术、机械工程、建筑学、水产和林学等 6 个学科,以上 6 个学科涉及了建筑类型及组成中工业建筑领域、森林工程中森林采运领域、船舶工艺、船舶种类及船舶检验、国际公约和证书、物料搬运机械中起重机械领域之门式起重机和浮式起重机、渔业船舶及渔业机械领域、海洋经济领域,共 8 个。故迄今为止,单纯以"造船"作为涉海学科的泛化名称也不可能。何况"造船"包含的概念外延过窄,不能涵盖如"水产""水运"等其他学科。

　　修船也是涉海类学科术语名词,我们仍然从"术语在线"中提取包含"修船"的术语,仅仅发现两个,详见表 1.6。

表 1.6　"术语在线"中包含"修船"的术语

| 序号 | 术语 | 英语名称 | 定义学科 | 子学科 | 定义年份 |
|------|------|----------|----------|--------|----------|
| 1 | 修船浮筒 | buoy for repairing | 船舶工程 | 船舶工艺 | 1998 |
| 2 | 修船码头 | repairing quay | 海洋科学技术 | 海洋技术_海洋工程 | 2007 |

　　从表 1.6 可以看出,仅仅船舶工程的船舶工艺领域和海洋科学技术的海洋技术-海洋工程领域收录了包含"修船"作为形容词的术语,因此采用"修船"作为涉海术语的外延,显然无法包含如水产、水运等术语名词外延,甚至无法包含

其相近领域"造船","修船"只能作为船舶工程之下的一个分支行业。

　　和"修船"相似,"舾装"也是船舶工程中的一个子领域,我们仍然从"术语在线"中搜寻包含"舾装"一词的术语。搜寻结果详见表1.7。

表1.7　"术语在线"中包含"舾装"的术语

| 序号 | 术语 | 英语名称 | 定义学科 | 子学科 | 定义年份 |
|------|------|----------|----------|--------|----------|
| 1 | 舾装 | outfitting | 水产 | 渔业船舶及渔业机械 | 2002 |
|   | 定义 | 船舶必须配备的锚、锚链和拖缆等属具的总称 | | | |
| 2 | 舾装 | outfitting | 船舶工程 | 船舶工艺 | 1998 |
|   | 定义 | 船舶机、炉舱以外所有区域的设备及其布置、安装工作的统称 | | | |
| 3 | 预舾装 | pre-outfitting | 船舶工程 | 船舶工艺 | 1998 |
| 4 | 外舾装 | deck outfitting | 船舶工程 | 船舶工艺 | 1998 |
| 5 | 舾装数 | equipment number | 船舶工程 | 船舶舾装 | 1998 |
| 6 | 内舾装 | accommodation outfitting | 船舶工程 | 船舶工艺 | 1998 |
| 7 | 舾装数 | equipment number | 水产 | 渔业船舶及渔业机械 | 2002 |
| 8 | 舾装数 | equipment number | 航海科学技术 | 船艺 | 1996 |
| 9 | 单元舾装 | unit outfitting | 船舶工程 | 船舶工艺 | 1998 |
| 10 | 舾装设备 | outfit of deck and accommodation | 船舶工程 | 船舶舾装 | 1998 |
| 11 | 舾装设备 | outfit of deck and accommodation | 水产 | 渔业船舶及渔业机械 | 2002 |
| 12 | 舾装码头 | fitting-out quay | 船舶工程 | 船舶工艺 | 1998 |
| 13 | 舾装码头 | equipment quay | 海洋科学技术 | 海洋技术_海洋工程 | 2007 |

　　从表1.7中可以看出,仅船舶工程和水产两个学科把"舾装"作为独立的术语进行了定义。

　　在《水产名词2002》和《船舶工程1998》中,"舾装"的定义虽然有差异,但只是表述不同,其概念意义是相同的。涉及"舾装"名词的学科有水产、船舶工程、航海科学技术、海洋科学技术等4个学科,共包含渔业船舶及渔业机械、船

· 19 ·

舶工艺、船舶舾装、海洋技术_海洋工程等 5 个子学科或领域,显然从术语的内涵、外延、传播性等角度看,舾装无法作为泛化的涉海标记性名词。

# 四、海洋工程

海洋工程学科或者领域的家族"近亲"是造船、修船、舾装等子学科,其"父辈"应该是船舶工程。"海洋工程"的准确说法是海洋工程建设。它包含的范围有开发、利用、保护、恢复海洋资源,并且工程主体为海岸线向海一侧的新建、改建、扩建。一般认为海洋工程的主要内容可分为资源开发技术与装备设施技术两大部分,具体包括:围填海、海上堤坝工程,人工岛、海上和海底物资储藏设施、跨海桥梁、海底隧道工程,海底管道、海底电(光)缆工程,海洋矿产资源勘探开发及其附属工程,海上潮汐电站、波浪电站、温差电站等海洋能源开发利用工程,大型海水养殖场、人工鱼礁工程,盐田、海水淡化等海水综合利用工程,海上娱乐及运动、景观开发工程以及国家海洋主管部门会同国务院环境保护主管部门规定的其他海洋工程。我们仍然在"术语在线"上搜索包含"海洋工程"的词语,已得到"海洋工程"作为独立的术语词 2 条,作为形容词修饰的术语词 8 条,其中第 4、5 条是两个不同名词管理(分)委员会收录的相同词条,即"海洋工程"加上包含"海洋工程"的其他名词共 8 条,详见表 1.8。

**表 1.8 "术语在线"中包含"海洋工程"的术语**

| 序号 | 术语 | 英语名称 | 定义学科 | 子学科 | 定义年份 |
|---|---|---|---|---|---|
| 1 | 海洋工程 | ocean engineering | 水产 | 渔业工程与渔港 | 2002 |
| | | 定义:新建或改扩建的与海洋有关设施的总称 | | | |
| 2 | 海洋工程 | ocean engineering | 海洋科学技术 | 总论_一级分支学科名词 | 2007 |
| | | 定义:应用海洋学、其他有关基础科学和技术学科开发利用海洋所形成的综合技术学科。包括海岸工程、近海工程和深海工程 | | | |
| 3 | 海洋工程 | oceaneering, marine engineering | 航海科学技术 | 航海科技总论 | 1996 |
| 4 | 海洋工程测量 | marine engineering survey | 测绘学 | 海洋测绘学 | 2020 |

表 1.8(续)

| 序号 | 术语 | 英语名称 | 定义学科 | 子学科 | 定义年份 |
|------|------|---------|---------|--------|----------|
| 5 | 海洋工程测量 | marine engineering survey | 航海科学技术 | 海上作业 | 1996 |
| 6 | 海洋工程水文 | engineering oceanology, engineering oceanography | 海洋科学技术 | 海洋技术_海洋工程 | 2007 |
| 7 | 海洋工程地质 | marine engineering geology | 海洋科学技术 | 海洋技术_海洋工程 | 2007 |
| 8 | 海洋工程建筑业 | ocean engineering construction industry | 海洋科学技术 | 其他_海洋经济 | 2007 |
| 9 | 海洋工程复合模型 | ocean engineering hybrid model | 海洋科学技术 | 海洋技术_海洋工程 | 2007 |
| 10 | 海洋工程物理模型 | ocean engineering physical model | 海洋科学技术 | 海洋技术_海洋工程 | 2007 |

　　"海洋工程"作为学科概念,只有水产和海洋科学技术两个学科做出了定义。从这两个学科的定义来看,海洋工程既有学科独立性也有学科交叉性。收录包含"海洋工程"术语名词的学科,仅有水产、海洋科学技术、航海科学技术、测绘学等 4 个学科,共涉及渔业工程与渔港、海洋工程总论的一级分支学科名词、航海科技总论、海上作业、海洋测绘学、海洋技术的海洋工程、海洋科学技术的其他中的海洋经济共 7 个子学科或领域。但是和海洋工程最密切相关的船舶工程学科却没有收录该词,说明从被广泛接受度的角度来评价,该学科还不成熟,"海洋工程"更无法成为涉海行业的标记性名词。

## 五、海洋科学

　　非专业人士往往容易将海洋科学和水产混淆。从研究范围看,二者有重叠,但是海洋科学主要体现的是科学考察,不是以得到水产品为主要目的的科学手段。

　　海洋科学主要涉及海洋学、海洋调查与观测技术、海洋环境要素计算、概率论与数理统计、数学物理方法、流体力学、物理海洋学、生物海洋学、海洋地质学。海洋科学主要研究海洋的自然现象、性质及其变化规律,以及海洋的开发利用;研究对象包括海水、溶解和悬浮于海水中的物质、生活于海洋中的生物、海底沉积和海底岩石圈,以及海面上的大气边界层和河口海岸带。

海洋科学是19世纪40年代出现的一门新兴学科。海洋科学专业实际是在物理学、化学、生物学、地理学背景下发展起来的。目前进入人们视野的海洋工程主要就是海洋科考。要观测其作为术语的使用情况,我们仍然在"术语在线"上查询,查询结果详见表1.9。

表1.9 "术语在线"中包含"海洋科学"的术语

| 序号 | 术语 | 英语名称 | 定义学科 | 子学科 | 定义年份 |
|---|---|---|---|---|---|
| 1 | 海洋科学 | marine science, ocean science | 海洋科学技术 | 总论_一级分支学科名词 | 2007 |
| | | 定义:研究海洋的自然现象、变化规律及其与大气圈、岩石圈、生物圈的相互作用,以及开发、利用、保护海洋有关的知识体系 | | | |
| 2 | 海岸海洋科学 | coastal ocean science | 海洋科学技术 | 海洋科学_海洋地质学、海洋地球物理学、海洋地理学和河口海岸学 | 2007 |
| 3 | 海洋科学技术 | marine science and technology | 航海科学技术 | 海上作业 | 1996 |
| 4 | 中华人民共和国涉外海洋科学研究管理规定 | Regulations of the People's Republic of China on Management of the Foreign-related Marine Scientific Research | 海洋科学技术 | 其他_海洋法规 | 2007 |

# 六、港口类

港口是涉海学科的重要组成部分,是航运的起点、终点和周转点。港口通常开埠在海、江、河、湖、水库沿岸,是交通枢纽。围绕港口开发了很多其他服务,比如围绕货运的港口仓储,围绕港口客运的旅客服务。港口是货物和旅客的集散地,它还有其他配套功能,比如检疫和海关检查,这是围绕港口的其他类别的服务。我国港口历史十分悠久,比如在上海,从唐代起就有了港口,而在长江及其他支流水系,甚至在现代较大型船舶产生之前,就已经存在了港口,比如"渡口",就是指小型港口。最原始的港口是天然港口,有天然掩护的海湾、水湾、河口等场所供船舶停泊,最古老的港口未必有泊位等基建设施。现代化的港口概念不仅仅是范围扩大,更多的是职能完善。现代化港口有各种形态,可以从不同角度定义港口,比如按照用途,港口可以分为商港、军港、渔港、工业港、避风港等;按照位置,港口可以分为海港及内河港。

我们可以通过"术语在线"查阅"港口"及相关名词的收录情况,详见表1.10。

表 1.10 "术语在线"中包含"港口"的术语

| 序号 | 术语 | 英语名称 | 定义学科 | 子学科 | 定义年份 |
|------|------|----------|----------|--------|----------|
| 1 | 港口 | port, harbor | 水利科学技术 | 航道与港口_港口(水利) | 1997 |
| | | 定义:位于河、海、湖、水库沿岸,有水、陆域及各种设施,供船舶进出、停泊以进行货物装卸存储、旅客上下或其他专门业务的地方 | | | |
| 2 | 港口 | port, harbor | 海洋科学技术 | 海洋技术_海洋工程 | 2007 |
| | | 定义:有水、陆域及各种设施,供船舶进出、停泊以进行货物装卸存储、旅客上下或其他专门业务的地方 | | | |
| 3 | 港口 | port | 城乡规划学 | 城乡规划与设计_综合交通规划 | 2021 |
| | | 定义:位于江、河、湖、海沿岸,具有一定的设备和条件,供船舶安全进出和停泊,以进行客货运输和其他相关业务的区域 | | | |
| 4 | 港口 | port, harbor | 航海科学技术 | 航海保证 | 1996 |
| 5 | 港口 | port, harbor | 土木工程 | 港口工程_港口总体 | 2003 |
| 6 | 港口 | harbor | 资源科学技术 | 水资源学 | 2008 |
| 7 | 港口客运站 | port station, ferry | 城乡规划学 | 城乡规划与设计_综合交通规划 | 2021 |
| 8 | 港口客运站 | port passenger station, waterway passenger station, waterway passenger terminal | 建筑学 | 建筑类型及组成_交通建筑 | 2014 |

表 1.10（续 1）

| 序号 | 术语 | 英语名称 | 定义学科 | 子学科 | 定义年份 |
|---|---|---|---|---|---|
| 9 | 港口国 | port state | 航海科学技术 | 航行管理与法规 | 1996 |
| 10 | 港口习惯 | custom of port | 航海科学技术 | 客货运输 | 1996 |
| 11 | 港口陆域 | port land area, port terrain | 水利科学技术 | 航道与港口_港口（水利） | 1997 |
| 12 | 港口陆域 | port land area | 土木工程 | 港口工程_港口总体 | 2003 |
| 13 | 港口城市 | port city | 地理学 | 城市地理学 | 2006 |
| 14 | 港口城市 | port city | 建筑学 | 城乡规划_城乡规划总论 | 2014 |
| 15 | 港口陆域 | port land area, port terrain | 海洋科学技术 | 海洋技术_海洋工程 | 2007 |
| 16 | 港口资源 | port resources | 海洋科学技术 | 其他_海洋经济 | 2007 |
| 17 | 港口使费 | terminal charge | 航海科学技术 | 客货运输 | 1996 |
| 18 | 港口设施 | harbor accommodation | 海洋科学技术 | 海洋技术_海洋工程 | 2007 |
| 19 | 港口淤积 | harbor siltation | 海洋科学技术 | 海洋技术_海洋工程 | 2007 |
| 20 | 港口规划 | port planning | 水利科学技术 | 航道与港口_港口（水利） | 1997 |
| 21 | 港口用地 | land for port | 建筑学 | 城乡规划_总体规划 | 2014 |
| 22 | 港口航道图 | fairway chart | 测绘学 | 海洋测绘学 | 2020 |
| 23 | 港口堆场 | storage yard | 海洋科学技术 | 海洋技术_海洋工程 | 2007 |
| 24 | 港口雷达 | harbor radar | 土木工程 | 港口工程_港口通信导航 | 2003 |

表 1.10（续 2）

| 序号 | 术语 | 英语名称 | 定义学科 | 子学科 | 定义年份 |
|---|---|---|---|---|---|
| 25 | 港口雷达 | harbor radar | 航海科学技术 | 航海仪器 | 1996 |
| 26 | 港口雷达 | harbor radar | 水利科学技术 | 航道与港口_助航设施（水利） | 1997 |
| 27 | 港口工程 | port engineering, harbor engineering | 水利科学技术 | 航道与港口_港口（水利） | 1997 |
| 28 | 港口工程 | port engineering, harbor engineering | 海洋科学技术 | 海洋技术_海洋工程 | 2007 |
| 29 | 海上港口 | marine artificial port | 海洋科学技术 | 海洋技术_海洋工程 | 2007 |
| 30 | 港口电台 | port station | 航海科学技术 | 水上通信 | 1996 |
| 31 | 港口航道测量 | coastal port and fairway survey | 测绘学 | 海洋测绘学 | 2020 |
| 32 | 港口吞吐量 | port's cargo throughput | 航海科学技术 | 客货运输 | 1996 |
| 33 | 港口水域 | water area of port | 水利科学技术 | 航道与港口_港口（水利） | 1997 |
| 34 | 港口水域 | port water area | 土木工程 | 港口工程_港口总体 | 2003 |
| 35 | 港口水域 | port water area | 资源科学技术 | 海洋资源学 | 2008 |
| 36 | 港口腹地 | port hinterland | 土木工程 | 港口工程_港口总体 | 2003 |
| 37 | 港口腹地 | harbor hinterland, port back land | 海洋科学技术 | 海洋技术_海洋工程 | 2007 |
| 38 | 港口营运业务 | port operation service | 航海科学技术 | 水上通信 | 1996 |
| 39 | 港口集疏运交通 | port collection and distribution transportation | 城乡规划学 | 城乡规划与设计_综合交通规划 | 2021 |

**表 1.10**（续 3）

| 序号 | 术语 | 英语名称 | 定义学科 | 子学科 | 定义年份 |
|---|---|---|---|---|---|
| 40 | 港口立交桥 | estuarial crossing | 公路交通科学技术 | 桥、涵、隧道、渡口工程 | 1996 |
| 41 | 港口疏浚测量 | harbor dredge survey | 测绘学 | 海洋测绘学 | 2020 |
| 42 | 港口水深 | harbor water depth | 水产 | 渔业工程与渔港 | 2002 |
| 43 | 港口水域 | waters of port | 海洋科学技术 | 海洋技术_海洋工程 | 2007 |
| 44 | 港口管理 | port management | 航海科学技术 | 航海科技总论 | 1996 |
| 45 | 港口集疏运系统 | system of freight collection, distribution and transportation | 地理学 | 经济地理学 | 2006 |
| 46 | 港口监视雷达 | harbor surveillance radar | 电子学 | 雷达与电子对抗 | 1993 |
| 47 | 港口货物吞吐量 | cargo throughput of port | 水利科学技术 | 航道与港口_港口（水利） | 1997 |
| 48 | 港口国管理 | port state control, PSC | 航海科学技术 | 航行管理与法规 | 1996 |
| 49 | 沿海港口业 | coastal port industry | 海洋科学技术 | 其他_海洋经济 | 2007 |
| 50 | 港口渡口与码头 | haven, ferry and dock | 资源科学技术 | 旅游资源学 | 2008 |
| 51 | 港口工作船 | port workboat | 水利科学技术 | 航道与港口_港口（水利） | 1997 |
| 52 | 港口地域群体 | areal combination of ports | 地理学 | 经济地理学 | 2006 |
| 53 | 港口综合吞吐能力 | comprehensive handling capacity of port | 地理学 | 经济地理学 | 2006 |
| 54 | 港口国管理检查 | inspection of port state control | 航海科学技术 | 航行管理与法规 | 1996 |

表 1.10(续4)

| 序号 | 术语 | 英语名称 | 定义学科 | 子学科 | 定义年份 |
|---|---|---|---|---|---|
| 55 | 港口租船合同 | port charter party | 航海科学技术 | 航行管理与法规 | 1996 |
| 56 | 港口通过能力 | throughput capacity of port | 土木工程 | 港口工程_港口总体 | 2003 |
| 57 | 港口通过能力 | throughput capacity of port | 水利科学技术 | 航道与港口_港口(水利) | 1997 |
| 58 | 港口通过能力 | port capacity | 航海科学技术 | 客货运输 | 1996 |
| 59 | 港口工程测量 | harbor engineering survey | 测绘学 | 工程测量学 | 2020 |
| 60 | 港口通用门座起重机 | harbour portal crane for general use | 机械工程 | 物料搬运机械_起重机械_门座起重机 | 2013 |
| 61 | 港口生产不平衡系数 | unbalance coefficient of port throughput | 水利科学技术 | 航道与港口_港口(水利) | 1997 |
| 62 | 港口水工模型试验 | hydraulic model test of port | 水产 | 渔业工程与渔港 | 2002 |

除了以上62个包含"港口"的术语外,其余包含"港"字的术语还有2 497个,因为篇幅所限,我们略去"术语在线"中其他包含"港"字的术语。在62个包含"港口"的术语中,第1~6是不同(分)委员会收录的同一名词,第7、8也是不同(分)委员会收录的同一名词,第11、12、15也是不同(分)委员会收录的同一名词,第13、14也是不同(分)委员会收录的同一名词,第24、25、26也是不同(分)委员会收录的同一名词,第27、28也是不同(分)委员会收录的同一名词,第33、34、35、43也是不同(分)委员会收录的同一名词,第36、37也是不同(分)委员会收录的同一名词,第56、57、58也是不同(分)委员会收录的同一名词,如此不重复术语词条共计44个,涉及水利科学技术、城乡规划学、航海科学技术、土木工程、资源科学技术、地理学、建筑学、海洋科学技术、测绘学、机械工程、公路交通科学技术、水产、电子学等13个学科。涉及的子学科或领域有航道与港口之港口(水利),海洋技术之海洋工程,海洋科学技术其他之海洋经济,海洋科学技术之其他的海洋经

济学,海洋资源学,城乡规划与设计之综合交通规划,城乡规划之总体规划,城乡规划之城乡规划总论,城市地理学,港口工程之港口总体,港口工程之港口通信导航,航道与港口之助航设施(水利),航海科技总论,航海保证,航海仪器,航行管理与法规,客货运输,海洋测绘学,建筑类型及组成之交通建筑,水上通信,桥、涵、隧道、渡口工程,渔业工程与海港,地理经济学,雷达与电子对抗,旅游资源学,工程测量学,水资源学物料搬运机械中起重机械之门座起重机等 27 个子学科或者领域,具有广泛的传播性。总之,尽管港口的术语拓展很广泛,用途也多,但是港口作为航运活动的起点、周转点、终点却少了其他环节,因此港口也不可以替代作为涉海行业的"标签"词。

# 七、海运物流工程

物流(英文名称:logistics)原意为"实物分配"或"货物配送",物流的概念起源于 20 世纪 30 年代,1963 年该术语引入日本,日文翻译采用意译,日文中用"物的流通"作为行业名词,后来简称为"物流"。物流是供应链活动的一部分,是为了满足客户需要而对商品、服务消费,以及相关信息从产地到消费地的高效、低成本流动和储存进行的规划、实施与控制的过程。物流以仓储为中心,促进生产与市场同步。物流是为了满足客户的需要,以最低的成本,通过运输、保管、配送等方式,实现原材料、半成品、成品及相关信息由商品的产地到商品的消费地所进行的计划、实施和管理的全过程。

海上物流起源于 20 世纪 80 年代,海上物流功能和陆地物流功能相同,但是操作起来有海运独特性。或者说海上物流是整个物流环节中的一部分,是海运环节中的货物运输的配套服务,通过对接陆地物流,完成门到门货物配送。物流及相关词见表 1.11,根据"术语在线"查词统计,包含"物流"的术语词达 10 000 以上,为了节省篇幅,我们只以前 30 个查询结果为例。

表 1.11 "术语在线"中包含"物流"的术语

| 序号 | 术语 | 英语名称 | 定义学科 | 子学科 | 定义年份 |
|---|---|---|---|---|---|
| 1 | 物流 | stream | 化学工程、化工名词(五) | 化学工程通类和工程建设_工程采购 | 1995,2021 |
| | | 定义:物品从供应地向接收地的实体流动过程。根据实际需要,将运输、储存、搬运、包装、流通加工、配送、信息处理等基本功能实施有机结合 | | | |

**表 1.11**(续 1)

| 序号 | 术语 | 英语名称 | 定义学科 | 子学科 | 定义年份 |
|---|---|---|---|---|---|
| 2 | 物流 | logistics | 地理学 | 经济地理学 | 2006 |
| | | 定义:供应链活动的一部分,是为了满足客户需要而对商品、服务以及相关信息从产地到消费地的高效、低成本流动和储存进行的规划、实施与控制的过程 | | | |
| 3 | 物流 | logistics | 编辑与出版学 | 发行与经营_发行物流 | 2022 |
| | | 定义:物品从供应地向接收地的实体流动过程。根据实际需要,将运输、储存、装卸、搬运、包装、流通、加工、配送、信息处理等基本功能有机结合 | | | |
| 4 | 物流 | logistics | 管理科学技术 | 运筹与管理_物流与供应链管理 | 2016 |
| | | 定义:为了满足客户的需要,通过运输、保管、配送等方式,实现原材料、半成品、成品及相关信息由商品的产地到商品的消费地所进行的计划、实施和管理的全过程 | | | |
| 5 | 物流 | material flow | 化工名词(三) | 通类 | 2019 |
| | | 定义:对原材料、中间产品和最终产品等实体流动的总称 | | | |
| 6 | 物流 | matter flow, material flow | 生态学 | 生态系统生态学 | 2006 |
| | | 定义:地球表面物质在自然力和生物活动作用下,在生态系统内部或其间进行储存、转化、迁移的往返流动 | | | |
| 7 | 逆向物流 | reverse logistics | 编辑与出版学 | 发行与经营_发行物流 | 2022 |
| 8 | 逆向物流 | reverse logistics | 管理科学技术 | 运筹与管理 | 2016 |
| 9 | 物流标签 | logistics label | 编辑与出版学 | 发行与经营_发行物流 | 2022 |
| 10 | 冷链物流 | cold chain logistics | 食品科学技术 | 食品工程_食品专用技术与装备_食品物流 | 2020 |

表 1.11(续 2)

| 序号 | 术语 | 英语名称 | 定义学科 | 子学科 | 定义年份 |
|---|---|---|---|---|---|
| 11 | 物流成本 | logistics cost | 编辑与出版学 | 发行与经营_发行物流 | 2022 |
| 12 | 物流联盟 | logistics alliance | 编辑与出版学 | 发行与经营_发行信息与管理 | 2022 |
| 13 | 营销物流 | marketing logistics | 管理科学技术 | 市场营销_营销组合 | 2016 |
| 14 | 物流合同 | logistics contract | 编辑与出版学 | 发行与经营_发行信息与管理 | 2022 |
| 15 | 物流企业 | logistics enterprise | 编辑与出版学 | 发行与经营_发行信息与管理 | 2022 |
| 16 | 物流企业 | physical distribution firm | 管理科学技术 | 市场营销_营销机会 | 2016 |
| 17 | 物流中心 | logistics center, center of material flow, material flow center | 建筑学 | 建筑类型及组成_仓储建筑 | 2014 |
| 18 | 物流中心 | logistics center | 城乡规划学 | 城乡规划与设计_综合交通规划 | 2021 |
| 19 | 物流中心 | logistics center | 编辑与出版学 | 发行与经营_发行物流 | 2022 |
| 20 | 物流外包 | logistics outsourcing | 编辑与出版学 | 发行与经营_发行物流 | 2022 |
| 21 | 书业物流 | book industry logistics | 编辑与出版学 | 发行与经营_发行物流 | 2022 |
| 22 | 物流服务 | logistics service | 编辑与出版学 | 发行与经营_发行物流 | 2022 |
| 23 | 物流配送 | logistics distribution | 地理学 | 经济地理学 | 2006 |
| 24 | 物流管理 | logistics management | 编辑与出版学 | 发行与经营_发行物流 | 2022 |
| 25 | 生产物流 | production logistics | 管理科学技术 | 运筹与管理_物流与供应链管理 | 2016 |

表 1.11（续 3）

| 序号 | 术语 | 英语名称 | 定义学科 | 子学科 | 定义年份 |
|------|------|----------|----------|--------|----------|
| 26 | 物流咨询服务 | logistics consulting service | 管理科学技术 | 市场营销_基本概念 | 2016 |
| 27 | 物流园区 | logistics park | 编辑与出版学 | 发行与经营_发行物流 | 2022 |
| 28 | 物流技术 | logistics technology | 编辑与出版学 | 发行与经营_发行物流 | 2022 |
| 29 | 物流共同化 | logistics commonization | 管理科学技术 | 运筹与管理_物流与供应链管理 | 2016 |
| 30 | 食品物流活动 | food logistics activity | 食品科学技术 | 食品工程_食品专用技术与装备_食品物流 | 2020 |

由于篇幅所限,我们略去其他包含"物流"的名词,以及没有物流含义的各类词汇,如"生物流体"等。通过表 1.11 可知,在 30 个包含"物流"的词条中,第 1 至 6 为不同(分)委员会收录的同一名词,第 7 和第 8 是不同(分)委员会收录的同一词条,第 15 和第 16 也是不同(分)委员会收录的同一词条,第 17、18、19 也是不同(分)委员会收录的同一词条。排除重复名词,包含"物流"的词条共计 21 个,涉及化学工程、地理学、生态学、城乡规划学、编辑与出版学、管理科学技术、食品科学技术、化工、建筑、地理共 10 个学科,其中编辑与出版学收集词条最多,共 14 个,超过收录量的半数。涉及工程建设之工程采购、经济地理学、发行与经营之发行物流、食品工程之食品专用技术与装备的食品物流、运筹与管理之物流与供应链管理、发行与经营之发行信息与管理、市场营销之营销机会、建筑类型及组成之仓储建筑、城乡规划与设计之综合交通规划、化学工程通类、生态系统生态学、市场营销的基本概念等 12 个子学科或领域。

"物流"相关术语词具备以下特点:

(1)物流是组合词的一个组成部分,可以作为一个修饰词,如"物流+X",也可以作为被修饰词,如"X+物流"。

(2)物流词汇从 20 世纪 90 年代至今被我国各科技名词(分)委员会广泛定义,比如编辑与出版学在 2022 年定义了一批包含物流的名词,多数是物流学的名词定义。

(3)由于物流过于宽泛,并已经进入人们的日常生活中,而变成普通词汇,因此物流一词不能用作涉海类标记词汇。比如说物流一词可以勉强代表海运,但是物流无法代表船舶工程。

除了以上特点外,和海洋有关的名词管理(分)委员会也没有收录"物流"作为术语词,因此该词不被涉海业界广泛使用,不能成为涉海领域的泛化标记词。

# 八、海商法

海商法,对应的英文名称是"Maritime Law",由于英国海军和航海的标记是"Admiralty",以英国为主流的海商法,可能使用"The Law of Admiralty"作为其名称,但是该用法非国际通用术语词汇。海商法专业在我国20世纪80年代中期才开始建立。我国的海事法院于1984年开始建立,主要建立在沿海城市,如大连、青岛、上海、广州、宁波、厦门、天津、海口、北海等地。海商法是研究有关涉海事物的法律,有着很强的专业性,海事法院业务和海事案件审理有关,但是海事业务当然远远宽泛于海事法院审理业务和海商法律师代理的业务,因此海商法这一名称也不适合作为一个涉海属类的名词,但是可以构成涉海的重要子学科支撑。有关海商法在"术语在线"中的收录结果,参阅表1.12。

表1.12 "术语在线"中包含"海商法"的术语

| 序号 | 术语 | 英语名称 | 定义学科 | 子学科 | 定义年份 |
|---|---|---|---|---|---|
| 1 | 海商法 | maritime law, maritime code | 航海科学技术 | 航海科技总论 | 1996 |
| 2 | 海商法 | maritime law | 海洋科学技术 | 其他_海洋法规 | 2007 |
| | 定义 | 调整在航海贸易中与船舶有关的各种关系的国内法律 | | | |

显而易见,"海商法"作为学科类别和"物流"的概念正好相反,海商法学科建立得早,但是由于其特别专业性,加上不是每个涉海从业者都会遇到海事纠纷等案件,因此在公共传播领域传播过少,单纯从"海商法"作为搜索词在"术语在线"上查找,只有2处,涉及航海科学技术和海洋科学技术2个学科,以及航海科学技术的海洋科技总论和海洋科学技术其他中的海洋法规子学科或者领域。因此海商法属于特别专业性的学科,而不是普及性学科,其概念内涵很深,

但外延范围不广,因此从已经发生的传播量的角度而言,我们也不能使用该词作为涉海行业的标记词。

# 九、涉海概念提出

"涉海",顾名思义,就是和海洋有关。至少有十几个名词(分)委员会定义的术语和"涉海"密切相关。但是从名词集群相似度来分析,和涉海领域最相关的学科有航海科学技术、海洋科学技术、船舶工程、水产 4 个。我们可以以"涉海"为关键词搜索一下(截至 2023 年 1 月 26 日),相关结果约 21 300 000 个。我们搜索包含"涉海"的新闻标题,将其中前 10 个以表格的方式列出,详见表1.13。

表 1.13 "涉海"出现在新闻标题上的新闻举例

| 序号 | 包含"涉海"标题 | 发布时间 | 来源 |
|---|---|---|---|
| 1 | 加拿大外交部发表涉海问题错误声明,我驻加使馆:坚决反对,敦促加方切实停止在涉海问题上挑衅滋事 | 2021-07-13 | 环球网 |
| 2 | 最高法发布涉海案件司法解释 | 2016-08-03 | 人民网-人民日报 |
| 3 | 南海看"法"丨我国涉海法律体系概述 | 2021-08-24 | 自然资源部南海局 |
| 4 | 美欧涉华对话对中国涉海"单边行动"表示关切中方回应 | 2021-12-03 | 中国新闻网 |
| 5 | 李白的涉海经历 | 2020 年 11 月 26 日 | 央视网 |
| 6 | 中华人民共和国"涉海"大事记(多图) | 2019-09-30 | 搜狐新闻 |
| 7 | 审理涉海案件司法解释最新(全文) | 2020-09-09 | 律师界 |
| 8 | 审理涉海案件司法解释全文 | 2016-08-27 | 找法网 |
| 9 | 涉海行政法规 | 未知 | 中国南海网 |
| 10 | 外交部谈涉港涉疆涉海及台海事务:中国内政不容任何外来干涉 | 2022-06-01 | 新浪视频(澎湃新闻) |

通过表1.13的新闻标题我们不难发现,新闻标题中的"涉海"都采用了涉海的狭义定义,就是和海洋相关。海洋一定连接内河,全球的河流都要汇聚为海洋,笔者认为涉海的本身就是"涉水",比如在长江和其干流上航行的船舶也必须遵守相关的法规。但是"涉水"似乎比"涉海"更加宽泛,在我国海事管理中有些区别,比如《中华人民共和国国际海运条例》与《中华人民共和国内河交通安全管理条例》这两个相似法规,就显示出"涉海"不能包括"涉水"。我们确立了"涉海"以后,就可以从思想方式上将涉海各个子学科的概念整合,便于新世纪学科的融合发展与学科管理,也方便各名词审定(分)委员会之间的互动,以及名词信息的规范。

提出涉海的概念有三个优势,第一,可以形成学科集群,学科之间存在着紧密相关、不太紧密相关、几乎不相关的关系。发展到21世纪上半叶,学科互融越来越普遍,因此需要建立学科集群概念,以方便学科间互动、词汇协调、形成合力,这样可以更加有效地推动学科群的发展。第二,可以判断学科之间的关系,通过判断词汇云群重合度等手段确定学科间关系,即确定针对某学科而言哪些其他学科是联系紧密还是非紧密相关,作为定义术语名词中"副科从主科"的原则,尽量不要越界审定名词。针对需要的名词最好先参考主学科。第三,可以理顺所定义名词的来龙去脉,规范我国统一的科技名词。比如,"油船"是航海科学技术和船舶工程的学科核心名词,也是石油名词的主体名词,然而石油委员会1994年定义为"油轮",航海科学技术委员会1996年定义为"油船",船舶工程委员会1998年定义为"油船",很显然当时的定义没有学科集群的协调概念,导致同一名词定义不同,非常不利于推广。本书提出的涉海概念无疑会整合几个相似的子学科,从学科协调角度形成概念依据。

## 十、涉海术语学概念的提出

涉海术语学是术语学的一个分支,是专门研究涉海术语的学问,是专门从涉海类学科、涉海类概念、涉海类名词、涉海类术语应用与传播、涉海类术语等不同视角研究的一个新研究领域。该领域和海洋类学科集群有着密切的联系。本著作从术语学与语言学交叉的研究角度对社会术语学进行研究。按照英国术语学家 Juan C. Sager 从术语学三个方面总结出的含义,正如冯志伟教授(2011:2-3)所言:"第一个含义表述专业术语工作的实践和方法。在专业术语工作中需要收集、描述和表示术语,因此,就有必要研究怎样收集各种术语,怎样描述这些形式各异的术语。第二个含义表示研究专业术语的理论。专业术语工作在术语理论的指导下进行,因此,需要研究术语的性质、术语与概念的关系、术语的定义原则等理论问题。第三个含义表示某个领域中专业词汇的总体,这些专业词汇就是某个领域中全部术语的集合,它们需要概念的语言表达。"

本研究也是遵照 Juan C. Sager 的三个含义路线图进行的相关研究,比如第一个含义的研究是整个的国际海事公约定义研究,第二个含义的研究则分布在本著作的各个章节,结合语言学视角在具体研究基础上提炼出理论高度的结论来,第三个含义的研究则是所有涉海术语词的集合。

# 第二节　涉海的子学科——航海科学技术及其术语名词概论

航海科学技术主要研究船舶如何在一条理想的航线上,从某一地点安全而经济地航行到另一地点的理论、方法和技术。航海技术是历史悠久、内容丰富且有很强的实践性的综合性应用科学。

中国现代科学技术的发展促进了航海技术的进步,信息科学、计算机技术、电子技术、通信技术及空间卫星技术在航海上得到了成功的应用。航海技术主要包括船舶航行与导航定位、船舶操纵与避让、船舶种类与性能结构、船舶设备与属具、助航仪器及设施、海洋水文地理与气象、港口与航道工程等内容。

航海有着悠久的历史,今天已发展为一个独立学科。我国的航海始于上古时期,自"刳木为舟,剡木为楫"的造船业出现,中国古代航海事业就已经开始形成。秦朝时期徐福东渡日本;三国、两晋、南北朝时期,东吴船队巡航祖国宝岛台湾和南洋,法显从印度航海归国,中国船队远航到了波斯湾;在三国时期,赤壁之战曹操用战舰连成一排,构成古代的"航母";唐代鉴真东渡日本;元代汪大渊航海;明代郑和七下西洋等。这些航海事业奠定了中国航海大国的地位。

航海科技发展也为航海技术作为一个学科奠定了基础。从中国人最早使用的罗盘(现代航海术语中称之为"罗经"),到五分仪、六分仪、船舶定位技术、船舶测天,再到今日的船舶导航与助航仪器,以及为未来的智能船等留下接口,航海科技的发展推动了航海学科的发展。随着航海事业的发展,航海技术细分为了航海技术、船舶货运、船舶避碰、无线电导航设备、主推进装置、船舶自动化等子学科。

航海技术自 1996 年首次发布航海技术名词开始,就包含了天文航海、地文航海、电子航海、军事航海、航海仪器、航海保证、船艺、船舶操纵与避碰、内河航行、客货运输、海上作业、航海管理与法规、水上通信、轮机管理。尽管当年航海学科分支不平衡,比如说轮机工程子学科的分类过少,没有包括船舶电气相关方面,但是我们可以通过子学科体系推断航海学科组成和未来的发展趋势。

# 第三节　涉海的子学科——水产及其术语名词概论

　　水产名词审定委员会在《水产名词》(2002年出版)前言部分论述道:"水产业是一个非常古老的行业,水产科学也是一门古老的学科。我国水产业历史悠久,早在公元前5世纪的春秋时代,范蠡就编写了养鱼专著《养鱼经》,在世界水产发展史上写下了光辉的一页。水产科学又是一门综合性学科,涉及领域较广,水产名词与很多基础学科交叉重叠。随着科学技术的发展,水产名词的统一和规范化对水产科学的发展和水产科学知识的传播,文献资料的编纂、检索,以及国内外的学术交流都具有重要意义。"

　　水产及水产名词是涉海学科的核心学科之一,目前在名词上将"水产"和"科技"联和,形成了水产科学,它主要为我国水上渔业生产、水上渔业管理、水产养殖技术等服务。水产科学是研究水产生产发展规律的综合性科学。换言之,水产是以得到水产品为目的的为人类社会服务的一个涉海学科。在以往水产科学没有和现代科技相结合的年代,水产主要是指渔业,而追溯更加久远时期,渔业又称为"打鱼"。而"渔"字明显区别于"鱼"字。俗语"授人以鱼,不如授之以渔",将"鱼"和"渔"清楚地区分了。渔业产品是人类主要食品来源之一,海洋捕捞专业是水产类院校较早开设的且重要的专业,因为现代的渔业捕捞需要科学技术,需要科学手段来探索鱼群。

　　我国水产行业从在远古时期靠经验传授渔家如何捕鱼,发展为今天的水产科学,特别是自新中国成立以来,我国水产行业快速发展,从过去的小型私有化的作坊式的渔业,发展为大规模的为社会主义社会服务的渔业,渔业捕捞行业更是突飞猛进地发展。随着高校和科研院所在水产方面研究的推进,水产科学已经发展为涉海类学科中一支非常重要的学科。今天我们称之为"水产科学",系指"水产"这一术语概念,不是单纯指捕鱼,而是以科学合理的手段得到水产品的过程控制的学科。在业内又称"水产学"或者"渔业科学"。研究内容主要包括水产生产的对象和手段,影响水产业发展的各种自然因素和人为因素,有利于促进水产品持久增产的生产技术和管理方法等。水产科学这一学科还有以下子学科:捕捞学、水产资源学、水产养殖学、水产品加工工艺学、渔业经济学。近年来由于世界各国对水产品开发与利用的重视,围绕水产品业相继出现了许多其他子学科,比如渔业政策与渔业管理、水生物学、水产医药学等很多新的研究领域。

归纳与总结该学科最好的方法是借助于水产学科的术语分类,2002年科学出版社出版的《水产名词》主要分为12个章节,即:01.水产基础科学;02.渔业资源学;03.捕捞学;04.水产养殖学;05.水产生物育种学;06.饲料和肥料;07.水产生物病害及防治;08.水产品保鲜及加工;09.渔业船舶及渔业机械;10.渔业工程与渔港;11.渔业环境保护;12.渔业法规附录。

# 第四节　涉海的子学科——海洋科学技术及其术语名词概论

海洋科学使我们联想起海洋科学考察,如我国的"雪龙号"系列、"向阳红号"系列以及"远望号"系列测绘船。海洋科学是研究海洋的自然现象、性质及其变化规律以及与开发利用海洋有关的知识体系。海洋科学考察是以民用为目的,推动人类的海洋科学考察向前发展的事业。它以约占地球表面71%的海洋为研究主体,主要研究海水、溶解和悬浮于海水中的物质、生活于海洋中的生物、海底沉积和海底岩石圈,以及海面上的大气边界层和河口海岸带。因此,海洋科学是地球科学的重要组成部分。海洋科学运用的基础学科也十分广泛,包括物理、化学、生物、地质等。海洋本身的整体性,海洋中各种自然过程相互作用的复杂性和主要研究方法、手段的共同性,统一起来使海洋科学成为一门综合性很强的科学。

海洋科学是20世纪40年代以来出现的一门新兴学科,形成了海洋学、海洋调查、管理学原理、海洋管理概论、生物海洋学、化学海洋学、海洋地质学、普通气象学、海洋法、海洋带管理、海域使用管理、海洋监察管理、海洋环境保护等研究方向。1957年SCOR(海洋研究科学委员会)和1960年IOC(政府间海洋学委员会)成立,促进了海洋科学的迅速发展。美国的深潜器"Trieste Ⅱ"(的里雅斯特2号)1960年曾深潜到10 919米的海洋深处,美国核潜艇"USS Nautilus号"(鹦鹉螺)1958年从冰下穿越北极,我国的海洋科学考察自20世纪80年代以来,在南极和北极都建立了中国科学考察站,我国载人潜水器"蛟龙号""奋斗者号"的下潜深度更是打破了世界纪录,我国在人类和平利用海洋科研方面正在为全球做贡献,展现着海洋探索的大国实力和担当。现代海洋科学已经发展成为一个相当庞大的体系。一方面是学科分化越来越细;另一方面是学科的综合化趋势越来越明显,海洋科学各分支学科之间,海洋科学同其他科学门类之间相互渗透、相互影响。

海洋科技相关的学科成立和科技名词的出版是涉海类学科中最早的。《海洋科技名词(第二版)》(2007年出版)是全国科技名词审定委员会审定公布的第二版海洋科技名词,是在第一版《海洋科学名词》(1989年出版)的基础上修订增补而成的,内容包括总论、海洋科学、海洋技术及其他等4大类,共3 126条。《海洋科技名词(第二版)》对每个词条都给出了定义或注释。这些名词是科研、教学、生产、经营以及新闻出版等部门应遵照使用的海洋科技规范名词。

海洋科技名词01.总论,包括:01.01一级分支学科名词、01.02公用名词;02.海洋科学,包括:02.01物理海洋学、02.02海洋物理学、02.03海洋气象学、02.04海洋生物学、02.05海洋化学、02.06海洋地质学、海洋地球物理学、海洋地理学和河口海岸学、02.07极地科学、02.08环境海洋学;03.海洋技术,包括:03.01海洋工程、03.02海洋矿产资源开发技术、03.03海水资源开发技术、03.04海洋生物技术、03.05海洋能开发技术、03.06海洋水下技术、03.07海洋观测技术、03.08海洋遥感、03.09海洋预报预测、3.10海洋信息技术、03.11海洋环境保护技术;04.其他,包括:04.01海洋管理、04.02海洋法规、04.03海洋经济、04.04海洋灾害、04.05军事海洋、04.06海洋旅游、04.07海洋文化、04.08国际海洋组织和重大科学计划。

# 第五节　涉海的子学科——船舶工程及其术语名词概论

船舶工程是造船、修船、舾装等这些和船舶生产相关的学科名称。据《易·系辞下》记载,"伏羲刳木为舟,剡木为楫",说明我国在很早以前就已发明了舟船。我国造船在中国古代就有过辉煌,例如明代郑和下西洋时的"宝船"就是当时世界上最大的船只。我国自20世纪末开始,和韩国、日本成为全球造船三大强国,于近年超越了韩国成为全球第一大造船强国,造船代表了国家的重工业实力,更展示了国家综合实力。

该学科涉及的研究领域有:工程力学、船体结构与制图、船舶电工基础、船舶与海洋工程材料、船舶原理、船舶焊接工艺、船舶设计基础、船舶CAD/CAM、造船生产设计、船舶建造工艺、船舶舾装工程基础、船舶检验、船舶机电设备与安装工艺、船舶动力装置、船舶涂装与防腐。

从全国科技名词审定委员会1998年公布的船舶名词分类上看,船舶工程术语名词包括:01.船舶种类及船舶检验规范、国际公约和证书;02.船舶总体;03.船舶性能及其试验;04.船体结构、强度及振动;05.船舶舾装;06.船舶机械;07.船舶电气;08.船舶通信、导航;09.专用船特有设备,包括:09.1工程船,09.2海洋调查船,09.3潜水器及水下工作装置,09.4渔船;10.船舶防污染;11.船舶腐蚀与防护;12.船舶工艺;13.海洋油气开发工程设施与设备。可见船舶工程行业是一个复合型行业,是一个以机械制造、工艺、安装等多行业为主,并跟踪现代船舶工程的系统工程。

我们从术语学传播的层面来观察,该行业从业人数相对其他行业不具备普及性与广泛性,术语使用也比较单一,便于术语的规范,在船舶工程行业推行术语标准化不应该是一个难事。加上大型船舶、军事船舶、先进船舶的技术与信息的封闭性,船舶工程学科自上而下的术语统一与宣贯可能会更加容易。虽然缺乏互动会使术语的普及效果比较差,但是该行业术语规范难度不大。

# 本 章 小 结

本章梳理了已有的涉海领域各学科发展状况,以学科名称术语词为考察对象,结合相关学科领域的发展,对学科进行剖析。结合涉海学科发展的需要,在打破学科壁垒的情况下,适时地提出学科群的群组概念,并提出涉海术语学为特殊术语学的概念。"涉海"属于全国科技名词审定委员会的学科集群范畴,它应该以组织形式存在,比如成立学科间协调机构,用来协调诸如船舶工程、水产科学技术、航海科学技术、海洋科学技术等相关的(分)委员会,并进一步理顺与规范各学科所定义的名词,尽量不要收录、定义已经被其他学科定义过的相同名词术语,对已经规范过的术语名词不同说法之间进行统一,让名词更加科学。打破学科壁垒后,各个学科间可以更加协调发展,让全国科技名词审定委员会的"术语在线"数据库的同类学科名词重复率降到最低,给使用者带来便利,同样,媒体的工作者也不必为同一名词由于在不同学科领域的称谓不同而大伤脑筋了。

# 第二章 我国涉海术语研究历程简介

本章给出涉海术语机构的整体概念,从术语机构形成、发展、完善,以及术语研究的发展等方面给出术语研究的一个轮廓。

## 第一节 涉海相关术语(分)委员会

没有有效的机构组织,术语工作就无法正常进行下去。从我国科技名词审定委员会的管理机构来看,全国科学技术名词审定委员会(注:1996年12月之前该委员会的名称是全国自然科学名词审定委员会)是国家术语名词管理委员会,涉海类科技名词审定委员会是其下设机构,本书为了体现其和全国科技名词审定委员会的上下级隶属关系,以"(分)委员会"命名。从学科内涵、子学科范畴、收纳术语相似度等方面来看,我国涉海类术语相关(分)委员会包括:航海科学技术名词审定(分)委员会、水产名词审定(分)委员会、船舶工程名词审定(分)委员会、海洋科学技术名词审定(分)委员会。其中海洋科学技术名词审定(分)委员会成立于1986年,属于最早建立的涉海名词审定(分)委员会,其余三个(分)委员会则分别成立于1990年、1991年、1992年。海洋科学技术名词审定(分)委员会的第一届委员会副主任还担任了航海科学技术名词审定(分)委员会的主任,可见我国涉海类各(分)委员会之间的相通性。

探讨涉海领域研究成果可以推知涉海术语学建构的成熟程度,对涉海术语学的概念体系构成起到支撑作用。

### 一、航海科学技术名词审定(分)委员会建设

我国航海类机构众多,加上使用差异很大,航海科学常用名词的标准化、系统化对该学科的发展、交流有着十分重要的意义。航海科学技术名词审定(分)委员会于1990年8月正式成立,罗钰如先生任第一届主任委员。1990年至1994年,第一批4 760条航海科学技术名词的审定工作完成,于1996年由航海科学技术名词审定(分)委员会正式公布。目前,航海科学技术名词审定(分)

委员会正在筹备第二版名词的审定工作。

第一届航海科学技术名词审定(分)委员会人员组成如下:

顾问:文干、李景森、陈嘉震、陈德鸿、林治业、龚銮、解苊民

主任:罗钰如

副主任:张德洪、林玉乃、杨守仁

委员:丁荣生、王逢辰、王维新、王联忠、方乃正、孙凤羽、李武玲、何向良、沈鼎新、张洪福、陆儒德、邵树山、罗什根、柯贤柱、洪文友、郭禹、袁安存、袁启书、钱天祉、殷佩海、唐建华、龚飞明、雷海、潘琪祥、戴淇泉

秘书:马宝珍

编写组成员:王建平、王逢辰、刘文勇、刘先栋、齐传新、苏殿泉、杜荣铭、吴昭钿、邱振良、陆儒德、陈义亮、陈维铭、林敏、金受琪、袁安存、袁启书、殷佩海、郭禹、阎永阁、傅廷忠

为了统一我国航海科学技术名词,在学术上规范航海科学技术的名词术语,协调与统一航海领域的术语规范,处理好航海术语学科学性、系统性和通俗性之间的关系,同时又要考虑航海领域与其他相邻学科的关联,经全国科技名词审定委员会批准,中国航海学会于1990年成立了航海科学名词审定(分)委员会,并按学科组成几个工作组,即航海技术、轮机工程、船舶电气、船舶通信、军事航海等多个领域的工作组。

该(分)委员会于1990年12月至1991年2月将各专业审定组收集的各个学科的基本名词,按统一格式、份数打印成册,交审定(分)委员会办公室汇总,形成初稿,分发给各(分)委员会委员、有关单位或个人审阅,广泛征求意见。第一届(分)委员会的工作成果之一,就是审定并公布了航海科技名词,即通过专家收集、遴选、审定后,提交全国科技名词审定委员会终审后发布,成果于1996年由科学出版社出版。

## 二、水产名词审定(分)委员会建设

为了协调水产科学名词,中国水产协会成立了"水产科学名词研究审定组",其目的是规范水产科学名词。1991年,原"中国水产学会水产科学名词研究审定组"改组成"水产名词审定(分)委员会",隶属全国科技名词审定委员会和中国水产学会,该审定委员会由刘恬敬研究员任主任、王民生副研究员、袁辅顺高工和霍世荣副编审任副主任,并聘请了水产系统专家教授进行研究工作。

水产名词审定(分)委员会于1991年9月正式成立,贺寿伦先生任第一届主任委员。1998年,由于机构人员的变化,水产名词审定(分)委员会调整了人

员组成,并在审定工作要求中,由原来只列出中英文对照的词条改为同时增加定义或注释。最终,《水产名词》包括水产基础科学、渔业资源学、捕捞学等12部分,共3 321条术语名词,于2002年由全国科技名词审定委员会正式公布。

第一届水产名词审定(分)委员会人员组成如下:

顾问:刘恬敬、乐美龙

主任:贺寿伦

委员:王尧耕、王昭明、左文功、乔庆林、庄平、刘焕亮、李晓川、吴婷婷、辛洪富、沈自申、陈大刚、陈松林、柳正、袁有宪、袁蔚文、聂品、徐世琼、唐金龙、黄锡昌、雷霁霖

秘书:赵文武

# 三、船舶工程名词审定(分)委员会建设

1992年4月成立的船舶工程名词审定(分)委员会,负责审定船舶工程名词,由王荣生先生和朱遐良先生任主任委员。从提出词目到确定词条中英文,再到定义撰写,船舶工程名词先后经过船舶工程名词审定(分)委员会初审,及全国科技名词审定委员会的审核和修改,于1997年1月完成审定工作并正式公布,共3 606条术语名词。

第一届船舶工程名词审定(分)委员会人员组成如下:

顾问:杨槱、袁随善、何志刚、许学彦、顾宏中、蔡颐

主任:王荣生

副主任:王守道、陆建勋、王应伟

委员:万廷镫、马作权、王勇毅、方志良、叶平贤、吕松龄、曲长云、朱遐良、刘家驹、李贵臣、吴运炜、邱成宗、何朝昌、辛元欧、汪顺亭、沈进威、周元和、周华兴、赵忠义、恽良、洪强、聂武、顾心愉、栾永年、郭长洲、郭彦良、郭德馨、黄林根、康元

秘书:康元(兼)、郭德馨(兼)、黄林根(兼)、李苏豫

编制委员会人员组成如下:

主任:朱遐良

副主任:李贵臣、洪强

委员:万廷镫、王笙、王发祥、曲长云、严雪雁、李平、李强、汪顺亭、沈庆道、宋德华、张书清、陈国敏、季春群、夏泳楠、顾心愉、徐小波、黄建章、盛昕、康元、虞伟棠

## 四、海洋科学技术名词审定(分)委员会建设

1986年5月正式成立海洋科学名词审定(分)委员会,曾呈奎院士担任主任委员。1985年至1989年,第一批1 536条海洋科学名词的审定工作完成,包含6部分,于1989年正式公布。随着海洋科学研究的深入,一些新的分支学科和新的科学技术名词出现,特别是海洋技术名词的比例增加,因此,2001年成立第二届委员会时,更名为海洋科学技术名词审定(分)委员会,杨文鹤担任主任委员,审定了3 126条名词,并加注定义。第二版《海洋科学技术名词》于2007年公布。

第一届海洋科学技术名词审定(分)委员会人员组成如下:

主任:曾呈奎

副主任:罗钰如、刘瑞玉、严恺

委员(按姓氏笔画为序):毛汉礼、文圣常、石中瑗、业治铮、邢至庄、任美锷、刘光鼎、关定华、孙秉一、纪明侯、李少菁、李允武、苏纪兰、何起祥、吴瑜端、陈吉余、陈则实、陈国珍、周明煜、周家义、张立政、张志南、钮因义、秦蕴珊、徐恭昭、黄宗国、巢纪平、管秉贤

学术秘书:管秉贤(兼)、钮因义(兼)

秘书:穆广志、徐鸿儒

起草组成员(按姓氏笔画为序):艾万铸、乐肯堂、齐孟鹗、刘季芳、刘智深、孙秉一、纪明侯、杨纪明、李延、李日东、沈育疆、陈芸、陈骉、赵一阳、赵绪孔、高良、张大错、钮因义、袁晓茂、耿世江、钱佐国、翁学传、顾传宬、郭玉洁、唐质灿

# 第二节　我国涉海术语初期的相关探索

我国最早的涉海术语研究在全国科技名词审定委员会成立之前就已经开始了。1979年成立了航海协会,航海术语研究是航海协会的工作之一。

## 一、制定全国统一的涉海术语和名词

以航海术语研究为例,1979年中国航海学会第一次代表大会上,一些代表建议学会应当承担统一我国航海名词、代号的工作。第一届理事会很重视这项建议,会上商定由大连航海学会负责草拟统一的方案。大连航海学会于1980年3月成立了"常用航海名词、代号调查研究小组"(简称"调研组")。讨论会

成员来自全国航运、海军、水产等系统的代表,他们对"调研组"拟定的"常用航海名词、术语及其代号"的统一方案进行了深入的讨论,提出了许多宝贵的补充和修改意见,最后制定出我国第一个航海类的标准。本次统一的主要是航海中常用的缩写符号,还有部分航海名词与代号,航海术语尽量以英文为主,部分内容也要体现出我国的国情特色。本次统一的范围有海图作业标注,航海日志填写,车、舵、锚令及系泊口令为主的航海名词术语。无论是在航海技术领域还是其他领域,航海技术标准化是较早开始的。

## 二、发表有关涉海术语方向的论文

我们仍然以航海术语为例,1981 年《中国航海》杂志将当时的工作全文《航海常用名词、术语及其代号》统一方案向社会公布。1981 年 6 月《大连海运学院学报》发表了施乃康、袁启书、马金顺、武定国等(分别代表不同院校和部队)的论文《关于统一我国常用航海名词术语及其代号的调查研究》,论文中论述了我国航海科学技术一些标号需要采用英语缩写而非采用汉语拼音的迫切需求,并提出了名词规范方案。同时提出统一航海术语名词的原则。施乃康等(1981:18-21)提出了统一名词的几个原则:"1. 科学严密、含义贴切的原则。换言之,每个航海名词术语代号都有确切的含义,概念清晰,词义相符,凡是原中文名不确切的正在使用词必须要纠正,凡是中文命名不确切的又无法改正的,应予以不同代号,以示区别。车、舵、锚、系泊口令必须清晰,不容易混淆。2. 适应发展,便于交往的原则。航海名词、术语及代号必须随着航海技术的发展而更新,在引进新技术时也必须采用新的代号。引进新代号必须符合航海技术发展的新需要。要适应航海表册标注。为了便于交往,需要照顾有关学科的特殊需要。3. 简单明了,通俗易懂的原则。简单明了,则便于传播和易于接受。字母必须少,越少越好,要符合汉语语法规律,处理好因英语和汉语语言不同带来的问题。外来语采用音译的基本思想。"在我国涉海术语研究的短暂历史中,此篇论文非常接近于术语研究。

## 三、术语审定的标准化原则

早在全国科技名词审定委员会成立之前,涉海类名词审定(分)委员会已经成立,其名词小组都是行业协会的分支机构,通常由院校教师、杂志社编辑共同组成。其中水产科技名词小组开始此项工作较早,其《1988 年水产名词术语审定与标准化简则》,由霍世荣副编审起草[霍世荣先生也是后来成立的水产名词审定(分)委员会副主任],该草案于 1988 年在《水产标准化》第一期上发表。

其内容如下：

（1）水产科学名词术语的审定范围，以我国经常出现的水产学各专业基本名词术语为限，审定内容包括定名和定义。

（2）水产科学名词术语审定与标准化，应在广义的水产学范畴内进行，包括：水产资源、捕捞、渔船、渔业机械与仪器，水产增殖与养殖，水产品加工以及其他水产科学基本名词术语。不包括水产学中常用相邻科学的名词术语，如数学、统计学、物理学、化学、天文学、海洋学、地球科学、生物科学、农业科学、医学及社会科学等。

（3）审定的名词术语要概念清晰，词义与内涵一致，内涵要相对稳定；并采取"一物一名"的原则。

（4）定名时应注意汉语构词的特点和习惯，要通俗、易懂、易记、繁简相宜，便于进行国际学术交流。并注意以下几种情况：新定与习用，单词与复合词，同义词与歧义词，学名与俗名，汉语与外来语，音译与意译，民族化与国际化等。

（5）定名时不可造新字或借用古字，应以《新华字典》或《现代汉语词典》收入的汉字为准。引用外来语时，应符合汉语词法和句法。

（6）审定名词术语应注意其体系性和属种名称的特征。

（7）对已约定俗成的名词术语，只要不易引起混淆，一般不宜强行改动，即要注意使用名词术语的习惯性。

（8）水产科学名词术语的审定，需考虑与我国台湾和港澳地区名词术语的统一，考虑相邻学科的习惯和用法；但对其中内涵不同的词，仍应根据水产科学的特点另行确定。

（9）在审定原有的水产科学名词术语的同时，应注意对现代水产科学新概念、新名词的统一和标准化。

（10）对汉语本源水产科学名词术语，应同时选定等效的国际通用的英语名词。一个汉语名词（概念）如有几个与之相对应的英名，原则上选取一个国际上通用的。若取舍困难，可予以并列。英语名词词首一律小写，除必须用复数者外，一律用单数。

（11）定义应统一采用内涵（实质），定义各项必须符合定义的要求和原则。

从起草的工作简则中我们可以看到，收集术语的方式在充分考虑到汉语特点外，也兼顾了英语的一些特征，很多提法充分吸收了全国科技名词审定委员会倡导的一些基本原则，比如说单一性原则。并考虑到了行业特点，上述各原则至今仍被全国科技名词审定委员会所采用。

# 第三节  我国涉海术语词汇的
## 定名与使用研究

我国涉海类各学科的定名与使用都经历了自己的历程,有的从组织机构渠道,比如经全国科学技术名词审定委员会定名落实并应用;还有的是通过论文发表的在理解与使用中的思考,这也是推动涉海术语学发展的原动力。

我们以航海科学技术术语为例,观其从最初的形成到论文的探讨,再到最后形成规范的点滴。由于常用航海名词、术语及其代号的统一是一个复杂的问题,为慎重起见,20世纪90年代初期在大连召开的专题讨论会上提出的以海图作业标注,航海日志填写,车、舵、锚令及系泊口令等为主的《航海常用名词、术语及其代号》推荐稿获得大量刊印,并进一步征求国内外广大航海人员的意见。我国早期涉海术语学的研究都是从术语词汇的辨识相关研究开始的。比较早的涉海术语研究,如袁启书(1993:7-40)的论文《MP的汉语译名》,从外来术语的翻译方面探讨术语本土化过程中的术语名词的规范化问题,文中论述了MP(meridianal part)一词的汉语定名"纬度渐长率""渐长纬度""子午线渐长率""渐长纬度率""经线弧长""墨卡托海图上经度一分的弧长",文中通过计算术语学的方法,对其中不当名称进行了重新定义。袁启书在文中提出了术语管理方面的思考,他认为,一个准确规范的译名,必须符合以下三个原则:(1)要能正确反映这一科学概念的本质及其属性。一个科学名词术语通常具有鲜明确切的科学概念、严谨正确的科学定义。如果概念不统一、定义各异,或对这一概念的本质属性理解不同则命名就不能统一。(2)科学译名应符合汉语构词的基本规律和特点。这是衡量译名是否确切的又一原则。某些汉语词汇具有相关性或对称性的特点。(3)译名要遵循"副科服从主科,主科尊重副科的原则"。航海是一门多学科综合性应用的学科。地文航海是测绘学的应用学科,测绘学上已将MP定名为"渐长纬度"。如果没有概念上的错误,则"纬度渐长率"就应该加以正名,改为"渐长纬度"。

在袁启书的论文中,除了从航海学的本身探讨术语名称外,他对于专业术语管理也提出了自己的想法,特别是主科与副科论的说法是术语学管理的顶层设计范畴,自术语学在我国开始研究起,术语学管理的有序发展成了需要探讨的话题。

卢慧筠(1993:23-24)探讨的"声纳"与"声呐",是声学中的一个物理量和一种水下探测设备。两个领域概念相同而名称不同。当今涉海行业中渔船多装有"声呐",这是译名,原名是 sound navigation and ranging 的缩写词 sonar,原意为声音导航和测距,或者说是声音导航与定位,该词的译名为"声呐"。声学物理量为"声纳(acoustic susceptance)",因此出现了声呐与声纳之区分。

在卢慧筠的论文中,主要是针对同音不同义的汉语术语名词的处理,反映了汉语的文字特点。以"声纳"与"声呐"为例,如果转写为汉语拼音,则二者没有区分。要知道汉语拼音是外来文字,我们只是借助于外来文字表音,并不是我们民族文字。

如上文,当对于词的探讨日渐成熟时,在专家学者充分论证的基础上,最后由各自(分)委员会审定,并由全国科技名词审定委员会终审作为术语规范发布。

总之,我国早期的涉海术语工作主要任务就是定名、推广、发现问题、更名等具体工作,结合术语学进行涉海类相关的理论研究不多,多数都是词的辨析和应用层面的研究。

# 第四节　我国涉海类术语传播研究

涉海类术语研究和其他研究的根本区别就是涉海类术语有着传播属性,本节主要探讨涉海类著作的传播形式。

## 一、航海科学技术类术语名词首次发布

科学出版社于 1997 年 2 月出版的《航海科技名词》是由航海科学技术名词审定(分)委员会初审,由全国科技名词审定委员会终审并对外公布的航海科技名词。这些名词主要包括地文航海、轮机管理、军事航海、渔业航海等 15 大类,共计 4 760 个词条,该书共 548 千字。编写组成员有航海技术、航海通信、轮机工程、军事航海、渔业航海、海商法等相关人员,有王建平、王逢辰、刘文勇、刘先栋、齐传新、苏殿泉、杜荣铭、吴昭钿、邱振良、陆儒德、陈义亮、陈维铭、林敏、金受琪、袁安存、袁启书、殷佩海、郭禹、阎永阁、傅廷忠等 20 名专家。1990 年 8 月,在"航海科技名词审定(分)委员会"的成立大会上,根据全国自然科学名词审定委员会制定的《自然科学名词审定原则和方法》,确定了《航海科学名词审定委员会工作条例》和《航海科技名词体系表(初稿)》,并组成了航海、轮机管理与法规三个专业组和名词审定办公室,分别着手收集第一批名词。1991 年 4

月,拟出的第一批"航海科技名词草案"被分发给了全国航海院校和有关企事业单位,以征求意见。在交通、海洋、海军、水产等单位的意见基础上,各专业组进行了多次讨论和修改,形成了一审稿,并于 1992 年 7 月在大连召开的航海科技名词一审会议上对此稿进行了审定。继而在 1992 年 12 月于广州召开的第二次航海科技名词审定会议上,对二审稿进行了审定。在此基础上,于 1993 年 10 月形成了三审稿。1994 年 1 月在航海科技名词审定(分)委员会主任扩大会议上进行了最后一次审定,1994 年 1 月 28 日完成了航海科技名词审定工作。该术语名词是当时最成熟的航海技术名词,为航海科学技术名词传播做出了巨大贡献。

## 二、船舶工程类术语名词首次发布

科学出版社于 1998 年 12 月出版的《船舶工程科技名词》,共计 13 大类、3 606 个词条,共计 359 千字。《船舶工程科技名词》编制委员会主任委员:朱遐良(主任)、李贵臣(副主任)、洪强(副主任);委员(按姓氏笔画为序):万廷镫、王笙、王发祥、曲长云、严雪雁、李平、李强、汪顺亭、沈庆道、宋德华、张书清、陈国敏、季春群、夏泳楠、顾心愉、徐小波、黄建章、盛昕、康元、虞伟棠,共 23 名专家。

1992 年 7 月,船舶工程名词编制委员会在广泛调研的基础上完成了船舶工程名词词目稿,提出词目 5 000 余条。1992 年 8 月,船舶工程名词编制委员会召开第二次工作会议,对词目草案进行了协调、筛选,初步确定了 3 600 余条词目。其后,船舶工程名词编制委员会在经过认真分析研究和参阅大量相关资料的基础上,对确定的中文词条及其外文对应词做了进一步修改,完成了定义的撰写。1993 年 11 月,船舶工程名词编制委员会完成了船舶工程名词征求意见二稿,12 月再一次在全国范围内征求意见。1994 年 6 月,船舶工程名词编制委员会召开了工作会议,部分审定委员会委员和特邀的船舶工程界老专家出席了本次会议。会上对征求意见二稿反馈意见处理结果向与会代表做了汇报,对有关重要修改建议的处理结果予以说明,对征求意见二稿中的名词、定义、英文对应词等做了进一步修改、补充,并于 1994 年 6 月完成了船舶工程名词送审稿。1995 年 4 月下旬,船舶工程名词审定(分)委员会在北京召开了船舶工程名词终审会,对船舶工程名词编制委员会提交的船舶工程名词送审稿进行了审查。1995 年 11 月至 1996 年 7 月,杨槩、袁随善、何志刚、许学彦、顾宏中、蔡颐等受全国科技名词审定委员会的委托,对上报的船舶工程名词进行了认真复审,所提出的意见经船舶工程名词审定(分)委员会研究和讨论,并对上报稿又进行了修改,于 1997 年 1 月完成了本批船舶工程专业基本名词的审定工作,最后报请全国科技名词审定委员会审定公布。

## 三、海洋科学技术术语名词首次及再次发布

第一版《海洋科学名词》是1989年由科学出版社出版的,是最早公布的涉海类科技名词。《海洋科学名词》(第二版)于2007年5月出版,其内容包含:总论、海洋科学、海洋技术、其他等4大类,共计3 126个词条、443千字,主要编写人员有(按姓氏笔画为序):王伟元、王国强、王喜年、白云、白珊、冯卫兵、曲金良、朱光文、刘建华、寿明德、杨正已、吴克勤、何汉漪、沈中昌、宋家喜、张树荣、张珞平、张海文、张馥桂、陈立奇、陈清莲、林明森、宗召霞、侯纯扬、郭丰义、葛运国、童裳亮、赖万忠、黎明碧、魏文博,共30名专家。

1985年,中国海洋湖沼学会和中国海洋学会受全国科技名词审定委员会的委托,组织专家审定了海洋科学名词1 536条(附对应英文名),并由全国自然科学名词审定委员会于1989年批准公布。1989年版《海洋科学名词》的发布,有力地改变了我国海洋科学名词使用混乱和定名不准确的状况,促进了海洋科学名词的统一和规范。随着我国海洋科学研究的深入,国际海洋科学技术交流与合作的扩大以及海洋开发规模和环境保护力度的不断增强,不但出现了一些新的分支学科,更涌现了一批新的科技名词。因此,在《海洋科学名词》基础上,扩大收编和审定海洋科学技术名词并注释其定义,既是科技名词统一和规范化的需要,又是海洋科学技术发展的必然需求。由于海洋技术名词的比例增加,故第二版的书名改为《海洋科技名词》。

2001年5月,中国海洋学会受全国科技名词审定委员会的委托,成立了由40余位专家组成的海洋科技名词审定(分)委员会,为1989年版《海洋科学名词》的词条加注定义;收编注释和审定1989年以来新出现的海洋科学技术名词。在各分支学科编写组收编的6 241条词目的基础上,经过9次总编写组会议的查重修改和补充,以及《海洋科技名词》审定委员会3次会议的审议,编辑出了《海洋科技名词》第一稿。2004年10月底,经总编写组专家的复审完成了《海洋科技名词》的审定,核定出术语名词共计3 126条。

## 四、水产科学技术术语名词首次发布

中国水产学会受全国科技名词审定委员会的委托,于1991年成立了水产名词审定(分)委员会,开始着手水产名词的审定工作。当时,该委员会挂靠在中国水产科学研究设计院,具体工作由该院科技情报研究所负责。1992年到1997年,该委员会制定了水产名词的体系表,分专业收集了部分水产名词。该

委员会的委员和水产专家在其中做了很多工作。由于机构人员的变化,水产名词审定工作进度受到一定影响。为使该项工作顺利开展,中国水产学会于1998年调整组建了新的水产名词审定(分)委员会,具体工作改由学会秘书处承担。水产名词审定的内容也由原来只列出中英文对照的词条,改为同时增加定义或注释。新一届水产名词审定(分)委员会成立后,于1998年12月编出了《水产名词》初稿。从1999年1月到2000年6月的一年半时间里,该初稿及其修改稿前后4次发给水产名词审定(分)委员会委员和水产专家反复进行补充修改。1999年8月和2000年5月,还分别在上海和青岛召开了两次水产名词审定(分)委员会工作会议,对《水产名词》修改稿分组进行逐条讨论修改。最后,根据二审会议提出的意见,整理出《水产名词》报批稿。最后报请全国科技名词审定委员会批准后公布。2002年公布的水产名词共3 321条,涉及水产基础科学、渔业资源学、捕捞学、水产养殖学、水产生物育种学、饲料和肥料、水产生物病害及防治、水产品保鲜及加工、渔业船舶及渔业机械、渔业工程与渔港、渔业环境保护、渔业法规等12部分。在水产名词审定过程中,吸收了现行术语国家标准和相关的水产行业标准,以求两者尽可能协调一致。对与生物学、动物学、海洋学、遗传学等学科名词交叉重叠的部分,则按副科服从主科的原则定名。

在这次对水产名词的审定过程中,水产学界及相关学科的专家给予了大力的支持。除了第一届水产名词审定(分)委员会组成人员外,尚有(按姓氏笔画排序)马家海、王如才、王清印、白遗胜、冯志哲、仲惟仁、江尧森、江育林、李爱杰、李德尚、杨先乐、杨丛海、苏锦祥、张剑英、陆承平、陈思行、林洪、战文海、俞开康、郭大钧、黄琪琰、潘光碧等参与审定或提出过修改意见和建议。

尽管不乏宣传涉海术语类的论文与著作,但是在社会上形成涉海术语传播重大影响的只有上述四部术语学名词词库,这些术语学词库的诞生规范了相关学科的术语名词,规范了航海类院校教学用语,更规范了出版物的术语用词,对涉海术语的影响是其他论著、词典都无法替代的。

## 第五节　海峡两岸涉海术语规划问题研究

我国海峡两岸科技名词使用严重不统一,很多学者就两岸术语不统一而对产生的一系列使用问题进行了深入探讨。由于我国台湾岛四面环海,因此涉海术语问题在海峡两岸各术语中占最大比重。目前我国已经出版了《海峡两岸航海科技名词》《海峡两岸船舶工程名词》《海峡两岸海洋科学技术名词》三本涉海领域的海洋科学技术规范术语名词图书,为祖国统一做出了术语学的贡献。

# 一、海峡两岸渔业术语名词差异探讨

陆忠康(1996:10-16)撰文《关于海峡两岸渔业科技名词术语统一工作若干问题研究的探讨》,从其论文中分析了渔业科技名词的两岸差异,如表2.1所示。迄今为止,还没有官方机构出版我国大陆和我国台湾省关于水产名词差异的著作,我们只能以陆忠康的论文中涉及的两岸使用术语有差异的渔业名词为依据,分析异同规律。

表 2.1　海峡两岸渔业科技名词术语差异举例

| 序号 | 渔业科技名词术语 | 国家推荐术语词汇 | 台湾省居民用法 |
|---|---|---|---|
| 1 | *Penaeus monodon*（Fabricius） | 斑节对虾 | 草虾、虎虾 |
| 2 | *Penaeusmerguensis*（De Man） | 墨吉对虾 | 白虾 |
| 3 | *Penaeus japonicus*（Bate） | 日本对虾 | 斑节虾 |
| 4 | *Penaeus chinensis*（Osbeck） | 中国对虾 | 大正虾 |
| 5 | *Penaeus penicillatus*（Alcock） | 长毛对虾 | 红尾虾、松红脚虾、多毛对虾 |
| 6 | *Metapenaeus ensis*（De Haan） | 刀额新对虾 | 砂虾、剑角新对虾 |
| 7 | *Penaeus indicus*（H. Milne-Edwards） | 印度对虾 | 印度白对虾 |
| 8 | *Penaeus semisulcatus*（De Haan） | 短沟对虾 | 熊虾 |
| 9 | *Ranine ranina*（Linnaeus） | 蛙形蟹 | 旭蟹 |
| 10 | *Scylla serrata*（Forskal） | 锯缘青蟹 | 锯缘青鲟、红鲟 |
| 11 | *Artemia salina*（Linnaeus） | 卤虫 | 丰年虾 |
| 12 | *Macrobrachium rosenbergii*（de Man） | 罗氏沼虾 | 淡水长脚大虾 |
| 13 | *Crassostrea gigas*（Thunberg） | 长牡蛎 | 正牡蛎、蚵仔 |
| 14 | *Patinopectcn yessoensis*（Jay） | 虾夷扇贝 | 日月贝、帆立贝 |
| 15 | *Haliotis diversicolor aquatilis*（Reeve） | 水生杂色鲍 | 九孔、杂色鲍 |
| 16 | *Meretrix lusoria*（Rumphius） | 丽文蛤 | 文蛤 |
| 17 | *Argopecten irradians*（Lamarck） | 海湾扇贝 | 美国半边蚶 |
| 18 | *Ecklonia cava kjellman* | 腔昆布 | 捣布 |
| 19 | *Kjellmaniella gyrata Miyabe* | 圆切氏海带 | 海带 |
| 20 | *Costaria costata*（Turn）（Saunders） | 中肋藻 | 五筋藻 |

表 2.1（续 1）

| 序号 | 渔业科技名词术语 | 国家推荐术语词汇 | 台湾省居民用法 |
|---|---|---|---|
| 21 | *Ecklomiopsis radicosa*（Okmura） | 多根拟昆布 | 革藻 |
| 22 | *Gracilaria gigas*（Harvey） | 粗江蒿 | 大发菜 |
| 23 | *Acetabularia ryukyuensis*（Okamura et Yamada） | 琉球伞藻 | 伞藻 |
| 24 | *Tilapia mossambica*（Peters） | 莫桑比克罗非鱼 | 吴郭鱼 |
| 25 | *Chanoschanos*（Forskal） | 遮目鱼 | 虱目鱼 |
| 26 | *Salvelinus fontinalis*（Mitchill） | 美洲斑点鲑 | 河鳟 |
| 27 | *Mugil cephalus*（Linnaeus） | 鲻鱼 | 乌鱼 |
| 28 | *Ictalurus punctatus*（Rafinesque） | 斑点叉尾鮰 | 河鲶 |
| 29 | *Thunnus alalunga*（Bonnaterre） | 长鳍金枪鱼 | 长鳍鲔 |
| 30 | *Neothunnus albacora*（Lowe） | 黄鳍金枪鱼 | 黄鳍鲔 |
| 31 | *Lates calcarifer*（Bloch） | 尖吻鲈 | 红目鲈 |
| 32 | *Lateolabrax japonicus*（Cuvier） | 花鲈 | 七星鲈 |
| 33 | *Siganus canaliculatus*（Park） | 长鳍篮子鱼 | 臭都鱼 |
| 34 | *Epinephelus malabaricus*（Bloch et Schneider） | 点带石斑鱼 | 马拉石斑 |
| 35 | *Epinephelus tauvina*（Forsskal） | 巨石斑鱼 | 鲈滑石斑 |
| 36 | *Takifugu rubripes*（Temminck et Schlegel） | 东方红鳍鲀 | 虎河鲀 |
| 37 | *Chrysophrys auratus*（Bloch et Schneider） | 隆颈愈额鲷 | 金头鲷 |
| 38 | *Pagrus major*（Temminck et Schlegel） | 真鲷 | 嘉腊鱼 |
| 39 | *Scophthalmus maximus*（Linnaeus） | 大菱鲆 | 花点扁鱼、比目鱼 |
| 40 | *Engraulis japonicus*（Houttuyn） | 日本鳀 | 片口鳁 |
| 41 | *Plectropomus leopardus*（Lacépède） | 鳃棘鲈 | 豹纹豹鲙、黑棘鲈 |
| 42 | *Siniperca whiteheadi*（Boulenger） | 魏氏鳜鱼 | 石鳜 |
| 43 | *Siniperca roulei*（Wu） | 儒氏鳜 | 长体鳜 |
| 44 | *Acanthopagrus schlegeli*（Bleeker） | 黑鲷 | 沙格 |
| 45 | *Sparus sarba*（Forsskal） | 平鲷 | 黄锡鲷、枋头 |
| 46 | *Clarius fuscus*（Lacépède） | 胡鲇 | 土杀、塘虱鱼 |
| 47 | *Aristichthys nobilis*（Richardson） | 鳙 | 大头鲢、黑鲢 |
| 48 | *Acanthopagrus latus*（Houttuyn） | 黄鳍鲷 | 赤翅仔、乌鲳 |

表 2.1(续 2)

| 序号 | 渔业科技名词术语 | 国家推荐术语词汇 | 台湾省居民用法 |
|---|---|---|---|
| 49 | *Epinephelus akaara*（Temminck et Schlegel） | 赤点石斑鱼 | 香港红斑、红点石斑 |
| 50 | *Epinephelus fario*（Thunberg） | 鲑点石斑鱼 | 朱郭鱼、青点石斑 |
| 51 | *Siganus fuscescens*（Houttuyn） | 褐篮子鱼 | 网纹臭都鱼 |
| 52 | *Siganus oramin*（Bloch et Schneider） | 黄斑篮子鱼 | 星臭都鱼 |
| 53 | *Boleophthalmus pectinirostris*（Linnaeus） | 大弹涂鱼 | 花跳 |
| 54 | *Cirrhina molitorella*（Cuvier et Valenciennes） | 鲮 | 鲠鱼 |
| 55 | *Culter erythropterus*（Basilewsky） | 红鳍鲌 | 红鳍鲌鱼、白条鱼 |
| 56 | *Tilapia zillii*（Gervais） | 齐氏罗非鱼、红腹罗非鱼 | 吉利吴郭鱼 |
| 57 | *Hypophthalmichthys molitrix*（Cuvier et Valenciennes） | 鲢 | 竹叶鲢 |
| 58 | *Polynemus plebeius*（Brousonet） | 五指马鲅 | 五丝马鲅 |
| 59 | *Scatophagus argus*（Linnaeus） | 金线鱼 | 黑星银䱇、金鼓 |
| 60 | *Lutjanus russelli*（Bleeker） | 勒氏笛鲷 | 黑星笛鲷 |
| 61 | *Kyphosus lembus*（Cuvier） | 短鳍鮠 | 蘭勃鮠鱼、白毛 |
| 61 | *Glossogobius giuris*（Harmilton） | 舌鰕虎鱼 | 叉舌鰕虎、叉舌鲨 |
| 62 | *Evynnis cardinalis*（Lacépède） | 二长棘鲷 | 魬鲷、盘仔鱼 |
| 63 | *Cromileptes altivelis*（Cuvier et Valenciennes） | 驼背鲈 | 老鼠斑 |
| 64 | *Plectorhynchus cinctus*（Temminck et Schlegel） | 花尾胡椒鲷 | 花软唇、厚唇石鲈 |
| 65 | *Psettodes erumei*（Bloch et Schneider） | 大口鲉 | 大口鲽、扁鱼 |
| 66 | *Sciaenops ocellata*（Linnaeus） | 红拟石首鱼 | 黑斑红鲈 |
| 67 | *Seriola dumerili*（Risso） | 杜氏鰤 | 红甘鲹 |
| 68 | *Siganus vermiculatus*（Valenciennes） | 蠕纹篮子鱼 | 虫纹臭都鱼 |
| 69 | *Siganus guttatus*（Bloch） | 点篮子鱼 | 臭都鱼 |
| 70 | *Sillago sihama*（Forsskål） | 多鳞鱚 | 砂肠仔、沙鯵 |
| 71 | *Terapon jarbua*（Forsskål） | 细鳞蜦 | 花身鸡鱼 |

表 2.1(续 3)

| 序号 | 渔业科技名词术语 | 国家推荐术语词汇 | 台湾省居民用法 |
|---|---|---|---|
| 72 | *Varicorhinus barbatulus*（Lin.） | 粗须颌鱼 | 鲴 |
| 73 | *Anguilla japanicus*（Temminck et Schlegel） | 日本鳗鲡 | 白鳗 |
| 74 | *Channa maculata*（Lacépède） | 斑鳢 | 鳢鱼 |
| 75 | *Lethrinus nebulosus*（Forsskål） | 星斑裸颊鲷 | 青嘴龙占 |
| 76 | *Aequidens rivulatus*（Günther） | 缘齿丽鱼 | 红尾皇冠 |
| 77 | *Astronotus ocellatus*（Agassiz） | 星丽鱼 | 红猪 |
| 78 | *Astyanax fasciatus*（Cuvier） | 斑条丽脂鱼 | 金十字 |
| 79 | *Aulonocara nyassae*（Regan） | 非洲孔雀鲷 | 蓝天使 |
| 80 | *Brachydanio rerio*（Hamilton −Buchanan） | 斑马鱼 | 小斑马 |
| 81 | *Candidia barbata*（Regan） | 须鱲 | 马口鱼 |
| 82 | *Cichla temensis*（Humboldt） | 金目丽鱼 | 皇冠三间 |
| 83 | *Cichlasoma festivum*（Hcckel） | 艳丽体鱼 | 画眉 |
| 84 | *Cichlasoma maculicauda*（Regan） | 点丽体鱼 | 胭脂火口 |
| 85 | *Cichlasoma managuense*（Günther） | 马拉丽体鱼 | 花云豹 |
| 86 | *Cichlasoma meeki*（Brind） | 焰口丽体鱼 | 红肚火口 |
| 87 | *Cichlasoma salvini*（Günther） | 索氏雨体鱼 | 七彩菠萝 |
| 88 | *Colossoma brachypomum*（Cuvier） | 短盖巨脂鲤 | 红银板 |
| 89 | *Corydoras aeneus*（Gill） | 侧斑兵鲇 | 咖啡鼠 |
| 90 | *Corydoras paleatus*（Jenyns） | 杂色兵鲇 | 花鼠 |
| 91 | *Ctenolucius hujeta*（Valenciennes） | 饨吻鲆脂鱼 | 银火箭 |
| 92 | *Geophagus brasiliensis*（Quoy et Gaimard） | 巴西珠母丽鱼 | 西德蓝宝石 |
| 93 | *Geophagus jurupari*（Heckel） | 朱氏珠母丽鱼 | 蓝宝石 |
| 94 | *Geophagus surinamensis*（Bloch） | 苏里南珠母丽鱼 | 七彩蓝宝石 |
| 95 | *Haplochromis compressiceps*（Bouleng） | 扁首朴丽鱼 | 马面 |
| 96 | *Haplochromis euchilus*（Trewavas） | 纵带朴丽鱼 | 紫红六间 |
| 97 | *Haplochromis livingstonii*（Günther） | 利氏朴丽鱼 | 迷彩鲷 |
| 98 | *Haplochromis moorii*（Boulenger） | 蓝朴丽鱼 | 蓝茉莉 |
| 99 | *Haplochromis venustus*（Bouleng） | 大斑朴丽鱼 | 金星 |
| 100 | *Helostoma temmincki*（Cuvier et Valenciennes） | 吻鲈 | 接吻鱼 |

表 2.1(续 4)

| 序号 | 渔业科技名词术语 | 国家推荐术语词汇 | 台湾省居民用法 |
|---|---|---|---|
| 101 | *Hemticulter leucisculus*（Basilewsky） | 鲦 | 保条 |
| 102 | *Jordanella floridae*（Goode） | 乔氏鳉 | 美国旗 |
| 103 | *Labeotropheus trewavasae*（Fryer） | 屈氏突吻丽鱼 | 勾嘴蓝小丑 |
| 104 | *Lamprologus leleupi*（Poll） | 淡黄栉鳞丽鱼 | 黄天堂鸟 |
| 105 | *Lepomis gibbosus*（Linnaeus） | 驼背太阳鱼 | 嫦娥 |
| 106 | *Macropodus opercularis*（Linnaeus） | 叉尾斗鱼 | 蓝斑鱼 |
| 107 | *Moenkhausia sanctaefilomenae*（Steindachner） | 黄带直线脂鲤 | 红目 |
| 108 | *Notropis lutrensis*（Baird et Girard） | 卢特拉美洲鲅 | 小精灵 |
| 109 | *Paracheirodon innesi*（Myers） | 宽额脂鲤 | 日光灯 |
| 110 | *Poecilia latipinna*（LeSueur） | 帆鳍花鳉 | 金茉莉 |
| 111 | *Pseudotropheus tropheops*（Regan） | 横纹拟丽鱼 | 非洲王子 |
| 112 | *Pseudotropheus zebra*（Boulenger） | 灰黄拟丽鱼 | 金雀 |
| 113 | *Pterophyllum scalare*（Cuvier et Valenciennes） | 大神仙鱼 | 神仙鱼 |
| 114 | *Puntius conchonius*（Hamilton-Buchanan） | 五彩无须魮 | 玫瑰鲫 |
| 115 | *Rhodeus ocellatus*（Kner） | 高体鳑鲏 | 红花葵扇 |
| 116 | *Symphysodon discus*（Heckel） | 盘丽鱼 | 七彩 |
| 117 | *Thayeria boehlkei*（Weittzman） | 搏氏企鹅鱼 | 小企鹅 |
| 118 | *Trichogaster leeri*（Bleeker） | 珍珠毛足鲈 | 珍珠马甲 |
| 119 | *Trichogaster microlepis*（Günther） | 小鳞毛足鲈 | 银马甲 |
| 120 | *Trichogaster trichopterus*（Pallas） | 毛足鲈 | 金万隆 |
| 121 | *Tropheus duboisi*（Marlier） | 灰躯蓝首鱼 | 珍珠蝴蝶 |
| 122 | *Uaru amphiacanthoides*（Heckel） | 三角丽鱼 | 黑云 |
| 123 | *Varicorhinus alticorpus*（Oshima） | 高体突吻鱼 | 高身鲴鱼 |
| 124 | *Balantiocheilus melanopterus*（Bleeker） | 黑鳍袋唇鱼 | 银沙 |
| 125 | *Botia macracanthus*（Bleeker） | 皇冠沙鳅 | 三间鼠 |
| 126 | *Distichodus sexfasciatus*（Boulenger） | 六带复齿脂鲤 | 皇冠九间 |
| 127 | *Gnathonemus petersii*（Günther） | 彼氏锥颌鱼 | 象鼻 |
| 128 | *Gymnarchus niloticus*（Cuvierr） | 裸臀鱼 | 尼罗河魔鬼 |

表 2.1(续 5)

| 序号 | 渔业科技名词术语 | 国家推荐术语词汇 | 台湾省居民用法 |
|---|---|---|---|
| 129 | *Labeo frenatus*（Fowler） | 须唇野鲮 | 白彩虹沙 |
| 130 | *Labeo erythrurus*（Fowler） | 虹野鲮 | 黑彩虹沙 |
| 131 | *Lepisosteus oculatus*（Winchell） | 眼斑雀鳝 | 鳄鱼火箭 |
| 132 | *Osteoglossum ferreirai*（Kanazawa） | 费氏骨舌鱼 | 银带 |
| 133 | *Panaqueniglolineatus*（Peters） | 黑线巴拉鲇 | 皇冠豹 |
| 134 | *Polyodon spathula*（Walbaum） | 匙吻鲟 | 太空梭 |
| 135 | *Polypterus congicus*（Boulenger） | 刚果多鳍鱼 | 海象 |
| 136 | *Pseudoplatystoma fasciatum*（Linnaeus） | 条纹似平嘴鲇 | 虎皮鸭嘴 |
| 137 | *Scleropages formosus*（Müller et Schlegel） | 马来亚巩鱼 | 红龙 |

通过表 2.1 表达的差异来看，海峡两岸对于同样渔业科技术语名词表达方式有一定的差异，有的词无法构成相似性联想。从表 2.1 可以总结出以下几点：①虽然表达方式有差异，但两岸渔业对某些术语词汇认知却有着相似之处。比如祖国大陆渔民使用"大神仙鱼"，台湾省渔民则使用"神仙鱼"；祖国大陆渔民使用"鲢"，台湾省渔民则使用"竹叶鲢"；祖国大陆渔民使用"斑鳢"，台湾省渔民则使用"鳢鱼"。②同一渔业术语名词都采用了比喻手法，但是两岸渔业使用不同喻体。比如祖国大陆渔民使用"皇冠沙鳅"，台湾省渔民则使用"三间鼠"；祖国大陆渔民使用"三角丽鱼"，台湾省渔民则使用"黑云"；祖国大陆渔民使用"扁首朴丽鱼"，台湾省渔民则使用"马面"。两岸渔业都用了比喻方式，说明看到此类鱼都产生了联想，只不过方式不同。③采用鱼的产地命名，比如祖国大陆渔民使用"马来亚巩鱼"，台湾省渔民则使用"红龙"；祖国大陆渔民使用"刚果多鳍鱼"，台湾省渔民则使用"海象"；祖国大陆渔民使用"非洲孔雀鲷"，台湾省渔民则使用"蓝天使"；祖国大陆渔民使用"裸臀鱼"，台湾省渔民则使用"尼罗河魔鬼"。显然大陆渔业比台湾省渔民更喜欢以产地名作为命名方式。从已知的 137 个不同名称的渔业术语来看，渔业名称使用群体合作性不强，多数名称只是在较小的范围内使用，较涉海类其他学科术语更加有自身的个性化，不利于术语的使用传播。

通过表 2.1 例子也可以证明在涉海术语中两岸渔业交流比较少，这就导致了两岸用词差异。但是无论采用何种文字与书写体系，都是中华文化的大家庭成员，两岸互通的术语通道依然存在。

# 二、海峡两岸海洋科学技术名词术语差异探讨

海峡两岸海洋科学技术名词工作委员会于 2012 年 11 月公布了祖国大陆和台湾省所使用的海洋科学技术名词约 7 800 条。本次术语词汇整理过程中，祖国大陆有 2 名召集人，16 名专家学者，1 名秘书，共计 19 人；台湾省有 2 名召集人，24 名专家学者，共计 26 人。经过比对发现，在海洋科学技术领域，大陆和台湾省居民使用的术语名词高度相似，不同的数量非常少，我们以目前发现的不同表述为例。我们提取拼音首字母为 A 到 D 的有差异的名词术语进行统计分析，详见表 2.2。初步统计共有 1 365 个词条，其中有 45 条不同，差异率仅为 3%，几乎可以忽略不计。根据科学出版社出版的《海峡两岸海洋科技术名词》，台湾省居民使用的术语仍然保留其繁体字写法，在比较术语异同时，相同的字的繁体字和简化字写法视为相同。

表 2.2　海峡两岸海洋科学技术名词术语差异举例

| 序号 | 海洋科技名词术语 | 国家推荐术语词汇 | 台湾省居民用法 |
|---|---|---|---|
| 1 | amino-nitrogen | 氨氮 | 胺基氮 |
| 2 | reef barrier | 暗礁 | 堡礁,礁堤 |
| 3 | white smoker | 白烟囱 | 海底白色煙囱 |
| 4 | dolomitization | 白云石化 | 白雲岩化作用 |
| 5 | underplating | 板垫作用 | 板底作用 |
| 6 | plate tectonics theory | 板块构造说 | 板塊搆造學说 |
| 7 | semi-submersible rig | 半潜式钻井船 | 半潛式平臺 |
| 8 | semipermeability | 半透性 | 半通透性 |
| 9 | Bauschinger effect | 包辛格效应 | 包氏作用 |
| 10 | Arctic Ocean deep water | 北冰洋深层水；北冰洋底层水 | 北極海深層水 |
| 11 | Arctic surface water | 北冰洋表层水 | 北極海表層水 |
| 12 | specific absorption | 比吸收系数 | 吸收比度 |
| 13 | offshore bar | 滨外坝 | 濱外沙洲;岸外壩 |
| 14 | breath-hold diving | 屏气潜水 | 閉氣潛水 |
| 15 | wave-dominated delta | 波控三角洲 | 浪控三角洲 |
| 16 | wave diffraction | 波[浪]衍射 | 波繞射 |

表 2.2(续)

| 序号 | 海洋科技名词术语 | 国家推荐术语词汇 | 台湾省居民用法 |
|---|---|---|---|
| 17 | residue accumulation | 残毒积累 | 殘留蓄積 |
| 18 | lateral reflection | 侧反射 | 側向反射 |
| 19 | mat | 沉垫 | 基墊 |
| 20 | depositional sequence | 沉积层序 | 堆積層序 |
| 21 | submerged beach | 沉没海滩 | 下沉海灘 |
| 22 | fully developed sea | 充分成长风浪 | 完全發展風浪 |
| 23 | shipyard | 船厂 | 造船廠 |
| 24 | teredo | 船蛆 | 蛀船蟲 |
| 25 | vertical haul | 垂直拖 | 垂直拖曳 |
| 26 | full mixed estuary | 垂向均匀河口 | 完全混合河口 |
| 27 | salvage | 打捞 | 救難 |
| 28 | gale warning | 大风警报 | 強風警報 |
| 29 | general bathymetric chart of the oceans, GEBCO | 大洋地势图 | 通用海洋水深圖 |
| 30 | mid-ocean dynamics experiment, MODE | 大洋中动力实验 | 洋中動力學試驗 |
| 31 | monogamy | 单配性 | 單配制 |
| 32 | navigation equipment | 导航设备 | 航海設備 |
| 33 | isopach map | 等厚线图 | 等厚圖 |
| 34 | isothermal remanent magnetization, IRM | 等温剩余磁化 | 等溫殘磁 |
| 35 | bottom stress | 底应力 | 海底應力 |
| 36 | electro-striction | 电缩作用 | 電伸縮[現象] |
| 37 | electronic navigation | 电子导航 | 無線電導航 |
| 38 | groin | 丁坝 | 突堤 |
| 39 | multichannel analyzer | 多道分析器 | 多頻道分析儀 |
| 40 | multi-point mooring | 多点系泊 | 多點錨碇 |
| 41 | Doppler radar | 多普勒雷达 | 都卜勒雷達 |
| 42 | Doppler navigation system | 多普勒导航系统 | 都卜勒導航系統 |
| 43 | Doppler current meter | 多普勒海流计 | 都卜勒海流儀 |
| 44 | Doppler sonar | 多普勒声呐 | 都卜勒聲納 |
| 45 | Doppler effect | 多普勒效应 | 都卜勒效應 |

从表 2.2 显示的部分差异词条来看,词条差异呈现如下特征:对于同一外语名称的音译不同,比如 Doppler 一词,祖国大陆使用者用"多普勒"作为译名,而我国台湾省居民则使用"都卜勒";习惯用语上稍有差异,如祖国大陆称呼的"北冰洋",我国台湾省居民则称其为"北极海";对于外语术语名称翻译方式不同,比如 Bauschinger,祖国大陆按照全拼音译为"包辛格",而台湾省则按照简略的翻译方式,译为"包氏"。总之,通过差异词的对比,可以发现:已有的差异只是说法不同而已,但双方是可以相互理解的,都属于中华民族大家庭中术语的表述方式。

# 三、海峡两岸航海科学技术名词术语差异探讨

我国于 2003 年 4 月发布了《海峡两岸航海科技名词》。本次航海科学技术名词修订由大陆 1 名召集人和 5 名专家学者,以及台湾省 1 名召集人和 6 名专家学者完成。《海峡两岸航海科技名词》共收录了 7 000 多个词条,对这些词条进行综合分析,发现总体上双方差异不大,毕竟海峡两岸同属一个中国,两岸同文、同宗、同祖、同文化。但是通过两岸航海科技名词差异度与其他涉海学科差异度的对比,发现航海技术的海峡两岸科技名称差异度较高。由于篇幅的原因我们只提取以拼音首字母为 A 和 B 的有差异的名词术语进行统计分析,参阅表 2.3。拼音首字母为 A 和 B 的词条共 443 个,出现差异的词条共 87 条,占 19.6%,即初步推断航海科学技术名词在祖国大陆和台湾省使用差异率接近 20%。

表 2.3 海峡两岸航海科学技术名词术语差异举例

| 序号 | 航海科技名词术语 | 国家推荐术语词汇 | 台湾省居民用法 |
|---|---|---|---|
| 1 | Adcook antenna | 爱德考克天线 | 亞德考克天線 |
| 2 | danger buoy | 碍航浮标 | 危險浮標 |
| 3 | obstruction | 碍航物 | 障礙 |
| 4 | security | 安全 | 安全保證 |
| 5 | safety message | 安全报告 | 安全信文 |
| 6 | safety fairway | 安全航路 | 安全主航道 |
| 7 | safety factor, SF | 安全系数 | 安全因素 |
| 8 | safety injection system | 安全注射系统 | 安全噴射系統 |
| 9 | bank suction | 岸吸 | 岸吸力 |

表 2.3(续 1)

| 序号 | 航海科技名词术语 | 国家推荐术语词汇 | 台湾省居民用法 |
|---|---|---|---|
| 10 | Omega propagation correction, OPC | 奥米伽传播改正量 | 亞米茄傳播修正值 |
| 11 | liner | 班轮 | 定期船 |
| 12 | liner conference | 班轮公会 | 定期船公會 |
| 13 | liner bill of lading | 班轮提单 | 定期船載貨證券 |
| 14 | handling | 搬运 | 操作 |
| 15 | board measure | 板材量尺 | 板材量法 |
| 16 | wake fraction | 伴流系数 | 跡流因數 |
| 17 | lashing plate | 绑扎板 | 拉緊板 |
| 18 | lashing bar | 绑扎棒 | 拉緊桿 |
| 19 | lashing rod | 绑扎杆 | 拉緊桿 |
| 20 | lashing hook | 绑扎钩 | 拉緊鉤 |
| 21 | lashing eye | 绑扎环 | 拉緊環,D 型環 |
| 22 | lashing chain | 绑扎链 | 拉緊鏈 |
| 23 | chain lashing device | 绑扎链扣 | 拉緊鏈扣 |
| 24 | lashing cable | 绑扎索 | 拉緊索 |
| 25 | lashing pot | 绑扎套筒 | 拉緊缸 |
| 26 | along-side method | 傍靠补给法 | 傍靠傳遞法 |
| 27 | packing code number | 包装标号 | 包裝號碼 |
| 28 | letter of indemnity | 保函 | 賠償責任保證書；賠償保證書 |
| 29 | protection and indemnity, PI | 保赔 | 防護賠償 |
| 30 | PI insurance | 保赔保险 | 船舶營運人責任保險 |
| 31 | bonded store, bond room | 保税库 | 保稅倉庫 |
| 32 | thermal container | 保温箱 | 保溫[貨]櫃 |
| 33 | course keeping quality | 保向性 | 航向保持性 |
| 34 | warranted period | 保用期 | 保固期 |
| 35 | message | 报文 | 信文 |
| 36 | detonation | 爆燃 | 爆震 |
| 37 | explosive | 爆炸品 | 炸藥 |
| 38 | explosive fog signal | 爆炸雾号 | 音爆霧號 |

**表 2.3**(续 2)

| 序号 | 航海科技名词术语 | 国家推荐术语词汇 | 台湾省居民当地用法 |
|---|---|---|---|
| 39 | arctic current | 北冰洋海流 | 北極海流 |
| 40 | arctic pack | 北极冰 | 北極流動水田 |
| 41 | Polaris correction | 北极星高度改正量 | 北極星修正 |
| 42 | Beijing coordinate system | 北京坐标系 | 北京座標系統 |
| 43 | stand-by | 备用 | 待命,預備 |
| 44 | pumping | 泵吸 | 抽出 |
| 45 | comparing unit | 比较单元 | 比較單位 |
| 46 | comparator | 比较器 | 比測儀 |
| 47 | gravity disc | 比重环 | 比重盤 |
| 48 | specific speed | 比转数 | 比速 |
| 49 | bilge bracket | 舭肘板 | 舭腋板 |
| 50 | necessary bandwidth | 必要带宽 | 必須頻帶寬度 |
| 51 | closed cup test | 闭杯试验 | 閉杯法試驗 |
| 52 | closed type fuel valve | 闭式喷油器 | 閉式噴油閥 |
| 53 | shelter | 避风锚地 | 遮蓋,遮蔽 |
| 54 | coded information | 编码信息 | 編碼數據 |
| 55 | variable working condition | 变工况 | 可變工作情況 |
| 56 | reversible pump | 变向泵 | 可逆泵 |
| 57 | deformation gauge | 变形测量表 | 變形量規 |
| 58 | modified zigzag manoeuvre test | 变 Z 形试验 | 修正式蛇航試驗;<br>修正式之字航行試驗 |
| 59 | standard tensioned replenishment alongside method | 标准横向张索补给法 | 標準強力法輸送設備 |
| 60 | standard frequency and time signal station | 标准频率和时间信号台 | 標準頻時信號台 |
| 61 | standard frequency and time signal service | 标准频率和时间信号业务 | 標準頻時信號業務 |
| 62 | surface current | 表层流 | 表面流 |
| 63 | surface tension | 表面张力 | 張力 |
| 64 | dial type governor | 表盘式调速器 | 針盤調速器 |
| 65 | ice cover | 冰盖 | 覆冰[量] |

表 2.3(续 3)

| 序号 | 航海科技名词术语 | 国家推荐术语词汇 | 台湾省居民用法 |
|---|---|---|---|
| 66 | ice thickness | 冰厚 | 冰層厚度 |
| 67 | ice shelf | 冰架 | 連岸冰,冰灘 |
| 68 | lead lane | 冰间水道 | 冰間巷道 |
| 69 | ice rind | 冰壳 | 脆冰殼 |
| 70 | ice atlas | 冰况图集 | 冰況地圖 |
| 71 | ice boundary | 冰区界限线 | 冰區界線 |
| 72 | towing in ice | 冰区拖航 | 冰區拖纜航 |
| 73 | wave spectrum | 波浪谱 | 波譜 |
| 74 | bellows | 波纹管 | 伸縮囊 |
| 75 | wave amplitude | 波振幅 | 波幅 |
| 76 | formation coefficient | 驳船编队系数 | 編隊係數 |
| 77 | compensation | 补偿 | 補償金 |
| 78 | shim rod | 补偿棒 | 填隙棒 |
| 79 | water charging system | 补水系统 | 加水系統 |
| 80 | catch | 捕获量 | 漁獲物 |
| 81 | fishing technology | 捕鱼技术 | 漁撈學 |
| 82 | no beacon emission | 不发射信标 | 示標無發送 |
| 83 | non-reversible diesel engine | 不可倒转柴油机 | 不可逆轉柴油機 |
| 84 | foul bill of lading | 不清洁提单 | 不潔載貨證券 |
| 86 | entrance prohibited | 不准入境 | 禁止入境 |
| 87 | partly filled compartment | 部分装载舱室 | 部分裝載艙間 |

从表 2.3 中的部分差异词条可看出,即使术语表达存在差异,但是意思是非常接近的,比如说祖国大陆使用"碍航浮标",台湾省居民则使用"危险浮标",其实只是定义角度不同,但双方都能互相理解;再比如祖国大陆使用"安全注射系统",而台湾省居民则使用"安全喷射系统",含义基本相同,只不过是用不同的字表述而已,再比如祖国大陆使用"保赔保险",台湾省居民使用"船舶营运人责任保险",虽然台湾省居民表述比较严谨,但是却不简约,而祖国大陆用的是简约方式,更加有利于术语使用传播。

综上所述,意思相近的航海技术术语也进一步说明海峡两岸是一家。

# 四、海峡两岸船舶工程科学技术名词术语差异探讨

我国于 2003 年 11 月发布了《海峡两岸船舶工程名词》。此次名词修订由大陆 1 名召集人、10 名专家学者,以及台湾省 1 名召集人、18 名专家学者完成,共计公布了 12 985 个词条。由于统计数据过于庞大,这里仅对拼音首字母为 A 和 B 的有差异的名词术语进行统计分析,结果参阅表 2.4。拼音首字母为 A 和 B 的词条共 129 条,出现差异的词条共 42 条,差异率为 32.6%,是海峡两岸科技名词中差异率最高的(由于水产学科至今未公布海峡两岸词库,故无法计算其差异率)。从船舶工程领域来看,两岸之间还缺乏术语界的互动与交流。

表 2.4　海峡两岸船舶工程科学技术名词术语差异举例

| 序号 | 船舶工程名词术语 | 国家推荐术语词汇 | 台湾省居民用法 |
|---|---|---|---|
| 1 | life line | 安全索 | 救生索,攀手索 |
| 2 | shore connection box | 岸电箱 | 岸電接線盒 |
| 3 | Panama chock | 巴拿马运河导缆孔 | 巴拿馬運河導索器 |
| 4 | daylight signalling light | 白昼信号灯 | 日間訊號燈 |
| 5 | sheet metal | 板料 | 金屬薄板,板金 |
| 6 | semi-submerged ship | 半潜船 | 半潛式船 |
| 7 | wake measurement, wake survey | 伴流测量 | 跡流量測 |
| 8 | wake simulation | 伴流模拟 | 跡流模擬 |
| 9 | wake factor | 伴流因数 | 跡流因數;跡流係數 |
| 10 | Bonjean's curves | 邦戎曲线 | 龐琴曲線 |
| 11 | bale cargo capacity | 包装舱容 | 包裝貨容積 |
| 12 | diaphragm | 保护膜 | 膜片 |
| 13 | lagging | 保温层 | [隔熱]襯套 |
| 14 | lock nut | 保险螺母 | 並緊螺帽 |
| 15 | radio room | 报务室 | 無線電室 |
| 16 | explosion welding | 爆炸焊 | 爆炸焊接 |
| 17 | octave | 倍频程 | 倍頻帶 |
| 18 | pump room | 泵舱 | 泵室 |
| 19 | bilge | 舭 | 舭 |

表 2.4(续)

| 序号 | 船舶工程名词术语 | 国家推荐术语词汇 | 台湾省居民用法 |
|---|---|---|---|
| 20 | bilge radius | 舭部半径 | 舭曲半徑 |
| 21 | underside handholds | 舭部扶手 | 舭部扶手 |
| 22 | deadrise | 舭部升高 | 舭横斜高 |
| 23 | bilge block | 舭墩 | 舭邊墩 |
| 24 | bilge strake | 舭列板 | 舭板列 |
| 25 | wing tank | 边舱 | 翼櫃;翼艙 |
| 26 | span winch, spanwire winch | 变幅绞车 | 跨索絞機 |
| 27 | variable pitch | 变螺距 | 可變節距;可變螺距 |
| 28 | recuperator | 表面式回热器 | 複熱器 |
| 29 | ice belt | 冰带区 | 冰帶[外板],冰帶板列 |
| 30 | parallel operation | 并联运行 | 並聯運轉[電] |
| 31 | chain intermittent fillet weld | 并列断续角焊缝 | 並列斷續填角焊接 |
| 32 | springing | 波激振动 | 船體波振 |
| 33 | wave spectrum | 波浪谱 | 波譜 |
| 33 | Smith correction | 波浪水动压力修正 | 史密斯修正波效應 |
| 34 | wave load | 波浪载荷 | 波浪負荷 |
| 35 | slope of wave surface | 波倾角 | 波面斜率,波面傾角 |
| 36 | corrugated hatchcover | 波形舱口盖 | 波形艙蓋 |
| 37 | fibreglass reinforced plastic ship, FRP ship, fiberglass reinforced plastic boat | 玻璃钢船 | 玻[璃]纖[維]強化塑膠船 |
| 38 | compensating wire, compensating winding | 补偿天线 | 補償線圈 |
| 39 | make-up feed water | 补给水 | 補充給水 |
| 40 | reserve feedwater tank | 补水储存舱 | 備用給水櫃 |
| 41 | whale factory ship | 捕鲸母船 | 鯨加工船 |
| 42 | minelayer | 布雷舰艇 | 佈雷艦;佈雷艇 |

从表 2.4 中可以发现以下几种差异:①对于同样的外语名称词,可能采用了不同的外来术语处理方式,比如对于 Smith correction,台湾省居民则采用了音译加义释相结合的方法,而祖国大陆则完全采用原理解释法;②同一汉字写法不同,比如对"bilge"的音译,台湾省居民用了"bì"的拼音,而祖国大陆使用者采

用了"舭"字,显然是取"比"字音,而台湾省居民采用的新造字"舭"字,显然取的是"必"字音,使用术语理念相同;③名词命名角度不同,作为 life line 一词,祖国大陆术语机构是从其功用上定义的,称为"安全索",而台湾居民则直接采用翻译法,译为"救生索";④词的边界不同,我们以祖国大陆使用者在船舶工程中使用的"边舱"为例,台湾省居民则使用"边柜",很显然此词条双方侧重点不同,祖国大陆使用者在用该词时更多考虑到对 wing tank 中的 tank 一词翻译,而台湾省居民则是从舱的大小来认识的,"柜"一定比"舱"小很多,用"边柜"来描述 wing tank 更加准确。我国其他的涉海名词审定(分)委员会也试图用"柜"区别于"舱",比如"滑油柜"而不说成"滑油舱","日用油柜"而不说成"日用油舱",很显然两岸文化与认知都是一致的。

# 五、海峡两岸名词术语统一的几点建议性设想

目前台湾省内的一小部分人,妄图从语言的角度和大陆分离。比如其语言规划机构将马铃薯的俗语"土豆"一词予以删除,主要是因为"土豆"是祖国大陆的用法。因此针对两岸术语差异的现状,建议应该采用以下几点措施,促进海峡两岸名词术语统一。

首先,更加积极主动地进行术语交流。21 世纪初全国科学技术名词审定委员会公布了海峡两岸科技名词,对大陆术语使用者公布了台湾省居民对应的使用术语词条。这个做法非常正确,应继续这项工作,公布更多领域的两岸名词术语,祖国大陆可以兼容台湾省的术语,保证在现状下双方交流的共通性。

其次,加强汉语圈的交往。汉语圈除了我国外也包括新加坡、韩国、日本、越南等部分使用汉语语言的或用汉字为标注的国家,通过术语交流、彼此借鉴来丰富各自术语库的方式。达到彼此顺畅交流的目的,通过多渠道对我国台湾省居民术语使用进行引导。

再次,加强两岸之间的民间交往。通过民间交往找到使用差异,改异求同,相向而行。团结坚持"九二共识"的台湾省居民,完成祖国的科技术语协同,保证两岸科技与文化交流顺畅。

最后,两岸学术界加强交流,对于同一名词,双方有相同、相似或者相异的表述方式,要通过交流来更新双方的科技术语库,让两岸的学术智慧变得更大、更强,推动中华民族伟大复兴的中国梦顺利实现。

# 本 章 小 结

　　本章从涉海术语组织机构和术语规划的角度分析涉海术语的现状和未来发展趋势。在组织机构方面,阐述了 20 世纪 80 年代因我国国民经济全面复苏和科学技术的发展,国家对涉海术语工作越来越重视,设立了全国自然科学名词审定委员会。从术语规划的视角探讨了国家公布的术语词与台湾省居民现用词之间的异同,从涉海术语角度证明了海峡两岸使用者具有共同的中华民族文化与思想,从海事术语规范的角度阐述了祖国统一对于海峡两岸涉海术语发展的重要性。

# 第二篇　国际海事公约中的定义及其在我国涉海术语应用中的探究

　　本篇主要汇总了主要国际海事公约中的定义,并研究这些定义在全国科技名词审定委员会"术语在线"中的采纳情况。

# 第三章  国际海事公约
# 及涉海术语研究

国际海事公约是我国涉海行业术语和国际海事术语接轨的重要纽带,国际海事公约中的术语、定义、关键词是形成中国涉海术语的重要来源。特别是随着近年来国际海事公约在全球实施力度加大,国际海事公约中的术语研究对于研究我国涉海行业与国际海事公约的接轨程度更加有意义。本章也是本书的重点章节。

## 第一节  国际海事公约的框架
## 和术语意义

国际海事公约(The International Maritime Conventions)系涉及海上人命及财产安全、防止造成海洋污染的公约等涉海相关公约组合体。国际海事公约不是一个公约,而是一系列国际公约。此处没有采用"国际涉海公约"这一名词主要有以下几个原因:国际海事公约的可操作性,其中的海事不仅仅是指"海的事物、海洋的事物、海运的事物",更有"与海事事故有关的事物",因为所有的国际海事相关公约都是海事事故发生后的亡羊补牢措施,是全球相关机构都能执行的公约;国际海事公约的国际性,即国际海事公约不是某一国的,而是国际的,或者说是由国际海事组织推行的公约,比如说,《海上人命安全公约》只是英国的,是为了弥补"泰坦尼克号"沉船制定的,而《国际海上人命安全公约》却是国际的,也是国际海事组织的基石,是全球范围内应用的国际公约之一。正是因为国际海事公约的标准性,所有的国际海事公约中的术语、定义、词汇、条款才有术语意义,标准就是约束,标准就是执行,标准就是宣传,因此国际海事公约的研究对于涉海术语学来说非常有意义。

## 一、国际海事公约的框架

我们首先要说明国际海事公约包含的内涵与外延。内涵是指国际海事公约的内涵定义,即指所有和海事事物相关的国际公约,而且这些公约通常都是由国际海事组织起草、批准、通过、修正、废止的。外延是指国际海事公约包含的范围。国际海事公约包含的范围非常广,种类非常多。现有的国际海事公约可以分为6个类别,即构成国际海事组织支柱的3大公约;和船舶及港口安全及安保相关的公约,共10个;和海洋污染相关的国际公约,共7个;和责任及赔偿相关的国际公约,共8个;其他未能归到以上类别的公约,共2个;国际海事组织章程的相关公约,共1个。主要的国际海事公约详见表3.1。还有很多国际海事公约没有被列出,比如2006年国际海事组织和国际劳工组织共同制定的"*Maritime Labour Convention*, 2006"(《2006年海事劳工公约》)。

表3.1 国际海事组织对外公布的主要国际海事公约一览表

| 序号 | 英语名称 | 汉译 |
|---|---|---|
| 1~3 为国际海事组织定义的关键公约 | | |
| 1 | International Convention for the Safety of Life at Sea (SOLAS, 1974), as amended. | 1974国际海上人命安全公约(简称SOLAS, 1974) |
| 2 | International Convention for the Prevention of Pollution from Ships, 1973, as modified by the Protocol of 1978 relating thereto and by the Protocol of 1997 (MARPOL) | 经1978年议定书修正的1973年国际防止船舶造成污染公约(简称MARPOL) |
| 3 | International Convention on Standards of Training, Certification and Watchkeeping for Seafarers (STCW) as amended, including the 1995 and 2010 Manila Amendments | 经修正的海员培训、发证、值班标准国际公约(简称STCW),包括1995和2010马尼拉修正案(简称STCW) |
| 4~13 是国际海事组织定义的和船舶码头接口等相关的海事安全和安保类公约 | | |
| 4 | Convention on the International Regulations for Preventing Collisions at Sea (COLREG), 1972 | 1972年国际海上避碰规则公约(简称COLREG 72) |
| 5 | Convention on Facilitation of International Maritime Traffic (FAL), 1965 | 1965年国际便利海上运输公约(简称FAL) |
| 6 | International Convention on Load Lines (LL), 1966 | 1966年国际载重线公约(简称LL) |

表 3.1(续 1)

| 序号 | 英语名称 | 汉译 |
|---|---|---|
| 7 | International Convention on Maritime Search and Rescue (SAR), 1979 | 1979 年国际海上搜寻救助公约(简称 SAR) |
| 8 | Convention for the Suppression of Unlawful Acts Against the Safety of Maritime Navigation (SUA), 1988, and Protocol for the Suppression of Unlawful Acts Against the Safety of Fixed Platforms located on the Continental Shelf (and the 2005 Protocols) | 1988 年制止危及海上航行安全非法行为公约(简称 SUA),及制止危及在大陆架固定平台安全非法行为议定书(以及 2005 年议定书) |
| 9 | International Convention for Safe Containers (CSC), 1972 | 1972 年国际集装箱安全公约(简称 CSC) |
| 10 | Convention on the International Maritime Satellite Organization (IMSOC), 1976 | 1976 年国际海事卫星组织公约(简称 IMSOC) |
| 11 | The Torremolinos International Convention for the Safety of Fishing Vessels (SFV), 1977, superseded by The 1993 Torremolinos Protocol; Cape Town Agreement of 2012 on the Implementation of the Provisions of the 1993 Protocol relating to the Torremolinos International Convention for the Safety of Fishing Vessels | "1977 年托雷莫利诺斯国际渔船安全公约"(简称 SFV),后被 1993 年议定书取代;关于执行"1993 年托雷莫利诺斯国际渔船安全公约相关协定书"规定的 2012 年开普敦协定 |
| 12 | International Convention on Standards of Training, Certification and Watchkeeping for Fishing Vessel Personnel (STCW-F), 1995 | 1995 年渔船船员培训、发证和值班标准国际公约(简称 STCW-F) |
| 13 | Special Trade Passenger Ships Agreement (STP), 1971 and Protocol on Space Requirements for Special Trade Passenger Ships, 1973 | 1971 年特种业务客船协定(简称 STP),1973 年特种业务客船舱室要求议定书 |
| 14~20 是国际海事组织定义的和防止海洋污染相关的公约 | | |
| 14 | International Convention Relating to Intervention on the High Seas in Cases of Oil Pollution Casualties (INTERVENTION), 1969 | 1969 年国际干预公海油污事件公约(简称 INTERVENTION) |

表 3.1(续 2)

| 序号 | 英语名称 | 汉译 |
|---|---|---|
| 15 | Convention on the Prevention of Marine Pollution by Dumping of Wastes and Other Matter（LC），1972（and the 1996 London Protocol） | 1972 年防止倾倒废弃物和其他物质污染海洋公约（以及 1996 年伦敦协定书） |
| 16 | International Convention on Oil Pollution Preparedness, Response and Co-operation（OPRC），1990 | 1990 年国际油污防备、反应和合作公约（简称 OPRC） |
| 17 | Protocol on Preparedness, Response and Co-operation to Pollution Incidents by Hazardous and Noxious Substances, 2000（OPRC-HNS Protocol） | 2000 年有害物质及有毒物质引起的突发事件应急、响应与合作 |
| 18 | International Convention on the Control of Harmful Anti-fouling Systems on Ships（AFS），2001 | 2001 年控制船舶有害防污底系统国际公约（简称 AFS） |
| 19 | International Convention for the Control and Management of Ships' Ballast Water and Sediments, 2004 | 2004 年国际船舶压载水和沉积物控制与管理公约 |
| 20 | Hong Kong International Convention for the Safe and Environmentally Sound Recycling of Ships, 2009 | 2009 年香港国际安全与环境无害化拆船公约 |

21~28 是国际海事组织责任和赔偿公约

| 序号 | 英语名称 | 汉译 |
|---|---|---|
| 21 | International Convention on Civil Liability for Oil Pollution Damage（CLC），1969 | 1969 年国际油污损害民事责任公约（简称 CLC） |
| 22 | 1992 Protocol to the International Convention on the Establishment of an International Fund for Compensation for Oil Pollution Damage（FUND 1992） | 设立国际油污损害赔偿民事责任公约 1992 年议定书（简称 FUND 1992） |
| 23 | Convention relating to Civil Liability in the Field of Maritime Carriage of Nuclear Material（NUCLEAR），1971 | 1971 年海上核材料运输民事责任公约（简称 NUCLEAR） |

表 3.1(3)

| 序号 | 英语名称 | 汉译 |
|---|---|---|
| 24 | Athens Convention relating to the Carriage of Passengers and Their Luggage by Sea (PAL), 1974 | 1974 年海上旅客及其行李运输雅典公约（简称 PAL） |
| 25 | Convention on Limitation of Liability for Maritime Claims (LLMC), 1976 | 1976 年海事索赔责任限制公约（简称 LLMC） |
| 26 | International Convention on Liability and Compensation for Damage in Connection with the Carriage of Hazardous and Noxious Substances by Sea (HNS), 1996 (and its 2010 Protocol) | 1996 年国际海上运输有毒有害物质损害责任和赔偿公约（及 2010 年议定书）（简称 HNS） |
| 27 | International Convention on Civil Liability for Bunker Oil Pollution Damage, 2001 | 2001 年国际燃油污染损害民事责任公约 |
| 28 | Nairobi International Convention on the Removal of Wrecks, 2007 | 2007 年内罗毕国际船舶残骸清除公约 |
| 29~30 是国际海事组织定义的未归到以上各类别的公约 | | |
| 29 | International Convention on Tonnage Measurement of Ships (TONNAGE), 1969 | 1969 年国际船舶吨位丈量公约 |
| 30 | International Convention on Salvage (SALVAGE), 1989 | 1989 年国际打捞公约（简称 SALVAGE） |
| 31 是国际海事组织定义的单独的国际海事组织章程的公约 | | |
| 31 | Convention on the International Maritime Organization | 国际海事组织公约 |

　　通过国际海事组织对公约的分类特征不难看出，国际海事组织的主题就是"双安"（Safety，Security）、"防止污染"（Pollution Prevention）。故此，国内在围绕国际海事公约进行术语提取时必须把握的就是这两个原则，术语词聚类最终指向就是这两个原则，我们可以从国际海事组织的自我描述中将其分析出来。国际海事组织将其宗旨描述为："The purposes of the IMO, as summarized by Article 1(a) of the Convention on IMO, are to provide machinery for cooperation among Governments in the field of governmental regulation and practices relating to technical matters of all kinds affecting shipping engaged in international trade; to encourage and facilitate the general adoption of the highest practicable standards in matters concerning maritime safety, efficiency of navigation and prevention and control of marine pollution from ships."这句话的最后一句"concerning maritime safety, efficiency of navigation and prevention and control of marine pollution from ships"（译：相关的海事安全、航海效率、船舶造成污染防止与控制等），就是强调了上述分析的主题。因此我们可以从文本核心词、中心思想、概念化方面研究国际海事公约术语。它和语言学相似，可以构成语义术语学、应用术语学等。

上从国际海事公约框架的总原则、各个国际海事公约以及公约的制定目的，下至公约中重要定义和术语的表述，都体现了"双安""防止污染"的主题，因此本章第二节至第九节就研究重要的国际海事公约的内容、主要定义以及我国全国科技名词审定委员会收录情况等相关问题。

# 第二节 《国际海上人命安全公约》介绍和术语作用

1998 年，船舶工程名词审定（分）委员会审定通过了"国际海上人命安全公约"这一术语，2002 年，水产名词审定（分）委员会也通过了该术语，而我国台湾省居民采用"海上人命安全國際公约"这一名词，也就是说除了文字采用繁体字外，其名称采用了英国最初对公约的"Safety of Life at Sea"的汉语译文，不论采用何种汉语术语表述方式，英语缩略语都是 SOLAS，来自该公约英国制定版的缩略语。

## 一、《SOLAS 公约》的来历

该公约是英国海事机构针对英国白星公司旗下邮轮"泰坦尼克号"的沉没而暴露的救生艇数量和无线电人员值班的缺陷而制定的。"政府间海事协商组织"（简称为"海协"）（注：该组织的英语名称为"Intergovernmental Maritime Consultative Organization"，英语缩写为"IMCO"。自 1982 年 5 月 22 日起，更名为"国际海事组织"，新组织英语名称为"International Maritime Organization"，英语缩写为 IMO）成立后采纳了该公约，把英国制定的公约变成了国际通用的公约，因此公约名称前面加了 International Convention（国际公约），使其在名称上区别于原始的英国公约。为了简化书写和使用，本书引入其英语名称缩写 SO-LAS，以下简称《SOLAS 公约》。

1912 年 4 月 12 日英国白星公司新下水的"泰坦尼克号"，由位于爱尔兰岛贝尔法斯特的哈兰德与沃尔夫造船厂建造,是当时最大客运轮船,船舶尺度为：船长 269.06 米、宽 28.19 米、吃水 10.54 米、推进动力 59 000 匹马力、排量 52 310 长吨。1912 年 4 月 10 日 1200 时从南安普顿途经法国的瑟堡–奥克特维尔以及爱尔兰的昆士敦（现已更名为科克）,开往其目的港纽约。1912 年 4 月 14 日 23:40 时,该船撞上了冰山,4 月 15 日 0220 时,该船船体断裂成两半后沉没于北纬 41°43′55.66″、西经 49°56′45.02″处,1 502 名船员和旅客遇难。

　　针对“泰坦尼克号”暴露出的舱室结构、救生设备、无线电值班等方面出现的问题,1913 年英国政府倡议并召集全世界的专家深入探讨,并于 1914 年 1 月 20 日签署第一个《海上人命安全公约》。当时公约内容涉及船舶构造、分舱、救生和消防设备、无线电通信、航行规则和安全证书等方面,但由于随后第一次世界大战爆发,该公约被搁置。在第一次世界大战后恢复了航运,该公约又继续修订,并向国际化改变,相继通过了《1929 年 SOLAS 公约》《1948 年 SOLAS 公约》《1960 年 SOLAS 公约》《1974 年 SOLAS 公约》。其中《1974 年 SOLAS 公约》是生效时间较长的公约,也是我们目前表述《SOLAS 公约》的术语词。《1974 年 SOLAS 公约》在 1974 年 11 月 1 日召开的“国际海上人命安全会议”上通过,并于 1980 年 5 月 25 日生效,之后该公约有多次重大修正,但我们始终称其为《1974 年 SOLAS 公约》。

## 二、《SOLAS 公约》的重要性

　　《SOLAS 公约》的核心就是“安全”（Safety）。2001 年 9 月 11 日美国纽约的恐怖袭击事件发生后,国际海事组织制定了《国际船舶和港口设施保安规则》（英语名称是 *The International Ship and Port Facility Security Code*,简称 ISPS Code）。《SOLAS 公约》概念出现了“双核心”,就是“安全”（Safety）及“安保”（Security）,由于中文中“安全”本身也有安保的含义,故我们可以将《SOLAS 公约》的核心用汉语表述为“安全”。

　　国际海事公约有很多,《SOLAS 公约》是其中最重要的。国际海事组织的宗旨是“Keep Safety and Security on the Clean Oceans”,其中 Safety 和 Security 的概念就是来自《SOLAS 公约》的宗旨。

## 三、《SOLAS 公约》的框架

　　《SOLAS 公约》分两个部分,Section A 是强制性规则,Section B 是推荐性规则,在 Section A 部分有 12 个章节,分别如下所示：

## Chapter I    General Provisions

### 第 1 章    总则

包括各种类型船舶的检验和文件的签发,以表明相应船舶符合公约要求,本章还包括对其他缔约国政府港口内的船舶进行控制的相关规定。

## Chapter II-1    Construction—Structure and Stability, Machinery and Electrical Installations

### 第 2.1 章    建造——结构与稳性、机械与电气设备

客船或货船的分舱有水密舱时,必须在假定船体受损后还能保持船舶漂浮及稳性,因此规定客船或货船水密完整性较好,并安装舱底泵,以达到客船及货船的稳性要求。

分舱度,即用两相邻舱壁之间的最大允许距离来衡量,并随船舶的长度和所航区域而有所不同,客船分舱程度最高。

## Chapter II-2    Construction—Fire Protection, Fire Detection and Fire Extinction

### 第 2.2 章    建造——防火、探火和灭火

本章包括船舶消防方面的具体要求,即对所有船舶的安全规定及针对固体货船、液货船、客船的具体消防措施要求。其基本原则有:按热力和结构边界将船舶划分为主要区域和垂直区域;按热工和结构界限将住舱空间与船舶的其余部分分开;限制使用可燃材料;在各区域都能探测火灾;将任何火灾都能控制或扑灭在起火的空间内;逃生方法及逃生通道的维护。

## Chapter III    Life-Saving Appliances and Arrangements

### 第 3 章    救生设备及安排

本章包括救生设备及安排的要求,包括根据船舶类型对救生艇、救助艇、救生衣、救生筏、救生圈等强制规范,规定了所有救生设备和安排应符合《国家救生设备规则》的适用要求。

## Chapter IV    Radiocommunications

### 第 4 章    无线电通信

本章包括全球海上遇险和安全系统相关内容,适用于所有国际航程中总吨位 300 吨及以上的客船和货船。这些船舶都必须配备旨在事故发生后增加获救概率的设备,如卫星应急无线电示位标、搜救雷达应答器。

该章的规定涵盖了缔约国政府提供无线电通信服务的承诺以及运输无线

电通信设备的船舶要求。该章与国际电信联盟的《无线电规则》密切相关。

**Chapter V　Safety of Navigation**

**第5章　航行安全**

本章包括缔约国政府应提供的航行安全服务,并规定了适用于所有航程中所有船舶的规定性操作。与该公约整体形成对比,本章只适用于从事国际航行的某些类别船舶。

本章涵盖的主题包括船舶气象服务的维护、冰上巡逻服务、船舶气象导航与定线、维持搜索和救援服务。

本章还包括船长协助遇险人员的一般义务,以及缔约国政府从安全角度确保所有船舶都有足够和有效的人员。本章规定必须配备航行数据记录仪和船舶自动识别系统。

**Chapter VI　Carriage of Cargoes and Oil Fuels**

**第6章　载货和装载燃油**

本章涵盖所有类型的货物(散装液体和气体除外)可能对船舶或船上人员造成的危害,以及需要采取的特别预防措施。这些规定包括货物或货物单元(如集装箱)的装载和系固要求。该章要求运输谷物的货船遵守《国际谷物规则》。

**Chapter VII　Carriage of Dangerous Goods**

**第7章　危险货物运输**

本章包括四个部分,该章规定必须执行海事组织制定的《国际海运危险货物规则》,该规则不断更新,以适应新的危险货物,并补充或修订现有规定。

A部分包括运输危险货物,如散装固体货物、货物相关文件、货物积载和隔离、对货物的要求、要求的报告、涉及相关危险品事故。

B部分包括散装运输危险液体化学品的船舶的建造和设备,并要求化学品运输船遵守《国际散装化学品规则》。

C部分包括散装运输液化气体的船舶和气体运输船的建造和设备,以符合《国际气体运输船规则》的相关要求。

D部分涵盖特殊要求,其中规定了船舶载运包装辐照核燃料、钚和高放射性废物,并要求载运这类产品的船舶遵守《船舶安全载运包装辐照核燃料、钚和高放射性废物国际规则》(放射性核燃料规则)。

### Chapter VIII    Nuclear Ships

### 第 8 章    核能船舶

该章给出了核动力船舶的基本要求,特别关注辐射危害。它指的是 1981 年国际海事组织大会通过的详细和全面的核动力商船安全规范。

### Chapter IX    Management for the Safe Operation of Ships

### 第 9 章    船舶安全营运管理

本章规定了《国际船舶安全管理规则》的强制性规定,该规则要求船东或承担船舶责任的任何人或公司建立安全管理体系。

### Chapter X    Safety Measures for High-Speed Craft

### 第 10 章    高速船安全措施

本章内容是《国际高速船安全规范》的强制规定。

### Chapter XI-1    Special Measures on Enhance Maritime Safety

### 第 11-1 章    加强海事安全的特殊措施

本章阐明了与认可组织(负责对行政当局的代表进行调查和检查)的授权有关的要求,加强检验、船舶识别号方案及港口国对作业要求的监督检查。

### Chapter XI-2    Special Measures to Enhance Maritime Security

### 第 11-2 章    加强海上安保的特别保安措施

本章主要内容是《国际船舶和港口设施保安规则》。A 部分是强制性规定,B 部分包含如何最好地遵守强制性要求的指导。本章强调船长在船舶安全出现问题需做决定时,能够独立而不受干扰地决断,可以不受公司、承租人或任何其他人的制约。

该法规要求所有船舶都配备船舶保安警报系统,也规定了对港口设施的保安要求,并规定缔约国政府应确保进行港口设施安全评估,并根据《国际船舶和港口设施保安规则》制定、实施、审核港口设施安全计划。本章中还对向海事组织提供的信息、对个别港口内船舶的控制措施等进行了规定。

### Chapter XII    Additional Safety Measures for Bulk Carriers

### 第 12 章    散货船附加措施

该章是对 150 米及以上的散货船的结构要求。

**Chapter XIII　Verification of Compliance**

### 第 13 章　符合核查

自 2016 年 1 月 1 日起,强制实施国际海事组织成员国审核机制。

**Chapter XIV　Safety Measures for Ships Operating in Polar Waters**

### 第 14 章　船舶在极地水域航行的安全措施

本章规定了自 2017 年 1 月 1 日起,在极地水域航行船舶的操作要求,该规则可简称为"极地规则"。

# 四、《SOLAS 公约》的术语与定义

《SOLAS 公约》是全球涉及海事安全公约中最权威的国际海事公约。《SOLAS 公约》和所有其他国际海事公约一样,都有公约中术语词的定义部分,术语词是整个公约的核心词或者高频词。我们对《SOLAS 公约》中的定义词被全国科技名词审定委员会收录的情况进行探讨,首先我们以 2009 版的《SOLAS 公约》A 部分第 2 条为例。术语和定义是国际海事公约家族的共同特征,也是研究术语的最合适语料。通常"公约"中的导则有术语定义,而每个章节也有特有的术语定义。

## (一)该公约第一章定义

中国船级社(2010:13-14)将第一章总则有关定义翻译如下:

**Chapter I　General Provisions**

### 第 1 章　总则

For the purpose of the present regulations, unless expressly provided otherwise:
除另有明文规定外,就本规则而言:

1. *Regulations* means the regulations contained in the Annex to the present Convention.

**规则**,系指本公约附则内包含的规则条文。

2. *Administration* means the Government of the State whose flag the ship is entitled to fly.

**主管机关**,系指船旗国政府。

3. *Approved* means approved by the Administration.

**认可**,系指经主管机关认可。

4. *International voyage* means a voyage from a country to which the present Con-

vention applies to a port outside such country, or conversely.

**国际航行**,系指由适用本公约的一国驶往该国以外港口或与此相反的航行。

5. *A passenger* is every person other than:

**乘客**,系指除下列人员外的人员:

(1) the Master and the members of the crew or other persons employed or engaged in any capacity on board a ship on the business of that ship; and

船长和船员,或在船上以任何职位从事或参加该船业务的其他人员;和

(2) a child under one year of age.

一周岁以下儿童。

6. *A passenger ship* is a ship which carries more than twelve passengers.

**客船**,系指载客超过 12 人的船舶。

7. *A cargo ship* is any ship which is not a passenger ship.

**货船**,系指非客船的任何船舶。

8. *A tanker* is a cargo ship constructed or adapted for the carriage in bulk of liquid cargoes of an inflammable nature.

**液货船**,系指经建造或改建用于散装运输易燃液体货品的货船。

9. *A fishing vessel* is a vessel used for catching fish, whales, seals, walruses or other living resources of the sea.

**渔船**,系指用于捕捞鱼类、鲸鱼、海豹、海象或其他海洋生物资源的船舶。

10. *A nuclear ship* is a ship provided with a nuclear power plant.

**核能船舶**,系指设有核动力装置的船舶。

11. *New ship* means a ship the keel of which is laid or which is at a similar stage of construction on or after 25 May 1980.

**新船**,系指在 1980 年 5 月 25 日或以后安放龙骨或处于类似建造阶段的船舶。

12. *Existing ship* means a ship which is not a new ship.

**现有船舶**,系指非新船。

13. *A mile* is 1,852 m or 6,080 ft.

**1 海里 (n mile)**,系指 1 852 米或 6 080 英尺的距离。

14. *Anniversary date* means the day and the month of each year which will correspond to the date of expiry of the relevant certificate.

**周年日期**,系指与相关证书期满之日对应的每年的该月该日。

## （二）第2.1章定义部分

**Chapter Ⅱ－1　Construction－Structure，Subdivision and Stability，Machinery and Electrical Installations**

**第2.1章　建造——结构、分舱与稳性、机电设备**

For the purpose of this chapter，unless expressly provided otherwise：

除另有明文规定外，就本章而言：

1. *Subdivision length（$L_s$）of the ship* is the greatest projected moulded length of that part of the ship at or below deck or decks limiting the vertical extent of flooding with the ship at the deepest subdivision draught.

**船舶分舱长度**，系指船舶处于最深分舱吃水时，船舶在一层或数层限定垂向进水范围的甲板处或其以下部分的最大投影型长。

2. *Mid-length* is the mid-point of the subdivision length of the ship.

**船长中点**，系指船舶分舱长度的中点。

3. *Aft terminal* is the aft limit of the subdivision length.

**后端点**，系指分舱长度的后部界限。

4. *Forward terminal* is the forward limit of the subdivision length.

**前端点**，系指分舱长度的前部界限。

5. *Length（$L$）* is the length as defined in the International Convention on Load Lines in force.

**船长**，系指现行《国际载重线公约》所定义的船长。

6. *Freeboard deck* is the deck as defined in the International Convention on Load Lines in force.

**干舷甲板**，系指现行《国际载重线公约》所定义的甲板。

7. *Forward perpendicular* is the forward perpendicular as defined in the International Convention on Load Lines in force.

**艏垂线**，系指现行《国际载重线公约》所定义的艏垂线。

8. *Breadth（$B$）* is the greatest moulded breadth of the ship at or below the deepest subdivision draught.

**船宽**，系指船舶处于或低于最深分舱吃水时的最大型宽。

9. *Draught（$d$）* is the vertical distance from the keel line at mid-length to the waterline in question.

**吃水**，系指从船长中点处龙骨线至相关水线的垂直距离。

10. *Deepest subdivision draught* ($d_s$) is the waterline which corresponds to the Summer Load Line draught of the ship.

**最深分舱吃水**,系指相应于船舶夏季载重线吃水的水线。

11. *Light service draught* ($d_1$) is the service draught corresponding to the lightest anticipated loading and associated tankage, including, however, such ballast as may be necessary for stability and/or immersion. Passenger ships should include the full complement of passengers and crew on board.

**轻载航行吃水**,系指相应于最轻预计装载量和相关液舱容量的航行吃水,但应计入稳性和(或)浸水所可能需要的压载。客船应足额计入船上乘客和船员。

12. *Partial subdivision draught* ($d_p$) is the light service draught plus 60% of the difference between the light service draught and the deepest subdivision draught.

**部分分舱吃水**,系指轻载航行吃水加上轻载航行吃水与最深分舱吃水之差的60%。

13. *Trim* is the difference between the draught forward and the draught aft, where the draughts are measured at the forward and aft terminals respectively, disregarding any rake of keel.

**纵倾**,系指船首吃水与船尾吃水之差,吃水分别在前端点和后端点量取,不计龙骨斜度。

14. *Permeability* ($\mu$) *of a space* is the proportion of the immersed volume of that space which can be occupied by water.

**某一处所的渗透率**,系指该处所能被水侵占的浸水容积比例。

15. *Machinery spaces* are spaces between the watertight boundaries of a space containing the main and auxiliary propulsion machinery, including boilers, generators and electric motors primarily intended for propulsion. In the case of unusual arrangements, the Administration may define the limits of the machinery spaces.

**机器处所**,系指介于一个处所的水密限界面之间,供安置主辅推进机械,包括主要供推进之用的锅炉、发电机和电动机的各个处所。对于特殊布置的船舶,主管机关可以规定机器处所的范围。

16. *Weathertight* means that in any sea conditions water will not penetrate into the ship.

**风雨密**,系指在任何海况下,水不会渗入船内。

17. *Watertight* means having scantlings and arrangements capable of preventing

the passage of water in any direction under the head of water likely to occur in intact and damaged conditions. In the damaged condition, the head of water is to be considered in the worst situation at equilibrium, including intermediate stages of flooding.

**水密**,系指构件尺寸和布置在完整和破损工况中可能产生的水头下,能防止水从任何方向进入。在破损工况中,应从平衡的角度,在最差状况下考虑到水头因素,包括进水的中间段。

18. *Design pressure* means the hydrostatic pressure for which each structure or appliance assumed watertight in the intact and damage stability calculations is designed to withstand.

**设计压力**,系指完整和破损稳性计算所假定的各个水密结构或设备按设计所应承受的静水压力。

19. *Bulkhead deck in a passenger ship* means the uppermost deck at any point in the subdivision length ($L_s$) to which the main bulkheads and the ship's shell are carried watertight and the lowermost deck from which passenger and crew evacuation will not be impeded by water in any stage of flooding for damage cases defined in Regulation 8 and in Part B-2 of this chapter. The bulkhead deck may be a stepped deck. In a cargo ship the freeboard deck may be taken as the bulkhead deck.

**客船的舱壁甲板**,系指水密主舱壁和水密船壳在分舱长度范围内任何一点所达到的最高一层甲板,以及在本章第8条和B-2部分所定义的各种破损情况下进水的任何阶段乘客和船员撤船时不会被水阻挡的最低一层甲板。舱壁甲板可为阶梯形甲板。货船的干舷甲板可视为舱壁甲板。

20. *Deadweight* is the difference in tonnes between the displacement of a ship in water of a specific gravity of 1.025 at the draught corresponding to the assigned summer freeboard and the lightweight of the ship.

**载重量**,系指船舶在密度为1.025的海水中,吃水相应于所勘划的夏季干舷时,排水量与该船空船排水量之差,以吨计量。

21. *Lightweight* is the displacement of a ship in tonnes without cargo, fuel, lubricating oil, ballast water, fresh water and feed water in tanks, consumable stores, and passengers and crew and their effects.

**空船排水量**,系指船舶在没有货物,舱柜内无燃油、润滑油、压载水、淡水、锅炉给水,无消耗物料,且无乘客、船员及其行李物品时的排水量,以吨计量。

22. *Oil tanker* is the oil tanker defined in Regulation 1 of Annex I of the Protocol

of 1978 relating to the International Convention for the Prevention of Pollution from Ships, 1973.

**油船**, 系指《1973 年国际防止船舶造成污染公约 1978 年议定书》附则 1 第 1 条所定义的油船。

23. *Ro-ro passenger ship* means a passenger ship with ro-ro spaces or special category spaces as defined in Regulation II-2/3.

**滚装客船**, 系指具有第 2.2.3 条定义的滚装处所或特种处所的客船。

24. *Bulk carrier* means a bulk carrier as defined in Regulation XII/1.1.

**散货船**, 系指第 12.1.1 条所定义的散货船。

25. *Keel line* is a line parallel to the slope of the keel passing amidships through:

**龙骨线**, 系指在船中穿过以下部位与龙骨斜面平行的线:

(1) the top of the keel at centreline or line of intersection of the inside of shell plating with the keel if a bar keel extends below that line, on a ship with a metal shell; or

金属船壳船舶中心线或船壳外板内侧与龙骨交线(如有方龙骨延伸至该线之下)处的龙骨顶端;或

(2) in wood and composite ships, the distance is measured from the lower edge of the keel rabbet. When the form at the lower part of the midship section is of a hollow character, or where thick garboards are fitted, the distance is measured from the point where the line of the flat of the bottom continued inward intersects the centreline amidships.

对木质和混合结构船舶, 该距离自龙骨镶口下缘量起。当船中剖面下部为凹形时, 或如果设有厚的龙骨翼板, 则该距离自船底平面向内延伸线与船中心线的交点量起。

26. *Amidships* is at the middle of the length (*L*).

**船中**, 系指船长的中间。

27. *2008 IS Code* means the International Code on Intact Stability, 2008, consisting of an introduction, part A (the provisions of which shall be treated as mandatory) and part B (the provisions of which shall be treated as recommendatory), as adopted by Resolution MSC.267(85), provided that:

**《2008 完整稳性规则》**, 系指以国际海事组织的海上安全委员会第 MSC. 267(85)号决议通过的 2008 年国际完整稳性规则, 该规则包括引言, A 部分

（其规定须按照强制性对待）和 B 部分（其规定须按照建议性对待），条件是：

（1）amendments to the introduction and Part A of the Code are adopted, brought into force and take effect in accordance with the provisions of Article VIII of the present Convention concerning the amendment procedures applicable to the Annex other than Chapter I thereof; and

对该规则引言和 A 部分的修正按照适用于公约附则（公约第 1 章的规定除外）的修正程序的现公约第 8 条予以通过、生效和实施；和

（2）amendments to part B of the Code are adopted by the Maritime Safety Committee in accordance with its Rules of Procedure.

对该规则 B 部分的修正由海上安全委员会按照其议事程序通过。

28. *Goal-based Ship Construction Standards for Bulk Carriers and Oil Tankers* means the International Goal-Based Ship Construction Standards for Bulk Carriers and Oil Tankers, adopted by the Maritime Safety Committee by Resolution MSC. 287 (87), as may be amended by the Organization, provided that such amendments are adopted, brought into force and take effect in accordance with the provisions of Article VIII of the present Convention concerning the amendment procedures applicable to the Annex other than Chapter I thereof.

**《散货船和油船目标型新船建造标准》**，系指国际海事组织的海上安全委员会以第 MSC. 287（87）号决议通过的《国际散货船和油船目标型船舶建造标准》，该标准可由国际海事组织修正，但修正案须按照本公约关于附则除第 1 章外的适用修正程序的第 8 条规定予以通过、生效和施行。

## （三）第 2.1 章　第 3 条的定义

Regulation 3 Definitions relating to parts C, D and E.

第 3 条有关 C、D 和 E 部分的定义。

For the purpose of parts C, D and E, unless expressly provided otherwise：

除另有明文规定外，就 C、D 和 E 部分而言：

1. *Steering gear control system* is the equipment by which orders are transmitted from the navigating bridge to the steering gear power units.

**操舵装置控制系统**，系指将舵令由驾驶室传至操舵装置动力设备的设备。

Steering gear control systems comprise transmitters, receivers, hydraulic control pumps and their associated motors, motor controllers, piping and cables.

操舵装置控制系统由发送器、接收器、液压控制泵及其电动机、电动机控制

器、管系和电缆组成。

2. *Main steering gear* is the machinery, rudder actuators, steering gear, power units, if any, and ancillary equipment and the means of applying torque to the rudder stock (e. g. , tiller or quadrant) necessary for effecting movement of the rudder for the purpose of steering the ship under normal service conditions.

**主操舵装置**，系指在正常情况下，为操纵船舶而使舵产生动作所必需的机械、舵执行器、舵机、动力设备（若设有）和附属设备，以及对舵杆施加扭矩的装置（如舵柄或舵扇）。

3. *Steering gear power unit* is：

**操舵装置动力设备**，系指：

(1) in the case of electric steering gear, an electric motor and its associated electrical equipment；

如果为电动操舵装置，系指电动机及有关的电气设备；

(2) in the case of electro hydraulic steering gear, an electric motor and its associated electrical equipment and connected pump；or

如果为电动液压操舵装置，系指电动机及有关的电气设备和与之相连接的泵；或

(3) in the case of other hydraulic steering gear, a driving engine and connected pump.

如果为其他液压操舵装置，系指驱动机及与之相连接的泵。

4. *Auxiliary steering gear* is the equipment other than any part of the main steering gear necessary to steer the ship in the event of failure of the main steering gear but not including the tiller, quadrant or components serving the same purpose.

**辅助操舵装置**，系指如主操舵装置失效时操纵船舶所必需的设备，其不属于主操舵装置的任何部分，但不包括舵柄、舵扇或具有同样用途的部件。

5. *Normal operational and habitable condition* is a condition under which the ship as a whole, the machinery, services, means and aids ensuring propulsion, ability to steer, safe navigation, fire and flooding safety, internal and external communications and signals, means of escape, and emergency boat winches, as well as the designed comfortable conditions of habitability, are in working order and functioning normally.

**正常操作和居住条件**，系指船舶作为一个整体，其机器、设施、确保推进的设备和辅助装置、操舵能力、安全航行、消防安全和防止进水、内外通信和信号、

脱险通道、应急救生艇绞车以及设计要求的舒适居住条件,均处于工作状态并正常发挥效用。

6. *Emergency condition* is a condition under which any services needed for normal operational and habitable conditions are not in working order due to failure of the main source of electrical power.

**紧急状态**,系指由于主电源发生故障以致正常操作和居住条件所需的设施,均处于工作失常的状态。

7. *Main source of electrical power* is a source intended to supply electrical power to the main switchboard for distribution to all services necessary for maintaining the ship in normal operational and habitable conditions.

**主电源**,系指向主配电板供电以给保持船舶正常操作和居住条件所必需的所有设施配电的电源。

8. *Dead ship condition* is the condition under which the main propulsion plant, boilers and auxiliaries are not in operation due to the absence of power.

**瘫船状态**,系指由于缺少动力,致使主推进装置、锅炉和辅机不能运转的状态。

9. *Main generating station* is the space in which the main source of electrical power is situated.

**主发电站**,系指主电源所在的处所。

10. *Main switchboard* is a switchboard which is directly supplied by the main source of electrical power and is intended to distribute electrical energy to the ship's services.

**主配电板**,系指由主电源直接供电并将电能分配给船上各种设施的配电板。

11. *Emergency switchboard* is a switchboard which in the event of failure of the main electrical power supply system is directly supplied by the emergency source of electrical power or the transitional source of emergency power and is intended to distribute electrical energy to the emergency services.

**应急配电板**,系指在主电源供电系统发生故障的情况下,由应急电源或临时应急电源直接供电,并将电能分配给应急用途的配电板。

12. *Emergency source of electrical power* is a source of electrical power, intended to supply the emergency switchboard in the event of a failure of the supply from the main source of electrical power.

**应急电源**,系指在主电源供电发生故障的情况下,用于向应急配电板供电的电源。

13. *Power actuating system* is the hydraulic equipment provided for supplying power to turn the rudder stock, comprising a steering gear power unit or units, together with the associated pipes and fittings, and a rudder actuator. The power actuating systems may share common mechanical components (i.e., tiller, quadrant and rudder stock) or components serving the same purpose.

**动力执行系统**,系指提供动力以转动舵杆的液压设备,由一个或几个操舵装置动力设备,连同有关的管系和附件以及舵执行器组成。各个动力执行系统可共用某些机械部件(即舵柄、舵扇和舵杆)或有同样用途的部件。

14. *Maximum ahead service speed* is the greatest speed which the ship is designed to maintain in service at sea at the deepest seagoing draught.

**最大营运前进航速**,系指船舶在最大吃水情况下保持海上营运的最大设计航速。

15. *Maximum astern speed* is the speed which it is estimated the ship can attain at the designed maximum astern power at the deepest seagoing draught.

**最大后退速度**,系指船舶在最大吃水情况下用设计的最大倒车功率估计能够达到的速度。

16. *Machinery spaces* are all machinery spaces of Category A and all other spaces containing propelling machinery, boilers, oil fuel units, steam and internal-combustion engines, generators and major electrical machinery, oil filling stations, refrigerating, stabilizing, ventilation and air conditioning machinery, and similar spaces, and trunks to such spaces.

**机器处所**,系指所有 A 类机器处所和所有其他设有推进装置、锅炉、燃油装置、蒸汽机和内燃机、发电机和主要电动机、加油站、制冷机、减摇装置、通风机和空调机的处所,以及类似处所和通往这些处所的围壁通道。

17. *Machinery spaces of Category A* are those spaces and trunks to such spaces which contain:

**A 类机器处所**,系指设有下列设备的处所和通往这些处所的围壁通道:

(1)internal-combustion machinery used for main propulsion;

用作主推进的内燃机;

(2)internal-combustion machinery used for purposes other than main propulsion where such machinery has in the aggregate a total power output of not less than

375 kW；or

用作非主推进,合计总输出功率不小于 375 千瓦的内燃机;或

（3）any oil-fired boiler or oil fuel unit.

任何燃油锅炉或燃油装置。

18. *Control stations* are those spaces in which the ship's radio or main navigating equipment or the emergency source of power is located or where the fire recording or fire control equipment is centralized.

**控制站**,系指船舶无线电设备或主要航行设备或应急电源所在的处所,或火警指示器或消防控制设备集中的处所。

19. *Chemical tanker* is a cargo ship constructed or adapted and used for the carriage in bulk of any liquid product listed in either：

**化学品液货船**,系指经建造或改建用于散装运输下述规则之一（视何者适用而定）所列的任何液体货品的货船：

（1）Chapter 17 of the International Code for the Construction and Equipment of Ships Carrying Dangerous Chemicals in Bulk adopted by the Maritime Safety Committee by Resolution MSC. 4（48）, hereinafter referred to as "the International Bulk Chemical Code", as may be amended by the Organization；or

经国际海事组织的海上安全委员会第 MSC. 4（48）号决议通过的,并可能由国际海事组织修正的《国际散装运输危险化学品船舶构造和设备规则》（以下简称《国际散化规则》）第 17 章;或

（2）Chapter VI of the Code for the Construction and Equipment of Ships Carrying Dangerous Chemicals in Bulk adopted by the Assembly of the Organization by Resolution A. 212（VII）, hereinafter referred to as "the Bulk Chemical Code", as has been or may be amended by the Organization, whichever is applicable.

经国际海事组织大会以第 A. 212（VII）号决议通过的,并已经或可能由国际海事组织修正的《散装运输危险化学品船舶构造和设备规则》（以下简称《散化规则》）第 6 章。

20. *Gas carrier* is a cargo ship constructed or adapted and used for the carriage in bulk of any liquefied gas or other products listed in either：

**气体运输船**,系指经建造或改建用于散装运输下述规则之一（视何者适用而定）所列的任何液化气体或其他货品的货船：

（1）Chapter 19 of the International Code for the Construction and Equipment of Ships Carrying Liquefied Gases in Bulk adopted by the Maritime Safety Committee by

Resolution MSC. 5（48）, hereinafter referred to as "the International Gas Carrier Code", as may be amended by the Organization; or

经国际海事组织的海上安全委员会第 MSC. 5（48）号决议通过的,并可能由国际海事组织修正的《国际散装运输液化气体船舶构造和设备规则》(以下简称《国际气体运输船规则》)第 19 章;或

（2）Chapter 19 of the Code for the Construction and Equipment of Ships Carrying Liquefied Gases in Bulk adopted by the Organization by resolution A. 328（IX）, hereinafter referred to as "the Gas Carrier Code", as has been or may be amended by the Organization, whichever is applicable.

经国际海事组织大会以第 A. 328（IX）号决议通过的,并已经或可能由国际海事组织修正的《散装运输液化气体船舶构造和设备规则》(以下简称《气体运输船规则》)第 19 章。

## （四）第 2.2 章定义部分

## Chapter II-2　Construction—Fire Protection, Fire Detection and Fire Extinction

### 第 2-2 章　建造——防火、探火和灭火

For the purpose of this chapter, unless expressly provided otherwise, the following definitions shall apply:

除另有明文规定外,就本章而言:

1. *Accommodation spaces* are those spaces used for public spaces, corridors, lavatories, cabins, offices, hospitals, cinemas, game and hobby rooms, barber shops, pantries containing no cooking appliances and similar spaces.

**起居处所**,系指用作公共处所、走廊、盥洗室、居住舱室、办公室、医务室、电影院、游戏娱乐室、理发室、无烹饪设备的配膳室的处所以及类似的处所。

2. "A" *Class Divisions* are those divisions formed by bulkheads and decks which comply with the following criteria:

**"A"级分隔**,系指由符合下列标准的舱壁与甲板所组成的分隔:

（1）they are constructed of steel or other equivalent material;

用钢或其他等效的材料制成;

（2）they are suitably stiffened;

有适当的防挠加强;

（3）they are insulated with approved non-combustible materials such that the average temperature of the unexposed side will not rise more than 140 ℃ above the original temperature, nor will the temperature, at any one point, including any joint, rise more than 180 ℃ above the original temperature, within the time listed below.

用认可的不可燃材料隔热,使之在下列时间内,其背火一面的平均温度较初始温度升高不超过 140 ℃,且在包括任何接头在内的任何一点的温度较初始温度升高不超过 180 ℃:

Class "A-60"—60 min

"A-60"级——60 分钟

Class "A-30"—30 min

"A-30"级——30 分钟

Class "A-15"—15 min

"A-15"级——15 分钟

Class "A-0"—0 min

"A-0"级——0 分钟

(4) they are so constructed as to be capable of preventing the passage of smoke and flame to the end of the one-hour standard fire test; and

其构造应在 1 小时的标准耐火试验至结束时能防止烟及火焰通过;和

(5) the Administration required a test of a prototype bulkhead or deck in accordance with the Fire Test Procedures Code to ensure that it meets the above requirements for integrity and temperature rise.

主管机关已要求按《耐火试验程序规则》对原型舱壁或甲板进行一次试验,以确保满足上述完整性和温升的要求。

3. *Atriums* are public spaces within a single main vertical zone spanning three or more open decks.

**天井**,系指在单一主竖区内跨越三层或以上开敞甲板的公共处所。

4. "*B*" *Class Divisions* are those divisions formed by bulkheads, decks, ceilings or linings which comply with the following criteria:

**"B"级分隔**,系指由符合下列标准的舱壁、甲板、天花板或衬板所组成的分隔:

(1) they are constructed of approved non-combustible materials and all materials used in the construction and erection of "B" class divisions are non-combustible, with the exception that combustible veneers may be permitted provided they meet other appropriate requirements of this chapter;

用认可的不可燃材料制成,且"B"级分隔建造和装配中所用的一切材料均为不可燃材料,但并不排除可燃装饰板的使用,只要这些材料符合本章的其他相应要求;

(2)they have an insulation value such that the average temperature of the unexposed sidewall will not rise more than 140 ℃ above the original temperature, nor will the temperature at any one point, including any joint, rise more than 225 ℃ above the original temperature, within the time listed below:

具有的隔热值使之在下列时间内,其背火一面的平均温度较初始温度升高不超过 140 ℃,且在包括任何接头在内的任何一点的温度较初始温度升高不超过 225 ℃:

Class "B-15"—15 min

"B-15"级——15 分钟

Class "B-0"—0 min

"B-0"级——0 分钟

(3)they are so constructed as to be capable of preventing the passage of flame to the end of the first half hour of the standard fire test; and

它们的构造应在标准耐火试验最初的半小时结束时能防止火焰通过;和

(4)the Administration required a test of a prototype division in accordance with the Fire Test Procedures Code to ensure that it meets the above requirements for integrity and temperature rise.

主管机关已要求按《耐火试验程序规则》对原型分隔进行一次试验,以确保满足上述完整性和温升要求。

5. *Bulkhead deck* is the uppermost deck up to which the transverse watertight bulkheads are carried.

**舱壁甲板**,系指横向水密舱壁所到达的最高一层甲板。

6. *Cargo area* is that part of the ship that contains cargo holds, cargo tanks, slop tanks and cargo pump-rooms including pump-rooms, cofferdams, ballast and void spaces adjacent to cargo tanks and also deck areas throughout the entire length and breadth of the part of the ship over the aforementioned spaces.

**货物区域**,系指船上包含货舱、液货舱、污油舱和货泵舱的部分,包括相邻液货舱的泵舱、隔离空舱、压载舱和空舱处所,以及这些处所上方的船舶这一部分的整个长度和宽度范围内的甲板区域。

7. *Cargo ship* is a ship as defined in Regulation I/2 (g).

**货船**,系指第 1.2（g）条所定义的船舶。

8. *Cargo spaces* are spaces used for cargo, cargo oil tanks, tanks for other liquid cargo and trunks to such spaces.

**货物处所**,系指用作装载货物、货油舱、其他液体货物的液货舱的处所及通往这些处所的围壁通道。

9. *Central control station* is a control station in which the following control and indicator functions are centralized:

**集中控制站**,系指具有下列集中控制和显示功能的控制站:

（1）fixed fire detection and fire alarm systems;

固定式探火和失火报警系统;

（2）automatic sprinkler, fire detection and fire alarm systems;

自动喷淋器、探火和失火报警系统;

（3）fire door indicator panels;

防火门指示盘;

（4）fire door closure;

防火门锁闭;

（5）watertight door indicator panels;

水密门指示盘;

（6）watertight door closures;

水密门锁闭;

（7）ventilation fans;

通风机;

（8）general/fire alarms;

通用/失火报警;

（9）communication systems including telephones; and

包括电话在内的通信系统;和

（10）microphones to public address systems.

公共广播系统的扩音器。

10. "*C*" *Class Divisions* are divisions constructed of approved non-combustible materials. They need meet neither requirements relative to the passage of smoke and flame nor limitations relative to the temperature rise. Combustible veneers are permitted provided they meet the requirements of this chapter.

**"C"级分隔**,系指用认可的不可燃材料制成的分隔,它们不必满足防止烟和火焰通过以及限制温升的要求。允许使用可燃装饰板,只要其满足本章的要求。

11. *Chemical tanker* is a cargo ship constructed or adapted and used for the carriage in bulk of any liquid product of a flammable nature listed in Chapter 17 of the International Bulk Chemical Code, as defined in Regulation VII/8.1.

**化学品液货船**,系指经建造或改建用于散装运输第7.8.1条定义的《国际散化规则》第17章所列的任何易燃性液体货品的液货船。

12. *Closed ro-ro spaces* are ro-ro spaces which are neither open ro-ro spaces nor weather decks.

**闭式滚装处所**,系指既不是开式滚装处所,也不是露天甲板的滚装处所。

13. *Closed vehicle spaces* are vehicle spaces which are neither open vehicle spaces nor weather decks.

**闭式车辆处所**,系指既非开式车辆处所,也非露天甲板的车辆处所。

14. *Combination carrier* is a cargo ship designed to carry both oil and solid cargoes in bulk.

**兼装船**,系指设计为运输散装油类和固体货物的货船。

15. *Combustible material* is any material other than a non-combustible material.

**可燃材料**,系指除不可燃材料以外的任何材料。

16. *Continuous "B" class ceilings or linings* are those "B" class ceilings or linings which terminate at an "A" or "B" class division.

**连续"B"级天花板或衬板**,系指终止于"A"级或"B"级分隔处的"B"级天花板或衬板。

17. *Continuously manned central control station* is a central control station which is continuously manned by a responsible member of the crew.

**连续有人值班的集中控制站**,系指有专门负责的船员连续值班的集中控制站。

18. *Control stations* are those spaces in which the ship's radio or main navigating equipment or the emergency source of power is located or where the fire recording or fire control equipment is centralized. Spaces where the fire recording or fire control equipment is centralized are also considered to be a fire control station.

**控制站**,系指船舶无线电设备、主要航行设备或应急电源所在的处所,或火警指示器或消防控制设备集中的处所。火警指示器或消防控制设备集中的处所亦被视为消防控制站。

19. *Crude oil* is any oil occurring naturally in the earth, whether or not treated to render it suitable for transportation, and includes crude oil where certain distillate fractions may have been removed from or added to.

**原油**,系指自然呈现于地下的油,不论是否为适合运输而做过处理,并包括可能已去除或添加了某些馏分的原油。

20. *Dangerous goods* are those goods referred to in the IMDG Code, as defined in Regulation VII/11.1.

**危险货物**,系指第7.11.1条定义的《国际海运危险货物规则》所列的货物。

21. *Deadweight* is the difference in tonnes between the displacement of a ship in water of a specific gravity of 1.025 at the load waterline corresponding to the assigned summer freeboard and the lightweight of the ship.

**载重量**,系指船舶在密度为1.025的海水中,相应于所勘划的夏季干舷载重水线排水量与该船空船排水量之差,以吨计量。

22. *Fire Safety Systems Code* means the International Code for Fire Safety Systems as adopted by the Maritime Safety Committee of the Organization by Resolution MSC. 98 (73), as may be amended by the Organization, provided that such amendments are adopted, brought into force and take effect in accordance with the provisions of Article VIII of the present Convention concerning the amendment procedures applicable to the Annex other than Chapter I thereof.

**《消防安全系统规则》**,系指国际海事组织的海上安全委员会第 MSC. 98 (73)号决议通过的《国际消防安全系统规则》。该规则可能经国际海事组织修正,但该修正案应按本公约第8条有关适用于除第1章外的附则修正程序的规定予以通过、生效和实施。

23. *Fire Test Procedures Code* means the International Code for Application of Fire Test Procedures, 2010 as adopted by the Maritime Safety Committee of the Organization by Resolution MSC. 307 (88), as may be amended by the Organization, provided that such amendments are adopted, brought into force and take effect in accordance with the provisions of Article VIII of the present Convention concerning the amendment procedures applicable to the Annex other than Chapter I.

**《耐火试验程序规则》**,系指国际海事组织的海上安全委员会以第 MSC. 307 (88)号决议通过的《2010年国际耐火试验程序应用规则》。该规则可能经国际海事组织修正,但该修正案应按本公约第8条有关适用于除第1章外的附则修正程序的规定予以通过、生效和实施。

24. *Flashpoint* is the temperature in degrees Celsius (closed cup test) at which a product will give off enough flammable vapour to be ignited, as determined by an approved flashpoint apparatus.

**闪点**,系指某货品发出足以被引燃的可燃蒸汽时的温度(闭杯试验)。闪点以摄氏度计,并由认可的闪点仪测得。

25. *Gas carrier* is a cargo ship constructed or adapted and used for the carriage in bulk of any liquefied gas or other products of a flammable nature listed in Chapter 19 of the International Gas Carrier Code, as defined in Regulation VII/11.1.

**气体运输船**,系指经建造或改建用于散装运输第7.11.1条定义的《国际气体运输船规则》第19章所列的任何液化气体或其他易燃性货品的货船。

26. *Helideck* is a purpose-built helicopter landing area located on a ship including all structure, fire-fighting appliances and other equipment necessary for the safe operation of helicopters.

**直升机甲板**,系指船上专门建造的直升机降落区域,包括所有结构物、消防设备和其他为直升机的安全操作所必需的设备。

27. *Helicopter facility* is a helideck including any refuelling and hangar facilities.

**直升机设施**,系指包含任何加油和机库设施的直升机甲板。

28. *Lightweight* is the displacement of a ship in tonnes without cargo, fuel, lubricating oil, ballast water, fresh water and freed water in tanks, consumable stores, and passengers and crew and their effects.

**空船排水量**,系指船舶在无货物,舱柜内无燃油、润滑油、压载水、淡水、锅炉给水,无消耗物料,且无乘客、船员及其行李物品时的排水量,以吨计量。

29. *Low flame-spread* means that the surface thus described will adequately restrict the spread of flame, this being determined in accordance with the Fire Test Procedures Code.

**低播焰**,系指所述表面能有效地限制火焰的蔓延,这根据《耐火试验程序规则》而定。

30. *Machinery spaces* are machinery spaces of Category A and other spaces containing propulsion machinery, boilers, oil fuel units, steam and internal combustion engines, generators and major electrical machinery, oil filling stations, refrigerating, stabilizing, ventilation and air conditioning machinery, and similar spaces, and trunks to such spaces.

**机器处所**,系指A类机器处所和其他装有推进装置、锅炉、燃油装置、蒸汽机和内燃机、发电机和主要电动机械、加油站、冷藏机、防摇装置、通风机和空调机的处所,以及类似的处所和通往这些处所的围壁通道。

31. *Machinery spaces of Category A* are those spaces and trunks to such spaces which contain either:

**A 类机器处所**,系指装有下列设备的处所和通往这些处所的围壁通道:

(1)internal combustion machinery used for main propulsion;

用作主推进的内燃机;

(2)internal combustion machinery used for purposes other than main propulsion where such machinery has in the aggregate a total power output of not less than 375 kW; or

用作非主推进,合计总输出功率不小于 375 kW 的内燃机;或

(3)any oil-fired boiler or oil fuel unit, or any oil-fired equipment other than boilers, such as inert gas generators, incinerators, etc.

任何燃油锅炉或燃油装置,或锅炉以外的任何燃油设备,如惰性气体发生器、焚烧炉等。

32. *Main vertical zones* are those sections into which the hull, superstructure and deckhouses are divided by "A" Class Divisions, the mean length and width of which on any deck does not in general exceed 40 m.

**主竖区**,系指由"A"级分隔分成的船体、上层建筑和甲板室区段,其在任何一层甲板上的平均长度和宽度一般不超过 40 m。

33. *Non-combustible material* is a material which neither burns nor gives off flammable vapours in sufficient quantity for self-ignition when heated to approximately 750 ℃, this being determined in accordance with the Fire Test Procedures Code.

**不可燃材料**,系指某种材料加热至约 750 ℃ 时,既不燃烧,也不发出足以造成自燃的易燃蒸汽,须根据《耐火试验程序规则》而定。

34. *Oil fuel unit* is the equipment used for the preparation of oil fuel for delivery to an oil-fired boiler, or equipment used for the preparation for delivery of heated oil to an internal combustion engine, and includes any oil pressure pumps, filters and heaters dealing with oil at a pressure of more than 0.18 N/mm$^2$.

**燃油装置**,系指准备为燃油锅炉输送燃油或准备为内燃机输送加热燃油的设备,并包括用于在超过 0.18 N/mm$^2$ 的压力下处理油类的任何压力油泵、过滤器和加热器。

35. *Open ro-ro spaces* are those ro-ro spaces which are either open at both ends or have an opening at one end, and are provided with adequate natural ventilation effective over their entire length through permanent openings distributed in the side plating or deck head or from above, having a total area of at least 10% of the total area of the space sides.

**开式滚装处所**，系指两端开口或一端开口的滚装处所,该处所通过分布在侧壁或天花板上的固定开口,提供遍及整个长度的充分有效的自然通风。固定开口的总面积至少为处所侧面总面积的 10%。

36. *Open vehicle spaces* are those vehicle spaces which are either open at both ends or have an opening at one end and are provided with adequate natural ventilation effective over their entire length through permanent openings distributed in the side plating or deck head or from above, having a total area of at least 10% of the total area of the space sides.

**开式车辆处所**，系指两端开口或一端开口的车辆处所,该处所通过分布在侧壁或天花板上的固定开口,提供遍及整个长度的充分有效的自然通风。固定开口的总面积至少为处所侧面总面积的 10%。

37. *Passenger ship* is a ship as defined in Regulation I/2(f).

**客船**，系指第 1.2(f)条所定义的船舶。

38. *Prescriptive requirements* means the construction characteristics, limiting dimensions, or fire safety systems specified in Parts B, C, D, E or G.

**规定性要求**，系指 B、C、D、E 或 G 部分规定的构造特性、限制的尺寸或消防安全系统。

39. *Public spaces* are those portions of the accommodation which are used for halls, dining rooms, lounges and similar permanently enclosed spaces.

**公共处所**，系指用作大厅、餐室、休息室以及类似的固定围蔽处所。

40. *Rooms containing furniture and furnishings of restricted fire risk*, for the purpose of Regulation 9, are those rooms containing furniture and furnishings of restricted fire risk (whether cabins, public spaces, offices or other types of accommodation) in which:

**设有限制失火危险的家具和陈设的房间**，就第 9 条而言,系指设有限制失火危险的家具和陈设的那些房间(无论居住舱室、公共处所、办公室或其他类型的起居处所):

(1) case furniture such as desks, wardrobes, dressing tables, bureaus, or

dressers are constructed entirely of approved non-combustible materials, except that a combustible veneer not exceeding 2 mm may be used on the working surface of such articles;

框架式家具,如书桌、衣橱、梳妆台、书柜或餐具柜,除其使用面可采用不超过2 mm的可燃装饰板外,应完全用认可的不可燃材料制成;

(2)free-standing furniture such as chairs, sofas, or tables are constructed with frames of non-combustible materials;

独立式家具,如椅子、沙发或桌子,其骨架应用不可燃材料制成;

(3)draperies, curtains and other suspended textile materials have qualities of resistance to the propagation of flame not inferior to those of wool having a mass of 0.8 kg/m², this being determined in accordance with the Fire Test Procedures Code;

帷幔、窗帘以及其他悬挂的纺织品材料,其阻止火焰蔓延的性能不次于0.8 kg/m²的毛织品,需根据《耐火试验程序规则》而定;

(4)floor coverings have low flame-spread characteristics;

地板覆盖物具有低播焰性;

(5)exposed surfaces of bulkheads, linings and ceilings have low flame-spread characteristics;

舱壁、衬板及天花板的外露表面具有低播焰性;

(6)upholstered furniture has qualities of resistance to the ignition and propagation of flame, this being determined in accordance with the Fire Test Procedures Code; and

装有垫套的家具具有阻止着火和火焰蔓延的性能,需根据《耐火试验程序规则》而定;和

(7)bedding components have qualities of resistance to the ignition and propagation of flame, this being determined in accordance with the Fire Test Procedures Code.

床上用品具有阻止着火和火焰蔓延的性能,需根据《耐火试验程序规则》而定。

41. *Ro-ro spaces* are spaces not normally subdivided in any way and normally extending to either a substantial length or the entire length of the ship in which motor vehicles with fuel in their tanks for their own propulsion and/or goods (packaged or in bulk, in or on rail or road cars, vehicles (including road or rail tankers), trailers, containers, pallets, demountable tanks or in or on similar stowage units or

other receptacles) can be loaded and unloaded normally in a horizontal direction.

**滚装处所**,系指通常不予分隔并通常延伸至船舶的大部分长度或整个长度的处所,能以水平方向正常装卸油箱内备有自用燃料的机动车辆和（或）货物〔在铁路或公路车辆、运载车辆(包括公路或铁路槽罐车)、拖车、集装箱、货盘、可拆槽罐之内或之上,或在类似装载单元或其他容器之内或之上的包装或散装货物〕。

42. *Ro-ro passenger ship* means a passenger ship with ro-ro spaces or special category spaces.

**客滚船**,系指设有滚装处所或特种处所的客船。

43. *Steel or other equivalent material* means any non-combustible material which, by itself or due to insulation provided, has structural and integrity properties equivalent to steel at the end of the applicable exposure to the standard fire test (e.g., aluminum alloy with appropriate insulation).

**钢或其他等效材料**,系指本身或由于所设隔热物,经过标准耐火试验规定的相应耐火时间后,在结构性和完整性上与钢具有等效性能的任何不可燃材料(例如设有适当隔热材料的铝合金)。

44. *Sauna* is a hot room with temperatures normally varying between 80 ℃ and 120 ℃ where the heat is provided by a hot surface (e.g., by an electrically heated oven). The hot room may also include the space where the oven is located and adjacent bathrooms.

**桑拿房**,系指温度通常在80~120 ℃之间的加温室,其热量由一种热表面提供(如电加热炉)。此加温室还可包括加热炉所在的处所和邻近的浴房。

45. *Service spaces* are those spaces used for galleys, pantries containing cooking appliances, lockers, mail and specie-rooms, store-rooms, workshops other than those forming part of the machinery spaces, and similar spaces and trunks to such spaces.

**服务处所**,系指用作厨房、设有烹调设备的配膳室、储物间、邮件及贵重物品室、储藏室、不属于机器处所组成部分的工作间,以及类似处所和通往这些处所的围壁通道。

46. *Special-category spaces* are those enclosed vehicle spaces above and below the bulkhead deck, into and from which vehicles can be driven and to which passengers have access. Special category spaces may be accommodated on more than one deck provided that the total overall clear height for vehicles does not exceed 10 m.

**特种处所**,系指在舱壁甲板以上或以下围蔽的车辆处所,车辆能够驶进驶出,并有乘客进出通道。若用于停放车辆的全部总净高度不超过 10 m,特种处所占用的甲板可多于一层。

47. *A standard fire test* is a test in which specimens of the relevant bulkheads or decks are exposed in a test furnace to temperatures corresponding approximately to the standard time-temperature curve in accordance with the test method specified in the Fire Test Procedures Code.

**标准耐火试验**,系指将相关舱壁或甲板的试样置于试验炉内,根据《耐火试验程序规则》规定的试验方法,将其加热到大致相当于标准时间与温度曲线的一种试验。

48. *Tanker* is a ship as defined in Regulation I/2(h).

**液货船**,系指第 1.2 (h) 条定义的船舶。

49. *Vehicle spaces* are cargo spaces intended for carriage of motor vehicles with fuel in their tanks for their own propulsion.

**车辆处所**,系指拟用于装载油箱内备有自用燃料的机动车辆的货物处所。

50. *Weather deck* is a deck which is completely exposed to the weather from above and from at least two sides.

**露天甲板**,系指在上方且至少有两侧完全暴露于露天的甲板。

51. *Safe area in the context of a casualty* is, from the perspective of habitability, any area(s) which is not flooded or which is outside the main vertical zone(s) in which a fire has occurred such that it can safely accommodate all persons on board to protect them from hazards to life or health and provide them with basic services.

**事故中的安全区**,系指从可居住性的角度而言,任何未进水的或发生火灾的主竖区之外的区域,其中可安全地容纳船上所有人员,使其不受生命或健康威胁,并向其提供基本服务。

52. *Safety centre* is a control station dedicated to the management of emergency situations. Safety systems' operation, control and/or monitoring are an integral part of the safety centre.

**安全中心**,系指专用于管理紧急情况的控制站。对安全系统的运作、控制和 (或)监测是该安全中心的基本职责。

53. *Cabin balcony* is an open deck space which is provided for the exclusive use of the occupants of a single cabin and has direct access from such a cabin.

**客舱阳台**,系指单个客舱的居住者专用的且从该客舱可直接进入的开敞甲板处所。

## (五)第3章 定义部分

## Chapter III  Life-Saving Appliances and Arrangements

### 第3章 救生设备和装置

For the purpose of this Chapter, unless expressly provided otherwise:

除另有明文规定外,就本章而言:

1. *Anti-exposure suit* is a protective suit designed for use by rescue boat crews and marine evacuation system parties.

**抗暴露服**,系指设计成供救助艇艇员和海上撤离系统人员使用的防护服。

2. *Certificated person* is a person who holds a certificate of proficiency in survival craft issued under the authority of, or recognized as valid by, the Administration in accordance with the requirements of the International Convention on Standards of Training, Certification and Watchkeeping for Seafarers, in force; or a person who holds a certificate issued or recognized by the Administration of a State not a Party to that Convention for the same purpose as the convention certificate.

**持证人员**,系指持有主管机关按照现行的《海员培训、发证和值班标准国际公约》要求,授权签发的或承认有效的精通救生艇筏业务证书的人员;或持有非该公约缔约国的主管机关为公约证书同一目的而签发或承认的证书的人员。

3. *Detection* is the determination of the location of survivors or survival craft.

**探测**,系指对幸存者或救生艇筏位置的测定。

4. *Embarkation ladder* is the ladder provided at survival craft embarkation stations to permit safe access to survival craft after launching.

**登乘梯**,系指设置在救生艇筏登乘站以供安全登入降落下水后的救生艇筏的梯子。

5. *Float-free launching* is that method of launching a survival craft whereby the craft is automatically released from a sinking ship and is ready for use.

**自由漂浮下水**,系指救生艇筏从下沉中的船舶自动脱开并立即可用的降落方法。

6. *Free-fall launching* is that method of launching a survival craft whereby the craft with its complement of persons and equipment on board is released and allowed to fall into the sea without any restraining apparatus.

**自由降落下水**,系指释放（或脱开）载足全部乘员和属具的救生艇筏,并在没有任何约束装置的情况下,任其下降到海面的降落方法。

7. *Immersion suit* is a protective suit which reduces the body heat loss of a person wearing it in cold water.

**救生服**,系指减少在冷水中穿着该服人员体热损失的防护服。

8. *Inflatable appliance* is an appliance which depends upon non‐rigid, gas‐filled chambers for buoyancy and which is normally kept uninflated until ready for use.

**气胀式设备**,系指依靠非刚性的充气室作浮力,而且在准备使用前通常保持不充气状态的设备。

9. *Inflated appliance* is an appliance which depends upon non‐rigid, gas‐filled chambers for buoyancy and which is kept inflated and ready for use at all times.

**充气式设备**,系指依靠非刚性的充气室获得浮力,而且一直保持充气备用状态的设备。

10. *International Life‐Saving Appliance (LSA) Code* (referred to as "the Code" in this chapter) means the International Life‐Saving Appliance (LSA) Code adopted by the Maritime Safety Committee of the Organization by Resolution MSC. 48 (66), as it may be amended by the Organization, provided that such amendments are adopted, brought into force and take effect in accordance with the provisions of article VIII of the present Convention concerning the amendment procedures applicable to the Annex other than Chapter I.

**《国际救生设备规则》**(本章称规则),系指国际海事组织的海上安全委员会第 MSC. 48 (66)号决议通过的《国际救生设备规则》,该规则可能经国际海事组织修正,但该修正案应按本公约第 8 条有关适用于除第 1 章外的附则修正程序的规定予以通过、生效和实施。

11. *Launching appliance or arrangement* is a means of transferring a survival craft or rescue boat from its stowed position safely to the water.

**降落设备或装置**,系指将救生艇筏或救助艇从其存放位置安全地转移到水上的设施。

12. *Length* is 96% of the total length on a waterline at 85% of the least moulded depth measured from the top of the keel, or the length from the fore‐side of the stem to the axis of the rudder stock on that waterline, if that be greater. In ships designed with a rake of keel the waterline on which this is measured shall be parallel to the

designed waterline.

**长度**,系指量自龙骨上缘的最小型深85%处水线总长的96%,或沿该水线从艏柱前缘量至舵杆中心线的长度,取较大者。对设计为具有倾斜龙骨的船舶,其计量长度的水线应与设计水线平行。

13. *Lightest seagoing condition* is the loading condition with the ship on even keel, without cargo, with 10% stores and fuel remaining and in the case of a passenger ship with the full number of passengers and crew and their luggage.

**最轻载航行状态**,系指船舶处于平浮、无货物、剩有10%的备品和燃料的装载状态;对客船而言,船舶处于载足全额乘客和船员及其行李的装载状态。

14. *Marine evacuation system* is an appliance for the rapid transfer of persons from the embarkation deck of a ship to a floating survival craft.

**海上撤离系统**,系指将人员从船舶的登乘甲板迅速转移到漂浮的救生艇筏上的设备。

15. *Moulded depth*

**型深**

(1)*The moulded depth* is the vertical distance measured from the top of the keel to the top of the freeboard deck beam at side. In wood and composite ships the distance is measured from the lower edge of the keel rabbet. Where the form at the lower part of the midship section is of a hollow character, or where thick garboards are fitted, the distance is measured from the point where the line of the flat of the bottom continued inwards cuts the side of the keel.

**型深**,系指从龙骨上缘量至船舷处的干舷甲板横梁上缘的垂直距离。对木质船舶和混合结构船舶,此垂直距离从龙骨槽口的下缘量起。如船舶中横剖面的下部呈现凹形,或如装有厚龙骨翼板,此垂直距离从船底平坦部分向内延伸线与龙骨侧面相交之点量起。

(2)In ships having rounded gunwales, the moulded depth shall be measured to the point of intersection of the moulded lines of the deck and side shell plating, the lines extending as though the gunwale were of angular design.

具有圆弧形舷边的船舶,型深应量至甲板型线和船舶外板型线相交之点,这些线的延伸是把该舷边视为角形设计。

(3)Where the freeboard deck is stepped and the raised part of the deck extends over the point at which the moulded depth is to be determined, the moulded depth shall be measured to a line of reference extending from the lower part of the deck along a line parallel with the raised part.

如干舷甲板为阶梯形并且其升高部分延伸到超过决定型深的点,则型深应量至甲板较低部分与升高部分平行的延伸线。

16. *Novel life-saving appliance or arrangement* is a life-saving appliance or arrangement which embodies new features not fully covered by the provisions of this chapter or the Code but which provides an equal or higher standard of safety.

**新型救生设备或装置**,系指具有本章或《规则》之规定未全部包括的新型特征,但达到等效或更高的安全标准的救生设备或装置。

17. *Positive stability* is the ability of a craft to return to its original position after the removal of a heeling moment.

**正稳性**,系指艇筏在移去一横倾力矩后恢复到其初始位置的能力。

18. *Recovery time for* a rescue boat is the time required to raise the boat to a position where persons on board can disembark to the deck of the ship. Recovery time includes the time required to make preparations for recovery on board the rescue boat such as passing and securing a painter, connecting the rescue boat to the launching appliance, and the time to raise the rescue boat. Recovery time does not include the time needed to lower the launching appliance into position to recover the rescue boat.

**救助艇的回收时间**,系指该艇被提升至某一位置,而使艇上人员可从该处登上大船甲板所需的时间。回收时间包括在救助艇上做回收准备工作所需的时间,诸如抛投和系住首缆,连接救助艇与降落设备,以及提升救助艇的时间。回收时间不包括把降落设备降低至回收救助艇的位置所需要的时间。

19. *Rescue boat* is a boat designed to rescue persons in distress and to marshal survival craft.

**救助艇**,系指为救助遇险人员及集结救生艇筏而设计的艇。

20. *Retrieval* is the safe recovery of survivors.

**拯救**,系指安全寻回幸存者。

21. *Ro-ro passenger ship* means a passenger ship with ro-ro cargo spaces or special category spaces as defined in Regulation II-2/3.

**客滚船**,系指具有第2.2.3条定义的滚装装货处所或特种处所的客船。

22. *Short international voyage* is an international voyage in the course of which a ship is not more than 200 nautical miles from a port or place in which the passengers and crew could be placed in safety. Neither the distance between the last port of call

in the country in which the voyage begins and the final port of destination nor the return voyage shall exceed 600 nautical miles. The final port of destination is the last port of call in the scheduled voyage at which the ship commences its return voyage to the country in which the voyage began.

**短程国际航行**,系指在航线中,船舶距离能够安全安置乘客和船员的港口或地点不超过 200 海里的国际航行。启航国最后停靠港至最终目的港之间的距离与返航航程均应不超过 600 海里。最终目的港系指船舶开始返航回到启航国前的计划航次中的最后停靠港。

23. *Survival craft* is a craft capable of sustaining the lives of persons in distress from the time of abandoning the ship.

**救生艇筏**,系指从弃船时起能维系遇险人员生命的艇筏。

24. *Thermal protective aid* is a bag or suit made of waterproof material with low thermal conductance.

**保温用具**,系指采用低导热率的防水材料制成的袋子或衣服。

25. *Requirements for maintenance*, *thorough examination*, *operational testing*, *overhaul and repair* means the requirements for maintenance, thorough examination, operational testing, overhaul and repair of lifeboats and rescue boats, launching appliances and release gear, adopted by the Maritime Safety Committee of the Organization by Resolution MSC. 402 (96), as may be amended by the Organization, provided that such amendments are adopted, brought into force and take effect in accordance with the provisions of article VIII of the present Convention concerning the amendment procedures applicable to the Annex other than Chapter I.

**维护保养、彻底检查、操作测试、大修和修理要求**,系指国际海事组织的海上安全委员会以第 MSC. 402 (96)号决议通过并可能经国际海事组织修改的,救生艇和救助艇、降落设备装置和释放装置的维护保养、彻底检查、操作测试、大修和修理要求,只要此类修正案是按本公约第 8 条,关于除第 1 章外适用的附则修正程序的规定予以通过、生效和实施。

## (六)第 4 章定义部分

### Chapter IV   Radiocommunications

### 第 4 章   无线电通信设备

1. For the purpose of this chapter, the following terms shall have the meanings

defined below：

就本章而言,下列术语均按照如下定义：

（1）*Bridge‐to‐bridge communication* means safety communications between ships from the position from which the ships are normally navigated.

**驾驶台对驾驶台的通信**,系指在船舶通常驾驶位置进行的船舶之间的安全通信。

（2）*Continuous watch* means that the radio watch concerned shall not be interrupted other than for brief intervals when the ship's receiving capability is impaired or blocked by its own communications or when the facilities are under periodical maintenance or checks.

**连续值班**,系指有关的无线电值班不应中断,除非当船舶接收能力由于自身通信被削弱或阻塞时,或当设备处于定期维护或检查时,而引起短暂间隔。

（3）*Digital selective calling（DSC）* means technique using digital codes which enables a radio station to establish contact with, and transfer information to, another station or group of stations, and complying with the relevant recommendations of the International Radio Consultative Committee（CCIR）.

**数字选择呼叫**,系指使用数码,使一个无线电台与另一个电台或一组电台建立联系及传递信息,并符合国际无线电咨询委员会有关建议案的一种技术。

（4）*Direct‐printing telegraphy* means automated telegraphy techniques which comply with the relevant recommendations of the International Radio Consultative Committee（CCIR）.

**直接印字电报**,系指符合国际无线电咨询委员会有关建议案的自动电报技术。

（5）*General radiocommunications* means operational and public correspondence traffic, other than distress, urgency and safety messages, conducted by radio.

**常规无线电通信**,系指通过无线电进行的除遇险、紧急和安全信息通信以外的业务和公共通信。

（6）*Inmarsat* means the Organization established by the Convention on the International Maritime Satellite Organization adopted on 3 September 1976.

**国际海事卫星组织**,系指按 1976 年 9 月 3 日通过的国际海事卫星组织公约成立的组织。

（7）*International NAVTEX service* means the co‐ordinated broadcast and automatic reception on 518 kHz of maritime safety information by means of narrow‐band direct-printing telegraphy using the English language.

**国际奈伏泰斯业务**, 系指在 518 kHz 上, 使用窄带直接印字电报手段, 用英语协调广播和自动接收海上安全信息。

(8) *Locating* means the finding of ships, aircraft, units or persons in distress.

**寻位**, 系指发现遇险的船舶、航空器、海上设施或人员。

(9) *Maritime safety information* means navigational and meteorological warnings, meteorological forecasts and other urgent safety related messages broadcast to ships.

**海上安全信息**, 系指向船舶播发的航行和气象警报、气象预报和与安全有关的其他紧急信息。

(10) *Polar orbiting satellite service* means a service which is based on polar orbiting satellites which receive and relay distress alerts from satellite EPIRBs and which provides their position.

**极轨道卫星业务**, 系指利用极轨道卫星接收和转发来自卫星应急无线电示位标 (EPIRBs) 的遇险报警, 并提供其位置的业务。

(11) *Radio Regulations* means the Radio Regulations annexed to, or regarded as being annexed to, the most recent International Telecommunication Convention which is in force at any time.

**《无线电规则》**, 系指任何时候实施的最新《国际电信公约》所附或视为其附件的《无线电规则》。

(12) *Sea area A1* means an area within the radiotelephone coverage of at least one VHF coast station in which continuous DSC alerting is available, as may be defined by a Contracting Government.

**A1 海区**, 系指至少由一个具有连续数字选择性呼叫报警能力的甚高频海岸电台的无线电话所覆盖的区域, 该区域可由各缔约国政府规定。

(13) *Sea area A2* means an area, excluding sea area A1, within the radiotelephone coverage of at least one MF coast station in which continuous DSC alerting is available, as may be defined by a Contracting Government.

**A2 海区**, 系指除 A1 海区以外, 至少由一个具有连续数字选择性呼叫报警能力的中频海岸电台的无线电话所覆盖的区域, 该区域可由各缔约国政府规定。

(14) *Sea area A3* means an area, excluding sea areas A1 and A2, within the coverage of an Inmarsat geostationary satellite in which continuous alerting is available.

**A3 海区**,系指除 A1 和 A2 海区以外,由具有连续报警能力的国际海事卫星系统对地静止卫星所覆盖的区域。

(15)*Sea area A4* means an area outside sea areas A1, A2 and A3.

**A4 海区**,系指除 A1、A2 和 A3 海区以外的区域。

(16)*Global maritime distress and safety system (GMDSS) identities* means maritime mobile services identity, the ship's call sign, Inmarsat identities and serial number identity which may be transmitted by the ship's equipment and used to identify the ship.

**全球海上遇险和安全系统标识**,系指可由船舶设备发送并用于识别船舶的海上移动业务识别码、船舶呼号、国际海事卫星识别码和系列号识别码。

2. All other terms and abbreviations which are used in this chapter and which are defined in the Radio Regulations and in the International Convention on Maritime Search and Rescue (SAR), 1979, as may be amended, shall have the meanings as defined in those Regulations and the SAR Convention.

本章所使用的并在《无线电规则》和可能经修正的《1979 年国际海上搜索与救助公约》中已定义的所有其他术语和缩略语,具有与该规则和《搜救公约》所定义的相同含义。

## (七)第 5 章定义部分

**Chapter V　Safety of Navigation**

**第 5 章　航行安全**

For the purpose of this chapter:

就本章而言:

1. *Constructed in respect of a ship* means a stage of construction where:

**船舶的建造**,系指下述建造阶段:

(1)the keel is laid; or

安放龙骨;或

(2)construction identifiable with a specific ship begins; or

可辨认出某一具体船舶建造开始;或

(3)assembly of the ship has commenced comprising at least 50 tonnes or 1% of the estimated mass of all structural material, whichever is less.

该船业已开始的装配量至少为 50 吨,或为全部结构材料估算质量的 1%,

取较小者。

2. *Nautical chart or nautical publication* is a special-purpose map or book, or a specially compiled database from which such a map or book is derived, that is issued officially by or on the authority of a Government, authorized Hydrographic Office or other relevant government institution and is designed to meet the requirements of marine navigation.

**海图或航海出版物**,系指专用的图或书,或支持这种图或书的经特殊编辑的数据库,由政府主管当局,经授权的水文局或其他相关的政府机构正式颁布,用于满足航海要求。

3. *All ships* means any ship, vessel or craft irrespective of type and purpose.

**所有船舶**,系指所有船或艇,而不论其类型和用途。

4. *Length of a ship* means its length overall.

**船舶长度**,系指其总长度。

5. *Search and rescue service* means the performance of distress monitoring, communication, co-ordination and search and rescue functions, including provision of medical advice, initial medical assistance, or medical evacuation, through the use of public and private resources including co-operating aircraft, ships, vessels and other craft and installations.

**搜救服务**,系指通过利用公共和私人资源,包括协作的飞机、船舶、船只和其他艇筏及设备,执行遇险监控、通信、协调和搜救职能,包括提供医疗建议、初步医疗援助或医务转移。

6. *High-speed craft* means a craft as defined in Regulation X/1.3.

**高速船**,系指第10.1.3条所定义的船艇。

7. *Mobile offshore drilling unit* means a mobile offshore drilling unit as defined in Regulation XI-2/1.1.5.

**海上移动式钻井平台**,系指第11.2.1.1.5条所定义的海上移动式钻井平台。

## (八)第6章定义部分

### Chapter VI Carriage of Cargoes and Oil Fuels

### 第6章 货物和燃油的装载

For the purpose of this chapter, unless expressly provided otherwise, the following definitions shall apply:

除另有明文规定,就本章而言,以下定义适用:

1. *IMSBC Code* means the International Maritime Solid Bulk Cargoes (IMSBC) Code adopted by the Maritime Safety Committee of the Organization by Resolution MSC. 268(85), as may be amended by the Organization, provided that such amendments are adopted, brought into force and take effect in accordance with the provisions of Article VIII of the present Convention concerning the amendment procedures applicable to the Annex other than Chapter I.

《**国际固体散货规则**》,系指国际海事组织的海上安全委员会经第 MSC268(85)号决议通过的《国际海运固体散装货物规则》。此规则可由国际海事组织加以修正,但该修正案要按照现公约第 8 条有关适用于除第 1 章外的附则修正程序的规定予以通过、生效和实施。

2. *Solid bulk cargo* means any cargo, other than liquid or gas, consisting of a combination of particles, granules or any larger pieces of material generally uniform in composition, which is loaded directly into the cargo spaces of a ship without any intermediate form of containment.

**固体散装货物**,系指除液体或气体之外的,任何由基本均匀的微粒、颗粒或较大块状固体物质组成的,直接装入船舶货舱,没有任何中间包装的货物。

Part C

C 部分

For the purposes of this part, unless expressly provided otherwise:

除另有明文规定外,就本部分而言:

1. *International Grain Code* means the International Code for the Safe Carriage of Grain in Bulk adopted by the Maritime Safety Committee of the Organization by Resolution MSC. 23 (59) as may be amended by the Organization, provided that such amendments are adopted, brought into force and take effect in accordance with the provisions of Article VIII of the present Convention concerning the amendment procedures applicable to the Annex other than Chapter I.

《**国际谷物规则**》,系指国际海事组织的海上安全委员会第 MSC. 23 (59)号决议通过并可能经国际海事组织修正的《国际散装谷物安全运输规则》,但该修正案应按本公约第 8 条有关适用于除第 1 章外的附则修正程序的规定予以通过、生效和实施。

2. The term *grain* includes wheat, maize(corn), oats, rye, barley, rice, pul-

ses, seeds and processed forms thereof whose behaviour is similar to that of grain in its natural state.

**谷物**一词,包括小麦、玉蜀黍(苞米)、燕麦、稞麦、大麦、大米、豆类、种子,以及由其加工而成并在自然状态下具有类似特征的制品。

## (九)第 7 章定义部分

### Chapter VII   Carriage of Dangerous Goods
**第 7 章   危险货物运输**

Part A   Carriage of dangerous goods in packaged form

A 部分包装危险货物运输

For the purpose of this chapter, unless expressly provided otherwise:

除另有明文规定外,就本章而言:

1. *IMDG Code* means the International Maritime Dangerous Goods (IMDG) Code adopted by the Maritime Safety Committee of the Organization by Resolution MSC. 122 (75), as may be amended by the Organization, provided that such amendments are adopted, brought into force and take effect in accordance with the provisions of article VIII of the present Convention concerning the amendment procedures applicable to the Annex other than Chapter I.

**《国际海运危险货物规则》**,系指国际海事组织的海上安全委员会第 MSC. 122 (75)号决议通过并可能经国际海事组织修正的《国际海运危险货物规则》,但该修正案应按本公约第 8 条有关适用于除第 1 章外的附则修正程序的规定予以通过、生效和实施。

2. *Dangerous goods* means the substances, materials and articles covered by the IMDG Code.

**危险货物**,系指《国际海运危险货物规则》中所述的物质、材料和物品。

3. *Packaged form* means the form of containment specified in the IMDG Code.

**包装形式**,系指《国际海运危险货物规则》中规定的包装形式。

Part A-1 Carriage of dangerous goods in solid form in bulk

A-1 部分   固体散装危险货物运输

*Dangerous goods in solid form in bulk* means any material, other than liquid or gas, consisting of a combination of particles, granules or any larger pieces of material, generally uniform in composition, which is covered by the IMDG Code and is loaded directly into the cargo spaces of a ship without any intermediate form of containment, and includes such materials loaded in a barge on a barge-carrying ship.

**固体散装危险货物**,系指除液体或气体以外,由微粒、颗粒或较大块状物质组成的并在《国际海运危险货物规则》中列明的任何物质,成分通常一致,并直接装入船舶的货物处所而无须任何中间围护形式,包括装入载驳船上的驳船内的此类物质。

Part B　Construction and equipment of ships carrying dangerous liquid chemicals in bulk

B 部分　散装运输危险液体化学品船舶的构造和设备

For the purpose of this part, unless expressly provided otherwise:

除另有明文规定外,就本部分而言:

1. *International Bulk Chemical Code* (*IBC Code*) means the International Code for the Construction and Equipment of Ships Carrying Dangerous Chemicals in Bulk adopted by the Maritime Safety Committee of the Organization by Resolution MSC. 4 (48), as may be amended by the Organization, provided that such amendments are adopted, brought into force and take effect in accordance with the provisions of Article VIII of the present Convention concerning the amendment procedures applicable to the Annex other than Chapter I.

**《国际散装化学品规则》**,系指国际海事组织的海上安全委员会第 MSC. 4 (48)号决议通过并可能经国际海事组织修正的《国际散装运输危险化学品船舶构造和设备规则》,但这种修正案应按本公约第 8 条有关适用于除第 1 章外的附则修正程序的规定予以通过、生效和实施。

2. *Chemical tanker* means a cargo ship constructed or adapted and used for the carriage in bulk of any liquid product listed in Chapter 17 of the International Bulk Chemical Code.

**化学品液货船**,系指经建造或改建用于散装运输《国际散装化学品规则》第 17 章所列的任何液体货品的货船。

3. For the purpose of Regulation 9, *ship constructed* means a ship the keel of which is laid or which is at a similar stage of construction.

就第 9 条而言,**建造的船舶**,系指安放龙骨或处于类似建造阶段的船舶。

4. *At a similar stage of construction* means the stage at which:

**在类似建造阶段**,系指在此阶段:

(1) construction identifiable with a specific ship begins; and

可辨认出某一具体船舶建造开始；和

（2）assembly of that ship has commenced comprising at least 50 tonnes or 1% of the estimated mass of all structural material, whichever is less.

该船业已开始的装配量至少为 50 吨，或为全部结构材料估算质量的 1%，取较小者。

Part C　Construction and equipment of ships carrying liquefied gases in bulk

C 部分　散装运输液化气体船舶的构造和设备

For the purpose of this part, unless expressly provided otherwise：

除另有明文规定外，就本部分而言：

1. *International Gas Carrier Code*（*IGC Code*）means the International Code for the Construction and Equipment of Ships Carrying Liquefied Gases in Bulk as adopted by the Maritime Safety Committee of the Organization by Resolution MSC. 5 (48), as may be amended by the Organization, provided that such amendments are adopted, brought into force and take effect in accordance with the provisions of article VIII of the present Convention concerning the amendment procedures applicable to the Annex other than Chapter I.

**《国际气体运输船规则》**，系指国际海事组织的海上安全委员会第 MSC. 5 (48)号决议通过并可能经国际海事组织修正的《国际散装运输液化气体船舶构造和设备规则》，但该修正案应按本公约第 8 条有关适用于除第 1 章外的附则修正程序的规定予以通过、生效和实施。

2. *Gas carrier* means a cargo ship constructed or adapted and used for the carriage in bulk of any liquefied gas or other product listed in Chapter 19 of the International Gas Carrier Code.

**气体运输船**，系指经建造或改建用于散装运输《国际气体运输船规则》第 19 章所列的任何液化气体或其他货品的货船。

3. For the purpose of Regulation 12, *ship constructed* means a ship the keel of which is laid or which is at a similar stage of construction.

就第 12 条而言，**建造的船舶**，系指安放龙骨或处于类似建造阶段的船舶。

4. *At a similar stage of construction* means the stage at which：

**在类似建造阶段**，系指在此阶段：

（1）construction identifiable with a specific ship begins；and

可辨认出某一具体船舶建造开始；和

（2）assembly of that ship has commenced comprising at least 50 tonnes or 1% of the estimated mass of all structural material, whichever is less.

该船业已开始的装配量至少为 50 吨，或为全部结构材料估算质量的 1%，取较小者。

Part D　Special requirements for the carriage of packaged irradiated nuclear fuel, plutonium and high-level radioactive wastes on board ships

D 部分　船舶运输密封装辐射性核燃料、钚和强放射性废料的特殊要求

For the purpose of this part unless expressly provided otherwise:

除另有明文规定外，就本部分而言：

1. *INF Code* means the International Code for the Safe Carriage of Packaged Irradiated Nuclear Fuel, Plutonium and High-Level Radioactive Wastes on Board Ships, adopted by the Maritime Safety Committee of the Organization by Resolution MSC. 88 (71), as may be amended by the Organization, provided that such amendments are adopted, brought into force and take effect in accordance with the provisions of Article VIII of the present Convention concerning the amendment procedures applicable to the Annex other than Chapter I.

**INF 规则**，系指国际海事组织的海上安全委员会第 MSC. 88 (71) 号决议通过并可能经国际海事组织修正的《国际船舶安全载运包装的辐射性核燃料、钚和强放射性废料规则》，但该修正案应按本公约第 8 条有关适用于除第 1 章外的附则修正程序的规定予以通过、生效和实施。

2. *INF cargo* means packaged irradiated nuclear fuel, plutonium and high-level radioactive wastes carried as cargo in accordance with Class 7 of the IMDG Code.

**INF 货物**，系指按《国际海运危险货物规则》中规定第 7 类货物载运的，经包装的辐射性核燃料、钚和强放射性废料。

3. *Irradiated nuclear fuel* means materials containing uranium, thorium and/or plutonium isotopes which has been used to maintain a self-sustaining nuclear chain reaction.

**辐射性核燃料**，系指含有曾用于维持自续链式核反应的铀、钍和（或）钚的同位素的材料。

4. *Plutonium* means the resultant mixture of isotopes of that material extracted from irradiated nuclear fuel from reprocessing.

**钚**，系指由辐射性核燃料再加工提炼出的材料，以及其同位素的合成混合物。

5. *High-level radioactive wastes* mean liquid wastes resulting from the operation

of the first stage extraction system or the concentrated wastes from subsequent extraction stages, in a facility for reprocessing irradiated nuclear fuel, or solids into which such liquid wastes have been converted.

**强放射性废料**,系指由第一阶段提炼系统作业所产生的废液,或由随后提炼阶段在辐射性核燃料再加工装置中浓缩的废物,或由液体废料转换成的固体。

6. *Packaged form* means the form of containment specified in the IMDG Code.

**包装形式**,系指按照《国际海运危险货物规则》指明的包装形式。

## (十) 第8章定义部分

**Chapter VIII   Nuclear Ships**

**第8章   核能船舶**

No definitions

(无定义)

## (十一) 第9章定义部分

**Chapter IX   Management for the Safe Operation of Ships**

**第9章   船舶安全营运管理**

For the purpose of this chapter, unless expressly provided otherwise:

除另有明文规定外,就本章而言:

1. *International Safety Management (ISM) Code* means the International Management Code for the Safe Operation of Ships and for Pollution Prevention adopted by the Organization by Resolution A. 741(18), as may be amended by the Organization, provided that such amendments are adopted, brought into force and take effect in accordance with the provisions of Article VIII of the present Convention concerning the amendment procedures applicable to the Annex other than Chapter I.

**《国际安全管理规则》**,系指国际海事组织大会以第 A. 741 (18) 号决议通过并可能经国际海事组织修正的《国际船舶安全营运和防污染管理规则》,但该修正案应按本公约第 8 条有关适用于除第 1 章外的附则修正程序的规定予以通过、生效和实施。

2. *Company* means the owner of the ship or any other organization or person such as the manager, or the bareboat charterer, who has assumed the responsibility

for operation of the ship from the owner of the ship and who on assuming such responsibility has agreed to take over all the duties and responsibilities imposed by the International Safety Management Code.

**公司**,系指船舶所有人或任何其他组织或个人,诸如管理者或光船租赁人,他们已从船舶所有人处接受船舶营运的责任,同意承担《国际安全管理规则》规定的所有义务和责任。

3. *Oil tanker* means an oil tanker as defined in Regulation II-1/2. 22.

**油船**,系指第 2.1/2.22 条定义的油船。

4. *Chemical tanker* means a chemical tanker as defined in Regulation VII/8. 2.

**化学品液货船**,系指第 7.8.2 条定义的化学品液货船。

5. *Gas carrier* means a gas carrier as defined in Regulation VII/11. 2.

**气体运输船**,系指第 7.11.2 条定义的气体运输船。

6. *Bulk carrier* means a ship which is constructed generally with single deck, top-side tanks and bottom-side tanks in cargo spaces, and is intended primarily to carry dry cargo in bulk, and includes such types as ore carriers and combination carriers.

**散货船**,系指在货物处所中通常建有单层甲板、顶边舱和底边舱,且主要用于运输散装干货的船舶,包括诸如矿砂船和兼装船等船型。

7. *Mobile offshore drilling unit*(*MODU*) means a vessel capable of engaging in drilling operations for the exploration or exploitation of resources beneath the sea-bed such as liquid or gaseous hydrocarbons, sulphur or salt.

**海上移动式钻井平台**,系指能从事勘探或开采诸如液体或气体碳氢化合物、硫或盐等海床下资源的钻井作业的船舶。

8. *High-speed craft* means a craft as defined in Regulation X/1.

**高速船**,系指第 10.1 条定义的船舶。

## (十二)第 10 章定义部分

**Chapter X　Safety Measures for High-speed Craft**

**第 10 章　高速船安全措施**

For the purpose of this chapter:

就本章而言:

1. *High-Speed Craft Code*, *1994* (*1994 HSC Code*) means the International Code of Safety for High-Speed Craft adopted by the Maritime Safety Committee of the

Organization by Resolution MSC. 36(63), as may be amended by the Organization, provided that such amendments are adopted, brought into force and take effect in accordance with the provisions of Article VIII of the present Convention concerning the amendment procedures applicable to the Annex other than Chapter I.

**《1994 年高速船规则》**,系指国际海事组织的海上安全委员会第 MSC. 36 (63)号决议通过并可能经国际海事组织修正的《国际高速船安全规则》,但该修正案应按本公约第 8 条有关适用于除第 1 章外的附则修正程序的规定予以通过、生效和实施。

2. *High - Speed Craft Code, 2000 (2000 HSC Code)* means the International Code of Safety for High-Speed Craft, 2000, adopted by the Maritime Safety Committee of the Organization by Resolution MSC. 97 (73), as may be amended by the Organization, provided that such amendments are adopted, brought into force and take effect in accordance with the provisions of Article VIII of the present Convention concerning the amendment procedures applicable to the Annex other than Chapter I.

**《2000 年高速船规则》**,系指国际海事组织的海上安全委员会第 MSC. 97 (73)号决议通过并可能经国际海事组织修正的《2000 年国际高速船安全规则》,但该修正案应按本公约第 8 条有关适用于除第 1 章外的附则修正程序的规定予以通过、生效和实施。

3. *High - speed craft* is a craft capable of a maximum speed, in metres per second (m/s), equal to or exceeding : $3.7 \nabla^{0.1667}$.

**高速船**,系指最大航速(m/s)等于或大于下列值的船:$3.7 \nabla^{0.1667}$。

where: $\nabla$ = volume of displacement corresponding to the design waterline (m³), excluding craft the hull of which is supported completely clear above the water surface in non-displacement mode by aerodynamic forces generated by ground effect.

式中:$\nabla$ = 相应于设计水线的排水量(m³),不包括在非排水状态下船体由地效应产生的气动升力完全支撑在水面以上的船舶。

4. *Craft constructed* means a craft the keel of which is laid or which is at a similar stage of construction.

**建造的船舶**,系指安放龙骨或处于类似建造阶段的船。

5. *At a similar stage of construction* means a stage at which:

**在类似建造阶段**,系指在此阶段:

(1)construction identifiable with a specific craft begins; and

可辨认出某一具体船舶建造开始;和

（2）assembly of that craft has commenced comprising at least 50 tonnes or 3% of the estimated mass of all structural material，whichever is the less.

该船业已开始的装配量至少为 50 吨，或为全部结构材料估算质量的 3%，取较小者。

## （十三）第 11.1 章定义部分

**Chapter XI-1　Special Measures to Enhance Maritime Safety**

**第 11.1 章　加强海上安全的特别措施**

No defintions

（无定义）

## （十四）第 11.2 章定义部分

**Chapter XI-2　Special Measures to Enhance Maritime Security**

**第 11.2 章　加强海上保安的特别措施**

1. For the purpose of this chapter，unless expressly provide otherwise：

除另有明文规定外，就本章而言：

（1）*Bulk carrier* means a bulk carrier as defined in Regulation IX/1.6.

**散货船**，系指第 9.1.6 条所定义的散货船。

（2）*Chemical tanker* means a chemical tanker as defined in Regulation VII/8.2.

**化学品液货船**，系指第 7.8.2 条所定义的化学品液货船。

（3）*Gas carrier* means a gas carrier as defined in Regulation VII/11.2.

**气体运输船**，系指第 7.11.2 条所定义的气体运输船。

（4）*High-speed craft* means a craft as defined in Regulation X/1.2.

**高速船**，系指第 10.1.2 条所定义的船。

（5）*Mobile offshore drilling unit* means a mechanically propelled mobile offshore drilling unit，as defined in Regulation IX/1，not on location.

**海上移动式钻井平台**，系指第 9.1 条所定义的非就位状态的机械推进海上移动式钻井平台。

（6）*Oil tanker* means an oil tanker as defined in Regulation II-1/2.2

**油船**，系指第 2.1.2.2 条所定义的油船。

（7）*Company* means a Company as defined in Regulation IX/1.

**公司**,系指第 9.1 条所定义的公司。

(8) *Ship/port interface* means the interactions that occur when a ship is directly and immediately affected by actions involving the movement of persons, goods or the provisions of port services to or from the ship.

**船/港界面活动**,系指当船舶受到人员上下、货物装卸或提供港口服务等活动的直接和密切影响时发生的交互活动。

(9) *Port facility* is a location, as determined by the Contracting Government or by the Designated Authority, where the ship and/or port interface takes place. This includes areas such as anchorages, awaiting berths and approaches from seaward, as appropriate.

**港口设施**,系指由缔约国政府或指定当局确定的发生船/港界面活动的场所,其中包括锚地、候泊区和进港航道等相应区域。

(10) *Ship-to-ship activity* means any activity not related to a port facility that involves the transfer of goods or persons from one ship to another.

**船到船活动**,系指涉及物品或人员从一船向另一船转移的任何与港口设施无关的活动。

(11) *Designated Authority* means the Organization(s) or the Administration(s) identified, within the Contracting Government, as responsible for ensuring the implementation of the provisions of this chapter pertaining to port facility security and ship/port interface, from the point of view of the port facility.

**指定当局**,系指在缔约国政府内所确定的负责从港口设施的角度确保实施本章涉及港口设施保安和船/港界面活动规定的机构或行政机关。

(12) *International Ship and Port Facility Security (ISPS) Code* means the International Code for the Security of Ships and of Port Facilities consisting of part A (the provisions of which shall be treated as mandatory) and Part B (the provisions of which shall be treated as recommendatory), as adopted, on 12 December 2002, by Resolution 2 of the Conference of Contracting Governments to the International Convention for the Safety of Life at Sea, 1974 as may be amended by the Organization, provided that:

**《国际船舶和港口设施保安规则》**,系指《1974 年国际海上人命安全公约》缔约国政府会议于 2002 年 12 月 12 日以第 2 号决议通过的《国际船舶保安和港口设施保安规则》,由 A 部分(其规定应视为具有强制性)和 B 部分(其规定应视为具有建议性)组成。该规则可能经国际海事组织修正,但:

（i）amendments to Part A of the Code are adopted, brought into force and take effect in accordance with Article VIII of the present Convention concerning the amendment procedures applicable to the Annex other than Chapter I; and

该规则 A 部分的修正案应按本公约第 8 条有关适用于除第 1 章外的附则修正程序的规定予以通过、生效和实施;和

（ii）amendments to Part B of the Code are adopted by the Maritime Safety Committee in accordance with its Rules of Procedure.

该规则 B 部分的修正案应由海上安全委员会按照其议事规则通过。

（13）*Security incident* means any suspicious act or circumstance threatening the security of a ship, including a mobile offshore drilling unit and a high-speed craft, or of a port facility or of any ship and/or port interface or any ship-to-ship activity.

**保安事件**,系指威胁船舶(包括海上移动式钻井平台和高速船),或港口设施,或任何船/港口界面活动,或任何船到船活动保安的任何可疑行为或情况。

（14）*Security level* means the qualification of the degree of risk that a security incident will be attempted or will occur.

**保安等级**,系指企图造成保安事件或发生保安事件的风险级别划分。

（15）*Declaration of Security* means an agreement reached between a ship and either a port facility or another ship with which it interfaces, specifying the security measures each will implement.

**保安声明**,系指船舶与作为其界面活动对象的港口设施或其他船舶之间达成的协议,规定各自将实行的保安措施。

（16）*Recognized security organization* means an organization with appropriate expertise in security matters and with appropriate knowledge of ship and port operations authorized to carry out an assessment, or a verification, or an approval or a certification activity, required by this chapter or by Part A of the ISPS Code.

**认可的保安组织**,系指经授权进行本章或《国际船舶及港口设施保安规则》A 部分所要求的评估、验证、批准或发证活动,具备相应保安专长并具备相应船舶和港口操作方面知识的组织。

2. The term "*ship*", when used in Regulations 3 to 13, includes mobile offshore drilling units and high-speed craft.

在第 3 至 13 条中所使用的"**船舶**"一词,包括海上移动式钻井平台和高速船。

3. The term "*all ships*", when used in this chapter, means any ship to which

this chapter applies.

本章所使用的"**所有船舶**"一词,系指本章所适用的任何船舶。

4. The term "*Contracting Government*", when used in Regulations 3, 4, 7 and 10 to 13, includes a reference to the Designated Authority.

在第 3、4、7 和 10 至 13 条中使用的"**缔约国政府**"一词,同时也是指"指定当局"。

## (十五)第 12 章定义部分

### Chapter XII   Additional Safety Measures for Bulk Carriers

### 第 12 章   散货船附加安全措施

For the purpose of this chapter:

就本章而言:

1. *Bulk carrier* means a ship which is intended primarily to carry dry cargo in bulk, including such types as ore carriers and combination carriers.

**散货船**,系指主要用于运输散装干货的船舶,包括诸如矿砂船和兼装船等船型。

2. *Bulk carrier of single-side skin construction* means a bulk carrier as defined in paragraph 1, in which:

**单舷侧结构散货船**,系指第 1 段所定义的散货船,该船:

(1)any part of a cargo hold is bounded by the side shell; or

货舱任何边界均为舷侧壳板;或

(2)one or more cargo holds are bounded by a double-side skin, the width of which is less than 760 mm in bulk carriers constructed before 1 January 2000 and less than 1,000 mm in bulk carriers constructed on or after 1 January 2000 but before 1 July 2006, the distance being measured perpendicular to the side shell. Such ships include combination carriers in which any part of a cargo hold is bounded by the side shell.

一个或多个货舱边界为双舷侧结构;2000 年 1 月 1 日以前建造的散货船,其双舷侧结构宽度小于 760 mm;2000 年 1 月 1 日至 2006 年 7 月 1 日之间建造的散货船,其双舷侧结构宽度小于 1 000 mm,宽距按垂直于舷侧壳板量取。此类船舶包括货舱任何边界均为舷侧壳板的兼装船。

3. *Bulk carrier of double-side skin construction* means a bulk carrier as defined

in paragraph 1, in which all cargo holds are bounded by a double-side skin, other than the bulk carrier, as defined in paragraph 2.2.

**双舷侧结构散货船**,系指第1段中定义的所有货舱边界均为双舷侧结构的散货船,但不包括第2.2段中定义的散货船。

4. *Double-side skin* means a configuration where each ship side is constructed by the side shell and a longitudinal bulkhead connecting the double bottom and the deck. Bottom-side tanks and top-side tanks may, where fitted, be integral parts of the double-side skin configuration.

**双舷侧**,系指船舶每侧均由舷侧壳板与纵舱壁组成的构造形式,该纵舱壁连接双层底和甲板。底边舱和顶边舱(若设有)可为双舷侧构造的重要组成部分。

5. *Length of a bulk carrier* means the length as defined in the International Convention on Load Lines in force.

**散货船的船长**,系指现行《国际载重线公约》所定义的长度。

6. *Solid bulk cargo* means any material, other than liquid or gas, consisting of a combination of particles, granules or any larger pieces of material, generally uniform in composition, which is loaded directly into the cargo spaces of a ship without any intermediate form of containment.

**固体散装货物**,系指除液体或气体之外,任何由基本均匀的微粒、颗粒或任何块状固体物质组成的,直接装入船舶货舱,没有任何中间包装的货物。

7. *Bulk carrier bulkhead and double bottom strength standards* means "Standards for the evaluation of scantlings of the transverse watertight vertically corrugated bulkhead between the two foremost cargo holds and for the evaluation of allowable hold loading of the foremost cargo hold" adopted by Resolution 4 of the Conference of Contracting Governments to the International Convention for the Safety of Life at Sea, 1974 on 27 November 1997, as may be amended by the Organization, provided that such amendments are adopted, brought into force and take effect in accordance with the provisions of Article VIII of the present Convention concerning the amendment procedures applicable to the Annex other than Chapter I.

**散货船舱壁和双层底强度标准**,系指《最前两个货舱之间垂向槽形水密横舱壁尺寸评估和最前部货舱许可装载评估用标准》,该标准由《1974年国际海上人命安全公约》缔约国政府大会于1997年11月27日经决议4通过,并可能经国际海事组织修正,但这种修正案应按本公约第8条有关适用于除第1章外的附则修正程序的规定予以通过、生效和实施。

8. *Bulk carriers constructed* means bulk carriers the keels of which are laid or which are at a similar stage of construction.

**建造的散货船**,系指安放龙骨或处于类似建造阶段的散货船。

9. *At a similar stage of construction* means the stage at which:

**在类似建造阶段**,系指在此阶段:

(1)construction identifiable with a specific ship begins; and

可辨认出某一具体船舶建造开始;和

(2)assembly of that ship has commenced comprising at least 50 tonnes or one percent of the estimated mass of all structural material, whichever is less.

该船业已开始的装配量至少为 50 吨,或为全部结构材料估算质量的 1%,取较小者。

10. *Breadth* (*B*) *of a bulk carrier* means the breadth as defined in the International Convention on Load Lines in force.

**散货船的船宽(B)**,系指现行《国际载重线公约》所定义的宽度。

## (十六)第 13 章定义部分

**Chapter XIII   Verification ofCompliance**

**第 13 章   符合核查**

No definitions

无定义

## (十七)第 14 章定义部分

1. CHAPTER XIV   Safety Measures for Ships Operating in Polar Waters〔MSC. 385(94)〕

第 14 章   船舶在极地水域航行的安全措施〔国际海事组织海上安全委员会第 MSC. 385(94)号决议〕

Definitions

定义

For the purpose of this Code, the terms used have the meanings defined in the following paragraphs. Terms used in Part I-A but not defined in this section shall have the same meaning as defined in SOLAS. Terms used in Part II-A but not defined in this section shall have the same meaning as defined in Article 2 of MARPOL and the relevant MARPOL Annexes.

就本规则而言,所使用的术语的含义按如下定义。在第 1 章 A 部分中使用但未在本节中定义的术语,应与《国际海上人命安全公约》中的定义含义相同。在第 2 章 A 部分中使用但未在本节中定义的术语,应与《MARPOL 公约》第 2 条以及《MARPOL 公约》相关附则中定义的含义相同。

(1)*Category A ship* means a ship designed for operation in polar waters in at least medium first-year ice, which may include old ice inclusions.

**A 类船舶**,设计用于在极地水域至少中等厚度的当年冰,可能包括旧冰的冰况中营运的船舶。

(2)*Category B ship* means a ship not included in Category A, designed for operation in polar waters in at least thin first-year ice, which may include old ice inclusions.

**B 类船舶**,系指不包含在 A 类中,设计为在极地水域内至少可能包括旧冰的当年薄冰中营运的船舶。

(3)*Category C ship* means a ship designed to operate in open water or in ice conditions less severe than those included in Categories A and B.

**C 类船舶**,系指设计为在敞开水域或相比 A 类和 B 类严重程度较轻的冰况下营运的船舶。

(4)*First-year ice* means sea ice of not more than one winter growth developing from young ice with thickness from 0.3 m to 2.0 m.

**当年冰**,系指从初期冰开始的发展期不超过一个冬季,厚度在 0.3~2.0 m 的海冰。

(5)*Ice free waters* means no ice present. If ice of any kind is present this term shall not be used.

**无冰水域**,系指无冰存在。如果存在任何形式的冰,不应使用本术语。

(6)*Ice of land origin* means ice formed on land or in an ice shelf, found floating in water.

**陆源冰**,系指水中漂浮的形成于陆上或冰架上的冰。

(7)*MARPOL* means the International Convention for the Prevention of Pollution from Ships, 1973, as modified by the Protocol of 1978 relating thereto as amended by the 1997 Protocol.

**《MARPOL 公约》**,系指经修正的《经 1978 年议定书修订的 1973 年国际防止船舶造成污染公约》。

(8) *Medium first-year ice* means first-year ice of 0.7 m to 1.2 m thickness.

**中等厚度的当年冰**, 系指厚度为 0.7~1.2 m 的当年冰。

(9) *Old ice* means sea ice which has survived at least one summer's melt; typical thickness up to 3 m or more. It is subdivided into residual first-year ice, second-year ice and multi-year ice.

**旧冰**, 系指经至少 1 个夏季融化后仍存在的海冰;典型厚度为 3 m 或以上。它分为残存当年冰,次年冰和多年冰。

(10) *Open water* means a large area of freely navigable water in which sea ice is present in concentrations less than 1/10. No ice of land origin is present.

**开敞水域**, 系指一大片能自由航行的水域,海冰密集度小于 1/10, 无陆源冰存在。

(11) *Organization* means the International Maritime Organization.

**本组织**, 系指国际海事组织。

(12) *Sea ice* means any form of ice found at sea which has originated from the freezing of sea water.

**海冰**, 系指在海上发现的由海水结冰产生的任何形式的冰。

(13) *SOLAS* means the International Convention for the Safety of Life at Sea, 1974, as amended.

**《SOLAS 公约》**, 系指经修正的《1974 年国际海上人命安全公约》。

(14) *STCW Convention* means the International Convention on Standards of Training, Certification and Watchkeeping for Seafarers, 1978, as amended.

**《STCW 公约》**, 系指经修正的《1978 年国际海员培训、发证和值班标准公约》。

(15) *Thin first-year ice* means first-year ice of 0.3 m to 0.7 m thickness.

**当年薄冰**, 系指厚度为 0.3~0.7 m 的当年冰。

2. CHAPTER XIV Safety Measures for Ships Operating in Polar Waters [MSC. 385 (94)]

第 14 章 船舶在极地水域航行的安全措施 [国际海事组织海上安全委员会第 MSC. 386 (94)号决议]

Regulation 1 Definitions

规则 1 定义

For the purpose of thisChapter:

就本章而言：

（1）*Polar Code* means the International Code for Ships Operating in Polar Waters, consisting of an introduction and Parts I−A and II−A and Parts I−B and II−B, as adopted by Resolutions MSC. 385（94）and of the Marine Environment Protection Committee, as may be amended, provided that：

**极地规则**，系指在极地水域航行船舶的国际规则，其中包括概要部分，第 1A、2A 及第 1B、2B 部分，该规则由国际海事组织海事安全委员会第 MSC. 385（94）号决议通过，以及由海洋环境保护委员会通过，随时可能被修正，只要：

（i）amendments to the safety−related provisions of the introduction and Part I−A of the Polar Code are adopted, brought into force and take effect in accordance with the provisions of Article VIII of the present Convention concerning the amendment procedures applicable to the Annex other than Chapter I; and

通过安全相关条款介绍和极地规则第 1A 部分，并生效，同时符合现行公约第 8 条，有关除了第 1 章外的附则修正案程序；和

（ii）amendments to Part I−B of the Polar Code are adopted by the Maritime Safety Committee in accordance with its Rules of Procedure.

由海事安全委员会根据程序规则通过极地规则第 1B 部分的修正案。

（2）*Antarctic area* means the sea area south of latitude 60 °S.

**南极区**，系指南纬 60°以南的区域。

（3）*Arctic waters* means those waters which are located north of a line from the latitude 58°00′. 0 N and longitude 042°00′. 0 W to latitude 64°37′. 0 N, longitude 035°27′. 0 W, and thence by a rhumb line to latitude 67°03′. 9 N, longitude 026°33′. 4 W, and thence by a rhumb line to the latitude 70°49′. 56 N and longitude 008°59′. 61 W（Sørkapp, Jan Mayen）, and thence by the southern shore of Jan Mayen to 73°31′. 6 N and 019°01′. 0 E by the Island of Bjørnøya, and thence by a great circle line to the latitude 68°38′. 29 N and longitude 043°23′. 08 E（Cap Kanin Nos）, and thence by the northern shore of the Asian Continent eastward to the Bering Strait, and thence from the Bering Strait westward to latitude 60° N as far as Il'pyrskiy and following the 60th North parallel eastward as far as and including Etolin Strait and thence by the northern shore of the North American continent as far south as latitude 60° N, and thence eastward along parallel of to latitude 60° N, longitude 056°37′. 1 W, and thence to the latitude 58°00′. 0 N, longitude 042°00′. 0 W.

**北极水域**，系指位于北纬 58°00′0 及西经 042°00′0 至北纬 64°37′0 及西经

035°27′.0线以北线。并通过横向线指北纬67°03′.9及西经026°33′.4,再沿一条横向线至北纬70°49′.56及西经008°59′.61(苏可普,扬马延岛),再沿扬马延岛南岸至比约尔尼亚岛73°31′.6及019°01′.0,然后沿着一条大圆线到达北纬68°38′.29及东经043°23′.08(卡宁诺斯角),因此,从亚洲大陆北岸向东到白令海峡,从白令海峡向西到北纬60°,一直到伊尔佩尔斯基,沿着北纬60°线向东,一直到并包括埃托林海峡,从北美大陆北岸向北纬60°及西经056°37′.1,再到北纬58°00′.0及西经042°00′.0。

(4)*Polar waters* means Arctic waters and/or the Antarctic area.

**极区水域**,细致北冰洋水域及(或)南极洲水域。

(5)*Ship constructed* means a ship the keel of which is laid or which is at a similar stage of construction.

**建造的船舶**,系指安放龙骨或处于类似建造阶段的船舶。

(6)*At a similar stage of construction* means the stage at which:

**在类似建造阶段**,系指在此阶段:

(i)construction identifiable with a specific ship begins; and

可辨认出某一具体船舶建造开始;和

(ii)assembly of that ship has commenced comprising at least 50 tonnes or 1% of the estimated mass of all structural material, whichever is less.

该船已开始的装配量至少50吨,或全部结构材料估算质量的1%,取小者。

## 五、《SOLAS 公约》中定义的术语在我国"术语在线"中的收录情况

将《SOLAS 公约》中定义的术语英语单词输入"术语在线"数据库进行查询,结果参阅表3.2。

表 3.2　《SOLAS 公约》中的术语在"术语在线"收录情况

| 序号 | 《SOLAS 公约》中的术语 | 汉译 | 收录学科及年份 | 术语在线 | 备注 |
|---|---|---|---|---|---|
| 1 | regulations | 规则 | 图书馆情报与文献学,2012;世界历史,2012;水产,2002;航海科学技术,2003(1996) | 标准化条例,市政管理条例,港章,航海法规,渔业法规,regulation for standardization, City Regulations, maritime rules and port regulations, fishery rules and regulations | 采用复数形式查询,收录非源自本公约 |
| 2 | Administration | 主管机关 | 管理科学技术,2016;全科医学与社区卫生,2014;航海科学技术,2003 | 政府,给药 administration, government | 收录未必源自本公约 |
| 3 | international voyage | 国际航行 | 航海科学技术,2003 | 短程国际航行,short international voyage | 未必源自公约 |
| 4 | passenger | 乘客 | 公路交通科学技术,1996 | 旅客,passenger, traveler | 未必源自本公约 |
| 5 | master | 船长 | 航海科学技术,1996 | 船长 captain, master | 得到该词有很多出处,从英语看并非源自本公约 |
| 6 | member of crew | 船员 | 航海科学技术,2003(1996) | 船员,crew | 可能源自本公约 |
| 7 | passenger ship | 客船 | 船舶工程 1998;航海科学技术,1996 | 客船,passenger ship | 一定源自本公约 |

表 3.2（续1）

| 序号 | SOLAS 术语 | 汉译 | 收录学科及年份 | 术语在线 | 备注 |
|---|---|---|---|---|---|
| 8 | cargo ship | 货船 | 航海科学技术，2003（1996）；船舶工程，2003（1998） | 货船，cargo ship, cargo vessel, freighter, cargo carrier, cargo boat | 未必源自本公约 |
| 9 | tanker | 液货船 | 船舶工程 1998；航海科学技术，1996 | 液货船，tanker, liquid cargo ship | 未必源自本公约 |
| 10 | fishing vessel | 渔船 | 水产，2002；船舶工程，1998；航海科学技术，1996 | 渔船，fishing vessel, fishing boat | 未必源自本公约 |
| 11 | nuclear ship | 核能船舶 | 船舶工程，1998；航海科学技术，1996 | 核动力船，nuclear [powered] ship, nuclear[-powered] ship | 一定源自本公约 |
| 12 | new ship | 新船 | 未收录 | 无 | 无 |
| 13 | existing ship | 现有船 | 航海科学技术，2003 | 现有船，现存船舶，现成船，existing ship | 未必源自本公约 |
| 14 | mile | 海里 | 航海科学技术，2003（1996） | 海里，nautical mile, n mile, sea mile | 一定源自本公约 |
| 15 | anniversary date | 周年日期 | 航海科学技术，2003 | 周年日 | 一定源自本公约 |
| 16 | subdivision length of the ship | 船舶分舱长度（$L_s$） | 未收录 | 无 | 无 |
| 17 | mid-length | 船长中点 | 未收录 | 无 | 无 |
| 18 | aft terminal | 后端点 | 未收录 | 无 | 无 |
| 19 | forward terminal | 前端点 | 未收录 | 无 | 无 |

表 3.2（续 2）

| 序号 | SOLAS 术语 | 汉译 | 收录学科及年份 | 术语在线 | 备注 |
|---|---|---|---|---|---|
| 20 | length | 船长 | 物理学，2019；信息科学技术，2008；水产，2002；船舶工程，1998；水利科学技术，1997；航海科学技术，1996；电子学，1993；数学，1993 | 长度，船长，队形长度，混合长度，体长，约束长度，可浸长度，标准长度，length, ship length, length of formation, mixing length, constraint length, body length, floodable length, standard length | 涉海收录的"船长"词义可能源自本公约 |
| 21 | freeboard deck | 干舷甲板 | 船舶工程，2003（1998）；航海科学技术，2003；石油，1994 | 相同 | 未必源自本公约 |
| 22 | forward perpendicular | 艏垂线 | 船舶工程，2003（1998） | 艏垂线，forward perpendicular, fore perpendicular | 未必源自本公约 |
| 23 | breadth | 船宽 | 管理科学技术，2016；海洋科学技术，2012；土木工程，2003；水产，2002；船舶工程，1998；航海科学技术，1996；石油，1994 | 市场宽度，型宽，最大宽度，船宽，生态位宽度，登记宽度，领海宽度，breadth, moulded breadth, extreme vessel breadth, maximum breadth, extreme breadth, niche breadth, registered breadth, breadth of the territorial sea | 未必源自本公约 |
| 24 | draught | 吃水 | 水产，2002；船舶工程，1998；航海科学技术，1996 | 吃水，draft, draught | 未必源自本公约 |

表3.2(续3)

| 序号 | SOLAS术语 | 汉译 | 收录学科及年份 | 术语在线 | 备注 |
|---|---|---|---|---|---|
| 25 | deepest subdivision draught | 最深分舱吃水 | 船舶工程,1998 | 最深分舱载重线,deepest subdivision loadline | 未必源自本公约 |
| 26 | light service draught | 轻载航行吃水 | 船舶工程,1998 | 空载吃水,light draft | 未必源自本公约 |
| 27 | partial subdivision draught | 部分分舱吃水 | 未收录 | 无 | 无 |
| 28 | trim | 纵倾 | 机械工程,2013;船舶工程,1998;石油,1994 | 工作点,纵倾,trim | 未必源自本公约 |
| 29 | permeability | 某一处所的渗透率 | 物理学,2019;化学工程,2017;材料科学技术,2014;海洋科学技术,2011;海洋科学技术,2007;航海科学技术,2003;昆虫学,2002;船舶工程,1998;水利科学技术,1997;石油,1994;地质学,1993 | 渗透率,透过性,容积渗透率,渗透系数,permeability, volume permeability, permeability coefficient | 航海科学技术和船舶工程(分)委员会的收录源自本公约 |
| 30 | machinery spaces | 机器处所 | 船舶工程,1998 | A类机器处所,machinery space of category A | 未必源自本公约 |
| 31 | weathertight | 风雨密 | 水产,2002;船舶工程,1998;航海科学技术,1996 | 风雨密,风雨密性,weathertight, weather tightness, weathertightness | 一定源自本公约 |
| 32 | watertight | 水密 | 地球物理学,2022;水产,2002;航海科学技术,1996 | 不透水的,水密,watertight, WT, water-tight, resistant to water | 航海科学技术(分)委员会的收录源自本公约 |

表 3.2（续 4）

| 序号 | SOLAS 术语 | 汉译 | 收录学科及年份 | 术语在线 | 备注 |
|---|---|---|---|---|---|
| 33 | design pressure | 设计压力 | 化工名词（八），2021；电力，2020；机械工程，2013 | 相同 | 未必源自本公约 |
| 34 | bulkhead deck | 舱壁甲板 | 船舶工程，1998 | 相同 | 未必源自本公约 |
| 35 | deadweight | 载重量 | 船舶工程，1998；水利科学技术，1997；航海科学技术 1996 | 载重量，总载重量，船舶载重量，deadweight，dead weight，DW，dead-weight of vessel | 未必源自本公约 |
| 36 | lightweight | 空船排水量 | 航海科学技术，1996；石油，1994 | 空船排水量，light ship displacement，light displacement | 并非源自本公约 |
| 37 | oil tanker | 油船 | 船舶工程，1998；航海科学技术，1996；石油，1994 | 油船，油轮，oil tanker，oil carrier | 未必源自本公约 |
| 38 | ro-ro passenger ship | 滚装客船 | 海洋科学技术，2007；船舶工程，1998；航海科学技术，1996 | 滚装船，驶上驶下船，roll on-roll off ship，roll on/roll off ship，Ro/Ro ship，ro/ro ship，drive on-drive off ship，roll on/roll off ship，ro-on/ro-off ship，drive on/drive off ship | 未必源自本公约 |
| 39 | bulk carrier | 散货船 | 船舶工程，1998；航海科学技术，1996 | 散货船，bulk carrier，bulk cargo ship，bulk-cargo ship | 未必源自本公约 |
| 40 | keel line | 龙骨线 | 船舶工程，1998 | 相同 | 一定源自本公约 |

表 3.2(续 5)

| 序号 | SOLAS 术语 | 汉译 | 收录学科及年份 | 术语在线 | 备注 |
|---|---|---|---|---|---|
| 41 | amidships | 船中 | 船舶工程，1998；航海科学技术，1996 | 中机型船，中机舱船，amidships engined ship，amidships-engined ship | 未必源自本公约 |
| 42 | 2008 IS Code | 2008 完整稳性规则 | 未收录 | 无 | 无 |
| 43 | Goal-based Ship Construction Standards for Bulk Carriers and Oil Tankers | 散货船和油船目标型新船建造标准 | 未收录 | 无 | 无 |
| 44 | steering gear control system | 操舵装置控制系统 | 船舶工程，1998 | 相同 | 一定源自本公约 |
| 45 | main steering gear | 主操舵装置 | 船舶工程，1998 | 相同 | 一定源自本公约 |
| 46 | steering gear power unit | 操舵装置动力设备 | 船舶工程，1998 | 相同 | 一定源自本公约 |
| 47 | auxiliary steering gear | 辅助操舵装置 | 航海科学技术，2003；船舶工程，1998 | 相同 | 一定源自本公约 |
| 48 | normal operational and habitable condition | 正常操作和居住条件 | 未收录 | 无 | 无 |
| 49 | emergency condition | 紧急状态 | 电力，2020 | [电力系统] 紧急状态，emergency state [ of electric power system] | 未必源自本公约 |

表 3.2(续 6)

| 序号 | SOLAS 术语 | 汉译 | 收录学科及年份 | 术语在线 | 备注 |
|---|---|---|---|---|---|
| 50 | main source of electrical power | 主电源 | 航空科学技术,2003;船舶工程,1998;铁道科学技术,1997 | 主电源,main power source, primary electrical power source, main source of electrical power | 船舶工程学科收录源自本公约 |
| 51 | dead ship condition | 瘫船状态 | 无 | 无 | 无 |
| 52 | main generating station | 主发电站 | 船舶工程,1998;石油1994 | 主电站, main electrical power plant, main power station | 非源自本公约 |
| 53 | main switchboard | 主配电板 | 航海科学技术,1996;船舶工程,1998 | 相同 | 一定源自本公约 |
| 54 | emergency switchboard | 应急配电板 | 航海科学技术,2003;船舶工程,1998 | 相同 | 一定源自本公约 |
| 55 | emergency source of electrical power | 应急电源 | 化工名词(五),2021;建筑学2014;航空科学技术,2003;船舶工程,1998;航海科学技术,1996 | 应急电源,emergency power supply, electric source for safety service, EPS, emergency electrical power source, emergency source of electrical power, emergency power source | 船舶工程收录的词条源自本公约 |
| 56 | power actuating system | 动力执行系统 | 未收录 | 无 | 无 |
| 57 | maximum ahead service speed | 最大营运前进航速 | 未收录 | 无 | 无 |

表 3.2（续 7）

| 序号 | SOLAS术语 | 汉译 | 收录学科及年份 | 术语在线 | 备注 |
|---|---|---|---|---|---|
| 58 | maximum astern speed | 最大后退速度 | 未收录 | 无 | 无 |
| 59 | machinery spaces of Category A | A类机器处所 | 船舶工程,1998 | 相同 | 一定源自本公约 |
| 60 | control stations | 控制站 | 电力,2020;计算机科学技术,2018;船舶工程,1998;电气工程,1998;铁道科学技术,1997;自动化科学技术,1990 | 控制站,control station | 未必源自本公约 |
| 61 | chemical tanker | 化学品液货船 | 船舶工程,2003;航海科学技术,2003 | 液体化学品船,化学品船,化学液体船,chemical tanker,chemical carrier,liquid chemical tanker,chemical cargo ship | 未必源自本公约 |
| 62 | gas carrier | 气体运输船 | 船舶工程,1998;航海科学技术,1996 | 液化气船,液化气体船,液化石油气船,液化天然气船,liquefied gas carrier,liquefied petroleum gas carrier,liquefied natural gas carrier | 未必源自本公约 |
| 63 | accommodation spaces | 起居处所 | 船舶工程,1998;航海科学技术,1996 | 起居舱空间,居住舱,起居舱室,accommodation,cabin,living quarter | 一定源自本公约 |
| 64 | "A" Class Divisions | "A"级分隔 | 航海科学技术,2003 | 甲级分隔,"A"级区（防火）,A class division | 一定源自本公约 |

表 3.2（续 8）

| 序号 | SOLAS 术语 | 汉译 | 收录学科及年份 | 术语在线 | 备注 |
|---|---|---|---|---|---|
| 65 | atriums | 天井 | 动物学,2021;植物学,2019;建筑学,2014 | 内腔,口前腔,心房,交媾腔,围鳃腔,atrium | 并非源自本公约 |
| 66 | "B" Class Divisions | "B"级分隔 | 航海科学技术,2003 | 乙级分隔，"B"级区（防火），B class division | 一定源自本公约 |
| 67 | cargo area | 货物区域 | 未收录 | 无 | 无 |
| 68 | cargo spaces | 货物处所 | 船舶工程,1998 | 货舱,cargo hold,cargo space | 一定源自本公约 |
| 69 | central control station | 集中控制站 | 电力,2020;计算机科学技术,2018;建筑学,2014;电气工程,1998;船舶工程,1998;铁道科学技术,1997;煤炭科学技术,1996;石油,1994;自动化科学技术,1990 | 地面数据处理中心,控制中心,中央计量站,集中控制站,control station,control position,central central measuring station,central treatment station, | 未必源自本公约 |
| 70 | "C" Class Divisions | "C"级分隔 | 未收录 | 无 | 无 |
| 71 | closed ro-ro spaces | 闭式滚装处所 | 未收录 | 无 | 无 |
| 72 | closed vehicle spaces | 闭式车辆处所 | 未收录 | 无 | 无 |
| 73 | combination carrier | 混装船 | 航海科学技术,2003 | 混装船,混载船,combination carrier | 未必源自本公约 |
| 74 | combustible material | 可燃材料 | 航海科学技术,2003;船舶工程,2003 | 只有 non-combustible material 不燃材料 | 未必源自本公约 |
| 75 | continuous "B" class ceilings or linings | 连续"B"级天花板或衬板 | 未收录 | 无 | 无 |

表 3.2（续 9）

| 序号 | SOLAS 术语 | 汉译 | 收录学科及年份 | 术语在线 | 备注 |
|---|---|---|---|---|---|
| 76 | continuously manned central control station | 连续有人值班的集中控制站 | 未收录 | 无 | 无 |
| 77 | crude oil | 原油 | 地球物理学,2022;化学工程,2017;资源科学技术,2008;航海科学技术,2003;石油,1994;地质学,1993 | 原油,crude oil,raw oil | 未必源自本公约 |
| 78 | dangerous goods | 危险货物 | 化工名词（四）,2020;船舶工程,2003;铁道科学技术,1997 | 危险货物,dangerous goods,dangerous cargo | 未必源自本公约 |
| 79 | Fire Safety Systems Code | 消防安全系统规则 | 未收录 | 无 | 无 |
| 80 | Fire Test Procedures Code | 耐火试验程序规则 | 未收录 | 无 | 无 |
| 81 | flashpoint | 闪点 | 电力,2020;化学工程,2017;计量学,2015;建筑学,2014;电气工程,1998;公路交通科学技术,1996;石油,1994;力学,1993 | 闪点,闪[火]点,引火点,flash point | 未必源自本公约 |
| 82 | helideck | 直升机甲板 | 船舶工程,1998;石油,1994 | 直升机甲板,直升机坪,helideck,helicopter deck | 未必源自本公约 |
| 83 | helicopter facility | 直升机设施 | 未收录 | 无 | 无 |

表 3.2(续 10)

| 序号 | SOLAS 术语 | 汉译 | 收录学科及年份 | 术语在线 | 备注 |
|---|---|---|---|---|---|
| 84 | low flame-spread | 低播焰 | 未收录 | 无 | 无 |
| 85 | main vertical zones | 主竖区 | 航海科学技术, 2003 | 主竖区, 主要垂直区域, main vertical zone | 一定源自本公约 |
| 86 | non-combustiblematerial | 不可燃材料 | 航海科学技术, 2003; 船舶工程, 2003 | 不燃材料, non-combustible material | 未必源自本公约 |
| 87 | oil fuel unit | 燃油装置 | 航海科学技术, 2003 | 燃油装置, 燃油装备组, oil fuel unit | 未必源自本公约 |
| 88 | open ro-ro spaces | 开式滚装处所 | 未收录 | 无 | 无 |
| 89 | open vehicle spaces | 开式车辆处所 | 未收录 | 无 | 无 |
| 90 | prescriptive requirements | 规定性要求 | 未收录 | 无 | 无 |
| 91 | public spaces | 公共处所 | 未收录 | 无 | |
| 92 | rooms containing furniture and furnishings of restricted fire risk | 设有限制失火危险的家具和陈设的房间 | 未收录 | 无 | 无 |
| 93 | ro-ro spaces | 滚装处所 | 未收录 | 无 | 无 |
| 94 | steel or other equivalent material | 钢或其他等效材料 | 未收录 | 无 | 无 |
| 95 | sauna | 桑拿房 | 物理医学与康复, 2014 | 桑拿浴 sauna bath | 并非独立词, 可能非必源自本公约 |

表 3.2（续 11）

| 序号 | SOLAS 术语 | 汉译 | 收录学科及年份 | 术语在线 | 备注 |
|---|---|---|---|---|---|
| 96 | service spaces | 服务处所 | 未收录 | 无 | 无 |
| 97 | special category space | 特种处所 | 航海科学技术,2003 | 相同 | 一定源自本公约 |
| 98 | standard fire test | 标准耐火试验 | 化学工程,2017;航海科学技术,1996 | 标准试验,标准操纵性试验,Z形试验,标准试验筛,standard test, standard maneuvering test, standard testing sieve | 收录词义并非本术语词义 |
| 99 | vehicle spaces | 车辆处所 | 未收录 | 无 | 无 |
| 100 | weather deck | 露天甲板 | 石油,1994 | 露天甲板,weather deck,open deck | 一定源自本公约 |
| 101 | safe area in the context of a casualty | 事故中的安全区 | 未收录 | 无 | 无 |
| 102 | safety centre | 安全中心 | 未收录 | 无 | 无 |
| 103 | cabin balcony | 客舱阳台 | 未收录 | 无 | 无 |
| 104 | anti-exposure suit | 抗暴露服 | 未收录 | 无 | 无 |
| 105 | certificated person | 持证人员 | 航海科学技术,1996 | 持证艇员,certificated lifeboat person | 未必源自本公约 |
| 106 | detection | 探测 | 大气科学,2020;信息科学技术,2008;化学,2013;航海科学技术,2003 | 检测,检波,检出,探测,探查,detection, sounding, instrumentation | 仅航海科学技术源自本公约 |
| 107 | embarkation ladder | 登乘梯 | 航海科学技术,2003;船舶工程,2003 | 救生登乘梯,登船舷梯,(艇筏)乘载梯,embarkation ladder | 一定源自本公约 |

表 3.2（续 12）

| 序号 | SOLAS 术语 | 汉译 | 收录学科及年份 | 术语在线 | 备注 |
|---|---|---|---|---|---|
| 108 | float-free launching | 自由漂浮下水 | 航海科学技术，2003 | 自由漂浮下水，漂浮式下水，float-free launching | 一定源自本公约 |
| 109 | immersion suit | 救生服 | 航海科学技术，2003；船舶工程，2003 | 救生服，浸水衣，immersion suit | 一定源自本公约 |
| 110 | inflatable appliance | 气胀式设备 | 航海科学技术，2003；船舶工程，1998 | 气胀设备，充气设备，inflatable appliance | 一定源自本公约 |
| 111 | inflated appliance | 充气式设备 | 航海科学技术，2003；船舶工程，2003 | 已充气设备，已充气救生设备，充气式装置，inflated appliance | 一定源自本公约 |
| 112 | International Life-Saving Appliance Code | 国际救生设备规则 | 未收录 | 无 | 无 |
| 113 | launching appliance or arrangement | 降落设备或装置 | 航海科学技术，2003；船舶工程，1998 | 下水设备，下水装置，降落装置，launching appliance，launching arrangement | 一定源自本公约 |
| 114 | lightest seagoing condition | 最轻载航行状态 | 航海科学技术，2003 | 空载状态，轻载船况，light condition | 未必源自本公约 |
| 115 | marine evacuation system | 海上撤离系统 | 海洋科学技术，2012；航海科学技术，2003；船舶工程，2003 | 船舶系统，海洋环境评价制度，船舶消防装置，船用广播设备，船用广播系统，marine system，ship system，marine environmental assessment system，marine fire fighting system，marine public address system | 并非源自本公约 |

表 3.2（续 13）

| 序号 | SOLAS 术语 | 汉译 | 收录学科及年份 | 术语在线 | 备注 |
|---|---|---|---|---|---|
| 116 | moulded depth | 型深 | 船舶工程, 2003; 航海科学技术, 2003 | 相同 | 收录采用美式拼写方式 |
| 117 | novel life-saving appliance or arrangement | 新款救生设备或装置 | 船舶工程, 2003; 航海科学技术, 2003 | 救生设备, 救生属具 life-saving appliance | 只有其中片段收录 |
| 118 | positive stability | 正稳性 | 未收录 | 无 | 无 |
| 119 | recovery time for a rescue boat | 救助艇的回收时间 | 大气科学 2020;化学工程 2017;信息科学技术 2008;航海科学技术 2003;船舶工程 2003 | 救助艇, 恢复时间, rescue boat, recovery time | 前 3 个收录恢复时间,后 2 个收录救助艇 |
| 120 | rescue boat | 救助艇 | 航海科学技术, 2003; 船舶工程, 2003 | 相同 | 一定源自本公约 |
| 121 | retrieval | 拯救 | 心理学, 2016;航海科学技术, 2003 | 收回, 救回, 提取, retrieval | 未必源自本公约 |
| 122 | survival craft | 救生艇筏 | 海洋科学技术, 2007;航海科学技术, 2003 | 救生载具, 救生艇筏, survival craft | 一定源自本公约 |
| 123 | thermal protective aid | 保温用具 | 船舶工程, 1998; 航海科学技术, 1996 | 相同 | 一定源自本公约 |
| 124 | requirements for maintenance, thorough examination, operational testing, overhaul and repair | 维护保养, 彻底检查, 操作测试, 大修和修理要求 | 信息科学技术, 2008;航海科学技术, 2003 | 操作测试, 运行测试, 大修, 翻修, 检修, 拆卸检修 operational testing, overhaul | 一定源自本公约 |

表 3.2（续 14）

| 序号 | SOLAS 术语 | 汉译 | 收录学科及年份 | 术语在线 | 备注 |
|---|---|---|---|---|---|
| 125 | bridge-to-bridge communication | 驾驶台对驾驶台的通信 | 航海科学技术,1996 | 驾驶台间通信, bridge－to－bridge communication | 一定源自本公约 |
| 126 | continuous watch | 连续值班 | 航海科学技术, 2003; 船舶工程,1998 | 连续值守, continuous watch | 未必源自本公约 |
| 127 | digital selective calling | 数字选择呼叫 | 航海科学技术,1996 | 数字选择性呼叫, digital selective calling, DSC | 一定源自本公约 |
| 128 | direct－printing telegraphy | 直接印字电报 | 航海科学技术,2003 | 相同 | 一定源自本公约 |
| 129 | general radiocommunications | 常规无线电通信 | 航海科学技术,1996 | 常规无线电通信, 一般无线电通信,general radio communication | 无 |
| 130 | Inmarsat | 国际海事卫星组织 | 海洋科学技术,2007;航海科学技术,2003 | 国际海事卫星组织, International Maritime Satellite Organization, IMSO,INMARSAT | 一定源自本公约 |
| 131 | international NAVTEX service | 国际奈伏泰斯业务 | 航海科学技术,1996 | 国际航行警告业务, international NAVTEX service | 一定源自本公约 |
| 132 | locating | 寻位 | 电力,2020;航海科学技术,1996 | 定位, 寻位, locating,spotting | 一定源自本公约 |
| 133 | maritime safety information | 海上安全信息 | 航海科学技术,1996 | 海上安全信息,maritime safety information, MSI | 一定源自本公约 |
| 134 | polar orbiting satellite service | 极轨道卫星业务 | 航海科学技术,2003 | 相同 | 一定源自本公约 |

表 3.2(续 15)

| 序号 | SOLAS 术语 | 汉译 | 收录学科及年份 | 术语在线 | 备注 |
|---|---|---|---|---|---|
| 135 | Radio Regulations | 无线电规则 | 航海科学技术,1996 | 无线电规则,radio regulation | 复数变成单数,该名词收录的英语术语是错误的 |
| 136 | Sea area A1 | A1 海区 | 航海科学技术,2003 | 相同 | 一定源自本公约 |
| 137 | Sea area A2 | A2 海区 | 航海科学技术,2003 | 相同 | 一定源自本公约 |
| 138 | Sea area A3 | A3 海区 | 航海科学技术,2003 | 相同 | 一定源自本公约 |
| 139 | Sea area A4 | A4 海区 | 航海科学技术,2003 | 相同 | 一定源自本公约 |
| 140 | global maritime distress and safety system identities | 全球海上遇险和安全系系统标识 | 航海科学技术,2003;船舶工程,2003;水产,2002 | 全球海上遇险和安全系统,全球海上遇险安全系统区域,Global Maritime Distress and Safety System, GMDSS, GMDSS area | 一定源自本公约 |
| 141 | ship constructed (constructed in respect of a ship) | 船舶建造 | 未收录 | 无 | 无 |
| 142 | nautical chart or nautical publication | 海图或航海出版物 | 航海科学技术,1996 | 航海图书资料, nautical charts and publications | 一定源自本公约 |
| 143 | all ships | 所有船舶 | 船舶工程,1998;航海科学技术,1996 | 船(舶),ship, vessel | 作为单独的 ship 名词有收录 |

表 3.2（续 16）

| 序号 | SOLAS 术语 | 汉译 | 收录学科及年份 | 术语在线 | 备注 |
|---|---|---|---|---|---|
| 144 | length of a ship | 船舶长度 | 物理学，2019；信息科学技术，2008；水产，2002；船舶工程，1998；水利科学技术，1997；航海科学技术，1996；电子学，1993；数学，1993 | 长度，船长，臥形长度，混合长度，标准长度，约束长度，体长，可浸长度，length, ship length, length of formation, mixing length, constraint length, body length, floodable length, standard length | 涉海收录的"船长"词又能源自日本公约 |
| 145 | search and rescue service | 搜救服务 | 航海科学技术，1996 | 搜救业务，search and rescue service, SAR service | 未必源自本公约 |
| 146 | high-speed craft | 高速船 | 未收录 | 无 | 无 |
| 147 | mobile offshore drilling unit | 海上移动式钻井平台 | 未收录 | 无 | 无 |
| 148 | IMSBC Code | 国际固体散货规则 | 未收录 | 无 | 无 |
| 149 | solid bulk cargo | 固体散装货物 | 航海科学技术，1996 | 固体散货，solid bulk cargo | 未必源自本公约 |
| 150 | International Grain Code | 国际谷物规则 | 未收录 | 无 | 无 |
| 151 | grain | 谷物 | 机械工程（二），2021；植物学，2019；冶金学，2019；运动医学，2019；化学工程，2017；材料科学技术，2011；生态学，2006；航海科学技术，2003 | 晶粒，粒度，谷类，谷物，grain | 未必源自本公约 |

表 3.2(续 17)

| 序号 | SOLAS 术语 | 汉译 | 收录学科及年份 | 术语在线 | 备注 |
|------|-----------|------|--------------|---------|------|
| 152 | IMDG Code | IMDG 规则 | 未收录 | 无 | 无 |
| 153 | packaged form | 包装形式 | 未收录 | 无 | 无 |
| 154 | dangerous goods in solid form in bulk | 固体散装危险货物 | 未收录 | 无 | 无 |
| 155 | International Bulk Chemical Code | 国际散装化学品规则 | 航海科学技术,2003 | 国际散装化学品规则, International Bulk Chemical Code | 未必源自日本公约 |
| 156 | at a similar stage of construction | 在类似建造阶段 | 航海科学技术,2003 | 建造相应阶段, similar stage of construction | 未必源自日本公约 |
| 157 | International Gas Carrier Code | 国际气体运输船规则 | 未收录 | 无 | 无 |
| 158 | INF Code | INF 规则 | 未收录 | 无 | 无 |
| 159 | INF cargo | INF 货物 | 未收录 | 无 | 无 |
| 160 | irradiated nuclear fuel | 辐射性核燃料 | 化学工程,2017;材料科学技术,2014;化学,2013;航海科学技术,2003 | 核燃料, nuclear fuel | 未必源自日本公约 |
| 161 | plutonium | 钚 | 化学工程,2017;化学,2013 | 钚反应器, 超钚元素, plutonium reactor, transplutonium element | 未必源自日本公约 |
| 162 | high-level radioactive wastes | 强放射性废料 | 生态学,2013 | 高放射性废物, high-level radioactive waste | 未必源自日本公约 |

表 3.2(续 18)

| 序号 | SOLAS 术语 | 汉译 | 收录学科及年份 | 术语在线 | 备注 |
|---|---|---|---|---|---|
| 163 | International Safety Management Code | 国际安全管理规则 | 航海科学技术, 2003 | 国际安全管理规则, 国际安全管理章程, International Safety Management Code, ISM Code | 一定源自本公约 |
| 164 | company | 公司 | 经济学, 2020; 管理科学技术 2016 | 公司, corporation company | 并非源自本公约 |
| 165 | High-Speed Craft Code, 1994 | 1994 年高速船规则 | 未收录 | 无 | 无 |
| 166 | High-Speed Craft Code, 2000 | 2000 年高速船规则 | 未收录 | 无 | 无 |
| 167 | craft constructed | 建造的船 | 未收录 | 无 | 无 |
| 168 | ship/port interface | 船/港界面活动 | 未收录 | 无 | 无 |
| 169 | port facility | 港口设施 | 未收录 | 无 | 无 |
| 170 | ship-to-ship activity | 船到船活动 | 未收录 | 无 | 无 |
| 171 | designated authority | 指定当局 | 未收录 | 无 | 无 |
| 172 | International Ship and Port Facility Security Code | 国际船舶和港口设施保安规则 | 未收录 | 无 | 无 |

表 3.2（续 19）

| 序号 | SOLAS 术语 | 汉译 | 收录学科及年份 | 术语在线 | 备注 |
|---|---|---|---|---|---|
| 173 | security incident | 保安事件 | 未收录 | 无 | 无 |
| 174 | security level | 保安等级 | 信息科学技术,2008 | 安全等级,宝全等级,security level | 未必源自本公约 |
| 175 | declaration of security | 保安声明 | 未收录 | 无 | 无 |
| 176 | recognized security organization | 认可的保安组织 | 未收录 | 无 | 无 |
| 177 | bulk carrier of single-side skin construction | 单舷侧结构散货船 | 未收录 | 无 | 只有 bulk carrier 的术语 |
| 178 | bulk carrier of double-side skin construction | 双舷侧结构散货船 | 未收录 | 无 | 只有 bulk carrier 的术语 |
| 179 | double-side skin | 双舷侧 | 未收录 | 无 | 无 |
| 180 | length of a bulk carrier | 散货船的船长 | 未收录 | 无 | 只有 bulk carrier 的术语 |
| 181 | bulk carrier bulkhead and double bottom strength standards | 散货船舱壁和双层底底强度标准 | 航海科学技术,2003;船舶工程,2003 | 双层底,(二)重底,double bottom | 非本公约词条的词义 |
| 182 | bulk carriers constructed | 建造的散货船 | 未收录 | 无 | 无 |

表 3.2(续 20)

| 序号 | SOLAS 术语 | 汉译 | 收录学科及年份 | 术语在线 | 备注 |
|---|---|---|---|---|---|
| 183 | breadth of abulk carrier | 散货船的船宽 | 管理科学, 2016; 海洋科学技术, 2012; 水产, 2002; 船舶工程, 1998; 航海科学技术, 2003 (1996); 船舶工程; 2003 (1998); 土木工程, 2003; 石油, 1994 | 市场宽度, 型宽, 最大宽度, 船宽, 生态位宽度, 登记宽度, 领海宽度, 散货船, 散装货船, breadth, moulded breadth, extreme vessel breadth, maximum breadth, niche breadth, registered breadth, breadth of the territorial sea, bulk carrier, bulk cargo ship, bulk-cargo ship | 非本公约词条的词义 |
| 184 | Category A ship | A 类船舶 | 未收录 | 无 | 无 |
| 185 | Category B ship | B 类船舶 | 未收录 | 无 | 无 |
| 186 | Category C ship | C 类船舶 | 未收录 | 无 | 无 |
| 187 | first-year ice | 当年冰 | 未收录 | 无 | 无 |
| 188 | ice free waters | 无冰水域 | 航海科学技术, 1996 | 无冰区, ice free | 并非源自本公约 |
| 189 | ice of land origin | 陆源水 | 航海科学技术, 1996 | 陆源水, land-origin ice | 并非源自本公约 |
| 190 | MARPOL | MARPOL 公约 | 水产, 2002; 船舶工程, 1998 | 国际防止船舶造成污染公约, 防止船舶污染国际公约, International Convention for the Prevention of Pollution from Ships, MARPOL | 并非源自本公约 |

表 3.2（续 21）

| 序号 | SOLAS 术语 | 汉译 | 收录学科及年份 | 术语在线 | 备注 |
|---|---|---|---|---|---|
| 191 | medium first-year ice | 中等厚度当年冰 | 电力,2020;航海科学技术,2003 | 冰厚,覆冰厚度,radial thickness of ice,ice thickness | 并非源自本公约 |
| 192 | old ice | 旧冰 | 未收录 | 无 | 无 |
| 193 | open waters | 开敞水域 | 海洋科学技术,2007 | 开阔海域,exposed waters,open waters | 并非源自本公约 |
| 194 | organization | 组织 | 病理学,2020;生理学,2020;经济学,2020;管理科学技术,2016;教育学,2013 | 组织,机化,结构,organization | 并非源自本公约。 |
| 195 | sea ice | 海冰 | 海洋科学技术,2007;航海科学技术,1996 | 相同 | 并非源自本公约 |
| 196 | SOLAS | SOLAS 公约 | 水产,2002;船舶工程,1998 | 国际海上人命安全公约,海上人命安全国际公约,International Convention for the Safety of Life at Sea,SOLAS | 一定源自本公约 |
| 197 | STCW Convention | STCW 公约 | 未收录 | 无 | 无 |
| 198 | thin first-year ice | 当年薄冰 | 海洋科学技术,2007 | 当年冰,first-year ice | 并非源自本公约 |
| 199 | polar code | 极地规则 | 通信科学技术,2007 | 极性码,polar code | 并非源自本公约 |
| 200 | Antarctic area | 南极区 | 海洋科学技术,2007 | 南极保护区,Antarctic Protected Area | 并非源自本公约 |
| 201 | Arctic waters | 北极水域 | 大气科学,2009 | 北极浮冰群,Arctic pack | 只是词组中一部分收录 |
| 202 | polar waters | 极区水域 | 大气科学,2009 | 北极反气旋,极地高压,Arctic anticyclone,polar high | 只是词组中一部分收录 |

对"术语在线"对《SOLAS 公约》中术语的收录情况进行分析:在全部不重复的 202 个定义中,被收录的共计 131 个,占 64.85%,在国际海事公约中该公约的收录率和其他海事公约相比不算高,但该公约是所有海事公约中篇幅最大、使用时间最长(第一版于 1914 年起草)、定义最多的公约。通过未收录术语可以看出,我国涉海行业跟踪国际海事公约能力较差。对于表格中的词条,根据其收录年代及之前是否有其他相似公约收录该词条可以推断其源自本公约的可能性,一定源自本公约就是有确切的依据表明收录该术语词条来自于本公约;未必源自本公约,即收录时还有其他的公约也提及该名词,收录者可能通过其他公约的名词收录;并非源自本公约,就是有确切的证据表明该术语收录于其他的国际海事公约,只是在收录词条中未详细注明。

但是从该公约词汇辐射广度来看,其是所有国际海事公约中收录较多的,包括材料科学技术、船舶工程、大气科学、地质学、地球物理学、电力、电气工程、电子学、动物学、公路交通科学技术、管理科学技术、海洋科学技术、航海科学技术、航空科学技术、化学、化学工程、建筑学、机械工程、教育学、计量学、计算机科学技术、经济学、昆虫学、全科医学与社区卫生、煤炭科学技术、力学、生态学、数学、石油、水产、水利科学技术、土木工程、铁道科学技术、通信科学技术、图书馆情报及文献学、心理学、生理学、信息科学技术、物理学、物理医学及康复、冶金学、运动医学、植物学、资源科学技术、自动化科学技术等共 45 个名词审定(分)委员会。在涉海术语学中该公约是被关注最多的国际海事公约之一,而且收录的跨度比较大,从 1993 年收录至 2022 年。

在名词定义中,《SOLAS 公约》后面的章节,比如第 8~12 章等章节收录数量更加偏少,这也说明国际术语名词转化成我国术语名词的过程存在一个适应期,换言之,我国涉海行业跟踪国际海事公约,让国际海事公约的术语转换为我国涉海术语比例还需要大幅度提高。作为海洋强国和运输强国,及时跟踪与应用国际术语对于促进我国的行业发展有着重要意义。

我们将这些定义词进行初步遴选,然后在"术语在线"中进行验证。比如"规则"作为涉海术语独立词的查询结果为无,缺省为规则的查询结果只有一个词,是 2018 年计算机科学技术定义的,"产生式规则"(production rule)可以简称为"规则"。其定义为,"一种具有关联关系的知识形式。每条规则由左、右两部分组成,左部是条件,右部是结论或是所要完成的动作。可以进行正向或反向推理。"很显然,这个并非来自《SOLAS 公约》,主管机关(Administration)、"国际航行"(international voyage)、"旅客"(passenger)则由我国台湾省的术语机构给予了定义,是航海科学技术委员会中给出的定义,算是收录。

某些术语未收录的原因是语言特征不同。英语中有特指的概念,就是名词前面加 the 表示特指,而中文中则没有,比如"规则"系指本规则,其实就是英语的特指现象,中文要表达特指必须加修饰语,如"本规则"。"认可(approved)"不是含义名词,因此很难将其视为术语收录为我国使用。

此外,某些术语未收录的原因是概念不同。比如"新船(new ship)"按照汉语望文生义的习惯,属于过简单的名词,不宜收录到中文术语名词中。从收录情况看,多数是 2003 年《海峡两岸航海科学技术名词》和《海峡两岸船舶工程名词》,可见海峡两岸的合作对涉海类术语有着很好的融合与推动作用。

# 第三节 《海员培训、发证和值班标准国际公约》及其术语研究

《海员培训、发证和值班标准国际公约》(International Convention on Standards of Training, Certification and Watchkeeping for Seafarers,简称 STCW)。该公约概念中有 4 个概念要素,分别是标准、培训、发证、值班,而标准是贯穿培训、发证、值班的。由于译名太长,术语使用中有一个原则就是简洁性,因此通常在使用中,都将其简称为《STCW 公约》或者《STCW》。

## 一、《STCW 公约》的地位和制定背景

之前已经介绍到,该公约与《SOLAS 公约》《MARPOL 73/78》并称为国际海事法规的三大基柱公约(pillar conventions)。20 世纪前半叶的两次世界大战导致的航运动荡,使和平时期航运业务的发展变得尤为重要。然而由于教育体系不同,不同国家培养出的船员标准不同,水平不同,对于各自职务定义也不同。据悉,东欧和苏联国家曾经有过船上大副主管安全,二副主管货物的职务分工,这与当时流行的大副主管安全与货物的常规做法相悖。在 20 世纪 80 年代到90 年代,全球一体化发展高峰期,不少国际大船东在雇用甲板部高级船员时不得不重新培训,因此必须有一个国际统一的行业标准。该公约于 1978 年 6 月14 日至 7 月 7 日在伦敦由政府间海事协商组织召开的外交大会上通过了该公约草案,并于 1984 年 4 月 28 日生效。

## 二、《STCW 公约》内容介绍

该公约分 A 和 B 两部分,A 部分是强制执行标准,B 部分是推荐执行或部

分,即建议与指导部分。

《STCW 公约》A 部分,即关于公约附则有关规则的强制性标准,它与附则的各章一一对应,共有八章,详述了附则中需要制定的标准、规定、证书模型以及功能证书中各个功能责任级应该与传统发证标准对应的适任内容、知识、理解和熟练要求程度,表明了适任的方法以及评价适任标准的对应表。在第 2~4 章有关最低适任标准对应表中细化了适任条件,便于操作、培训、考核。在第 5 章中还列出对液货船船长、高级船员和普通船员培训的纲要、操作的原则和程序。《STCW 公约》A 部分的制定为全面履行公约提供了充分的条件。

《STCW 公约》B 部分,即关于公约及其附则的建议与指导。也与公约附则的各章相对应,补充说明公约条款、内容指导,虽然不作为强制性条款,但它的指导符合海上交通安全与防污染的总原则以及与其他国际公约相呼应。

由于 1995 年修正案对《1978 年 STCW 公约》进行了大幅度的修改,它的全面修改(技术性条款部分)对海员培训、发证与值班管理产生了巨大的影响。无疑,《STCW78/95 公约》的通过、生效、实施对海上安全与防止船舶造成海洋污染具有积极意义,将会把全世界的海员管理工作推向一个新的起点。

无论是强制执行还是推荐执行,二者按照内容分的章节目录相同,均有 8 个章节,分别是:

第 1 章 总则 (Chapter I General Provisions),共有 15 个规则;第 2 章船长与甲板部 (Chapter II Master and Deck Department),共 4 个规则;第 3 章轮机部 (Chapter III Engine Department),共 4 个规则;第 4 章无线电通信和无线电人员 (Chapter IV Radiocommunications and Radio Operators),共 2 个规则;第 5 章特定类型船舶的船员特殊培训要求 (Chapter V Special Training Requirements for Personnel on Certain Types of Ships),共 2 个规则;第 6 章应急、职业安全、医护和救生职能 (Chapter VI Emergency, Occupational Safety, Medical Care and Survival Functions),共 4 个规则;第 7 章可供选择的发证 (Chapter VII Alternative Certification),共 3 个规则;第 8 章值班(Chapter VIII Watchkeeping),共 2 个规则。

该公约的术语和内容是我国航海技术名词管理(分)委会需要主要探讨的术语内容。此外,国际海事组织在制定该公约 1995 年修正案时也同时制定了《1995 年渔船职员培训、发证和值班标准国际公约》(International Convention on Standards of Training, Certification and Watchkeeping for Fishing Vessel Personnel (STCW-F),1995,简称 STCW-F)。也就是说 STCW-F 是水产科技名词管理(分)委会的探讨内容。可见该公约和涉海类术语密切相关。

# 三、术语与定义

该公约有两处定义,第一处是导则中的专门定义,第二处是附件一的定义。

## (一)该公约导则中的定义

For the purpose of the Convention, unless expressly provided otherwise:
除另有明文规定者外,就本公约而言:

1. *Party* means a State for which the Convention has entered into force;

**缔约国**,系指本公约已对之生效的国家;

2. *Administration* means the Government of the Party whose flag the ship is entitled to fly;

**主管机关**,系指船舶有权悬挂其国旗的缔约国政府;

3. *Certificate* means a valid document, by whatever name it may be known, issued by or under the authority of the Administration or recognized by the Administration authorizing the holder to serve as stated in this document or as authorized by national regulations;

**证书**,系指由主管机关颁发或经主管机关授权颁发或为主管机关所认可的一种有效文件(不论其名称如何),该文件委派其持有人担任该文件中所指定的或国家规章所规定的职务;

4. *Certificated* means properly holding a certificate;

**具有了证书的**,系指持有恰当的证书;

5. *Organization* means the Inter-Governmental Maritime Consultative Organization (IMCO);

**组织**,系指政府间海事协商组织;

6. *Secretary General* means the Secretary General of the Organization;

**秘书长**,系指海协组织秘书长;

7. *Sea-going ship* means a ship other than those which navigate exclusively in inland waters or in waters within, or closely adjacent to, sheltered waters or areas where port regulations apply;

**海船**,系指除了在内陆水域中或者遮蔽水域或适用港口规则的区域以内或附近水域中航行的船舶以外的船舶;

8. *Fishing vessel* means a vessel used for catching fish, whales, seals, walruses or other living resources of the sea;

**渔船**,系指用于捕捞鱼类、鲸鱼、海豹、海象或其他海洋生物资源的船舶;

9. *Radio Regulations* means the Radio Regulations annexed to, or regarded as being annexed to, the most recent International Telecommunication Convention which may be in force at any time.

**无线电规则**,系指附于或者被视作附于随时有效的最新《国际电信公约》的无线电规则。

## (二)1995 年修正案中的定义

Amendments to the Annex to the International Convention on Standard of Training, Certification, and Watchkeeping for Seafarers, 1978.

**Chapter I  General Provisions**

**第 1 章　总则**

Regulation I/1 Definitions and Clarifications

第 1/1 条定义和说明

For the purpose of the Convention, unless expressly provided otherwise:

除另有明文规定者外,就本公约而言:

1. *Regulations* means regulations contained in the Annex to the Convention;

**条款**,系指本公约附件中所载的条款;

2. *Approved* means approved by the Party in accordance with these regulations;

**认可**,系指当事国按条款作出的认可;

3. *Master* means the person having command of a ship;

**船长**,系指对船舶具有指挥权的人员;

4. *Officer* means a member of the crew other than the Master, designated as such by national law or regulations or in the absence of such designation, by collective agreement or custom;

**高级船员**,系指享有由国家法律或规则指定此种头衔的,或者当无此种指定时,由集体协议或按习惯指定此种头衔的,除船长以外的船员;

5. *Deck Officer* means an Officer qualified in accordance with the provisions of Chapter II of the Convention;

**船舶驾驶员**,系指具有本公约第 2 章规定资格的高级船员;

6. *Chief Mate* means the Officer next in rank to the Master and upon whom the command of the ship will fall in the event of the incapacity of the Master;

**大副**,系指级别仅低于船长的高级船员。当船长不能履职时,由其承担船舶指挥权;

7. *Engineer Officer* means an Officer qualified in accordance with the provisions of Chapter III of the Convention;

**轮机员**,系指具有本公约第 3 章规定资格的高级船员;

8. *Chief Engineer Officer* means the Senior Engineer Officer responsible for the mechanical propulsion and the operation and maintenance of the mechanical and electrical installations of the ship;

**轮机长**,系指负责船舶机械推进及机械和电气装置的操作和保养的高级轮机员;

9. *Second Engineer Officer* means the Engineer Officer next in rank to the Chief Engineer Officer and upon whom the responsibility for the mechanical propulsion and the operation and maintenance of the mechanical and electrical installations of the ship will fall in the event of the incapacity of the Chief Engineer Officer;

**大管轮**,系指级别仅低于轮机长的轮机员,当轮机长不能履职时,由其负责船舶机械推进及机械和电气装置的操作和保养;

10. *Assistant Engineer Officer* means a person under training to become an engineer officer and designated as such by national law or regulations;

**助理轮机员**,系指正在接受轮机员培训,由国家法律或规则指定此种头衔的人员;

11. *Radio Operator* means a person holding an appropriate certificate issued or recognized by the Administration under the provisions of the Radio Regulations;

**无线电操作员**,系指持有由主管机关根据《无线电规则》的规定颁发或承认的相应证书的人员;

12. *Rating* means a member of the ship's crew other than the Master or an officer;

**普通船员**,系指除船长和高级船员以外的船员;

13. A *near-coastal voyage* means voyages in the vicinity of a Party as defined by that Party;

**近岸航行**,系指由当事国规定的且在其附近的航行;

14. *Propulsion power* means the total maximum continuous rated output power in kilowatts of all the ship's main propulsion machinery which appears on the ship's certificate of registry or other official document;

**推进力**,系指船舶登记证书或其他正式证件上载明的船舶所有主推进机械以千瓦计的最大连续额定输出总功率;

15. *Radio duties* include, as appropriate, watchkeepimg and technical maintenance and repairs conducted in accordance with the Radio Regulations, the International Convention for the Safety of Life at Sea and, at the discretion of each Administration, the relevant recommendations of the Organization;

**无线电职责**,视情包括按《无线电规则》《国际海上人命安全公约》和(由每一主管机关自行决定)国际海事组织有关建议案进行的值班及技术保养和修理;

16. *Oil tanker* means a ship constructed and used for the carriage of petroleum and petroleum products in bulk;

**油船**,系指为运载散装石油和石油产品而建造并用于此种目的的船舶;

17. *Chemical tanker* means a ship constructed or adapted and used for the carriage in bulk of any liquid product listed in Chapter 17 of the International Bulk Chemical Code;

**化学品液货船**,系指为散装运载《国际散装化学品规则》第17章所列所建造或者适配的可以运载任何液态产品的船舶;

18. *Liquefied gas tanker* means a ship constructed or adapted and used for the carriage in Gas bulk of any liquefied gas or other product listed in Chapter 19 of the International Gas Carrier Code;

**液化气体船**,系指为散装运载《国际气体运输船规则》第19章所列任何液化气体或其他产品而建造、改装并用于此种目的的船舶;

19. *Ro-ro passenger ship* means a passenger ship with ro-ro cargo spaces or special category spaces as defined in the International Convention for the Safety of Life at Sea,1974, as amended;

**滚装客船**,系指具有经修正的《1974年国际海上人命安全公约》规定的滚装货物处所或特种处所的客船;

20. The term "*month*" means a calendar month or 30 days made up of periods of less than one month;

**月**,系指一个日历月或由少于一个月的几个期间组成的30天;

21. *STCW Code* means the Seafarers' Training, Certification and Watchkeeping (STCW) Code as adopted by the 1995 Conference Resolution 2, as it may be amended;

**《船员培训、发证和值班规则》**,系指由1995年会议决议2通过的可作修正

的《船员培训、发证和值班规则》;

22. *Function* means a group of tasks, duties and responsibilities, as specified in the STCW Code, necessary for ship operation, safety of life at sea or protection of the marine environment;

**职责**,系指《船员培训、发证和值班规则》规定的,船舶操作、海上人命安全或海上环境保护所必需的一组任务、职责和责任;

23. *Company* means the owner of the ship or any other organization or person such as the manager, or the bareboat charterer, who has assumed the responsibility for operation of the ship from the shipowner and who, on assuming such responsibility, has agreed to take over all the duties and responsibilities imposed on the company by these regulations;

**公司**,系指船舶所有人或任何其承担了船舶所有人对船舶经营的责任并在承担此责任时同意承担本附件条款对公司规定的所有责任和义务的任何其他组织、人员(如经理)或光船承租人;

24. *Appropriate certificate* means a certificate issued and endorsed in accordance with the provisions of this Annex and entitling the lawful holder thereof to serve in the capacity and perform the functions involved at the level of responsibility specified therein on a ship of the type, tonnage, power and means of propulsion concerned while engaged on the particular voyage concerned;

**相应证书**,系指按本附件颁发和签注的证书;它授权其合法持有人在从事有关的特定航行期间在有关的类型、吨位、动力和推进装置的船上担任其中规定的职务并以其中规定的责任级别履行有关职责;

25. *Seagoing service* means service on board a ship relevant to the issue of a certificate or other qualification.

**海上服务**,系指与颁发的证书或与其他资格相关的船上服务。

# 四、《STCW 公约》中的定义在我国"术语在线"中收录情况分析

将《STCW 公约》中的定义的英语单词输入"术语在线"进行查询,查询结果参阅表 3.3。

表 3.3　《STCW 公约》中的术语名词在"术语在线"收录情况

| 序号 | 《STCW 公约》中的术语 | 汉译 | 收录学科及年份 | 术语在线 | 备注 |
|---|---|---|---|---|---|
| 1 | regulations | 规则 | 图书馆情报与文献学,2019;世界历史,2012;水产,2002;航海科学技术,2003(1996) | 标准化条例,市政管理条例,港章,航海法规,渔业法规,regulation for standardization, City Regulations, port regulations, maritime rules and regulations, fishery rules and regulations | 采用复数形式查询,收录非源自本公约 |
| 2 | Administration | 主管机关 | 管理科学技术,2016;全科医学与社区卫生,2014;航海科学技术,2003 | 政府,给药 administration, government | 收录未必源自本公约,该英语术语首字母为大写。 |
| 3 | certificate | 证书 | 电力,2020;教育学,2013 | 证书,专业证书,certificate, diploma | 涉海(分)委员会未收录 |
| 4 | certificated | 具有证书的 | 航海科学技术,1996 | 持证艇员,持证救生艇员,certificated lifeboat person | 存在于其他各词中 |
| 5 | organization | 组织 | 病理学,2020;生理学,2020;经济学,2020;管理科学技术,2016;教育学,2013 | 组织,机化,组构,organization | 非源自本公约 |
| 6 | Secretary General | 秘书长 | 未收录 | 无 | 无 |
| 7 | sea-going ship | 海船 | 船舶工程,1998;航海科学技术,1996 | 海船,sea－going vessel, sea－going ship | 船舶工程选取的英文和本公约中相同 |

表 3.3（续 1）

| 序号 | 《STCW 公约》中的术语 | 汉译 | 收录学科及年份 | 术语在线 | 备注 |
|---|---|---|---|---|---|
| 8 | fishing vessel | 渔船 | 水产 2002;船舶工程,1998;航海科学技术,1996 | 渔船,fishing vessel,fishing boat | 未必源自本公约 |
| 9 | Radio Regulations | 无线电规则 | 航海科学技术,1996 | 无线电规则,Radio Regulation | 复数变成单数,该名词收录的英语术语是错误的。 |
| 10 | approved | 认可 | 核医学,2018;林学,2016;管理科学技术,2016;计量学,2015;放射医学与防护,2014;通信科学技术,2007 | 认可,已批准药品,accreditation, approved type, approved drug | 从定义和英语术语看并非源自本公约 |
| 11 | Master | 船长 | 航海科学技术,1996 | 船长,master，captain | 未必源自本公约 |
| 12 | Officer | 高级船员 | 水产,2002 | 职务船员,officer and engineer | 一定来自本公约 |
| 13 | Deck Officer | 船舶驾驶员 | 未收录 | 无 | 无 |
| 14 | Chief Mate | 大副 | 船舶工程, 1998;航海科学技术,1996 | 大副,大副室,chief officer, chief officer room | 未必源自本公约 |
| 15 | Engineer Officer | 轮机员 | 水产,2002 | 职务船员,officer and engineer | 一定来自本公约 |
| 16 | Chief Engineer | 轮机长 | 船舶工程, 1998;航海科学技术,1996 | 轮机长,轮机长室,chief engineer, chief engineer room | 船舶工程出现在,"轮机长室（Chief Officer Room）"中 |
| 17 | Second Engineer | 大管轮 | 船舶工程, 1998;航海科学技术,1996 | 大管轮,大管轮室,second engineer, first engineer room | 船舶工程出现在,"大管轮室（First Engineer Room）"中 |

表3.3(续2)

| 序号 | 《STCW 公约》中的术语 | 汉译 | 收录学科及年份 | 术语在线 | 备注 |
|---|---|---|---|---|---|
| 18 | Assistant Engineer Officer | 助理轮机员 | 航海科学技术,1996 | 轮助,助理轮机员,助理工程师,assistant engineer | 未必源自本公约 |
| 19 | Radio Operator | 无线电操作员 | 未收录 | 无 | 无 |
| 20 | rating | 普通船员 | 航海科学技术,2003 | 普通船员,乙级船员,rating | 一定源自本公约 |
| 21 | near-coastal voyage | 近岸航行 | 航海科学技术,2003 | 沿海航行,近岸航行,coastal trip, coastwise navigation | 英文术语非源自本公约 |
| 22 | propulsion power | 推进力 | 未收录 | 无 | 无 |
| 23 | radio duties | 无线电职责 | 未收录 | 无 | 无 |
| 24 | oil tanker | 油船 | 船舶工程,1998;航海科学技术,1996;石油,1994 | 油船,油轮,oil tanker, oil carrier | 该修正案1995年出台,很显然源自其他出处 |
| 25 | chemical tanker | 化学品液货船 | 船舶工程,2003;航海科学技术,2003 | 液体化学品船,化学品船,chemical tanker,chemical carrier,liquid chemical tanker,chemical cargo ship | 未必源自本公约 |
| 26 | liquefied gas tanker | 液化气体船 | 化工,2020;机械工程,2013;航海科学技术,1996 | 液化气体运输车,液化气体船,liquefied gas tanker, liquefied gas carrier | 未必源自本公约 |
| 27 | ro-ro passenger ship | 滚装客船 | 海洋科学技术,2007;船舶工程,1998;航海科学技术,1996 | 滚装船,roll on-roll off ship, Ro-Ro ship,drive on-drive off ship,roll on/roll ship | 未必源自本公约 |

表 3.3（续 3）

| 序号 | 《STCW 公约》中的术语 | 汉译 | 收录学科及年份 | 术语在线 | 备注 |
|---|---|---|---|---|---|
| 28 | month | 月 | 天文学,2013 | 相同 | 天文学工作者定义的"月"作为时间和该公约无关 |
| 29 | STCW Code | 《船员培训、发证和值班规则》 | 未收录 | 无 | 无 |
| 30 | function | 职责 | 未收录 | 无 | 尽管有许多术语名词包含"职责",但是没有采用 function |
| 31 | company | 公司 | 经济学,2020; 管理科学技术 2016 | 公司,corporation company | 并非源自该公约 |
| 32 | appropriate certificate | 相应证书 | 未收录 | 无 | 尽管有好几个术语包含"证书",从学科相关性来看,并非源自本公约 |
| 33 | seagoing service | 海上服务 | 航海科学技术,2003 | 海上资历,sea service | 可能源自本公约 |

通过表 3.3,我们可以得出以下几个结论:

(1)收录该公约名词最多的(分)委员会是航海科学技术科技名词管理(分)委员会,其次是船舶工程和水产科技名词管理(分)委员会。

(2)从该公约名词整体收录情况看,我国涉海相关委员会对该公约术语研究程度不够。

(3)通过收录该公约名词的委员会我们可以发现涉海(分)委员会的关联度,该公约中的术语涉及病理学、船舶工程、放射医学与防护、管理科学技术、电力、航海科学技术、海洋科学技术、核医学、化工、机械工程、计量学、经济学、教育学、林学、全科医学与社区卫生、天文学、图书馆情报与文献学、生理学、水产、石油、通信科学技术共 21 个(分)委员会。

(4)本公约涉及不重复名词 33 个,共收录 24 个,收录占比约为 72.72%,说明该公约名词转化为我国术语名词比较多。

(5)主科的兴趣取向不同,收录的术语就明显不同。该公约中主要涉及船员,是航海科学技术的主学科,所以航海科学技术名词术语就收录了"大副",而船舶工程名词术语收录了"大副室"为船舶工程所需要。由此可以看出,我国的科技名词审定(分)委员会学科主体概念清晰,不做越俎代庖的名词界定,这样涉海学科的名词收录才能得到有序发展,术语名词总库才能完善。

# 五、《STCW 公约》中术语未来的拓展空间

术语的发展和科技的进步会促进新的名词衍生。比如说,1999 年全球海上遇险与安全系统实施后,在该公约的修正案里定义了新岗位,GMDSS Radio Operator(GMDSS 无线电人员),根据船上电气设备增加的事实,新增高级船员配员 Electro Technical Officer(电子电气员),简称 ETO。对于普通船员配员,相应也新增了普通船员配员 Electro Technical Rating(电子技工),简称 ETR。由于船舶复杂程度日益增加,对于普通船员也设立了相应的高级岗位,即 Able Seafarer Deck(高级值班水手),简称 ASD;Able Seafarer Engine(高级值班机工),简称 ASE。

2001 年 9 月 11 日美国遭受恐怖袭击以后,《STCW 公约》中又增加了新规则,即《国际船舶和港口设施保安规则》,简称《ISPS 规则》,并由此新增定义:船舶保安员(Ship Security Officer)和保安职责(Security Duties)。

证书的定义也得到了丰富,新增了熟练证书(Certificate of Proficiency),在原《STCW 公约》基础上新增了 Documentary Evidence(文件证据)。船员工作的三个层次在 STCW 78 和 95 修正案中已经做了表述,但是在 2010 年《STCW 公

约》的修正案中,把 management level（管理级）、operational level（操作级）、support level（支持级）作为公约第一条出现的定义。

在测评时新增了 evaluation criteria（评估标准）和 independent evaluation（独立评估）的含义。上述新术语是在《2010 STCW 公约》上出现的,目前国内术语名词还没有做相关的定义。

总之,我们可以单纯从术语定义的变化推测内容的变化,从我国收录情况来看,目前上述术语都没有收录,因此我国对新技术、新信息的跟踪能力还不强,不能和国际涉海领域发展相同步。

## 第四节　《1973 年国际防止船舶造成污染公约》及其术语研究

随着社会的发展,人类社会污染程度日益加剧,因此对于环境的控制也是海上船舶航行的关注点,不仅仅是船舶的本身,其他涉海行业,比如造船、修船、拆船、渔业、海洋工程、海洋科学考查、海洋考古等领域都和防止海洋污染有关。为了保护海洋环境,制定了《经 1978 年议定书修正的 1973 年国际防止船舶造成污染公约》（The protocol of 1978 to the international convention for marine pollution prevention from ships, 1973",简称"MARPOL 73/78"）。由于该公约汉语名称过长,因此可以根据上下文内容,简称为《MARPOL 73/78 公约》,或《MARPOL 公约》《MARPOL》《MARPOL 73/78》。

### 一、《MARPOL 73/78》的产生背景

20 世纪初随着汽车、火车、轮船等载运工具的出现,所有的动力都离不开能源,如煤炭、石油、天然气等燃料,由于燃料的过度使用加上人们对于利润的过度追求,环境污染问题更加突出。最早认识到污染问题的是污染最严重的发达国家。1921 年,英国率先制定了《油船航道水域条例》,这是人类现代文明史上第一个涉海的防污染条例,距美国人富尔顿（Fulton）发明汽轮船仅仅 20 几年,在此条例的基础上,人类第一个有关运载石油船舶防止污染的条例即诞生了。1926 年在美国首都华盛顿召开了"防止石油污染会议",会上提出防止船舶燃料油污染的规定。1954 年,在英国伦敦召开的第一次国际层面的防止油污会议上,制定了具有国际公约效力的《国际防止海洋污染公约》（The International Convention for the Prevention of Pollution by Oil,简称 OILPOL）,该公约很快得到

了许多国家的承认。1973 年 11 月 2 日政府间海事协商组织召开了会议通过了在 OILPOL 的基础上起草的《1973 年防止船舶造成污染的国际公约》(The International Convention for Marine Pollution Prevention from Ships，1973，简称 MARPOL)。在此期间国际海上污染案件时有发生，政府间海事协商组织针对当时的一系列油船污染事件，制定了新的《MARPOL 公约》，特别是震惊国际社会的特大船舶污染案例，即利比里亚籍油船"阿莫科加的斯(Amoco Cadiz)号"在英吉利海峡里搁浅后沉没，将近 22 万吨原油及 4 千吨船舶燃油泄漏到英吉利海峡，给当地海洋环境造成了严重污染。因此该公约需要马上修正并实施，由于当时 1973 年的公约没有生效，因此两次版本合并，就有了《MARPOL 73/78》，其合并文书于 1983 年 10 月 2 日生效。1997 年，通过了一项修正《MARPOL 73/78》的议定书，并增加了一个新的附件，即附件 6，就是防止船舶造成大气污染，附则 6 于 2005 年 5 月 19 日生效。多年来，《MARPOL 73/78》一直在通过修订进行更新，该公约主要内容是该公约的 6 个附则，其附则大致内容如下：

**Annex I　Regulations for the Prevention of Pollution by Oil**

**附则 1　防止油类污染规则 (1983 年 10 月 2 日生效)**

一切预防措施，避免造成油类污染和意外排放；1992 年对附件 1 的修正规定，新造油船必须有双壳，并为现有油船分阶段改建双壳制定了时间表，随后在 2001 年和 2003 年对该附则进行了修订。

**Annex II　Regulations for the Control of Pollution by Noxious Liquid Substances**

**附则 2　控制散装有毒液体物质污染规则 (1983 年 10 月 2 日生效)**

详述散装有毒液体物质污染的排放标准及措施；对大约 250 种污染物质进行了评估，并将其列入该公约所附清单；只允许上述物质残留物移存至接收设施中。因物质不同，排放浓度和条件也有差异。但是不论何种情况下，在距离最近陆地 12 海里的范围内都不允许排放含有有毒物质的残留物。

**Annex III　Regulations for the Prevention of Pollution by Harmful Substances Carried by Sea in Packaged Form**

**附则 3　防止包装形式海上运输有害物质污染规则 (1992 年 7 月 1 日生效)**

包含发布有关包装、标记、标签、文件、积载、数量限制、例外和通知的详细标准的常规要求。本附则中定义的"有害物质"，系指《国际海运危险货物规则》中被确定为海洋污染物或符合本附则附录中标准的物质。

**Annex IV   Prevention of Pollution by Sewage from Ships**

**附则 4　防止船舶生活污水污染规则（2003 年 9 月 27 日生效）**

包含控制生活污水防止其污染海洋的要求;禁止向海洋排放生活污水,除非船舶有经批准的生活污水处理装置进行处理,或船舶在距最近陆地 3 海里以上的距离经过批准装置进行系统粉碎及生活污水消毒处理后无害排放。

**Annex V   Prevention of Pollution by Garbage from Ships**

**附则 5　防止船舶垃圾污染规则（1988 年 12 月 31 日生效）**

本附则规定了不同类型垃圾的处理方式,并规定与陆地的不同距离的处置方式;附件最重要的内容是彻底禁止向海洋丢弃各种塑料。

**Annex VI   Prevention of Air Pollution from Ships**

**附则 6　防止船舶造成大气污染规则（2005 年 5 月 19 日生效）**

对船舶尾气中的硫氧化物和氮氧化物设定排放限制,并禁止恶意排放消耗臭氧层物质;指定的排放控制区域为一氧化硫及二氧化硫、一氧化氮及二氧化氮的颗粒物设定了更严格的排放标准。2011 年通过的一章涵盖了旨在减少船舶温室气体排放的强制性技术和运营能源效率措施。

# 二、《MARPOL 73/78》中的定义

该公约的导则和重要附录里都有术语定义表述,现列举如下:

## (一)该公约导则部分中的定义

For the purposes of the present Convention, unless expressly provided otherwise:

除另有明文规定者外,就本公约而言:

1. *Regulation* means the regulations contained in the Annexes to the present Convention.

**规则**,指载于本公约附则中的各条规则。

2. *Harmful substance* means any substance which, if introduced into the sea, is liable to create hazards to human health, to harm living resources and marine life, to damage amenities or to interfere with other legitimate uses of the sea, and includes any substance subject to control by the present Convention.

**有害物质**,指任何进入海洋后易危害人类健康,有害于生物资源和海生物,损害休憩环境或妨害对海洋的其他合法利用的物质,并包括应受本公约控制的

任何物质。

3. *Discharge* includes：

**排放**包括下列内容：

（1）*Discharge*，in relation to harmful substances or effluents containing such substances，means any release however caused from a ship and includes any escape，disposal，spilling，leaking，pumping，emitting or emptying；

**排放**一词，当与有害物质或含有这种物质的废液相关时，系指不论由于何种原因所造成的船舶排放，包括任何的逸出、排出、溢出、泄漏、泵出、冒出或排空；

（2）*Discharge* does not include：

**排放**不包括下列情况：

（i）*dumping* within the meaning of the Convention on the Prevention of Marine Pollution by Dumping of Wastes and Other Matter，done at London on 13 November 1972；or

1972 年 11 月 2 日在伦敦签订的《防止倾倒废弃物和其他物质污染海洋公约》中所指的**倾倒**；或

（ii）release of harmful substances directly arising from the exploration，exploitation and associated offshore processing of sea-bed mineral resources；or

由于对海底矿物资源的勘探、开发及与之相关联的近海加工处理所直接引起的有害物质的排放；或

（iii）release of harmful substances for purposes of legitimate scientific research into pollution abatement or control.

为减少或控制污染的合法科学研究而进行的有害物质排放。

4. *Ship* means a vessel of any type whatsoever operating in the marine environment and includes hydrofoil boats，air-cushion vehicles，submersibles，floating craft and fixed or floating platforms.

**船舶**，系指在海洋环境中运行的任何类型的船舶，包括水翼船、气垫船、潜水船、浮动船艇和固定的或浮动的工作平台。

5. *Administration* means the Government of the State under whose authority the ship is operating. With respect to a ship entitled to fly flag of any State，the Administration is the Government of that State. With respect to fixed or floating platforms engaged in exploration and exploitation of the sea-bed and subsoil thereof adjacent to the coast over which the coastal State exercises sovereign rights for the purposes of

exploration and exploitation of their natural resources, the Administration is the Government of the coastal State concerned.

**主管机关**, 系指船舶在其管辖下进行营运的国家政府。就有权悬挂某一国家国旗的船舶而言, 其主管机关即为该国政府。对于沿海国家为勘探和开发其自然资源行使主权, 在邻接于海岸的海底及其底土从事勘探和开发的固定或浮动平台而言, 主管机关即为该有关沿海国家的政府。

6. *Incident* means an event involving the actual or probable discharge into the sea of a harmful substance, or effluents containing such a substance.

**事故**, 系指涉及实际或可能将有害物质或含有这种物质的废液排放入海的事件。

7. *Organization* means the Inter-Governmental Maritime Consultative Organization (International Maritime Organization).

**该组织**, 系指政府间海事协商组织(国际海事组织)。

## (二)该公约附录 1 中的定义部分

**Chapter I General**
**第 1 章　总则**
Regulation 1 Definitions
第 1 条　定义
For the purposes of this Annex:
就本附则而言:

1. *Oil* means petroleum in any form including crude oil, fuel oil, sludge, oil refuse and refined products (other than those petrochemicals which are subject to the provisions of Annex of the present Convention) and, without limiting the generality of the foregoing includes the substances listed in Appendix 1 to this Annex.

**油类**, 系指包括原油、燃油、油泥、油渣和炼制品(本公约附则 II 所规定的石油化学品除外)在内的任何形式的石油, 以及在不限于上述一般原则下, 包括本附则附录 I 中所列的物质。

2. *Crude oil* means any liquid hydrocarbon mixture occurring naturally in the earth whether or not treated to render it suitable for transportation and includes:

**原油**, 系指任何天然存在于地层中的液态烃混合物, 不论其是否经过处理以适合运输。它包括:

(1) crude oil from which certain distillate fractions may have been

removed；and

可能业已去除某些馏份的原油；以及

（2）crude oil to which certain distillate fractions may have been added.

可能业已添加某些馏份的原油。

3. *Oily mixture* means a mixture with any oil content.

**油性混合物**，系指含有任何油分的混合物。

4. *Oil fuel* means any oil used as fuel in connection with the propulsion and auxiliary machinery of the ship in which such oil is carried.

**燃油**，系指船舶所载、并用作其推进和辅助机器的燃料的任何油类。

5. *Oil tanker* means a ship constructed or adapted primarily to carry oil in bulk in its cargo spaces and includes combination carriers, any "NLS tanker" as defined in Annex II of the present Convention and any gas carrier as defined in Regulation 3. 20 of Chapter II-1 of SOLAS 1974（as amended）, when carrying a cargo or part cargo of oil in bulk.

**油船**，系指建造为或改造为主要在其装货处所装运散装油类的船舶，并包括全部或部分装运散装货油的兼装船、本公约附则2中所定义的任何"NLS 液货船"和经修正的《1974 年国际海上人命安全公约》第2.1.3.20 条中所定义的任何气体运输船。

6. *Crude oil tanker* means an oil tanker engaged in the trade of carrying crude oil.

**原油油船**，系指从事原油运输业务的油船。

7. *Product carrier* means an oil tanker engaged in the trade of carrying oil other than crude oil.

**成品油油船**，系指从事除原油以外的油类运输业务的油船。

8. *Combination carrier* means a ship designed to carry either oil or solid cargoes in bulk.

**兼用船**，系指设计为装运散装货油或者装运散装固体货物的船舶。

9. *Major conversion*：

**重大改建**：

（1）means a conversion of a ship：

系指对船舶所作的下述改建：

（i）which substantially alters the dimensions or carrying capacity of the ship；or

实质上改变了该船的尺度或装载容量；或

（ii）which changes the type of the ship；or

改变了该船的类型；或

（iii）the intent of which in the opinion of the Administration is substantially to prolong its life；or

根据主管机关的意见,这种改建的目的实际上是延长该船的使用年限；或

（iv）which otherwise so alters the ship that. If it were a new ship, it would become subject to relevant provisions of the present Convention not applicable to it as an existing ship.

这种改建如在其他方面使该船成为一艘新船,则该船应遵守本公约中不适用于现有船舶的有关规定。

（2）Notwithstanding the provisions of this definition：

尽管有本定义的规定：

（i）conversion of an oil tanker of 20,000 tonnes deadweight and above delivered on or before 1 June 1982, as defined in Regulation 1. 28. 3, to meet the requirements of Regulation 18 of this Annex shall not be deemed to constitute a major conversion for the purpose of this Annex；and

但对第 1. 28. 3 条所定义的在 1982 年 6 月 1 日或以前交船的载重量为 20 000 吨及以上的油船进行改建以符合本附则第 18 条的要求,就本附则而言,不应视为构成了重大改建；以及

（ii）conversion of an oil tanker delivered before 6 July 1996, as defined in Regulation 1. 28. 5 to meet the requirements of Regulation 19 or 20 of this Annex shall not be deemed to constitute a major conversion for the purpose of this Annex.

但对第 1. 28. 5 条所定义的在 1996 年 7 月 6 日以前交船的油船进行改建以符合本附则第 19 或 20 条的要求,就本附则而言,不应视为构成了重大改建。

10. *Nearest land*. The term "*from the nearest land*" means from the baseline from which the territorial sea of the territory in question is established in accordance with international law except that, for the purposes of the present Convention "from the nearest land" off the north eastern coast of Australia shall mean from a line drawn from a point on the coast of Australia in：

**最近陆地。距最近陆地**一词,系指距按照国际法划定领土所属领海的基线,但下述情况除外：就本公约而言,在澳大利亚东北海面"距最近陆地"系指距澳大利亚海岸下述各点的连线：

latitude 11°00′ S, longitude 142°08′ E...

南纬 11°00′及东经 142°08′的一点起,……(**此处内容与术语没有直接关联,因篇幅所限而省略,以下同**)

and thence to a point on the coast of Australian latitude 24°42′ S, longitude 153°15′ E.

然后至澳大利亚海岸南纬 24°42′及东经 153°15′的一点所画的一条连线。

11. *Special area* means a sea area where for recognized technical reasons in relation to its oceanographical and ecological condition and to the particular character of its traffic the adoption of special mandatory methods for the prevention of sea pollution by oil is required.

**特殊区域**,系指这样的一个海域,在该海域中,由于其海洋学的和生态学的状态以及其交通的特殊性质等方面公认的技术原因,需要采取特殊的强制办法以防止油类物质污染海洋。

For the purposes of this Annex, the special areas are defined as follows:

就本附则而言,特殊区域定义如下:

(1)*the Mediterranean Sea area* means the Mediterranean Sea proper including the gulfs and seas therein with the boundary between the Mediterranean and the Black Sea constituted by the 41°N parallel and bounded to the west by the Straits of Gibraltar at the meridian of 005°36′ W;

**地中海区域**,系指地中海本身,包括其中的各个海湾和海区在内,与黑海以北纬 41°为界,西至直布罗陀海峡,以西经 005 °36′为界;

(2)*the Baltic Sea area* means the Baltic Sea proper with the Gulf of Bothnia, the Gulf of Finland and the entrance to the Baltic Sea bounded by the parallel of the Skaw in the Skagerrak at 57°44′. 8 N;

**波罗的海区域**,系指波罗的海本身以及波的尼亚湾、芬兰湾和波罗的海入口 (以斯卡格拉克海峡中斯卡晏角处的北纬 57°44′. 8 为界);

(3)*the Black Sea area* means the Black Sea proper with the boundary between the Mediterranean Sea and the Black Sea constituted by the parallel 41°N;

**黑海区域**,系指黑海本身,与地中海以北纬 41°为界;

(4)*the Red Sea area* means the Red Sea proper including the Gulfs of Suez and Aqaba bounded at the south by the rhumb line between *Ras si Ane* (12°28′. 5 N, 043°19′. 6 E)and *Husn Murad* (12°40′. 4 N, 043°30′. 2 E);

**红海区域**,系指红海本身,包括苏伊士湾和亚喀巴湾,南以拉斯西尼 (北纬 12°28′. 5 及东经 043°19′. 6)和胡森穆拉得 (北纬 12°40′. 4 及东经 043°30′. 2)

之间的恒向线为界;

(5)the Gulfs area means the sea area located north-west of the rhumb line between *Ras al Hadd* (22°30'N, 059°48'E)and *Ras al Fasteh* (25°04'N, 061°25' E);

**海湾区域**,系指位于拉斯尔哈得(北纬 22°30′及东经 059°48′)和拉斯阿尔法斯特(北纬 25°04′及东经 061°25′)之间的恒向线西北的海域;

(6)the Gulf of Aden area means that part of the Gulf of Aden between the Red Sea and the Arabian Sea bounded to the west by the rhumb line between *Ras si Ane* (12°28'.5 N,043°19'.6 E)and *Husn Murad* (12°40'.4 N, 043°30'.2 E)and to the east by the rhumb line between *Ras Asir* (11°50'N,051°16'.9 E)and the Ras Fartak (15°35'N, 052°13'.8 E);

**亚丁湾区域**,系指红海和阿拉伯海之间的亚丁湾部分,西以拉斯西尼(北纬 12°28′.5 及东经 043°19′.6)和胡森穆拉特(北纬 12°40′.4 及东经 043°30′.2)之间的恒向线为界,东以拉斯阿西尔(北纬 11°50′及东经 051°16′.9)和拉斯法尔塔克(北纬 15°35′及东经 052°13′.8)之间的恒向线为界;

(7)the Antarctic area means the sea area south of latitude 60° S; and

**南极区域**,系指南纬 60°以南的区域;和

(8)the North West European waters includes the North Sea and its approaches, the Irish Sea and its approaches, the Celtic Sea, the English Channel and its approaches and part of the North East Atlantic immediately to the west of Ireland. The area is bounded by lines joining the following points;

**西北欧水域**,包括北海及其入口,爱尔兰海及其入口,克尔特海,英吉利海峡及其入口以及紧靠爱尔兰西部的大西洋东北海域。该区域以下述各点的连线为界;

48°27'N on the French coast, 48°27' N 006°25'W...

法国海岸线上北纬 48°27′,北纬 48°27′及西经 006°25′……

57°44'.8 N on the Danish and Swedish coasts.

丹麦和瑞典海岸线上北纬 57°44′.8。

(9)the Oman area of the Arabian Sea means the sea area enclosed by the following coordinates:

**阿拉伯海的阿曼区域**,系指下述坐标范围内的海域:

22°30'.00 N 059°48'.00 E...

北纬 22°30′.00N 及东经 059°48′.00E……

16°39′.06 N 053°06′.52 E.

北纬 16° 39′.06 及东经 053° 06′.52。

（10）*The Southern South African waters* means the sea area enclosed by the following coordinates：

**南部南非水域**，系指由下述坐标所围的海域：

31°14′ S 017°50′E...

南纬 31°14′ S 及东经 017°50′ E……

33°27′ S 027°12′ E.

南纬 33°27′及东经 027°12′。

12. *Instantaneous rate of discharge of oil content* means the rate of discharge of oil in litres per hour at any instant divided by the speed of the ship in knots at the same instant.

**油量瞬间排放率**，系指任一瞬间每小时排油的升数除以同一瞬间船速（单位：节）之值。

13. *Tank* means an enclosed space which is formed by the permanent structure of a ship and which is designed for the carriage of liquid in bulk.

**舱柜**，系指为船舶的永久结构所形成并设计为装运散装液体的围蔽处所。

14. *Wing tank* means any tank adjacent to the side shell plating.

**边舱**，系指与船壳边板相连的任何舱柜。

15. *Centre tank* means any tank in-board of a longitudinal bulkhead.

**中间舱**，系指纵向舱壁间的任何舱柜。

16. *Slop tank* means a tank specifically designated for the collection of tank drainings, tank washings and other oily mixtures.

**污油水舱**，系指专用于收集舱柜排出物、洗舱水和其他油性混合物的舱柜。

17. *Clean ballast* means the ballast in a tank which, since oil was last carried therein, has been so cleaned that effluent therefrom if it were discharged from a ship which is stationary into clean calm water on a clear day would not produce visible traces of oil on the surface of the water or on adjoining shorelines or cause a sludge or emulsion to be deposited beneath the surface of the water or upon adjoining shorelines. If the ballast is discharged through an oil discharge monitoring and control system approved by the Administration, evidence based on such a system to the effect that the oil content of the effluent did not exceed 15 ppm shall be determinative that the ballast was clean, notwithstanding the presence of visible traces.

**清洁压载水**,系指这样一个舱内的压载水,该舱自上次装油后,已清洗到如在晴天从一静态船舶将该舱中的排出物排入清洁而平静的水中,不会在水面或邻近的岸线上产生明显的痕迹,或在水面以下或邻近的岸线上形成油泥或乳化物。如果压载水是通过经主管机关认可的排油监控系统排出的,而根据这一系统的测定该排出物的含油量不超过 15 ppm,则尽管有明显的痕迹,仍应确定该压载水是清洁的。

18. *Segregated ballast* means the ballast water introduced into a tank which is completely separated from the cargo oil and oil fuel system and which is permanently allocated to the carriage of ballast or cargoes other than oil or noxious liquid substances as variously defined in the Annexes of the present Convention.

**专用压载水**,系指装入这样一个舱内的压载水,该舱与货油及燃油系统完全隔绝并固定用于装载压载水,或固定用于装载压载水或本公约各附则中所指各种油类或有毒物质以外的货物。

19. *Length* ($L$) means 96% of the total length on a waterline at 85% of the least moulded depth measured from the top of the keel, or the length from the foreside of the stem to the axis of the rudder stock on that waterline if that be greater. In ships designated with a rake of keel the waterline on which this length is measured shall be parallel to the designed waterline. The length ($L$) shall be measured in metres.

**船长**,系指量自龙骨顶部的最小型深 85%处水线总长的 96%,或沿该水线艏柱前缘至舵杆中心的长度,取大者。对设计为具有倾斜龙骨的船舶,计量该长度的水线应与设计水线平行。船长以"米"为单位计量。

20. *Forward and after perpendiculars* shall be taken at the forward and after ends of the length. The forward perpendicular shall coincide with the foreside of the stem on the waterline on which the length is measured.

**艏艉垂线**,应取自船长($L$)的前后两端,艏垂线应与计量船长水线上的艏柱前缘相重合。

21. *Amidships* is at the middle of the length ($L$).

**船中部**,系指在船长的中部。

22. *Breadth* ($B$) means the maximum breadth of the ship, measured amidships to the moulded line of the frame in a ship with a metal shell and to the outer surface of the hull in a ship with a shell of any other material. The breadth ($B$) shall be measured in metres.

**船宽**,系指船舶的最大宽度,对金属船壳的船舶是在船中部量至两舷肋骨型线,对船壳为任何其他材料的船舶则是在船中部量至两舷船壳的外表面。船宽以米为单位计量。

23. *Deadweight* (*DW*) means the difference in tonnes between the displacement of a ship in water of are relative density of 1. 025 at the load waterline corresponding to the assigned summer freeboard and the lightweight of the ship.

**载重量**,系指船舶在密度为 1. 025 的水中处于与勘定的夏季干舷相应的载重线时的排水量和该船的空载排水量之间的差数,以吨为单位计量。

24. *Light weight* means the displacement of a ship in tonnes without cargo, fuel, lubricating oil, ballast water, fresh water and feed water in tanks, consumable stores, and passengers and crew and their effects.

**空载排水量**,系指船舶在无货物,舱柜内无燃油、滑油、压载水、淡水和锅炉给水,无消耗物料,且无乘客、船员及其行李时的排水量,以吨为单位计量。

25. *Permeability of a space* means the ratio of the volume within that space which is assumed to be occupied by water to the total volume of that space.

**某一处所的渗透率**,系指该处所假定要被水占据的容积和该处所总容积之比。

26. *Volumes* and *areas* in a ship shall be calculated in all cases to moulded lines.

船内的**容积**和**面积**在任何情况下应算至型线。

27. *Anniversary date* means the day and the month of each year, which will correspond to the date of expiry of the International Oil Pollution Prevention Certificate.

**周年日期**,系指与《国际防止油污染证书》期满之日对应的每年的该月该日。

28. 1. *Ship delivered on or before 31 December 1979* means a ship:

**在 1979 年 12 月 31 日或以前交船的船舶**,系指:

(1)for which the building contract is placed on or before 31 December 1975; or

在 1975 年 12 月 31 日及以前签订建造合同的船舶;或

(2)in the absence of a building contract, the keel of which is laid or which is at a similar stage of construction on or before 30 June 1976; or

无建造合同,在 1976 年 6 月 30 日及以前安放龙骨或处于类似建造阶段的船舶;或

(3)the delivery of which is on or before 31 December 1979; or

在 1979 年 12 月 31 日及以前交船的船舶;或

(4) which has undergone a major conversion：

经重大改建的船舶：

(i) for which the contract is placed on or before 31 December 1975； or

在 1975 年 12 月 31 日及以前签订改建合同；或

(ii) in the absence of a contract, the construction work of which is begun on before 30 June 1976； or

无改建合同，在 1976 年 6 月 30 日及以前改建工程开工；或

(iii) which is completed on or before 31 December 1979.

在 1979 年 12 月 31 日及以前改建工程完成。

28. 2. *Ship delivered after 31 December 1979* means a ship：

**在 1979 年 12 月 31 日以后交船的船舶**，系指：

(1) for which the building contract is placed after 31 December 1975； or

在 1975 年 12 月 31 日以后签订建造合同的船舶；或

(2) in the absence of a building contract the keel of which is laid or which is at a similar stage of construction after 30 June 1976； or

无建造合同，在 1976 年 6 月 30 日以后安放龙骨或处于类似建造阶段的船舶；或

(3) the delivery of which is after 31 December 1979； or

在 1979 年 12 月 31 日以后交船的船舶；或

(4) which has undergone a major conversion：

经重大改建的船舶：

(i) for which the contract is placed after 31 December 1975； or

在 1975 年 12 月 31 日以后签订改建合同；或

(ii) in the absence of a contract, the construction work of which is begun after 30 June 1976.

无改建合同，在 1976 年 6 月 30 日以后改建工程开工。

28. 3. *Oil tanker delivered on or before 1 June 1982* means an oil tanker：

**在 1982 年 6 月 1 日或以前交船的油船**，系指：

(1) for which the building contract is placed after 1 June 1979； or

在 1979 年 6 月 1 日或以前签订建造合同的油船；或

(2) in the absence of a building contract the keel of which is laid or which is at a similar stage of construction after 1 January 1980； or

无建造合同，在 1980 年 1 月 1 日或以前安放龙骨或处于类似建造阶段的油

船;或

(3)the delivery of which is after 1 June 1982; or

在 1982 年 6 月 1 日或以前交船的油船;或

(4)which has undergone a major conversion:

经重大改建的油船:

(i)for which the contract is placed after 1 June 1979; or

在 1979 年 6 月 1 日或以前签订改建合同;或

(ii)in the absence of a contract, the construction work of which is begun after first January 1980; or

无改建合同,在 1980 年 1 月 1 日或以前改建工程开工;或

(iii)which is completed after 1 June 1982.

在 1982 年 6 月 1 日或以前改建工程完成。

28. 4. *Oil tanker delivered after 1 June 1982* means an oil tanker:

**在 1982 年 6 月 1 日以后交船的油船**,系指:

(1)for which the building contract is placed after 1 June 1979; or

在 1979 年 6 月 1 日以后签订建造合同的油船;或

(2)in the absence of a building contract, the keel of which is laid or which is at a similar stage of construction after 1 January 1980; or

无建造合同,在 1980 年 1 月 1 日以后安放龙骨或处于类似建造阶段的油船;或

(3)the delivery of which is after 1 June 1982; or

在 1982 年 6 月 1 日以后交船的油船;或

(4)which has undergone a major conversion:

经重大改建的油船:

(i)for which the contract is placed after 1 June 1979; or

在 1979 年 6 月 1 日以后签订改建合同;或

(ii)in the absence of a contract, the construction work of which is begun after 1 January 1980; or

无改建合同,在 1980 年 1 月 1 日以后改建工程开工;或

(iii)which is completed after 1 June 1982.

在 1982 年 6 月 1 日以后改建工程完成。

28. 5. *Oil tanker delivered before 6 July 1996* means an oil tanker

**在 1996 年 7 月 6 日以前交船的油船**,系指:

（1）for which the building contract is placed before 6 July 1993；or

在 1993 年 7 月 6 日以前签订建造合同的油船；或

（2）in the absence of a building contract, the keel of which is laid or which is at a similar stage of construction before 6 January 1994；or

无建造合同,在 1994 年 1 月 6 日以前安放龙骨或处于类似建造阶段的油船;或

（3）the delivery of which is before 6 July 1996；or

在 1996 年 7 月 6 日以前交船的油船；或

（4）which has undergone a major conversion：

经重大改建的油船：

（i）for which the contract is placed before 6 July 1993；or

在 1993 年 7 月 6 日以前签订改建合同;或

（ii）in the absence of a contract, the construction work of which is begun before 6 January 1994；or

无改建合同,在 1994 年 1 月 6 日以前改建工程开工;或

（iii）which is completed before 6 July 1996.

在 1996 年 7 月 6 日以前改建工程完成。

28.6. *Oil tanker delivered on or after 6 July 1996* means an oil tanker

**在 1996 年 7 月 6 日或以后交船的油船**,系指：

（1）for which the building contract is placed on or after 6 July 1993；or

在 1993 年 7 月 6 日或以后签订建造合同的油船；或

（2）in the absence of a building contract the keel of which is laid or which is at a similar stage of construction on or after 6 January 1994；or

建造合同,在 1994 年 1 月 6 日或以后安放龙骨或处于类似建造阶段的油船;或

（3）the delivery of which is on or after 6 July 1996；or

在 1996 年 7 月 6 日或以后交船的油船；或

（4）which has undergone a major conversion：

经重大改建的油船：

（i）for which the contract is placed on or after 6 July 1993；or

在 1993 年 7 月 6 日或以后签订改建合同;或

（ii）in the absence of a contract, the construction work of which is begun on or after 6 January 1994；or

无改建合同,在 1994 年 1 月 6 日或以后改建工程开工;或

(ⅲ) which is completed on or after 6 July 1996.

在 1996 年 7 月 6 日或以后改建工程完成。

28.7. *Oil tanker delivered on or after 1 February 2002* means an oil tanker

**在 2002 年 2 月 1 日或以后交船的油船**,系指:

(1) for which the building contract is placed on or after 1 February 1999; or

在 1999 年 2 月 1 日或以后签订建造合同的油船;或

(2) in the absence of a building contract, the keel of which is laid or which is at a similar stage of construction on or after 1 August 1999; or

无建造合同,在 1999 年 8 月 1 日或以后安放龙骨或处于类似建造阶段的油船;或

(3) the delivery of which is on or after 1 February 2002; or

在 2002 年 2 月 1 日或以后交船的油船;或

(4) which has undergone a major conversion:

经重大改建的油船:

(ⅰ) for which the contract is placed on or after 1 February 1999; or

在 1999 年 2 月 1 日或以后签订改建合同;或

(ⅱ) in the absence of a contract, the construction work of which is begun on or after 1 August 1999; or

无改建合同,在 1999 年 8 月 1 日或以后改建工程开工;或

(ⅲ) which is completed on or after 1 February 2002.

在 2002 年 2 月 1 日或以后改建工程完成。

28.8. *Oil tanker delivered on or after 1 January 2010* means an oil tanker:

**在 2010 年 1 月 1 日或以后交船的油船**,系指:

(1) for which the building contract is placed on or after 1 January 2007; or

在 2007 年 1 月 1 日或以后签订建造合同的油船;或

(2) in the absence of a building contract, the keel of which is laid or which is at a similar stage of construction on or after 1 July 2007; or

无建造合同,在 2007 年 7 月 1 日或以后安放龙骨或处于相应建造阶段的油船;或

(3) the delivery of which is on or after 1 January 2010; or

在 2010 年 1 月 1 日或以后交船的油船;或

(4) which has undergone a major conversion:

经重大改建的油船：

（i）for which the contract is placed on or after 1 January 2007；or

在 2007 年 1 月 1 日或以后签订改建合同；或

（ii）in the absence of a contract，the construction work of which is begun on or after 1 July 2007；or

无改建合同，在 2007 年 7 月 1 日或以后改建工程开工；或

（iii）which is completed on or after 1 January 2010.

在 2010 年 1 月 1 日或以后改建工程完成。

28.9. *Ship delivered on or after 1 August 2010* means a ship：

**在 2010 年 8 月 1 日或以后交付的船舶**，系指：

（1）for which the building contract is placed on or after 1 August 2007；or

在 2007 年 8 月 1 日或以后签订建造合同的船舶；或

（2）in the absence of a building contract，the keels of which are laid or which are at a similar stage of construction on or after 1 February 2008；or

无建造合同，在 2008 年 2 月 1 日或以后安放龙骨或处于相应建造阶段的船舶；或

（3）the delivery of which is on or after 1 August 2010；or

在 2010 年 8 月 1 日或以后交船的船舶；或

（4）which has undergone a major conversion：

经重大改建的船舶：

（i）for which the contract is placed after 1 August 2007；or

在 2007 年 8 月 1 日或以后签订改建合同；或

（ii）in the absence of contract，the construction work of which is begun after 1 February 2008；or

无改建合同，在 2008 年 2 月 1 日或以后改建工程开工；或

（iii）which is completed after 1 August 2010.

在 2010 年 8 月 1 日或以后改建工程完成。

29. *Parts per million* （*ppm*）means parts of oil per million parts of water by volume.

**百万分比**，系指每百万分水中的含油量（体积）。

30. *Constructed* means a ship the keel of which is laid or which is at a similar stage of construction.

**建造的船舶**，系指安放龙骨或处于类似建造阶段的船舶。

31. *Oil residue* (*sludge*) means the residual waste oil products generated during the normal operation of a ship such as those resulting from the purification of fuel or lubricating oil for main or auxiliary machinery, separated waste oil from oil filtering equipment, waste oil collected in drip trays, and waste hydraulic and lubricating oils.

残油(油泥),系指在船舶正常运行过程中产生的残留废油产品,例如主机或辅机燃油或润滑油的净化产生的废油、从油过滤设备分离出来的废油、从滴盘收集的废油以及废液压油和废润滑油。

32. *Oil residue* (*sludge*) *tank* means a tank which holds oil residue (sludge) from which sludge may be disposed directly through the standard discharge connection or any other approved means of disposal.

残油(油泥)舱,系指存放残油(油泥)的舱柜,从该处油泥可直接通过标准的排放连接或任何其他经认可的方式得以处置。

33. *Oily bilge water* means water which may be contaminated by oil resulting from things such as leakage or maintenance work in machinery spaces. Any liquid entering the bilge system including bilge wells, bilge piping, tank top or bilge holding tanks is considered oily bilge water.

含油舱底污水,系指由于机器处所泄漏或维修工作所产生的可能被油污染的水。任何进入舱底系统（包括舱底水阱,舱底水管系,内层底、舱底水储存舱）的液体都被视为含油舱底水。

34. *Oily bilge water holding tank* means a tank collecting oily bilge water prior to its discharge, transfer or disposal.

含油舱底水储存舱,系指在排放、过驳或处置之前收集含油舱底污水的舱。

35. *Audit* means a systematic, independent and documented process for obtaining audit evidence and evaluating it objectively to determine the extent to which audit criteria are fulfilled.

审核,系指为获取审核证据并对其进行客观评价,以确定满足审核标准的系统、独立且有记录的过程。

36. *Audit Scheme* means the IMO Member State Audit Scheme established by the Organization and taking into account the guidelines developed by the Organization.

审核机制,系指国际海事组织建立的、考虑到国际海事组织制订的各项导则的国际海事组织会员国审核机制。

37. *Code for Implementation* means the IMO Instruments Implementation Code

[ Code adopted by the Organization by Resolution A. 1070(28)].

**《文书实施规则》**,系指国际海事组织大会以第 A. 1070(28)号决议通过的《海事组织文书实施规则》。

38. *Audit Standard* means the Code for Implementation.

**审核标准**,系指《文书实施规则》。

39. *Electronic Record Book* means a device or system, approved by the Administration, used to electronically record the required entries for discharges, transfers and other operations as required under this Annex in lieu of a hard copy record book.

**电子记录簿**,系指经主管机关批准的设备或系统,用于以电子方式记录本附则要求的排放、转驳和其他操作的条目,以代替纸质记录簿。

40. *Unmanned non-self-propelled (UNSP) barge* means a barge that:

**无人非自动力驳船**,系指:

(1)is not propelled by mechanical means;

非机械推进;

(2)carries no oil (as defined in Regulation 1.1 of this Annex);

非携载油类 (按照该规则附则 1.1);

(3)has no machinery fitted that may use oil or generate oil residues;

无配备能使用油或者产生油渣的机械;

(4)has no fuel oil tank, lubricating oil tank and bilge/oil residues tank; and

无燃油舱、滑油舱及油污水舱,油渣柜;及

(5)has neither persons nor living animals on board.

船上也无活着的动物。

## (三)该公约附则 2 中的定义部分

Regulation 1 Definitions

第一条　定义

For the purposes of this Annex:

就本附则而言:

1. *Anniversary date* means the day and the month of each year which will correspond to the date of expiry of the International Pollution Prevention Certificate for the Carriage of Noxious Liquid Substances in Bulk.

**周年日**,系指与《国际防止散装运输有毒液体物质污染证书》期满之日对应的每年的该月该日。

2. *Associated piping* means the pipeline from the suction point in a cargo tank to the shore connection used for unloading the cargo and includes all ship's piping, pumps and filters which are in open connection with the cargo unloading line.

**相关管系**,系指从液货舱舱底吸口至船岸接头用于卸货的管系,包括与卸货管路开式连接的船舶所有管系、泵和过滤器。

3. *Ballast water*

**压载水**

*Clean ballast* means ballast water carried in a tank which, since it was last used to carry a cargo containing a substance in Categories X, Y or Z, has been thoroughly cleaned and the residues resulting therefrom have been discharged and the tank emptied in accordance with the appropriate requirements of this Annex.

**清洁压载水**,系指装入一个舱内的压载水,该舱自上次用于装载含有 X、Y 或 Z 类物质的货物之后,已予彻底清洗,所产生的残余物也已按本附则的相应要求全部排空。

*Segregated ballast* means ballast water introduced into a tank permanently allocated to the carriage of ballast or cargoes other than oil or noxious liquid substances as variously defined in the Annexes of the present Convention, and which is completely separated from the cargo and oil fuel system.

**专用压载水**,系指装入一个舱内的压载水,该舱专门且永久用于装载压载水、本公约各附则中所定义的各种油类或有毒液体物质以外的货物,且与货物和燃油系统完全隔离。

4. *Chemical Codes*

**《化学品规则》**

*Bulk Chemical Code* means the Code for the Construction and Equipment of Ships carrying Dangerous Chemicals in Bulk adopted by the Marine Environment Protection Committee of the Organization by Resolution MEPC. 20 (22), as amended by the Organization, provided that such amendments are adopted and brought into force in accordance with the provisions of Article 16 of the present Convention concerning amendment procedures applicable to an appendix to an Annex.

**《散装化学品规则》**,系指由国际海事组织海上环境保护委员会以 MEPC. 20 (22)决议通过的并经国际海事组织修正的《散装运输危险化学品船舶构造和设备规则》,这些修正案应按本公约第 16 条规定的有关附则附录的修正程序予以通过和生效。

*International Bulk Chemical Code* means the International Code for the Construction and Equipment of Ships Carrying Dangerous Chemicals in Bulk adopted by the Marine Environment Protection Committee of the Organization by Resolution MEPC. 19（22），as amended by the Organization，provided that such amendments are adopted and brought into force in accordance with the provisions of Article 16 of the present Convention concerning amendment procedures applicable to an appendix to an Annex.

**《国际散装化学品规则》**，系指由国际海事组织海上环境保护委员会以 MEPC. 19（22)决议通过的并经国际海事组织修正的《国际散装运输危险化学品船舶构造和设备规则》，这些修正案应按本公约第 16 条规定的有关附则附录的修正程序予以通过和生效。

5. *Depth of water* means the charted depth.

**水深**，系指海图标绘的深度。

6. *En route* means that the ship is under way at sea on a course or courses，including deviation from the shortest direct route，which as far as practicable for navigational purposes，will cause any discharge to be spread over as great an area of the sea as is reasonable and practicable.

**在航**，系指船舶在海上以一个或多个航向航行，包括偏离最短航程航线的航行。就实际航行目的而言，会造成海上大范围实际又合乎情理的排放。

7. *Liquid substances* are those having a vapour pressure not exceeding 0. 28 MPa absolute at a temperature of 37. 8 ℃.

**液体物质**，系指在温度为 37. 8 ℃时，绝对蒸汽压力不超过 0. 28 MPa 的物质。

8. *Manual* means Procedures and Arrangements Manual in accordance with the model given in Appendix IV of this Annex.

**《手册》**，系指根据本附则的附录 4 所示的样本编写的《程序和布置手册》。

9. *Nearest land*. The term "*from the nearest land*" means from the baseline from which the territorial sea in question is established in accordance with international law，except that，forth purposes of the present Convention "from the nearest land" off the north-eastern coast of Australia shall mean from the line drawn from a point on the coast of Australia in：

**最近陆地**。**距最近陆地**一词，系指距按国际法划定领土所属领海的基线，

但下述情况除外:就本公约而言,在澳大利亚东北海面"距最近陆地",系指澳大利亚海岸下述各点的连线而言:

latitude 11°00′S, longitude 142°08′E...

自南纬 11°00′ 及东经 142°08′的一点起……

..., and thence to a point on the coast of Australian latitude 24°42′ S, longitude 153°15′ E.

……,然后至澳大利亚海岸南纬 24°42′ 东经 153°15′的一点所画的一条连线。

10. *Noxious liquid substance* means any substance indicated in the Pollution Category column of Chapter 17 or 18 of the International Bulk Chemical Code or provisionally assessed under the provisions of Regulation 6. 3 as falling into Categories X, Y or Z.

**有毒液体物质**,系指《国际散装化学品规则》第 17 或 18 章的污染类别栏中所指明的或根据第 6.3 条规定经临时评定列为 X、Y 或 Z 类的任何物质。

11. *ppm* means millilitre per cubic metres.

**ppm** ,系指毫升/每立方米的浓度单位的量值。

12. *Residue* means any noxious liquid substance which remains for disposal.

**残余物**,系指任何需处理的有毒液体物质。

13. *Residue/water mixture* means residue to which water has been added for any purpose ( e. g. , tank cleaning, ballasting, bilge slops).

**残余物/水混合物**,系指以任何目的加入水的残余物(例如:油舱清洗、加压载水、舱底含油污水)。

14. *Ship construction*

**船舶建造**

( 1 ) *Ship constructed* means a ship the keel of which is laid or which is at a similar stage of construction. A ship converted to a chemical tanker, irrespective of the date of construction, shall be treated as a chemical tanker constructed on the date on which such conversion commenced. This conversion provision shall not apply to the modification of a ship which complies with all of the following conditions:

**建造船舶**,系指安放龙骨或处于类似建造阶段的船舶。船舶改建为化学品液货船时,不论其建造日期为何时,开始改建的日期应视作化学品液货船的建造日期。该改建规定不适用于符合下列全部条件的船舶改装:

( i ) the ship is constructed before 1 July 1986; and

1986 年 7 月 1 日以前建造的船舶;和

(ⅱ)the ship is certified under the Bulk Chemical Code to carry only those products identified by the Code as substances with pollution hazards only.

船舶已核准根据《散装化学品规则》仅载运由该规则确定的只具有污染危害物质的货品。

(2)*At a similar stage of construction* means the stage at which:

**在类似建造阶段**,系指在此阶段:

(ⅰ)construction identifiable with a specific ship begins; and

可辨认出某一具体船舶建造开始;和

(ⅱ)assembly of that ship has commenced comprising at least 50 tonnes or 1 percent of the estimated mass of all structural material, whichever is less.

该船业已开始的装配量至少为 50 吨,或为全部结构材料估算质量的 1%,取较小者。

15. *Solidifying/non-solidifying*

**固化/非固化**

(1)*Solidifying substance* means a noxious liquid substance which:

**固化物质**系指有毒液体物质:

(ⅰ)in the case of a substance with a melting point of less than 15 ℃, is at a temperature of less than 5 ℃ above its melting point at the time of unloading; or

物质的熔点低于 15 ℃,卸载时处于熔点以上不到 5 ℃的温度;或

(ⅱ)in the case of a substance with a melting point of equal to or greater than 15 ℃, is at a temperature of less than 10 ℃ above its melting point at the time of unloading.

物质的熔点等于或高于 15 ℃,卸载时处于熔点以上不到 10 ℃的温度。

(2)*Non-solidifying substance* means a noxious liquid substance, which is not a solidifying substance.

**非固化物质**,系指非固化的有毒物质。

16. *Tanker*

**液货船**

(1)*Chemical tanker* means a ship constructed or adapted for the carriage in bulk of any liquid product listed in Chapter 17 of the International Bulk Chemical Code.

**化学品液货船**,系指建造或改建用于散装运输《国际散装化学品规则》第

17 章所列的任何一种液体货品的船舶。

（2）*NLS tanker* means a ship constructed or adapted to carry a cargo of noxious liquid substances in bulk and includes an "oil tanker" as defined in Annex I of the present Convention when certified to carry a cargo or part cargo of noxious liquid substances in bulk.

**NLS 液货船**，系指建造或改建用于运输散装有毒液体物质货物的船舶，包括本公约附则 1 定义的核准用于全部或部分运输散装有毒液体物质货物的油船。

17. *Viscosity*

**黏度**

（1）*High-viscosity substance* means a noxious liquid substance in Category X or Y with viscosity equal to or greater than 50 mega pascals at the unloading temperature.

**高黏度物质**，系指在卸货温度下黏度大于或等于 50 MPa·S 的 X 或 Y 类有毒液体物质。

（2）*Low-viscosity substance* means a noxious liquid substance which is not a high-viscosity substance.

**低黏度物质**，系指非高黏度物质的有毒液体物质。

（3）*Audit* means a systematic, independent and documented process for obtaining audit evidence and evaluating it objectively to determine the extent to which audit criteria are fulfilled.

**审核**，系指为获取审核证据并对其进行客观评价，以确定满足审核标准程度的系统、独立且有记录的过程。

19. *Audit Scheme* means the IMO Member State Audit Scheme established by the Organization and taking into account the guidelines developed by the Organization.

**审核机制**，系指国际海事组织建立的，考虑到国际海事组织制订的各项导则的国际海事组织会员国审核机制。

20. *Code for Implementation* means the IMO Instruments Implementation Code (III Code) adopted by the Organization by Resolution A. 1070（28）.

**文书实施规则**，系指国际海事组织大会以第 A. 1070（28）号决议通过的《海事组织文书实施规则》。

21. *Audit Standard* means the Code for Implementation.

**审核标准**，系指《文书实施规则》。

22. *Electronic Record Book* means a device or system, approved by the Administration, used to electronically record the required entries for discharges, transfers and other operations as required under this Annex In lieu of a hard copy record book.

**电子记录簿**,系指经主管机关批准的,用于以电子方式记录本附则要求的排放、转驳和其他操作所要求的记录,以代替纸质记录簿的设备或系统。

23. *Persistent floater* means a slick forming substance with the following properties:

**持久漂浮物**,系指具有以下特性的油膜状物质:

*Density*: ≤sea water (1,025 kg/m$^3$ at 20 ℃); and

**密度**:≤海水(20 ℃时1 025 kg/m$^3$);和

*Vapour pressure*:≤0.3 kPa; and

**蒸汽压力**:≤0.3 kPa;和

*Solubility*:≤0.1% (for liquids) ≤10% (for solids); and

**溶解度**:≤0.1%（液体）≤10%（固体）;和

*Kinematic viscosity*:>10 cSt at 20 ℃.

**运动黏度**:20 ℃时>10 cSt。

（四）附则 3 中的定义部分

No definitions
无定义

（五）附则 4 中的定义部分

For the purposes of the present Annex:
就本附则而言

1. *New ship* means a ship:
**新船**,系指:

（1）for which the building contracts placed, or in the absence of a building contract the keel of which is laid, or which is at a similar stage of construction ,on or after the date of entry into force of this Annex; or

在本附则生效之日或以后订立建造合同的船舶,或无建造合同但在本附则生效之日或以后安放龙骨或处于相应建造阶段的船舶;或

（2）the delivery of which is three years or more after the date of entry into force of this Annex.

在本附则生效之日后经过 3 年或 3 年以上交船的船舶。

2. *Existing ship* means a ship which is not a new ship.

**现有船舶**,系指不属于新船的船舶。

3. *Sewage* means:

**生活污水**,系指:

(1)drainage and other wastes from any form of toilets, urinals, and WC scuppers;

任何型式的厕所、小便池,以及厕所排水孔的排出物和其他废弃物;

(2)drainage from medical premises (dispensary, sick bay, etc.) via wash basins, washtubs and scuppers located in such premises;

医务室(药房、病房等)的面盆、洗澡盆和这些处所排水孔的排出物;

(3)drainage from spaces containing living animals; or

装有活的动物处所的排出物;或

(4)other waste waters when mixed with the drainages defined above.

混有上述排出物的其他废水。

4. *Holding tank* means a tank used for the collection and storage of sewage.

**集污舱**,系指用于收集和储存生活污水的舱柜。

5. *Nearest land*. The term "*from the nearest land*" means from the baseline from which the territorial sea of the territory in question is established in accordance with international law except that, for the purposes of the present Convention "from the nearest land" off the north-eastern coast of Australia shall mean from a line drawn from a point on the coast of Australia in latitude 11°00′S, longitude 142°08′E to a point in latitude 10°35′S, longitude 141°55′E,

**最近陆地。距最近陆地**一词,系指距该领土按国际法据以划定其领海的基线,但下述情况除外:就本公约而言,在澳大利亚东北海面"距最近陆地",系指距澳大利亚岸下述各点的连线:自南纬 11°00′及东经 142°08′8 的一点起至南纬 10°35′及东经 141°55′的一点,

..., and thence to a point latitude 10°00′S, longitude 142°00′E, and thence to a point latitude 9°10′S, longitude 143°52′E, and thence to a point latitude 9°00′S, longitude 144°30′E, and thence to a point latitude 13°00′S, longitude 144°00′E, and thence to a point latitude 15°00′S, longitude 146°00′E, and thence to a point latitude 18°00′s, longitude 147°00′E, and thence to a point of latitude 21°00′

S, longitude 153°00′E, and thence to a point on the coast of Australia in latitude 24°42′S, longitude 153°15′E.

……，再至南纬 10°00′及东经 142°00′的一点，再至南纬 9°10′及东经 143°52 的一点，再至南纬 9°00′及东经 144°30′的一点，再至南纬 13°00′及东经 144°00 的一点，再至南纬 15°00′及东经 146°00′的一点，再至南纬 18°00′及东经 147°00′的一点，再至南纬 21°00′及东经 153°00′的一点，最后至澳大利亚海岸的 南纬 24°42′及东经 153°15′的一点所画的一条连线。

## （六）附则 5 中的定义部分

For the purposes of this Annex：
就本附则而言：

1. *Garbage* means all kinds of victual, domestic and operational waste excluding fresh fish and parts thereof, generated during the normal operation of the ship and liable the disposed of continuously or periodically except those substances which are defined or listed in other Annexes to the present Convention.

**垃圾**，系指产生于船舶通常的营运期间并要不断地或定期地予以处理的各 种食品的、日常用品的和工作用品的废弃物（不包括鲜鱼及其各部分），但本公 约其他附则中所规定的或列举的物质除外。

2. *Nearest land.* The term "*from the nearest land*" means from the baseline from which territorial sea of the territory in question is established in accordance with international except that, for the purposes of the present Convention, "from the nearest land" the north-eastern coast of Australia shall mean from a line drawn from a point on the coast of Australia in Latitude 11°00′S, longitude 142°08′E to a point in latitude 10°35′S, longitude 141°55′E,

**最近陆地。距最近陆地**一词，系指离该领土按照国际法据以划定其领海的 基线，但下述情况除外：就本公约而言，在澳大利亚东北海面"距最近陆地"系指 距澳大利亚海岸下述各点的连线：自南纬 11°00′及东经 142°08′的一点起，至南 纬 10°35′及东经 141°55′的一点，

…, and thence to a point latitude 10°00′ S longitude 142°00′E, and thence to a point latitude 9°10′S, longitude 143°52′ E, and thence to a point latitude 9°00′ S, longitude 144°30′E, and thence to a point latitude 13°00′S, longitude 144°00′ E, and thence to a point of latitude 15°00′S, longitude 146°00′E, and thence to a point of latitude 18°00′s, longitude 147°00′ E, and thence to a point latitude 21°00′

S, longitude153°00′E, and thence to a point on the coast of Australia in latitude 24°42′S, longitude 153°15′E.

……,再至南纬 10°00′ 及东经 142°00′ E 的一点,再至南纬 9°10′ 及东经 143°52′ 的一点,再至南纬 9°00′ 及东经°144°30′ 的一点,再至南纬 13°00′ 及东经 144°00′ 的一点,再至南纬 15°00′ 及东经 146°00′ 的一点,再至南纬 18°00′ 及东经 147°00′ 的一点,再至南纬 21°00′ 及东经 153°00′ 的一点。最后至澳大利亚海岸的南纬 24°4′ 及东经 150°15′ 的一点所画的一条连线。

3. *Special area* means a sea area where for recognized technical reasons in relation to its oceanographically and ecological condition and to the particular character of its traffic the adoption of special mandatory methods for the prevention of sea pollution by garbage is required. Special areas shall include those listed in regulation 5 of this Annex.

**特殊区域**,系指这样的一个海域,在该海域中,由于其海洋学和生态学的情况以及运输的特殊性质等方面公认的技术原因,需要采取防止垃圾污染海洋的特殊强制办法。特殊区域包括本附则第 5 条中所列各区域。

## (七)该公约附则 6 中的定义部分

Regulation 2

第 2 条

Definitions

定义

For the purpose of this Annex:

就本附则而言:

1. *Annex* means Annex VI to the International Convention for the Prevention of Pollution from Ships, 1973 ( MARPOL), as modified by the Protocol of 1978 relating thereto, and as modified by the Protocol of 1997, as amended by the Organization, provided that such amendments are adopted and brought into force in accordance with the provisions of Article 16 of the present Convention.

**附则**,系指经《1997 年议定书再次修订的,经 1978 年议定书修订的 1973 年防止船舶造成污染国际公约》附则 6,附则可由国际海事组织修订,但这些修正案需按本公约第 16 条的规定予以通过并生效。

2. *At a similar stage of construction* means the stage at which:

**在类似建造阶段**,系指在该阶段:

（1）construction identifiable with a specific ship begins; and

可辨别某一具体船舶的建造开始;和

（2）assembly of that ship has commenced comprising at least 50 tonnes or one percent of the estimated mass of all structural material, whichever is less.

船舶业已开始的装配量至少为50吨或为全部结构材料估算质量的1%,取较少者。

3. *Anniversary date* means the day and the month of each year that will correspond to the date of expiry of the International Air Pollution Prevention Certificate.

**周年日期**,系指每年与《国际防止大气污染证书》期满之日对应的该月和该日。

4. *Auxiliary control device* means a system, function or control strategy installed on a marine diesel engine that is used to protect the engine and/or its ancillary equipment against operating conditions that could result in damage or failure, or that is used to facilitate the starting of the engine. An auxiliary control device may also be a strategy or measure that has been satisfactorily demonstrated not to be a defeat device.

**辅助控制装置**,系指船用柴油发动机上安装的用于保护柴油机和（或）其辅助设备不受可导致其损坏或故障的操作条件影响的或有助于柴油机起动的一个系统、功能或控制策略。辅助控制装置也可以是业已满意地表明为非抑制装置的策略或措施。

5. *Continuous feeding* is defined as the process whereby waste is fed into a combustion chamber without human assistance while the incinerator is informal operating conditions with the combustion chamber operative temperature between 850 ℃ and 1,200 ℃.

**连续进料**,系指当焚烧炉在正常操作条件下,燃烧室工作温度在850℃和1 200℃之间时,无须人工辅助将废物送入燃烧室的过程。

6. *Defeat device* means a device that measures, senses or responds to operating variables (e. g., engine speed, temperature, intake pressure or another parameter) for the purpose of activating, modulating, delaying or deactivating the operation of any component or the function of the emission control system such that the effectiveness of the emission control system is reduced under conditions encountered during normal operation, unless the use of such a device is substantially included in the applied emission certification test procedures.

**抑制装置**,系指为激活、调整、推迟或停止排放控制系统的任何部件或功能而对操作参数(例如:发动机速度、温度、进气压力或任何其他参数)进行测量、感应或反应的装置,从而在正常操作遇到的工况下降低排放控制系统的有效性,但在适用的排放发证试验程序中大量使用该装置者除外。

7. *Emission means* any release of substances, subject to control by this Annex, from ships into the atmosphere or sea.

**排放**,系指从船舶上向大气或海洋中释放出受本附则控制的任何物质。

8. *Emission control area* means an area where the adoption of special mandatory measures for emissions from ships is required to prevent, reduce and control air pollution from $NO_x$ or $SO_x$ and particulate matter or all three types of emissions and their attendant adverse impacts on human health and the environment. Emission control areas shall include those listed in, or designated under, Regulations 13 and 14 of this Annex.

**排放控制区**,系指要求对船舶排放采取特殊强制措施以防止、减少和控制 $NO_x$、$SO_x$ 和颗粒物质的排放或所有三类物质的排放造成大气污染以及伴随而来对人类健康和环境的不利影响的区域。排放控制区域应包括本附则第 13 和 14 条所列或所指定的区域。

9. *Fuel oil* means any fuel delivered to and intended for combustion purposes for propulsion or operation on board a ship, including gas, distillate and residual fuels.

**燃油**,系指为了船舶推进或运转而交付船上的用于燃烧的任何燃料,包括蒸馏物和残余燃油。

10. *Gross tonnage* means the gross tonnage calculated in accordance with the tonnage measurement regulations contained in Annex I to the International Convention on Tonnage Measurements of Ships, 1969, or any successor Convention.

**总吨位**,系指按《1969 年国际船舶吨位丈量公约》或任何后续公约中附件 1 所述的吨位丈量规定计算出的总吨位。

11. *Installations in relation to regulation 12 of this Annex* means the installation of systems, equipment, including portable fire-extinguishing units, insulation, or other material on a ship, but excludes the repair or recharge of previously installed systems, equipment, insulation or other material, or the charge of portable fire-extinguishing units.

**本附则第 12 条有关的装置**,系指设备系统、设备的装置,包括船上的手提式灭火器、绝缘体或其他材料,但不包括对以前安装的系统、设备、绝缘体或其他材料的修理或重新充注,或者对手提灭火器的重新充注。

12. *Installed* means a marine diesel engine that is or is intended to be fitted on a ship, including a portable auxiliary marine diesel engine, only if its fuelling, cooling or exhaust system is an integral part of the ship. A fuelling system is considered integral to the ship only if it is permanently affixed to the ship. This definition includes a marine diesel engine that is used to supplement or augment the installed power capacity of the ship and is intended to be an integral part of the ship.

**安装的**,系指安装或拟安装于船上的船用柴油发动机,包括便携式辅助船用柴油发动机,前提是其供油、冷却或排气系统是船舶的一个构成部分。供油系统只有在永久固定在船上时才可视为船舶的构成部分。本定义包括用于补充或增强船舶已装动力容量并拟成为船舶构成部分的船用柴油发动机。

13. *Irrational emission control strategy* means any strategy or measure that, when the ship is operated under normal conditions of use, reduces the effectiveness of an emission control system to a level below that expected on the applicable emission test procedures.

**不合理排放控制策略**,系指当船舶在正常使用条件下营运时,将排放控制系统的效力降至低于适用的排放试验程序的预期水平的任何策略或措施。

14. *Marine diesel engine* means any reciprocating internal combustion engine operating on liquid or dual fuel, to which Regulation 13 of this Annex applies, including booster/compound systems if applied. In addition, a gas fuelled engine installed on a ship constructed on or after 1 March 2016 or a gas fuelled additional or non-identical replacement engine installed on or after that date is also considered as a marine diesel engine.

**船用燃油机**,系指本附则第 13 条所适用的以液体或双燃料运行的任何往复式内燃机,包括增压/复合系统(如适用)。此外,2016 年 3 月 1 日或以后建造的船舶上安装的气体燃料发动机,或在该日期或以后安装的新增气体燃料发动机,或非完全相同的替代气体燃料发动机也视为船用柴油机。

15. $NO_x$ *Technical Code* means the Technical Code on Control of Emission of Nitrogen Oxides from Marine Diesel Engines adopted by Resolution 2 of the 1997 MARPOL Conference, as amended by the Organization, provided that such amendments are adopted and brought into force in accordance with the provisions of article 16 of the present Convention.

**$NO_x$ 技术规则**,系指 1997 年《MARPOL 公约》缔约国大会决议 2 所通过的《船用柴油机氮氧化物排放控制技术规则》,规则可由国际海事组织修订,但这些修正案应按照本公约第 16 条的规定予以通过并生效。

16. *Ozone - depleting substances* means controlled substances defined in paragraph（4）of article 1 of the Montreal Protocol on Substances that Deplete the Ozone Layer，1987，listed in Annexes A，B，C or E to the said Protocol in force at the time of application or interpretation of this Annex.

**消耗臭氧物质**，系指在应用或解释本附则时有效的《1987 年消耗臭氧层物质蒙特利尔议定书》第 1 条第（4）款中所定义的并列于该议定书附件 A、B、C 或 E 中的受控物质。

Ozone-depleting substances that may be found on board ship include，but are not limited to：

在船上可能有的"消耗臭氧物质"包括但不限于：

Halon 1211—Bromochlorodifluoromethane

哈龙 1211—溴氯二氟甲烷

Halon 1301—Bromotrifluoromethane

哈龙 1301—溴三氟甲烷

Halon 2402 1，2—Dibromo - 1，1，2，2—Tetraflouroethane（also known as Halon 114B2）

哈龙 2402 1,2—二溴 1,1,2,2—四氟乙烷（又称为哈龙 114B2）

CFC 11— Trichlorofluoromethane

CFC 11—三氯氟甲烷

CFC 12—Dichlorodifluoromethane

CFC12—二氯二氟甲烷

CFC 113 1，1，2—Trichloro 1，2，2—Trifluoroethane

CFC 113 1,1,2—三氯 1,2,2—三氟乙烷

CFC 114 1，2—Dichloro1，1，2，2—Tetrafluoroethane

CFC-114 1,2—二氯 1,1,2,2-四氟乙烷

CFC-115—Chloropentafluoroethane

CFC-115—氯五氟乙烷

17. *Shipboard incineration* means the incineration of wastes or other matter on board a ship，if such wastes or other matter were generated during the normal operation of that ship.

**船上焚烧**，系指在船上焚烧该船正常营运期间产生的废物或其他物质。

18. *Shipboard incinerator* means a shipboard facility designed for the primary

purpose of incineration.

**船用焚烧炉**,系指以焚烧为主要目的而设计的船上设施。

19. *Ships constructed* means ships the keels of which are laid or that are at a similar stage of construction.

**建造的船舶**,系指已安放龙骨或处于类似建造阶段的船舶。

20. *Sludge oil* means sludge from the fuel oil or lubricating oil separators, waste lubricating oil from main or auxiliary machinery, or waste oil from bilge water separators, oil filtering equipment or drip trays.

**污油**,系指来自燃油或润滑油分离器的油泥,来自主机或辅机的废弃润滑油,或来自舱底污水分离器、滤油设备或滴油盘的废油。

21. *Tanker in relation to regulation 15 of this Annex* means an oil tanker as defined in regulation 1 of Annex I of the present Convention or a chemical tanker defined in regulation 1 of Annex II of the present Convention.

**与本附则第 15 条有关的液货船**,系指在本公约附则 1 第 1 条中定义的油船或附则 2 第 1 条中定义的化学品船。

For the purpose of Chapter 4 of this Annex:

就本附则第 4 章而言:

22. *Existing ship* means a ship which is not a new ship.

**现有船舶**,系指非新船的船舶。

23. *New ship* means a ship:

**新船**,系指:

(1) for which the building contract is placed on or after 1 January 2013; or

在 2013 年 1 月 1 日或以后签订建造合同的船舶;或

(2) in the absence of a building contract, the keel of which is laid or which is at a similar stage of construction on or after 1 July 2013; or

没有建造合同,在 2013 年 7 月 1 日或之后安放龙骨或处于类似建造阶段的船舶;或

(3) the delivery of which is on or after 1 July 2015.

在 2015 年 7 月 1 日或以后交付的船舶。

24. *Major Conversion* means in relation to Chapter 4 of this Annex a conversion of a ship:

**重大改建**,系指与本附则第 4 章有关的对船舶所做的改建:

(1) which substantially alters the dimensions, carrying capacity or engine power

of the ship; or

实质上改变了船舶的尺度、载货量或发动机功率;或

(2) which changes the type of the ship; or

改变了船型;或

(3) the intent of which in the opinion of the Administration is substantially to prolong the life of the ship; or

根据主管机关的判断,旨在实质性延长船舶寿命;或

(4) which otherwise so alters the ship that, if it were a new ship, it would become subject to relevant provisions of the present Convention not applicable to it as an existing ship; or

这种改建使得该船如果是一艘新船,将遵守本公约中不适用于现有船舶的相关规定;或

(5) which substantially alters the energy efficiency of the ship and includes any modifications that could cause the ship to exceed the applicable required EEDI as set out in Regulation 21 of this Annex.

实质上改变了船舶能效,且包括能导致船舶超过本附则第 21 条规定中适用的"要求的能效设计指数"的任何改装。

25. *Bulk carrier* means a ship which is intended primarily to carry dry cargo in bulk, including such types as ore carriers as defined in Regulation 1 of Chapter XII of SOLAS 74 (as amended) but excluding combination carriers.

**散货船**,系指《国际海上人命安全公约》第 12 章第 1 条定义的主要用于运输散装干货的船舶,包括矿砂船等船型,但不包括兼用船。

26. *Gas carrier in relation to Chapter 4 of this Annex* means a cargo ship, other than an LNG carrier as defined in Paragraph 38 of this regulation, constructed or adapted and used for the carriage in bulk of any liquefied gas.

**与本附则第 4 章有关的气体运输船**,系指除本条第 38 款所定义的液化天然气运输船外的、经建造或改建用于散装运输任何液化气体的货船。

27. *Tanker in relation to Chapter 4 of this Annex* means an oil tanker as defined in regulation 1 of Annex I of the present Convention or a chemical tanker or an NLS tanker as defined in Regulation 1 of Annex II of the present Convention.

**与本规则第 4 章有关的液货船**,系指本公约附则 1 第 1 条定义的油船或本公约附则 2 第 1 条定义的化学品运输船或 NLS 液货船。

28. *Container ship* means a ship designed exclusively for the carriage of contain-

ers in holds and on deck.

**集装箱船**,系指专门设计用于在货舱内和甲板上装运集装箱的船舶。

29. *General cargo ship* means a ship with a multi-deck or single deck hull designed primarily for the carriage of general cargo. This definition excludes specialized dry cargo ships, which are not included in the calculation of reference lines for general cargo ships, namely livestock carrier, barge carrier, heavy load carrier, yacht carrier, nuclear fuel carrier.

**杂货船**,系指设有多层或单层甲板结构、主要设计用于装运杂货的船舶。该定义排除了在计算杂货船基准线时未包括的专用干货船,即活牲畜运输船、载驳船、重大件货物运输船、游艇运输船、核燃料运输船。

30. *Refrigerated cargo carrier* means a ship designed exclusively for the carriage of refrigerated cargoes in holds.

**冷藏货船**,系指专门设计在货舱载运冷藏货物的船舶。

31. *Combination carrier* means a ship designed to load 100% deadweight with both liquid and dry cargo in bulk.

**兼用船**,系指设计上既能散装液货也能散装干货达到100%载重量的船舶。

32. *Passenger ship* means a ship which carries more than 12 passengers.

**客船**,系指载运超过12名乘客的船舶。

33. *Ro-ro cargo ship* (*vehicle carrier*) means a multi-deck roll-on-roll-off cargo ship designed for the carriage of empty cars and trucks.

**滚装货船(车辆运输船)**,系指设计用于装运空的小汽车和卡车的设有多层甲板的滚装货船。

34. *Ro-ro cargo ship* means a ship designed for the carriage of roll-on-roll-off cargo transportation units.

**滚装货船**,系指设计用于装运滚装货物运输单元的船舶。

35. *Ro-ro passenger ship* means a passenger ship with roll-on-roll-off cargo spaces.

**客滚船**,系指具有滚装货物处所的客船。

36. *Attained EEDI* is the EEDI value achieved by an individual ship in accordance with Regulation 20 of this Annex.

**达到的能效设计指数**,系指根据本附则第20条的规定单船"达到的能效设计指数值"。

37. *Required EEDI* is the maximum value of attained EEDI that is allowed by

Regulation 21 of this Annex for the specific ship type and size.

**要求的能效设计指数**,系指根据本附则第 21 条对特定船型和吨位船舶所允许的"达到的能效设计指数值"的最大值。

38. *LNG carrier in relation to Chapter 4 of this Annex* means a cargo ship constructed or adapted and used for the carriage in bulk of liquefied natural gas (LNG).

**与本附则第 4 章有关的液化天然气运输船**,系指经建造或改建用于散装运输液化天然气的货船。

39. *Cruise passenger ship in relation to Chapter 4 of this Annex* means a passenger ship not having a cargo deck, designed exclusively for commercial transportation of passengers in overnight accommodations on a sea voyage.

**与本附则第 4 章有关的邮轮**,系指无货物甲板且专门设计用于对海上航行中过夜住宿乘客进行商业运输的客船。

40. *Conventional propulsion in relation to Chapter 4 of this Annex* means a method of propulsion where a main reciprocating internal combustion engine(s) is the prime mover and coupled to a propulsion shaft either directly or through a gear box.

**与本附则第 4 章有关的常规推进**,系指主要以往复式内燃机为原动机并且直接或通过齿轮箱连接推进轴的推进方式。

41. *Non-conventional propulsion in relation to Chapter 4 of this Annex* means a method of propulsion, other than conventional propulsion, including diesel-electric propulsion, turbine propulsion, and hybrid propulsion systems.

**与本附则第 4 章有关的非常规推进**,系指除常规推进以外的推进方式,包括柴油-电力推进、涡轮推进以及混合推进系统。

42. *Polar Code* means the International Code for Ships Operating in Polar Waters, consisting of an introduction, Parts I-A and II-A and Parts I-B and II-B, adopted by Resolutions MSC. 385 (94) and MEPC. 264 (68), as may be amended, provided that:

**《极地规则》**,系指《国际极地水域营运船舶规则》,由引言、第 1A 和 2A 部分以及第 1B 和 2B 部分组成,该规则由国际海事组织的海上安全委员会第 MSC. 385 (94)号决议及海洋环境保护委员会第 MEPC. 264 (68)号决议通过并可能被修正,假如:

(1) amendments to the environment-related provisions of the introduction and Chapter 1 of Part II-A of the Polar Code are adopted, brought into force and take effect in accordance with the provisions of Article 16 of the present Convention con-

cerning the amendment procedures applicable to an appendix to an Annex；and

《极地规则》引言中与环境相关的规定和第 2A 部分第 1 章的修正案应按本公约第 16 条适用于附则附录修正程序的规定予以通过、生效和实施；和

（2）amendments to Part Ⅱ-B of the Polar Code are adopted by the Marine Environment Protection Committee in accordance with its Rules of Procedure.

《极地规则》第 2B 部分的修正案由海上环境保护委员会按其议事规则予以通过。

43. A ship delivered on or after 1 September 2019 means a ship：

2019 年 9 月 1 日或以后交付的船舶,系指：

（1）for which the building contract is placed on or after 1 September 2015；or

2015 年 9 月 1 日或以后签订建造合同的船舶；或

（2）in the absence of a building contract，the keel of which is laid，or which is at a similar stage of construction，on or after 1 March 2016；or

如无建造合同,2016 年 3 月 1 日或以后安放龙骨或处于类似建造阶段的船舶；或

（3）the delivery of which is on or after 1 September 2019.

2019 年 9 月 1 日或以后交付的船舶。

For the purposes of this Annex：

就本附则而言：

44. Audit means a systematic，independent and documented process for obtaining audit evidence and evaluating it objectively to determine the extent to which audit criteria are fulfilled.

**审核**,系指为获取审核证据并对其进行客观评价,以确定满足审核标准的系统、独立且有记录的过程。

45. Audit Scheme means the IMO Member State Audit Scheme established by the Organization and taking into account the guidelines developed by the Organization.

**审核机制**,系指国际海事组织建立的,考虑到国际海事组织制订的各项导则的国际海事组织会员国审核机制。

46. Code for Implementation means the IMO Instruments Implementation Code adopted by the Organization by Resolution A. 1070（28）.

**《文书实施规则》**,系指国际海事组织大会以第 A. 1070（28）号决议通过的《海事组织文书实施规则》。

47. Audit Standard means the Code for Implementation.

**审核标准**,系指《文书实施规则》。

48. *Calendar year* means the period from 1 January until 31 December inclusive.

**日历年**,系指从 1 月 1 日至 12 月 31 日的时间段。

49. *Company* means the owner of the ship or any other organization or person such as the manager, or the bareboat charterer, who has assumed the responsibility for operation of the ship from the owner of the ship and who on assuming such responsibility has agreed to take over all the duties and responsibilities imposed by the International Management Code for the Safe Operation of Ships and for Pollution Prevention, as amended.

**公司**,系指船舶所有人或任何其他组织或个人,诸如自船舶所有人处接管船舶营运责任,并同意承担《国际船舶安全营运和防止污染管理规则》规定的所有责任和义务的船舶管理人或光船承租人。

50. *Distance travelled* means distance travelled over ground.

**航行距离**,系指对地的航行距离。

51. *Electronic Record Book* means a device or system, approved by the Administration, used to electronically record the required entries for discharges, transfers and other operations as required under this Annex in lieu of a hardcopy record book.

**电子记录簿**,系指经主管机关批准的,用于以电子方式记录本附则要求的排放、过驳和其他操作所要求的记录,以代替纸质记录簿的设备或系统。

# 三、《MARPOL 73/78》名词在我国"术语在线"中的收录情况

该公约中定义的名词在"术语在线"中的收录情况,如表 3.4 所示。

表 3.4 《MARPOL 73/78》中的术语在"术语在线"中的收录情况

| 序号 | 《MARPOL 73/78》中的术语 | 汉译 | 收录学科及年份 | 术语在线 | 备注 |
|---|---|---|---|---|---|
| 1 | regulation | 条款，规则 | 经济学，2020；生理学，2020；管理科学技术，2016；放射医学与防护，2014；生物化学与分子生物学，2008；通信科学技术，2007；生态学，2006；土木工程，2003；自动化科学技术，1990 | 调节，管制，法规，规则，regulation | 因本公约定义采用了单数形式，故用单数查询，和复数形式查询不同，若采用复数查询，则与SOLAS第一条相同 |
| 2 | harmful substance | 有害物质 | 船舶工程，1998；航海科学技术，1996 | 相同 | 一定源自本公约 |
| 3 | discharge | 排放 | 地理学，2006 | （废水）排放，discharge | 其余各（分）委员会吸收的是"放电"含义 |
| 4 | dumping | 倾倒 | 经济学，2020；海洋科学技术，1996；煤炭科学技术，2012；航海科学技术，1996 | 排土，倾销，倾倒，海洋倾倒，dumping，ocean dumping | ocean dumping 源自本公约词义 |
| 5 | ship | 船舶 | 船舶工程，1998；航海科学技术，1996 | 船（舶），ship，vessel | 并非源自本公约 |
| 6 | Administration | 主管机关 | 管理科学技术，2016；全科医学与社区卫生，2014；航海科学技术，2003 | 政府，给药 administration，government | 收录未必源自本公约，该英语术语首字母为大写 |
| 7 | incident | 事故 | 航海科学技术，2003 | 相同 | 未必源自本公约 |

表3.4(续1)

| 序号 | 《MARPOL 73/78》中的术语 | 汉译 | 收录学科及年份 | 术语在线 | 备注 |
|---|---|---|---|---|---|
| 8 | organization | 组织 | 病理学,2020;生理学,2020;经济学,2020;管理科学技术,2016;教育学,2013 | 组织,机化,组构,organization | 非源自本公约 |
| 9 | oil | 油类 | 化学工程,2017;航海科学技术,2003;船舶工程,1998 | 相同 | 一定源自本公约 |
| 10 | crude oil | 原油 | 地球物理学,2022;化学工程,2017;资源科学技术,2008;航海科学技术,2003;石油,1994;地质学,1993 | 原油,crude oil,raw oil | 未必源自本公约 |
| 11 | oily mixture | 油性混合物 | 航海科学技术,2003;船舶工程,1998 | 油性混合物,含油混合物,oily mixture | 一定源自本公约 |
| 12 | oil fuel | 燃油 | 航海科学技术,2003 | 油类燃料,oil fuel | 未必源自本公约 |
| 13 | oil tanker | 油船 | 船舶工程,1998;航海科学技术,1996;石油,1994 | 油船,油轮,oil tanker,oil carrier | 未必源自本公约 |
| 14 | crude oil tanker | 原油船 | 航海科学技术,2003;船舶工程,1998 | 原油船,原油油船,crude oil tanker,crude oil carrier,dirty tanker | 未必源自本公约 |
| 15 | product carrier | 成品油船 | 航海科学技术,2003;船舶工程,2003 | 相同 | 未必源自本公约 |
| 16 | major conversion | 重大改建 | 航海科学技术,2003 | 重大改装,major conversion | 未必源自本公约 |

表 3.4（续 2）

| 序号 | 《MARPOL 73/78》中的术语 | 汉译 | 收录学科及年份 | 术语在线 | 备注 |
|---|---|---|---|---|---|
| 17 | nearest land | 最近陆地 | 航海科学技术, 2003; 船舶工程, 2003 | 相同 | 一定源自本公约 |
| 18 | special area | 特殊区域 | 航海科学技术, 2003; 船舶工程, 1998 | 相同 | 一定源自本公约 |
| 19 | instantaneous rate of discharge of oil content | 油量瞬间排放率 | 航海科学技术, 2003 | 油分瞬时排放率, instantaneous rate of discharge of oil content | 一定源自本公约 |
| 20 | tank | 舱柜 | 船舶工程, 1998 | 液舱, 污液舱, 深舱, liquid tank, slop tank, deep tank | 一定源自本公约 |
| 21 | wing tank | 边舱 | 航海科学技术, 2003; 船舶工程, 2003 | 相同 | 一定源自本公约 |
| 22 | centre tank | 中间舱 | 航海科学技术, 2003 | 中舱, 中心舱, center tank | 以美式拼写收录, 一定源自本公约 |
| 23 | slop tank | 污油水舱 | 船舶工程, 1998; 航海科学技术, 1996 | 污油水舱, 污液舱, slop tank | 一定源自本公约 |
| 24 | ballast water | 压载水 | 船舶工程, 1998; 航海科学技术, 1996 | 相同 | 一定源自本公约 |
| 25 | clean ballast | 清洁压载水 | 航海科学技术, 2003; 船舶工程, 1998 | 相同 | 一定源自本公约 |

表 3.4（续 3）

| 序号 | 《MARPOL 73/78》中的术语 | 汉译 | 收录学科及年份 | 术语在线 | 备注 |
|---|---|---|---|---|---|
| 26 | segregated ballast | 专用压载水 | 船舶工程，1998 | 相同 | 可能源自本公约 |
| 27 | length | 船长 | 物理学，2019；信息科学技术，2008；水产，2002；船舶工程，1998；水利科学技术，1997；航海科学技术，1996；电子学，1993；数学，1993 | 长度，船长，卧形长度，混合长度，约束长度，体长，可浸长度，标准长度，length，ship length，length of formation，mixing length，constraint length，body length，floodable length，standard length | 未必源自本公约 |
| 28 | forward and after perpendiculars | 艏艉垂线 | 航海科学技术，2003 | 艏垂线，艉垂线，forward perpendicular，aft perpendicular | 在汉语中该术语名词是两个合成。 |
| 29 | amidships | 船中部 | 船舶工程，1998；航海科学技术，1996 | 中机型船，amidships engined ship，amidships-engined ship | 未必源自本公约 |
| 30 | breadth | 船宽 | 管理科学技术，2016；海洋科学技术，2012；土木工程，2003；水产，2002；船舶工程，1998；航海科学技术，1996；石油，1994 | 市场宽度，型宽，最大宽度，船宽，生态位宽度，登记宽度，领海宽度，breadth，moulded breadth，extreme breadth，maximum breadth，extreme breadth，niche breadth，registered breadth，breadth of the territorial sea | 未必源自本公约 |

表 3.4（续 4）

| 序号 | 《MARPOL 73/78》中的术语 | 汉译 | 收录学科及年份 | 术语在线 | 备注 |
|---|---|---|---|---|---|
| 31 | deadweight | 载重量 | 船舶工程，1998；水利科学技术，1997；航海科学技术 1996 | 载重量，总载重量，船舶载重量，deadweight, dead weight, DW, dead weight of vessel | 未必源自本公约 |
| 32 | lightweight | 空载排水量 | 未收录 | 无 | 无 |
| 33 | permeability of a space | 某一处所的渗透率 | 物理学，2019；化学工程，2017；材料科学技术，2014；航海科学技术 2011；昆虫学，2002；船舶工程，1998；水利科学技术，1997；石油，1994；地质学，1993 | 渗透率，透过性；容积渗透率，渗透系数，permeability, volume permeability, permeability coefficient | 未必源自本公约 |
| 34 | volumes and areas in a ship | 船内的容积和面积 | 未收录 | 无 | 无 |
| 35 | anniversary date | 周年日期 | 航海科学技术，2003 | 周年日，anniversary date | 未必源自本公约 |
| 36 | parts per million（ppm） | 百万分比（ppm） | 船舶工程，1998 | 15ppm 报警器，15ppm alarm | 一定源自本公约 |
| 37 | constructed | 建造的船舶 | 未收录 | 无 | 无 |
| 38 | oil residue（sludge） | 残油（油泥） | 海洋科学技术，2012 | 石油污染残留物，oil pollution residue | 一定源自本公约 |
| 39 | oil residue（sludge）tank | 残油（油泥）舱 | 航海科学技术，2003；船舶工程，2003 | 污油［泥］柜，污泥柜，油泥柜，sludge tank | 一定源自本公约 |

表 3.4（续 5）

| 序号 | 《MARPOL 73/78》中的术语 | 汉译 | 收录学科及年份 | 术语在线 | 备注 |
|---|---|---|---|---|---|
| 40 | oily bilge water | 含油舱底污水 | 船舶工程，1998；航海科学技术，1996； | 舱底污水，污水，bilge water | 一定源自本公约 |
| 41 | oily bilge water holding tank | 含油舱底水储存舱 | 船舶工程 1998；航海科学技术 1996；石油，1994 | 含油污水舱，污水，污水柜，oily water tank，bilge water tank，bilge tank | 未必源自本公约 |
| 42 | audit | 审核 | 信息科学技术，2008 | 审计，稽核，查帐，audit | 一定源自本公约 |
| 43 | Audit Scheme | 审核机制 | 未收录 | 无 | 无 |
| 44 | Code for Implementation | 文书实施规则 | 未收录 | 无 | 无 |
| 45 | Audit Standard | 审核标准 | 未收录 | 无 | 无 |
| 46 | Electronic Record Book | 电子记录簿 | 未收录 | 无 | 无 |
| 47 | unmanned non-self-propelled (UNSP) barge | 无人非自推驳船 | 未收录 | 无 | 无 |
| 48 | associated piping | 相关管系 | 未收录 | 无 | 无 |
| 49 | Chemical Codes | 化学品规则 | 未收录 | 无 | 无 |
| 50 | Bulk Chemical Code | 散装化学品规则 | 未收录 | 无 | 无 |

表 3.4（续6）

| 序号 | 《MARPOL 73/78》中的术语 | 汉译 | 收录学科及年份 | 术语在线 | 备注 |
|---|---|---|---|---|---|
| 51 | International Bulk Chemical Code | 国际散装化学品规则 | 未收录 | 无 | 无 |
| 52 | depth of water | 水深 | 地球物理学,2022; 测绘学,2020 | 水深, water depth | 未必源自本公约 |
| 53 | en route | 在航 | 铁道科学技术,1997; 航海科学技术,1996 | 货物途中作业, 在航, freight operation en route, underway | 未必源自本公约 |
| 54 | liquid substances | 液体物质 | 船舶工程,1998 | 有毒液体物质, noxious liquid substance | 未必源自本公约 |
| 55 | manual | 手册 | 编辑与出版学,2022;图书馆情报与文献学,2019 | handbook, manual, enchiridion | 未必源自本公约 |
| 56 | nearest land | 最近陆地 | 航海科学技术, 2003; 船舶工程,2003 | 相同 | 一定源自本公约 |
| 57 | noxious liquid substance | 有毒液体物质 | 船舶工程,1998 | 相同 | 未必源自本公约 |
| 58 | residue | 残余物 | 畜牧学,2020; 冶金学,2019;物理学,2019; 化学,2016; 计量学,2015;药学,2014; 生物化学与分子生物学,2008;水产,2002; 化学工程,1995; 石油,1994;数学,1993; 农学,1993 | 留数, 残渣, 残液, 残留, 残基, 剩余, 残留物, 渣油, 残余物, residue | 未必源自本公约 |

表 3.4(续 7)

| 序号 | 《MARPOL. 73/78》中的术语 | 汉译 | 收录学科及年份 | 术语在线 | 备注 |
|---|---|---|---|---|---|
| 59 | residue/water mixture | 残余物/水混合物 | 未收录 | 无 | 无 |
| 60 | ship construction | 船舶建造 | 船舶工程,1998 | 船舶建造检验, survey for ship construction | 未必源自本公约 |
| 61 | solidifying/non-solidifying | 固化/非固化 | 化学工程,2017 | 凝固点, freezing point, solidification point, solidifying point | 未必源自本公约 |
| 62 | tanker | 液货船 | 船舶工程,1998;航海技术 1996 | 液货船 tanker, liquid cargo ship | 未必源自本公约 |
| 63 | viscosity | 黏度 | 地球物理学,2022;食品科学技术,2020;电力,2020;手外科学,2020;物理学,2019;呼吸病学,2018;生物物理学,2018;化学,2016;计量学,2015;建筑学,2014;药学,2014;材料科学技术,2011;航天科学技术,2005;机械工程,2000;电气工程 1998;水利科学技术,1997;航海科学技术,1996;化学工程,1995;力学,1993 | 相同 | 未必源自本公约 |
| 64 | chemical tanker | 化学品液货船 | 船舶工程,2003;航海科学技术,2003 | 液体化学品船,化学品船,chemical tanker,chemical carrier,liquid chemical tanker | 未必源自本公约 |

表 3.4（续 8）

| 序号 | 《MARPOL 73/78》中的术语 | 汉译 | 收录学科及年份 | 术语在线 | 备注 |
|---|---|---|---|---|---|
| 65 | high-viscosity substance | 高黏度物质 | 化学工程, 2017 | 高黏度渣油, high-viscosity residue | 未必源自本公约 |
| 66 | low-viscosity substance | 低黏度物质 | 地球物理学, 2022 | 低黏度带 low viscosity zone | 未必源自本公约 |
| 67 | persistent floater | 持久漂浮物 | 未收录 | 无 | 无 |
| 68 | density | 密度 | 地球物理学, 2022; 编辑与出版学, 2022; 城乡规划学, 2021; 电力, 2020; 物理学, 2019; 植物学, 2019; 化工, 2017; 林学, 2016; 计量学, 2015; 建筑学, 2014; 地理信息系统, 2012; 资源科学技术, 2008; 生态学, 2006; 航天科学技术, 2005; 水利科学技术, 1997; 力学, 1993 | 相同 | 广泛使用词汇 |
| 69 | vapour pressure | 蒸汽压力 | 大气科学, 2020（2009）; 化学工程, 2017; 建筑学, 2014; 地理学, 2011 | 相对蒸汽压, 饱和水汽压, 饱和水蒸气压力, relative vapour pressure, saturation vapor pressure | 未必源自本公约 |
| 70 | solubility | 溶解度 | 冶金学, 2019; 化学工程, 2017; 化学, 2016; 材料科学技术, 2014; 药学, 2014; 土木工程, 2003; | 相同 | 多学科采纳名词 |

表 3.4（续 9）

| 序号 | 《MARPOL 73/78》中的术语 | 汉译 | 收录学科及年份 | 术语在线 | 备注 |
|---|---|---|---|---|---|
| 71 | kinematic viscosity | 运动黏度 | 电力,2020;食品科学技术,2020;生理学,2020;冶金学,2019;物理学,2019;化学 2016;计量学,2015;药学,2014;大气科学,2009;航天科学技术,2005;电子工程,1998;公路交通科学技术,1996;化学工程,1995;力学,1993;机械工程,2003; | 相同 | 多学科采纳名词 |
| 72 | new ship | 新船 | 未收录 | 无 | 无 |
| 73 | existing ship | 现有船 | 航海科学技术,2003 | 现有船,现存船舶,现成船,existing ship | 未必源自本公约 |
| 74 | sewage | 生活污水 | 海洋科学技术,2007;地理学,2006;生态学,2006;土木工程,2003;水产 2002;船舶工程,1998;地质学,1993;农学,1993 | 污水,生活污水,sewage,domestic sewage,sanitary sewage | 未必源自本公约,该词已经变成通用术语 |
| 75 | holding tank | 集污舱 | 船舶工程,1998;航海科学技术,1996 | 生活污水储存柜,生活污水柜,sewage holding tank,sewage tank | 非源自本公约 |
| 76 | garbage | 垃圾 | 计算机科学技术,2018;建筑学,2014;资源科学技术,2008;航海技术,1996 | 垃圾区,生活垃圾能,垃圾船,garbage area,garbage station,garbage energy,garbage boat | 未必源自本公约 |

表 3.4(续 10)

| 序号 | 《MARPOL 73/78》中的术语 | 汉译 | 收录学科及年份 | 术语在线 | 备注 |
|---|---|---|---|---|---|
| 77 | at a similar stage of construction | 在类似建造阶段 | 未收录 | 无 | 无 |
| 78 | auxiliary control device | 辅助控制装置 | 电力,2020;机械工程,2013;航海科学技术,1996 | 超速控制装置,超温控制装置,辅助控制装置,overspeed control device, overtemperature control device, auxiliary device, control devie | 未必源自本公约 |
| 79 | continuous feeding | 连续进料 | 药学,2014 | 连续补给,continuous feeding | 未必源自本公约 |
| 80 | defeat device | 抑制装置 | 未收录 | 无 | 无 |
| 81 | emission | 排放 | 地理学,2006 | 相同 | 未必源自本公约 |
| 82 | emission control area | 排放控制区 | 未收录 | 无 | 无 |
| 83 | fuel oil | 燃油 | 电力,2020;化学工程,2017;建筑学 2014;石油,1994 | 燃料油,fuel oil | 未必源自本公约 |
| 84 | gross tonnage | 总吨位 | 水产 2002;船舶工程,1998;航海科学技术,1996 | 总吨,gross tonnage, GT | 未必源自本公约 |
| 85 | installed | 安装的 | 未收录 | 无 | 无 |
| 86 | irrational emission control strategy | 不合理排放控制策略 | 信息科学技术,2018;化学工程,2017 | 控制策略,control strategy | 未必源自本公约 |
| 87 | marine diesel engine | 船用燃油机 | 船舶工程,1998;航海科学技术,1996 | 相同 | 未必源自本公约 |

表 3.4(续 11)

| 序号 | 《MARPOL 73/78》中的术语 | 汉译 | 收录学科及年份 | 术语在线 | 备注 |
|---|---|---|---|---|---|
| 88 | NO$_x$ Technical Code | NO$_x$ 技术规则 | 未收录 | 无 | 无 |
| 89 | ozone-depleting substances | 消耗臭氧物质 | 未收录 | 无 | 无 |
| 90 | shipboard incineration | 船上焚烧 | 未收录 | 无 | 无 |
| 91 | shipboard incinerator | 船用焚烧炉 | 船舶工程,1998 | 船用焚烧炉 marine incinerator | 未必源自本公约 |
| 92 | ships constructed | 建造的船舶 | 未收录 | 无 | 无 |
| 93 | sludge oil | 污油 | 机械工程,2013 | 油泥,oil sludge | 未必源自本公约 |
| 94 | bulk carrier | 散货船 | 船舶工程,1998;航海科学技术,1996 | 散货船,bulk carrier, bulk cargo ship,bulk-cargo ship | 未必源自本公约 |
| 95 | container ship | 集装箱船 | 海洋科学技术,2012;地理学,2011;航海科学技术,2003,船舶工程,2003 | 集装箱船,货柜船,container ship | 未必源自本公约 |
| 96 | general cargo ship | 杂货船 | 船舶工程,1998;航海科学技术,1996 | 相同 | 未必源自本公约 |
| 97 | refrigerated cargo carrier | 冷藏货船 | 船舶工程,1998 | 冷藏船,refrigerator ship,refrigerated [cargo] carrier | 未必源自本公约 |
| 98 | combination carrier | 兼用船 | 未收录 | 无 | 无 |
| 99 | passenger ship | 客船 | 船舶工程,1998;航海科学技术,1996 | 相同 | 未必源自本公约 |

表 3.4（续 12）

| 序号 | 《MARPOL 73/78》中的术语 | 汉译 | 收录学科及年份 | 术语在线 | 备注 |
|---|---|---|---|---|---|
| 100 | ro-ro cargo ship（vehicle carrier） | 滚装货船（车辆运输船） | 海洋科学技术，2012；船舶工程，1998；航海技术，1996 | 滚装船，驶上驶下船，roll on/roll off ship，roll on-roll off ship，ro-on/ro-off ship，Ro/Ro ship，ro/ro ship，drive on/drive off ship | 未必源自本公约 |
| 101 | ro-ro cargo ship | 滚装货船 | 同上 | 同上 | 未必源自本公约 |
| 102 | ro-ro passenger ship | 滚装客船 | 同上 | 同上 | 未必源自本公约 |
| 103 | attained EEDI | 达到的能效设计指数 | 未收录 | 无 | 无 |
| 104 | required EEDI | 要求的能效设计指数 | 未收录 | 无 | 无 |
| 105 | cruise passenger ship | 邮轮 | 船舶工程，1998；航海科学技术，1996 | 客船，passenger ship | 非源自本公约 |
| 106 | Polar Code | 极地规则 | 通信科学技术，2007 | 极性码，polar code | 非源自本公约 |
| 107 | calendar year | 日历年 | 天文学，1998 | 历年，calendar year | 未必源自本公约 |
| 108 | company | 公司 | 经济学，2020；管理科学技术，2016 | 公司，corporation，company | 从学科相关性看，该术语并非源自该公约。 |
| 109 | distance travelled | 航行距离 | 未收录 | 无 | 无 |

从表3.4中可以看出,该公约的109个定义中,在"术语在线"中共收录了77个,占70.6%,属于海事公约中收录较高的。从单一数据上来看,说明海上防止污染术语名词已经受到了我国术语管理机构的重视,相比其他的海事公约收录较多,但仍然有收录的空间。该公约术语涉及的名词审定(分)委员会有:航海科学技术、航天科学技术、海洋科学技术、水产、船舶工程等4个涉海学科,此外还有如:编辑与出版学、病理学、地理信息系统、材料科学技术、城乡规划学、测绘学、动物学、地质学、地球物理学、地质学、地理学、电力、电子工程、电子学、电气工程、大气科学、公路交通科学技术、管理科学技术、航天科学技术、呼吸病学、化学、化学工程、建筑学、机械工程、计算机科学技术、教育学、经济学、计量学、林学、昆虫学、煤炭科学技术、农学、能源科学技术、全科医学与社区卫生、石油、生物化学与分子生物学、生理学、生态学、手术外科科学、水利科学技术、数学、食品科学技术、力学、生物物理学、铁道科学技术、土木工程、图书馆情报与文献学、天文学、通信科学技术、物理学、畜牧学、信息科学技术、药学、冶金学、资源科学技术、植物学等56个名词审定(分)委员会,换言之共60个审定(分)委员会涉及了该公约的词汇。可见防止污染的主题已经深入到了社会的每个层面,其术语词汇被各学科从不同角度做了收录,这也符合术语发展规律。

在《MARPOL 73/78》的6个附则中,附则6出台较晚,因此在我国"术语在线"上收录也最少,这个结论符合术语名词收录规律。同时我国对此公约中的定义的收录还存在其他规律。如果定义中包含单词数量过多,不符合人类对关键词的选取规律,那么不论该定义有多重要,我国科技名词审定机构都不会收录。比如:Installations in relation to regulation 12 of this Annex是附则6中的一个定义,含义为"本附则第12条有关的装置"该定义本身是对于附则6中的一个具体化的名词,不具备通用性,因此在我国"术语在线"中就查阅不到此类词汇。与之相类似的还有,附则6中的Tanker in relation to regulation 15 of this Annex,含义为"与本附则第15条有关的液货船";Gas carrier in relation to Chapter 4 of this Annex,含义为"与本附则第4章有关的气体运输船";Tanker in relation to Chapter 4 of this Annex,含义为"与本附则第4章有关的液货船";Conventional propulsion in relation to Chapter 4 of this Annex,含义为"与本附则第4章有关的常规推进";Non-conventional propulsion in relation to Chapter 4 of this Annex,含义为"与本附则第4章有关的非常规推进"。

再比如,附则1中第28条,先后出现了和时间节点相关的术语,比如:Ship delivered on or before 31 December 1979,含义为"在1979年12月31日或以前交船的船舶",此类和时间相关的名词术语仅仅适用于其特定的公约,全国科技名词审定委员会的各(分)委员会也不能收录此类词作为我国的术语名词。

因此,科技名词收录有着自身的原则和规律,并非所有的《国际海事公约》的定义术语都适合收录在全国科技名词审定委员会的术语库中。我国的科技名词审定中的"审定",就是要对术语进行筛选。筛选时应该充分考虑到我国的术语库的使用者是我们中国人,当国际海事公约中定义的术语符合中文术语规律时,该术语才能为我国所用。

# 第五节 《海事劳工公约》及其术语研究

随着全球化的加深,全球航运一体化的过程中海员福利标准不统一等问题就浮出水面。不良船东剥削船员,船员居住舱室窄小、卫生条件差等问题屡见不鲜。船员虽然是特殊工作群体,但也是陆地社会大群体的一员,1976 年国际劳工组织制订了《国际劳工公约第 147 号》(The International Labour Convention, 147",简称 ILO 147),该公约同样适用于船员。该公约是通用标准,但船员有其特殊性,比如住舱条件、加班与休息等都有着特殊性,为此国际海事组织和国际劳工组织 (International Labour Organization)合作,共同制定了《海事劳工公约》(Maritime Labour Convention, 2006,简称 MLC06)。

## 一、《海事劳工公约》制定背景和重要性

2006 年 2 月在日内瓦召开的国际劳工组织第 94 届大会暨第 10 届海事大会上通过了《海事劳工公约》。国际海事组织认为,该公约是继《SOLAS 公约》《MARPOL 73/78》《STCW 公约》之后第 4 个国际海事组织基本公约 (pillar convention),该公约融合了 ILO 147 和其他 68 个有关船员人权、工资、膳食、生活环境等方面的公约。这些公约包括:1920 年(海员)最低年龄公约》(Minimum Age (Sea)Convention, 1920)、《1921 年年轻(海员)体格检查公约》(Medical Examination of Young Persons (Sea)Convention, 1921)、《1948 年自由结社和保护组织权利公约》(Freedom of Association and Protection of the Right to Organise Convention, 1948)、《1951 年同酬公约》(The Equal Remuneration Convention, 1951)、《1957 年废除强迫劳动公约》(The Abolition of Forced Labour Convention, 1957)、《1958 年就业和职业歧视公约》(The Discrimination on Employment and Occupation Convention, 1958)、《1973 年最低年龄公约》(The Minimum Age Convention, 1973)、《1999 年最恶劣形式童工劳动公约》(The Worst Forms of Child

Labour Convention, 1999)等。该公约包含了船员人权的很多方面,如结社自由、劳动自由、同工同酬,很多国家都加入了该公约,我国也是该公约的成员国之一。

根据公约,各缔约国应当建立船员个体、船东、船员权益保护机构,三方的相互监督、相互依存的特殊关系,改变了船员个体与船东之间的双边关系,从根本上减少歧视船员、剥夺船员个人利益等案件的发生。

## 二、《海事劳工公约》的主要内容

《海事劳工公约》的主体有一个序言(Preamble),包含 16 条条款。第一条是一般义务(General Obligations),第二条是定义和适用范围(Definitions and Scope of Application),第三条是基本权利和原则(Fundamental Rights and Principles),第四条是海员的就业和社会权利(Seafarers' Employment and Social Rights),第五条是实施和执行责任(Implementation and Enforcement Responsibilities),第六条是规则以及守则 A 部分和 B 部分(Regulations and Parts A and B of the Code),第七条是与船东组织和海员组织协商(Consultation with Shipowners' and Seafarers' Organizations),第八条是生效(Entry into Force),第九条是退出(Denunciation),第十条是生效的影响(Effect of Entry into Force),第十一条和第十二条都是保存人职责(Depositary Functions),第十三条是三方专门委员会(Special Tripartite Committee),第十四条是本公约的修正案(Amendment of this Convention),第十五条是对守则的修正案(Amendments to the Code),第十六条是本公约的规则和守则的解注(Authoritative Languages)。

除了公约主体外,重要的内容是附则,附则内容既有标准又有对标准的诠释。从形式来看,与前文的《MARPOL 73/78》相似,公约主体就是一个导向,条款更加专业与详细。附则是公约最重要的内容,此公约包含 5 个附则,分别为附则 1:海员上船工作的最低要求(Minimum Requirements for Seafarers to Work on a Ship),其中有 4 个规则,分别是最低年龄(Minimum age)、体检证书(Medical certificate)、培训和资格(Training and qualifications)、招募和安置(Recruitment and placement);附则 2:就业条件(Conditions of Employment),其中包含 8 个规则,分别为海员就业协议(Seafarers' employment agreements)、工资(Wages)、工作时间或休息时间(Hours of work and hours of rest)、休假权利(Entitlement to leave)、遣返(Repatriation)、船舶灭失或沉没时对海员的赔偿(Seafarer compensation for the ship's loss or foundering)、配员水平(Manning levels)、海员职业发展和技能开发及就业机会(Career and skill development and opportunities for seafarers' employment）；附则 3：起居舱室、娱乐设施、食品和膳食服务（Accommodation, recreational facilities, food and catering），包含 2 个规则，分别是起居舱室和娱乐设施（Accommodation and recreational facilities）、食品和膳食服务（Food and catering）；附则 4：健康保护、医疗、福利和社会保障保护（Health Protection, Medical Care, Welfare and Social Security Protection），包含 5 个规则，分别是船上和岸上医疗（Medical care on board ship and ashore）、4.2 船东的责任（Shipowners' liability）、健康和安全保护及事故预防（Health and safety protection and accident prevention）、获得使用岸上福利设施（Access to shore-based welfare facilities）、社会保障（Social security）；附则 5：遵守与执行（Compliance and Enforcement），包含 3 个规则，分别是船旗国责任（Flag State responsibilities）、港口国责任（Port State responsibilities）和劳工提供责任（Labour-supplying responsibilities）。船旗国责任又细分为一般原则（General principles）、对认可组织的授权（Authorization of recognized organizations）、海事劳工证书和海事劳工符合声明（Maritime labour certificate and declaration of maritime labour compliance）、检查和执行（Inspection and enforcement）、船上投诉程序（On-board complaint procedures）、海上事故（Marine casualties）。"港口国责任"又细分为在港口的检查（Inspections in port）、海员投诉的岸上处理程序（Onshore seafarer complaint-handling procedures）。最后就是各种附录。

# 三、《海事劳工公约》的定义部分

和所有其他海事公约一样，术语和定义构成该公约的基础，公约的术语和定义就是公约的核心内容。

For the purpose of this Convention and unless provided otherwise in particular provisions, the term：

除非具体条款另有规定，就本公约而言：

1. *Competent authority* means the minister, government department or other authority having power to issue and enforce regulations, orders or other instructions having the force of law in respect of the subject matter of the provision concerned；

**主管当局**，系指有权就公约规定的事项颁布和实施具有法律效力的法规、命令或其他指令的部长、政府部门或其他当局；

2. *Declaration of maritime labour compliance* means the declaration referred to in Regulation 5.1.3；

**海事劳工符合声明**，系指规则 5.1.3 所述之声明；

3. *Gross tonnage* means the gross tonnage calculated in accordance with the tonnage measurement regulations contained in Annex I to the International Convention on Tonnage Measurement of Ships, 1969, or any successor Convention; for ships covered by the tonnage measurement interim scheme adopted by the International Maritime Organization, the gross tonnage is that which is included in the REMARKS column of the International Tonnage Certificate (1969);

**总吨位**,系指根据《1969 年船舶吨位丈量国际公约》附则 1 或任何后续公约中的吨位丈量规定所计算出的总吨位;对于国际海事组织通过的临时吨位丈量表所包括的船舶,总吨位为填写在《国际吨位证书(1969)》的"备注"栏中的总吨位;

4. *Maritime labour certificate* means the certificate referred to in Regulation 5.1.3;

**海事劳工证书**,系指规则 5.1.3 中所述之证书;

5. *Requirements of this Convention* refers to the requirements in these Articles and in the Regulations and Part A of the Code of this Convention;

**本公约的要求**,系指本公约的正文条款和规则及守则 A 部分中的要求;

6. *Seafarer* means any person who is employed or engaged or works in any capacity on board a ship to which this Convention applies;

**海员**,系指在本公约所适用的船舶上以任何职务受雇或从业或工作的任何人员;

7. *Seafarers' employment agreement* includes both a contract of employment and articles of agreement;

**海员就业协议**,包括就业合同和协议条款;

8. *Seafarer recruitment and placement service* means any person, company, institution, agency or other organization, in the public or the private sector, which is engaged in recruiting seafarers on behalf of shipowners or placing seafarers with shipowners;

**海员招募和安置服务机构**,系指公共或私营部门中从事代表船东招募海员或与船东安排海员上船的任何个人、公司、团体、部门或其他机构;

9. *Ship* means a ship other than one which navigates exclusively in inland waters or waters within, or closely adjacent to, sheltered waters or areas where port regulations apply;

**船舶**,系指除专门在内河或在遮蔽水域之内或其紧邻水域或适用港口规定的区域航行的船舶以外的船舶;

10. *Shipowner* means the owner of the ship or another organization or person, such as the manager, agent or bareboat charterer, who has assumed the responsibility for the operation of the ship from the owner and who, on assuming such responsibility, has agreed to take over the duties and responsibilities imposed on shipowners in accordance with this Convention, regardless of whether any other organization or persons fulfill certain of the duties or responsibilities on behalf of the shipowner.

**船东**,系指船舶所有人或从船舶所有人处承担了船舶经营责任并在承担这种责任时已同意接受船东根据本公约所承担的责任和义务的任何其他组织或个人,如管理人、代理或光船承租人,无论是否有任何其他组织或个人代表船东履行了某些职责或责任。

# 四、《海事劳工公约》中的定义在"术语在线"中的收录情况

《海事劳工公约》中的定义在"术语在线"中的收录情况,参阅表3.5。

表 3.5　《海事劳工公约》名词在"术语在线"的收录情况

| 序号 | MLC 定义 | 汉译 | 收录学科及年份 | 术语在线 | 备注 |
|---|---|---|---|---|---|
| 1 | competent authority | 主管当局 | 未收录 | 无 | 无 |
| 2 | declaration of maritime labour | 海事劳工符合声明 | 未收录 | 无 | 无 |
| 3 | gross tonnage | 总吨位 | 水产 2002；船舶工程,1998；航海科学技术,1996 | 总吨,gross tonnage,GT | 源自其他公约 |
| 4 | maritime labour certificate | 海事劳工证书 | 未收录 | 无 | 无 |
| 5 | requirements of this Convention | 本公约的要求 | 未收录 | 无 | 无 |
| 6 | seafarer | 海员 | 航海科学技术,1996 | certificate of seafarer,船员证书 | 并非源自本公约 |
| 7 | seafarers' employment agreement | 海员就业协议 | 未收录 | 无 | 无 |
| 8 | seafarer recruitment and placement | 海员招募和安置服务机构 | 未收录 | 无 | 无 |
| 9 | ship | 船舶 | 船舶工程,1998；航海科学技术,1996 | 船(舶),ship,vessel | 并非源自本公约 |
| 10 | shipowner | 船东 | 航海科学技术,1996 | 船舶所有人,shipowner | 并非源自本公约 |

从表3.5可看出,以上10个名词定义中,被全国科技名词审定委员会收录的有4个,占40%。但是收录的词汇却早于2006年公约制定之初,说明该公约被全国科技名词审定委员会收录为0。其主要原因如下:

(1)涉海类名词(分)委员会名词更新速度非常缓慢,涉海类名词需要补充并及时吸纳名称,该公约于2006年制订,经历了一个漫长的运行期,因此我们的涉海类名词机构,特别是与之关联最大的航海科学技术名词审定(分)委员会和水产名词审定(分)委员会,需要抓紧遴选与审定该公约的名词以作为我国的科技名词。

(2)虽然名词审定中有着"副科从主科"的原则,但我国其他涉及社会保障的名词审定(分)委员会在采纳名词时,也应该考虑到船员这一群体,除了上述名词外,还应对可能涉及船员工资、工作与休息、船员住处、加班等相关内容的名词进行收录。

(3)全国科技名词审定委员会需要从顶层角度对于部分内容较新、传播较快的某领域子学科给予关注,并从政策性等方面指导相关的名词审定(分)委员会。

# 第六节 《国际船舶载重线公约》及其术语研究

我国三国时期就有"曹冲称象"的典故,这是人类对于船舶载重换算的意识萌芽。1835年,劳埃德船级社发明船舶载重计算方式,并因为当时船舶形状和大小相似,因此提出舱深1英尺,干舷3英寸的建议。国际载重线相关规则在涉海行业领域举足轻重,我国船舶工程、航海技术、水产名词审定(分)委员会对该公约定义给予了特别关注,其中很多名词也纳入全国科技名词审定委员会的术语库中。

## 一、《国际船舶载重线公约》的形成背景

20世纪初期,在钢板船和蒸汽机及内燃机船舶出现后,多拉快跑似乎成了运输行业追逐利润的主要方式,海难事故显著增加。为了确保海上人命和财产安全,各国政府共同制定了关于国际航行船舶安全载重限额的国际公约。在劳埃德经验数据基础上,1930年7月5日,部分相关国家在伦敦签订了第一个关于船舶载重线的国际公约,称为《1930年国际船舶载重线公约》。但当时并没有建立国际海事组织,直到1959年政府间海事协商组织成立以后,该公约才被

纳入研究范围。

政府间海事协商组织于 1966 年 3 月 3 日至 4 月 5 日在伦敦召开的国际船舶载重线大会上通过了《1966 年国际载重线公约》(The International Convention on Load Lines, 1966,简称 ICLL 66)。该公约于 1968 年 7 月 21 日生效,政府间海事协商组织分别于 1971 年、1975 年和 1979 年对该公约做了修改。1971 年对附则若干条文做了文字调整,使其意义更加明确;1975 年将公约规定的明示接受程序改为默认接受程序;1979 年修改了澳大利亚西北沿海季节热带区域。因接受修正案的国家数量尚未达到缔约国数量的 2/3,这些修正案均未生效。比较重要的修正是 1988 年修正案,称为《1966 年国际船舶载重线公约 1988 年议定书》(The Protocol of 1988 to the International Convention on Load Lines, 1966)。该议定书于 1988 年 11 月 11 日在英国伦敦签署,于 2000 年 02 月 03 日起生效。但在术语名称称谓上我们仍然保持原有名称。

## 二、《国际船舶载重线公约》内容介绍

《1966 年国际船舶载重线公约》由正文和 3 个附则组成。从内容上看,正文只是个引子,重要条款都在附则中体现出来。正文规定了国际船舶载重线证书、免除证书的有效期限和签发证书的机关。附则一为"载重线核定规则"(Regulations for Determining Load Lines),按航区、季节和船舶类型,规定了勘划船舶载重线的技术规则,并依照船舶强度、结构、密性和稳性等规定了相应的标准;附则二为"地带、区域和季节期"(Zones, Areas, and Seasonal Periods),规定了各种载重线的适用航区和季节;附则三为"证书"(Certificates),规定了国际船舶载重线证书和船舶载重线免除证书的格式。

正文共 34 条,包括:第 1 条公约的一般义务 (General Obligation under the Convention);第 2 条定义 (Definitions);第 3 条一般规定 (General Provisions);第 4 条适用范围 (Application);第 5 条除外 (Exceptions);第 6 条免除 (Exemptions);第 7 条不可抗力 (Force Majeure);第 8 条等效 (Equivalents);第 9 条实验的批准 (Approvals for Experimental Purposes);第 10 条修理、改装和改建 (Repairs, Alternations and Modifications);第 11 条地带和区域 (Zones and Areas);第 12 条载重线的浸没 (Submersion);第 13 条检验、检查和勘划标志(Survey, Inspection and Marking);第 14 条初次和定期的检验和检查 (Initial and Periodical Surveys and Inspections);第 15 条检验后现状的维持 (Maintenance of Conditions after Survey);第 16 条证书的颁发(Issue of Certificate);第 17 条由他国政府代发证书 (Issue of Certificate by Another Government);第 18 条证书格式 (Form of

Certificate）；第 19 条证书的有效期限（Duration of Certificate）；第 20 条证书的承认（Acceptance of Certificates）；第 21 条监督（Control）；第 22 条权利（Privileges）；第 23 条事故（Casualties）；第 24 条以前的条约和公约（Prior Treaties and Conventions）；第 25 条经过协议订立的特殊规则（Special Rules Drawn up by Agreement）；第 26 条情报的送交（Communication of Information）；第 27 条签字、接受和加入（Signature，Acceptance，and Accession）；第 28 条生效（Coming into Force）；第 29 条修改（Amendments）；第 30 条退出（Denunciation）；第 31 条中止（Suspension）；第 32 条领土（Territories）；第 33 条登记（Registration）；第 34 条使用语言（Languages）。

## 三、《国际船舶载重线公约》的主要定义

该公约的重要定义出现在公约第 2 条和附则 1 中。

### （一）公约中的定义

**Article 2**

**第二条**

Definitions

定义

For the purpose of the present Convention，unless expressly provided otherwise：

除另有明文规定外，在本公约内：

1. *Regulations* means the Regulations annexed to the present Convention.

**规则**，系指本公约所附的规则。

2. *Administration* means the Government of the State whose flag the ship is flying.

**主管机关**，系指船旗国政府。

3. *Approved* means approved by the Administration.

**批准**，系指经主管机关核准。

4. *International voyage* means a sea voyage from a country to which the present Convention applies to a port outside such country，or conversely. For this purpose，every territory for the international relations of which a Contracting Government is responsible or for which the United Nations are the administering authority is regarded as a separate country.

**国际航行**,系指由适用本公约的一国驶往该国以外港口或与此相反的海上航行。在这个意义上讲,由某一缔约国政府负责其国际关系的或以联合国为其管理当局的每一领土都被当作一个单独的国家。

5. *A fishing vessel* is a ship used for catching fish, whales, seals, walruses or other living resources of the sea.

**渔船**,系指用于捕捞鱼类、鲸鱼、海豹、海象或其他海洋生物的船舶。

6. *New ship* means ship the keel of which is laid, or which is at a similar stage of construction, on or after the date of coming into force of the present Convention for each Contracting Government.

**新船**,系指在本公约对各缔约国政府生效之日或其后安放龙骨或处于相似建造阶段的船舶。

7. *Existing ship* means a ship which is not a new ship.

**现有船舶**,系指非新船的船舶。

8. *Length* means 96 percent of the total length on a waterline at 85 percent of the least moulded depth measured from the top of the keel, or the length from the fore side of the stem to the axis of the rudder stock on that waterline, if that be greater. In ships designed with a rake of keel the waterline on which this length is measured shall be parallel to the designed waterline.

**船舶长度**,系指量自龙骨上边的最小型深85%处水线总长的96%,或沿该水线从艏柱前边至舵杆中心的长度,取大者。船舶设计为倾斜龙骨时,其计量长度的水线应和设计水线平行。

## (二)附则中的定义

**Annex I　Regulations for Determining Load Lines**

**附则一　确定载重线之规则**

Chapter I

第一章

Regulation 3

第3条

Definitions of terms used in the Annexes

第3条附则中所用的名词定义

1. *Length*. The length (L) shall be taken as 96 percent of the total length on a

waterline at 85 percent of the least moulded depth measured from the top of the keel, or as the length from the foreside of the stem to the axis of the rudder stock on that waterline, if that be greater. In ships designed with a rake of keel the waterline on which this length is measured shall be parallel to the designed waterline.

**长度**,系指量自龙骨板上缘的最小型深85%处水线总长的96%或沿该水线从艏柱前缘至舵杆中心的长度,取较大者。船舶设计为倾斜龙骨时,其计量长度的水线应和设计水线平行。

2. *Perpendiculars*. The forward and after perpendiculars shall be taken at the forward and after ends of the length (L). The forward perpendicular shall coincide with the foreside of the stem on the waterline on which the length is measured.

**垂线**,系指艏艉垂线,应取自长度的艏艉两端。艏垂线应与在计算长度的水线上的艏柱前缘相重合。

3. *Amidships*. Amidships is at the middle of the length (L).

**船中**,系指船的长度的中间点。

4. *Breadth*. Unless expressly provided otherwise, the breadth (B) is the maximum breadth of the ship, measured amidships to the moulded line of the frame in a ship with a metal shell and to the outer surface of the hull in a ship with a shell of any other material.

**船宽**,除另有明文规定外,宽度系指船舶的最大宽度。对金属船壳的船舶是在船中处量至两舷肋骨型线,其他材料的船舶在船中处量至两舷壳的外表面。

5. *Moulded depth*

**型深**

(1)The *moulded depth* is the vertical distance measured from the top of the keel to the top of the freeboard deck beam at side. In wood and composite ships the distance is measured from the lower edge of the keel rabbet. Where the form at the lower part of the midship section is of a hollow character, or where thick garboards are fitted, the distance is measured from the point where the line of the flat of the bottom continued inwards cuts the side of the keel.

**型深**,系指从龙骨板上缘量至干舷甲板船侧处横梁上缘的垂直距离。对木质和混合材料结构船舶的垂直距离则是从龙骨槽口的下缘量起。如船中剖面下部的形状是凹形,或装有加厚的龙骨翼板时,此垂直距离是从船底的平坦部分向内延伸线与龙骨侧边相交之点量起。

（2）In ships having rounded gunwales, the moulded depth shall be measured to the point of intersection of the moulded lines of the deck and side shell plating, the lines extending as though the gunwale were of angular design.

有圆弧形舷缘的船舶,型深应量到甲板型线和船侧外板型线延伸的交点,即将舷缘视为角形设计。

（3）Where the freeboard deck is stepped and the raised part of the deck extends over the point at which the moulded depth is to be determined, the moulded depth shall be measured to a line of reference extending from the lower part of the deck along a line parallel with the raised part.

如干舷甲板为阶梯形,且此甲板的升高部分延伸到超过决定型深的那一点时,型深应量到与升高部分相平行的较低部分甲板的延伸线。

6. *Depth for freeboard* (D):

**计算型深**:

（1）The *depth for freeboard* (D) is the moulded depth amidships, plus the thickness of the freeboard deck stringer plate, where fitted, plus

**计算型深**,系指船中处型深,若装配干舷甲板边板,则船中处型深须加该处干舷甲板边板的厚度,加厚度的计算公式为

$T(L-S)/L$ if the exposed freeboard deck is sheathed, where

**$T(L-S)/L$**,系指当露天干舷甲板设有敷料时使用时,公式中:

$T$ is the mean thickness of the exposed sheathing clear of deck openings, and

**$T$**,系指甲板开口以外的露天甲板的敷料平均厚度。

$S$ is the total length of superstructures as defined in sub-paragraph (10)(d) of this Regulation.

**$S$**,系指本条(10)(d)中所规定的上层建筑的总长度。

（2）The depth for freeboard (D) in a ship having a rounded gunwale with a radius greater than 49 percent of the breadth (B) or having topsides of unusual form is the depth for freeboard of a ship having a midship section with vertical topsides and with the same round of beam and area of topside section equal to that provided by the actual midship section.

对于圆弧形舷缘半径大于宽度的49%或上部舷侧为特殊形状的船舶,其计算型深取自中央截面的计算型深,此截面两舷上侧垂直并具有同样梁拱,以及上部截面面积等于实际的中央截面面积。

7. *Block coefficient*. The block coefficient (C) is given by:

**方形系数**，方形系数由下式确定：

$C_b = \nabla / L \times B \times d_1$; where：

$C_b = \nabla / L \times B \times d_1$; 式中：

$\nabla$ is the volume of the moulded displacement of the ship, excluding bossing, in a ship with metal shell, and is the volume of displacement to the outer surface of the hull in a ship with a shell of any other material, both taken at a moulded draught of $d$; and where：

对金属船壳的船舶，$\nabla$指船舶的型排水体积，不包括轴包套；对其他材料船壳的船舶是量到船壳外表面的排水体积，两者均取在$d$处的型吃水；同时式中：

$d_1$ is 85 percent of the least moulded depth.

$d_1$ 是最小型深的85%。

8. *Freeboard*. The freeboard assigned is the distance measured vertically downwards amidships from the upper edge of the deck line to the upper edge of the related load line.

**干舷**：核定的干舷是在船中处从甲板线的上边缘向下量到有关载重线的上边缘的垂直距离。

9. *Freeboard deck*. The freeboard deck is normally the uppermost complete deck exposed to weather and sea, which has permanent means of closing all openings in the weather part thereof, and below which all the openings in the sides of the ship are fitted with permanent means of watertight closing. In a ship having a discontinuous freeboard deck, the lowest line of the exposed deck and the continuation of that line parallel to the upper part of the deck is taken as the freeboard deck. At the option of the owner and subject to the approval of the Administration, a lower deck may be designated as the freeboard deck, provided it is a complete and permanent deck continuous in a fore and aft direction at least between the machinery space and peak bulkheads and continuous athwartships. When this lower deck is stepped the lowest line of the deck and the continuation of that line parallel to the upper part of the deck is taken as the freeboard deck. When a lower deck is designated as the freeboard deck, that part of the hull which extends above the freeboard deck is treated as a superstructure so far as concerns the application of the conditions of assignment and the calculation of freeboard. It is from this deck that the freeboard is calculated.

**干舷甲板**：干舷甲板通常是最高一层露天全通甲板，其上所有的露天开口设有永久性的封闭装置。其下在船侧的所有开口设有永久性的水密封闭装置。

对具有不连续的干舷甲板的船舶,该露天甲板的最低线及其平行于该甲板升高部分的连续线取为干舷甲板。由船东选择经主管机关批准,较低的一层甲板也可以选作干舷甲板,但该甲板至少在机舱和其艏艉尖舱舱壁之间是全通的和永久性的甲板并且是连续横贯船体。当较低一层甲板为阶梯形时,由甲板的最低线及其平行于甲板较高部分的连续线取为干舷甲板。当较低一层甲板被选定为干舷甲板时,干舷甲板以上的那部分船体就干舷的核定和计算而言被视作上层建筑,干舷是从这一层甲板计算。

10. *Superstructure*

**上层建筑**

(1)A *superstructure* is a decked structure on the freeboard deck, extending from side to side of the ship or with the side plating not being inboard of the shell plating more than 4 percent of the breadth (B). A raised quarter deck is regarded as a superstructure.

**上层建筑**,系指在干舷甲板上的甲板建筑物,从舷边跨到舷边或其侧壁板离船壳板向内不大于船宽的4%。后升高甲板被视为上层建筑。

(2)An *enclosed superstructure* is a superstructure with:

**封闭上层建筑**是一种具备下列设施的上层建筑:

(i)enclosing bulkheads of efficient construction;

结构坚固的封闭端壁;

(ii)access openings, if any, in these bulkheads fitted with doors complying with the requirements of Regulation 12;

此项端壁的出入开口(如有时),设有符合本附则第12条要求的门;

(iii)all other openings in sides or ends of the superstructure fitted with efficient weathertight means of closing.

上层建筑侧壁或端壁的所有其他开口,设有高效的风雨关闭装置。

A bridge or poop shall not be regarded as enclosed unless access is provided for the crew to reach machinery and other working spaces inside these superstructures by alternative means which are available at all times when bulkhead openings are closed.

驾驶台或艉楼不应视为封闭的,除非当端壁开口关闭时在这些上层建筑内有供船员随时使用的其他方式经通道前往机器处所和其他工作处所。

(3)The *height of a superstructure* is the least vertical height measured at side from the top of the superstructure deck beams to the top of the freeboard deck beams.

**上层建筑的高度**,系指在船侧从上层建筑甲板横梁上边缘到干舷甲板横梁上缘的最小垂直高度。

(4) The *length of a superstructure*(S)is the mean length of the part of the superstructure which lies within the length(L).

**上层建筑的长度**,系指上层建筑位于船长以内部分的平均长度。

11. *Flush deck ship*. A flush deck ship is one which has no superstructure on the freeboard deck.

**平甲板船**,系指其干舷甲板上没有上层建筑的船。

12. *Weathertight*. Weathertight means that in any sea conditions water will not penetrate into the ship.

**风雨密**,系指任何风浪情况下水都不得透入船内。

## 四、《国际船舶载重线公约》中的定义在"术语在线"中的收录情况

我们将《国际船舶载重线公约》中的定义在"术语在线"中进行查询,其结果参阅表3.6。

表3.6 《国际船舶载重线公约》中的定义在"术语在线"中的收录情况

| 序号 | LL66定义 | 汉译 | 收录学科及年份 | 术语在线 | 备注 |
|---|---|---|---|---|---|
| 1 | regulations | 规则 | 图书馆情报与文献学,2012;世界历史,2002;水产,2002;航海科学技术,2003(1996) | 标准化条例,市政管理条例,港章,航海法规,渔业法规,regulation for standardization, City Regulations, port regulations, maritime rules and regulations, fishery rules and regulations | 采用复数形式查询,收录非源自本公约 |
| 2 | Administration | 主管机关 | 管理科学技术,2016;全科医学与社区卫生,2014;航海科学技术,2003 | 政府,给药 administration, government | 未必源自本公约,该英语术语首字母为大写 |
| 3 | approved | 批准 | 核医学,2018;计量学,2015 | 获准型式,approved type;已批准药品 approved drug | 未必源自本公约 |
| 4 | international voyage | 国际航行 | 航海科学技术,2003 | 短程国际航行,short international voyage | 未必源自本公约 |
| 5 | fishing vessel | 渔船 | 水产,2002;船舶工程,1998;航海科学技术,1996 | 渔船,fishing vessel, fishing boat | 可能源自本公约 |
| 6 | new ship | 新船 | 未收录 | 无 | 无 |
| 7 | existing ship | 现有船 | 航海科学技术,2003 | 现有船,现存船舶,现成船,existing ship | 可能非源自本公约 |

表 3.6(续 1)

| 序号 | LL66 定义 | 汉译 | 收录学科及年份 | 术语在线 | 备注 |
|---|---|---|---|---|---|
| 8 | length | 长度 | 物理学,2019;信息科学技术,2008;水产,2002;船舶工程,1998;水利科学技术,1997;航海科学技术,1996;电子学,1993;数学,1993 | 长度,船长,队形长度,混合长度,约束长度,体长,可浸长度,标准长度,length,ship length,length of formation,mixing length,constraint length,body length,floodable length,standard length | 未必源自本公约 |
| 9 | perpendicular | 垂线 | 地球物理学,2022;物理学,2019;航海科学技术,2003;船舶工程,1998;数学,1993 | 垂线,艏垂线,艉垂线,垂线偏角,垂线偏差,垂线同长,perpendicular,vertical,forward perpendicular,after perpendicular,plumb line,deviation of the vertical,length between perpendiculars,LBP | 涉海学科收录来自本公约 |
| 10 | amidships | 船中 | 船舶工程,1998;航海科学技术,1996 | 中机型船,amidships engined ship,amidships-engined ship | 未必源自本公约 |
| 11 | breadth | 船宽 | 管理科学技术,2016;海洋科学技术,2012;土木工程,2003;水产,2002;船舶工程,1998;航海科学技术,1996;石油,1994 | 市场宽度,型宽,最大宽度,船宽,生态位宽度,登记宽度,领海宽度,breadth,moulded breadth,extreme vessel breadth,maximum breadth,extreme breadth,niche breadth,registered breadth,breadth of the territorial sea | 未必源自本公约 |

表 3.6（续 2）

| 序号 | LL66 定义 | 汉译 | 收录学科及年份 | 术语在线 | 备注 |
|---|---|---|---|---|---|
| 12 | moulded depth | 型深 | 船舶工程 1998；航海科学技术，1996 | 相同 | 收录采用美式拼写方式 |
| 13 | depth for freeboard | 计算型深 | 未收录 | 无 | 无 |
| 14 | block coefficient | 方形系数 | 船舶工程，1998 | 相同 | 一定源自本公约 |
| 15 | freeboard | 干舷 | 土木工程，2003；水产，2002；船舶工程，1998；航海科学技术，1996 | 干舷，自由空间，freeboard | 一定源自本公约 |
| 16 | freeboard deck | 干舷甲板 | 船舶工程，1998；石油，1994 | 相同 | 一定源自本公约 |
| 17 | superstructure | 上层建筑 | 材料科学技术，2014；化学，2013；航海科学技术，2003；船舶工程，2003 | 超晶格，超结构；上层建筑；上层建筑甲板，superlattice, superstructure, superstructure deck | 仅水产源自本公约 |
| 18 | enclosed superstructure | 封闭上层建筑 | 未收录 | 无 | 无 |
| 19 | height of a superstructure | 上层建筑高度 | 未收录 | 无 | 无 |
| 20 | length of a superstructure | 上层建筑长度 | 未收录 | 无 | 无 |
| 21 | flush deck ship | 平甲板船 | 船舶工程，1998；航海科学技术，1996 | 平甲板船，flush deck vessel, flush deck ship | 一定源自本公约 |
| 22 | weathertight | 风雨密 | 水产，2002；船舶工程，1998；航海科学技术，1996 | 风雨密，风雨密性，weathertight, weather tightness, weathertightness | 船舶工程用之组成新术语 |

通过表 3.6 我们可以看出,22 个定义中,被我国"术语在线"收录的名词共 17 个,收录高达 77.27%。但是我们分析每个收录词汇可以发现,有些词汇并非从本公约收录,以 length(船舶长度)为例,收录的是泛化的长度,而不是船舶长度。此外词汇收录还有以下特征:

(1)本公约多数词条被航海科学技术、船舶工程、水产三个名词审定(分)委员会收录,而此三个委员会正好是涉海委员会,其他委员会收录一个词条,这也符合客观实际。

(2)该公约定义的部分词被其他名词审定(分)委员会收录,这些审定(分)委员会包括材料科学技术、地球物理学、电子学、管理科学技术、海洋科学技术、核医学、计量学、全国医学及社区卫生、世界历史、石油、水利科学技术、数学、土木工程、图书馆情报学、物理学、信息科学技术等 16 个,综合上述 3 个,共 19 个名词审定(分)委员会审定的学科涉及到该公约。

(3)收录术语名词词条有着本民族语言的特征。比如:Regulation 实际上是 the Regulation,属于英语的特指,需要语境,中文不收录完全合理。再比如,New Ship 针对汉语概念来说是"新"船,而"新"在中文中是泛化的形容词,不宜用作术语。因此汉语术语中只收录了 ship,未收录 New Ship。同样 Administration,且首字母必须大写,这也是英语语言形态特征,如果借用到中文中完全失去了其特征,因此也未收录在汉语术语中。由此可看出术语的本土性很强,需要考虑传播时所用的语言。

(4)通过选用分析,我们可以得出,该公约在我国涉海类名词各个(分)委员会中基本受到了重视,符合汉语语言特征的定义均被收录作为涉海类名词。

# 第七节 《1969 年国际船舶吨位丈量公约》及其术语研究

人类对于吨位丈量的认知可以追溯到 13 世纪,彼时古人用拉斯特、酒桶、摩逊等丈量法。13 世纪时,在北欧的谷物运输中,波罗的海和北海各港口已经应用"拉斯特"(Last)作为衡量船舶运载能力的单位,一个"拉斯特"约等于 1 814.37 kg。到 15 世纪,法国酒业繁盛,酒的贸易运输发达,许多港口以装酒的桶数来计算船舶运输能力并进行收税。当时英国规定了每个酒桶的统一规格容积,1 个酒桶容积约等于 1.1456 m³,船舶的大小即可采用装载酒桶的数量来表示,这就是酒桶丈量法。这种酒桶当时叫作"吨"(Tonneaux),后来世界各国一致采用"吨位"(Tonnage)作为表示船舶大小的单位。摩逊法是 1854 年英国贸易委员会的乔治·摩逊(George Moorson)提出的一个较为合理而适用的丈量船舶内部容积的丈量法,故称之为"摩逊法"规则。

## 一、该公约产生背景

20 世纪上半叶,由于不同国家对船舶吨位丈量标准不一,这直接影响到船舶进港和过运河的缴纳费用等问题。为此政府间海事协商组织在成立大会上做出决议,设立一个专门的船舶吨位丈量专家小组,起草国际船舶吨位丈量公约。经过 10 年准备,政府间海事协商组织于 1969 年 5 月 27 日至 6 月 23 日在伦敦召开了国际船舶吨位丈量会议,制定了《1969 年国际船舶吨位丈量公约》(International Convention on Tonnage Measurement of Ships, 1969,简称 Tonnage 69),该公约于 1982 年 7 月 18 日生效。

公约规定了用总吨位反映船舶大小,用净吨位反映船舶营运舱容的基本原则。该公约适用于从事国际航行的下列船舶:公约生效后建造的新船;经过改建并使总吨位有实质性变更的现有船舶;公约生效之日起 12 年以后的所有现有船舶,但不包括因其他国际公约的要求而需保留其原有吨位的船舶。公约附则对船舶总吨位和净吨位的计算以及国际吨位证书的具体格式做了明确规定。

## 二、公约的主体内容

公约主体部分有 22 条,附则有 2 个。公约主体 22 条,分别是:第 1 条公约的一般义务(General Obligation under the Convention);第 2 条定义(Definitions);第 3 条适用范围(Application);第 4 条除外(Exceptions);第 5 条不可抗力(Force Majeure);第 6 条吨位的测定(Determination of Tonnage);第 7 条证书的颁发(Issue of Certificate);第 8 条由他国政府代发证书(Issue of Certificate by Another Government);第 9 条证书的格式(Form of Certificate);第 10 条证书的注销(Cancellation of Certificate);第 11 条证书的承认(Acceptance of Certificates);第 12 条检查(Inspection);第 13 条权利(Privileges);第 14 条以前的条约、公约和协定(Prior Treaties, Conventions, Arrangements);第 15 条情报的送交(Communication of Information);第 16 条签署、接受和参加(Signature, Acceptance, and Accession);第 17 条生效(Coming into Force);第 18 条修正案(Amendments);第 19 条退出(Denunciation);第 20 条领土(Territories);第 21 条交存与登记(Deposit and Registration);第 22 条文字(Languages)。附则 2 个,分别是附则 1:测定船舶总吨位和净吨位的原则(Regulations for Determining

Gross and Net Tonnages of Ships）；附则 2：1969 年国际吨位证书（International Tonnage Certificate，1969）。

# 三、术语和定义

该公约的主要定义，分列在公约第 2 条和附录中。

## （一）公约中的定义

### Article 2    Definitions

**第 2 条定义**

For the purpose of the present Convention, unless expressly provided otherwise：

除另有明文规定外，本公约所用名词含义如下：

1. *Regulations* mean the Regulations annexed to the present Convention；

**规则**，系指本公约所附的规则；

2. *Administration* means the Government of the State whose flag the ship is flying；

**主管机关**，系指船旗国的政府；

3. *International voyage* means a sea voyage from a country to which the present Convention applies to a port outside such country, or conversely. For this purpose, every territory for the international relations of which a Contracting Government is responsible or for which the United Nations are the administering authority is regarded as a separate country；

**国际航行**，是指由适用本公约的国家驶往该国以外的港口，或与此相反的航行。为此，凡由缔约国政府对其国际关系负责的每一领土，或由联合国管理的每一领土，都被视为单独的国家。

4. *Gross tonnage* means the measure of the overall size of a ship determined in accordance with the provisions of the present Convention；

**总吨位**，系指根据本公约各项规定丈量确定的船舶总容积；

5. *Net tonnage* means the measure of the useful capacity of a ship determined in accordance with the provisions of the present Convention；

**净吨位**，系指根据本公约各项规定丈量确定的船舶有效容积；

6. *New ship* means a ship the keel of which is laid, or which is at a similar stage of construction, on or after the date of coming into force of the present Convention

**新船**,系指在本公约生效之日起安放龙骨,或处于类似建造阶段的船舶;

7. *Existing ship* means a ship which is not a new ship;

**现有船舶**,系指非新船;

8. *Length* means 96 percent of the total length on a waterline at 85 percent of the least moulded depth measured from the top of the keel, or the length from the fore side of the stem to the axis of the rudder stock on that waterline, if that be greater. In ships designed with a rake of keel the waterline on which this length is measured shall be parallel to the designed waterline;

**长度**,系指水线总长度的96%,该水线位于自龙骨上面量得的最小型深的85%处;或者是指该水线从艏柱前缘量到上舵杆中心的长度,两者取其较大者。如船舶设计具有倾斜龙骨,作为测量本长度的水线应平行于设计水线;

9. *Organization* means the Inter-Governmental Maritime Consultative Organization.

**组织**,系指政府间海事协商组织。

## (二)附则中的定义

### Regulation 2　Definitions of Terms used in the Annexes

### 第 2 条　本附则中所用名词的定义

1. *Upper Deck*

**上甲板**

The *upper deck* is the uppermost complete deck exposed to weather and sea, which has permanent means of weathertight closing of all openings in the weather part thereof, and below which all openings in the sides of the ship are fitted with permanent means of watertight closing in a ship having a stepped upper deck, the lowest line of the exposed deck and the continuation of that line parallel to the upper part of the deck is taken as the upper deck.

**上甲板**是指最高一层露天全通甲板,在露天部分上的一切开口,设有永久性水密关闭装置,而且在该甲板下面船旁两侧的一切开口,也有永久性的水密关闭装置。如船舶具有阶形上甲板,则取最低的露天甲板线和其平行于甲板较高部分的延伸线作为上甲板。

2. *Moulded Depth*

**型深**

(1)The *moulded depth* is the vertical distance measured from the top of the keel to the underside of the upper deck at side. In wood and composite ships the distance is measured from the lower edge of the keel rabbet. Where the form at the lower part of the midship section is of a hollow character, or where thick garboards are fitted, the distance is measured from the point where the line of the flat of the bottom continued inwards cuts the side of the keel.

型深是指从龙骨上缘量到船舷处上甲板下缘的垂直距离。对木质船舶和铁木混合结构船舶,垂直距离是从龙骨镶口的下缘量起。若船舶中央横剖面的底部呈现凹形,或装有加厚的龙骨翼板时,垂直距离是从船底平坦部分向内引伸与龙骨侧面相交的一点量起。

(2)In ships having rounded gunwales, the moulded depth shall be measured to the point of intersection of the moulded lines of the deck and side shell plating, the lines extending as though the gunwales were of angular design.

具有圆弧形舷边的船舶,型深是量到甲板型线和船舷外板型线相交之点,这些线的延伸是把该舷边视为角形设计。

(3)Where the upper deck is stepped and the raised part of the deck extends over the point at which the moulded depth is to be determined, the moulded depth shall be measured to a line of reference extending from the lower part of the deck along a line parallel with the raised part.

当上甲板为阶形甲板,并且其升高部分延伸超过决定型深的一点时,型深应量到此甲板较低部分的延伸虚线,此虚线平行于甲板升高部分。

3. *Breadth*

**船宽**

The breadth is the maximum breadth of the ship, measured amidships to the moulded line of the frame in a ship with a metal shell and to the outer surface of the hull in a ship with a shell of any othermaterial.

船宽是指船舶的最大宽度,对金属壳板的船,其宽度是在船长中点处量到两舷的肋骨型线,对其他材料壳板的船其宽度在船长中点处量到船体外面。

4. *Enclosed Spaces*

**围蔽处所**

Enclosed spaces are all those spaces which are bounded by the ship's hull, by fixed or portable partitions or bulkheads, by decks or coverings other than permanent or movable awnings. No break in a deck, nor any opening in the ship's hull, in a deck or in a covering of a space, or in the partitions or bulkheads of a space, nor the absence of a partition or bulkhead, shall preclude a space from being included in the enclosed space.

**围蔽处所**,系指由船壳、固定的或可移动的隔板或舱壁、甲板或盖板所围成的所有处所,但永久的或可移动的天篷除外。无论是甲板上有间断处,或船壳上有开口,或甲板上有开口,或某一处所的盖板上有开口,或某一处所的隔板或舱壁上有开口,以及一面未设隔板舱壁的处所,都不妨碍将这些处所计入围蔽处所之内。

5. *Excluded Spaces*

**免除处所**

Notwithstanding the provisions of paragraph (4) of this Regulation, the spaces referred to in subparagraphs (a) to (e) inclusive of this paragraph shall be called excluded spaces and shall not be included in the volume of enclosed spaces, except that any such space which fulfills at least one of the following three conditions shall be treated as an enclosed space:

虽然本条第(4)款有所规定,本款下列各项(1)至(5)所述处所仍应称为免除处所,不计入围蔽处所容积之内。但符合以下三条件之一者,应作为围蔽处所:

——the space is fitted with shelves or other means for securing cargo or stores;
设有框架或其他设施保护货物和物料的处所;

——the openings are fitted with any means of closure;
开口上设有某种封闭设备;

——the construction provides any possibility of such openings being closed.
具有能使开口封闭的建筑物。

(1)(i)A space within an erection opposite an end opening extending from deck to deck except for a curtain plate of a depth not exceeding by more than 25 millimetres (1 inch) the depth of the adjoining deck beams, such opening having a breadth equal to or greater than 90 percent of the breadth of the deck at the line of the opening of the space. This provision shall be applied so as to exclude from the enclosed spaces only the space between the actual end opening and a line drawn parallel to the line or face of the opening at a distance from the opening equal to one half of the width of the deck at the line of the opening.

甲板上建筑物内某一处所,它面向高度为全甲板间的嘴部开口,且开口上浴板的高度但不超过其邻近甲板横梁高度 25 mm(1 英寸),开口的宽度等于或大于该开口处甲板宽度的90%,则从实际端部开口起,至等于开口处甲板宽度的一半距离绘一与开口线或面相平行的线,这个处所可不计入围蔽处所之内。

(ⅱ)Should the width of the space because of any arrangement except by convergence of the outside plating, become less than 90 percent of the breadth of the deck, only the space between the line of the opening and a parallel line drawn through the point where the athwartships width of the space becomes equal to, or less than, 90 percent of the breadth of the deck shall be excluded from the volume of enclosed spaces.

如该处所的宽度由于任何布置上的原因,不包括由于船壳板的收敛,使其宽度小于开口处甲板宽度的90%,则从开口线起,至船体横向宽度等于或小于开口处甲板宽度的90%处绘一与开口平行的线,这个处所可不计入围蔽处所之内。

(ⅲ)Where an interval which is completely open except for bulwarks or open rails separates any two spaces, the exclusion of one or both of which is permitted under sub‐paragraphs(1)(ⅰ)and/or(1)(ⅱ), such exclusion shall not apply if the separation between the two spaces is less than the least half breadth of the deck in way of the separation.

如果两个处所由一间隔区分开,而且间隔区除了舷墙和栏杆外是完全开敞的,则可按(1)的(ⅰ)和/或(ⅱ)的规定将其中一个或两个处所免除量计;但如果两个处所之间的间隔距离小于间隔区甲板最小宽度的一半,这种免除就不适用。

(2)A space under an overhead deck covering open to the sea and weather, having no other connexion(注:相当于美式英语的connection)on the exposed sides with the body of the ship than the stanchions necessary for its support. In such a space, open rails or a bulwark and curtain plate may be fitted or stanchions fitted at the ship's side, provided that the distance between the top of the rails or the bulwark and the curtain plate is not less than 0.75 metres(2.5 feet)or 1/3 of the height of the space.

在架空露天甲板下的处所,其开敞的两侧与船体除了必要的支柱外并无其它连接。在这种处所,可以设置栏杆、舷墙及舷边上沿板,或在船边安设支柱,但栏杆顶或舷墙顶与舷边上沿板之间的距离,应不小于0.75 m(2.5英尺),或不小于该处所高度的1/3,以较大者为准。

(3)A space in a side-to-side erection directly in way of opposite side openings not less in height than 0.75 metres (2.5 feet) or 1/3 of the height of the erection, whichever is the greater. If the opening in such an erection is provided on one side only, the space to be excluded from the volume of enclosed spaces shall be limited inboard from the opening to a maximum of one - half of the breadth of the deck in way of the opening.

伸展到两舷的建筑物内的处所,其两侧的相对开口的高度不小于 0.75 m (2.5 英尺),或不小于建筑物高度的 1/3,以较大者为准。如果这种建筑物只在一侧有开口,则从围蔽处所中免除计量的处所仅限于从开口向内最多伸到该开口处甲板宽度的一半。

(4) A space in an erection immediately below an uncovered opening in the deck overhead, provided that such an opening is exposed to the weather and the space excluded from enclosed spaces is limited to the area of the opening.

建筑物内,直接位于其顶甲板上无覆盖的开口之下的某一处所,倘若这种开口是露天的,则从围蔽处所中免除计量的处所仅限于此开口区域。

(5) A recess in the boundary bulkhead of an erection which is exposed to the weather and the opening of which extends from deck to deck without means of closing, provided that the interior width is not greater than the width at the entrance and its extension into the erection is not greater than twice the width of its entrance.

由建筑物的界限舱壁形成的某一凹处,这种壁龛是露天的,其开口高度为甲板间的全高度,无封闭设备,而且壁龛内宽度不大于其入口处宽度,同时从入口伸至内壁的深度不大于入口处宽度的 2 倍。

6. *Passenger*

**旅客**

A passenger is every person other than:

除下列人员外,均为旅客:

(1) the Master and the members of the crew or other persons employed or engaged in any capacity on board a ship on the business of that ship; and

船长和船员,以及在船上雇用或从事该船任何业务的其他人员;

(2) a child under one year of age.

一周岁以下的儿童。

7. *Cargo Spaces*

**载货处所**

Cargo spaces to be included in the computation of net tonnage are enclosed spaces appropriated for the transport of cargo which is to be discharged from the ship, provided that such spaces have been included in the computation of gross tonnage. Such cargo spaces shall be certified by permanent marking with the letters CC (cargo compartment) to be so positioned that they are readily visible and not to be less than 100 millimetres (4 inches) in height.

净吨位计算中所包括的载货处所,是指适宜于运载由船上起卸货物的围蔽处所,而且这些处所已经列入总吨位计算之内。上述载货处所应在易于看到的地方用字母 CC(货舱)做永久性标志,字母的高度应不低于 100 mm(4 英寸),以便查核。

8. *Weathertight*

**风雨密**

*Weathertight* means that in any sea conditions water will not penetrate into the ship.

**风雨密**,系指在任何海况下,水都不会浸入船内。

## 四、《1969 年国际船舶吨位丈量公约》的定义在"术语在线"中的收录情况

我们将《1969 年国际船舶吨位丈量公约》的定义在"术语在线"上进行了查询,查询结果参阅表 3.7。

表 3.7　《国际吨位文量公约》在"术语在线"中的收录情况

| 序号 | 本公约的定义 | 汉译 | 收录学科及年份 | 术语在线 | 备注 |
|---|---|---|---|---|---|
| 1 | regulations | 规则 | 图书馆情报与文献学，2019；世界历史，2012；水产，2002；航海科学技术，2003（1996） | 标准化条例，市政管理条例，港章，航海法规，渔业法规，regulation for standardization，City Regulations，port regulations，maritime rules and regulations，fishery rules and regulations | 采用复数形式查询，收录非源自本公约 |
| 2 | Administration | 主管机关 | 管理科学技术，2016；全科学与社区卫生，2014；航海科学技术，2003 | 政府，给药 administration，government | 收录未必源自本公约，该英语术语首字母为大写 |
| 3 | international voyage | 国际航行 | 航海科学技术，2003 | 短程国际航行，short international voyage | 未必源自本公约 |
| 4 | gross tonnage | 总吨位 | 水产，2002；船舶工程，1998；航海科学技术，1996 | 总吨，gross tonnage，GT | 非常可能源自本公约 |
| 5 | net tonnage | 净吨位 | 水产，2002；船舶工程，1998；航海科学技术，1996 | 净吨位，net tonnage，NT | 非常可能源自本公约 |
| 6 | new ship | 新船 | 未收录 | 无 | 无 |
| 7 | existing ship | 现有船 | 航海科学技术，2003 | 现有船，现存船舶，现成船，existing ship | 可能非源自本公约 |

表3.7（续1）

| 序号 | 本公约的定义 | 汉译 | 收录学科及年份 | 术语在线 | 备注 |
|---|---|---|---|---|---|
| 8 | length | 长度 | 物理学，2019；信息科学技术，2008；水产，2002；船舶工程，1998；水利科学技术，1997；航海科学技术，1996；电子学，1993；数学，1993 | 长度，船长，队形长度，混合长度，约束长度，可浸长度，标准长度，length, ship length, length of formation, mixing length, constraint length, body length, floodable length, standard length | 可能非源自本公约 |
| 9 | organization | 组织 | 病理学，2020；生理学，2020；经济学，2020；管理科学技术，2016；教育学，2013 | 组织，机化，组构，organization | 非源自本公约 |
| 10 | upper deck | 上甲板 | 船舶工程，1998；航海科学技术，1996；石油，1994 | 相同 | 可能非源自本公约 |
| 11 | moulded depth | 型深 | 土木工程，2003；船舶工程，1998；航海科学技术，2003 | 相同 | 收录采用美式拼写方式 |
| 12 | breadth | 船宽 | 管理科学技术，2016；海洋科学技术，2012；土木工程，2003；水产，2002；船舶工程，1998；航海科学技术，1996；石油，1994 | 市场宽度，型宽，最大宽度，船宽，生态位宽度，登记宽度，领海宽度，breadth, moulded breadth, extreme breadth, maximum breadth, extreme vessel breadth, maximum breadth, niche breadth, registered breadth, breadth of the territorial sea | 未必源自本公约 |

表 3.7(续 2)

| 序号 | 本公约的定义 | 汉译 | 收录学科及年份 | 术语在线 | 备注 |
|---|---|---|---|---|---|
| 13 | enclosed space | 围蔽处所 | 船舶工程,1998 | enclosed spaces, 围蔽处所 | 未必源自本公约 |
| 14 | excluded space | 免除处所 | 船舶工程,1998 | excluded spaces, 免除处所 | 未必源自本公约 |
| 15 | passenger | 旅客 | 公路交通科学技术,1996 | passenger, traveler 旅客 | 未必源自本公约 |
| 16 | cargo space | 载货处所 | 船舶工程,1998 | cargo hold,cargo space, 货舱 | 未必源自本公约 |
| 17 | weathertight | 风雨密 | 水产,2002;船舶工程,1998;航海科学技术,1996 | 风雨密,风雨密性, weathertight, weather tightness, weathertightness | 船舶工程用之组成新术语 |

通过表 3.7 的术语词,可以看出:该公约与《国际船舶载重线公约》相似度很高,但是作为名词定义的不多,而且基本定义中只有两个被收录,由于词条过少,无法详细分析该公约的使用情况。

该公约共有 17 个定义,收录了 16 个,占 94.11%。其中涉及的名词审定(分)委员会有:病理学、船舶工程、公路交通科学技术、电子学、航海科学技术、海洋科学技术、管理科学技术、全科医学与社区卫生、经济学、教育学、生理学、世界历史、水产、水利科学技术、图书馆情报与文献学、土木工程、物理学、数学、信息科学技术等 19 个,以上量化计算有一定的偏差,因为有些词条虽然收录,但是从内容解析来看并非源自本公约。

# 第八节 《国际海上避碰规则公约》及其术语研究

我们对陆地上交通规则非常熟悉,因为如果没有交通规则,整个交通系统就会瘫痪。我们从概念的范畴进行理解,就是需要有交通标准,从内容提炼到术语的角度,也就不难推演出该公约的术语研究意义。

该公约的原型是 1883 年英法两国为了保障海上安全和明确碰撞事故的责任,共同商讨制定的《海上航行规则》,后来该规则被航海国家如美国、德国、比利时、丹麦、日本、挪威所接受。

## 一、《国际海上避碰规则公约》制定的背景

全球从事水上运输的船舶逐年递增,人们习惯于在水上运用陆地交通规则,而各个国家陆地交通法规却差异很大。比如,英国及英联邦国家多用左侧通行,而更多国家采用右侧通行,因此水上船舶碰撞事故增加,需要在国际范围内达成共识,执行一个通用的海上交通法规。政府间海事协商组织成立后制定了《国际海上避碰规则》(International Regulations for Preventing Collision at Sea)。最初是政府间海事协商组织制定的《国际海上人命安全公约》1948 年文本的第 2 附件,1972 年修改后成为《1972 年国际海上避碰规则公约》的附件。在业界该公约的名称为《国际海上避碰规则》(International Regulations for Preventing Collision at Sea),英语简称为"COLREG 72",后来又称为"公约",全称为《国际海上避碰规则公约》(Convention on the International Regulations for Preventing Collision at Sea)。它是为确保船舶航行安全,预防和减少船舶碰撞,规定在

公海和连接公海的一切通航水域共同遵守的海上交通规则。

该公约条款规定凡是船舶及水上飞机,在公海及与其相连可以通航海船的水域,除在港口、河流实施地方性的规则外,都应遵守该规则。该规则主要是有关定义、号灯、号型、驾驶及航行规则等。该规则对船舶悬挂的号灯、号型及发出的声号,在航船舶自应悬挂的号灯的位置和颜色,锚泊的船舶应悬挂号灯的位置和颜色,失去控制的船舶必须使用的号灯和号型表示,船舶在雾中航行以及驾驶规则等,都作了详细的规定。

《1972年国际海上避碰规则公约》自1977年7月15日生效以来,国际海事组织于1981年、1987年、1989年、1993年、2001年、2007年分别对其进行了修正。其中2007年的修正案于2009年12月1日正式生效。我国于1957年同意接受该公约,并于1980年1月7日加入该公约。

## 二、该公约的内容介绍

该公约分"导则""公约主体""附录"三个部分。导则分9条,分别为:第1条总体责任（General Obligation）,第2条公约的签署、批准、同意、加入（Signature, Ratification, Approval and Accession）,第3条适用的国家或地区（Territorial Application）,第4条生效（Entry into Force）,第5条（Revision Conference）,第6条公约的修正（Amendments to Regulations）,第7条退出（Denunciation）,第8条交存与登记（Deposits and Registrations）,第9条语言（Languages）等。

避碰的核心内容分为5章,共38条,各章节内容如下:

第一章是总则（Part A General）,包含:第1条适用范围（application）,第2条责任（responsibility）,第3条一般定义（general definitions）。

第二章驾驶和航行规则（Part B Steering and Sailing Rules）,包含3节,每节又包含若干条。第一节船舶在任何能见度情况下的行动规则（Conduct of Vessels in any condition of visibility）,该节包含第4条至第10条:第4条适用范围（application）,第5条瞭望（lookout）,第6条安全航速（safe speed）,第7条碰撞危险（risk of collision）,第8条避免碰撞的行动（action to avoid collision）,第9条狭水道（narrow channels）,第10条分道通航制（traffic separation schemes）。第二节船舶在互见中的行动规则（Section Two Conduct of Vessels in Sight of One Another）,该节从第11条到第18条,共8条:第11条适用范围（application）,第12条帆船（sailing vessels）,第13条追越（overtaking）,第14条对遇局面（head-on situation）,第15条交叉相遇局面（cross situation）,第16条让路船的行动（action by give-way vessel）,第17条直航船的行动（action by stand-on vessel）,

第 18 条船舶之间的责任（responsibility between vessels）。第三节船舶在能见度不良时的行动规则（Section III Conduct of Vessels in Restricted Visibility），包含 1 条，即第 19 条船舶在能见度不良时的行动规则（conduct of vessels in restricted visibility）。

第三章号灯和号型（Part C Lights and Shapes），该章从第 20 条至 31 条，共 12 条。其中：第 20 条适用范围（application），第 21 条定义（definitions），第 22 条号灯的能见距离（visibility of lights），第 23 条在航机动船（power-driven vessels underway），第 24 条拖带和顶推（towing and pushing），第 25 条在航帆船和划桨船（sailing vessels underway and vessels under oars），第 26 条渔船（fishing vessels），第 27 条失去控制或操纵能力受到限制的船舶（vessels not under command and vessels restricted in their ability to manoeuvre），第 28 条限于吃水的船舶（vessels constrained by their draughts），第 29 条引航船舶（pilot vessels），第 30 条锚泊船舶和搁浅船舶（anchored vessels and vessels aground），第 31 条水上飞机（seaplanes）。

第四章声响和灯光信号（Part D Sound and Light Signals），该章包含从 32 条至 37 条，共 5 条。其中：第 32 条定义（Definitions），第 33 条声号设备（equipment for sound signals），第 34 条操纵和警告信号（manoeuvring and warning signals），第 35 条能见度不良时使用的声号（sound signals in restricted visibility），第 36 条招引注意的信号（signals to attract attention），第 37 条遇险信号（distress signals）。

第五章豁免（Exemptions），该章仅 1 条，即第 38 条豁免（exemptions）。

此外，该公约还有 4 个附录，分别是附录一号灯和号型的位置和技术细节（Annex I Positioning and Technical Details of Lights and Shapes），附录二在相互邻近处捕鱼的渔船的额外信号（Annex II Additional Signals for Fishing Vessels Fishing in Close Proximity），附录三声号器具的技术细节（Annex III Technical Details of Sound Signal Appliance），附录四遇险信号（Annex IV Distress Signals）。

# 三、术语与定义

（一）附则部分，第一章通则（General）中第 3 条

Rule 3
第 3 条
General Definitions
一般定义
For the purpose of these Rules, except where the context otherwise requires：

除条文另有解释外,在本规则中:

1. The word *vessel* includes every description of watercraft, including non-displacement craft and seaplanes, used or capable of being used as a means of transportation on water.

**船舶**一词,系指用作或者能够用作水上运输工具的各类水上船筏,包括非排水船筏和水上飞机。

2. The term *power driven vessel* means any vessel propelled by machinery.

**机动船**,系指用机器推进的任何船舶。

3. The term *sailing vessel* means any vessel under sail provided that propelling machinery, if fitted, is not being used.

**帆船**一词,系指任何驶帆的船舶,如果该种船装有推进装置,则不在使用状态。

4. The term *vessel engaged in fishing* means any vessel fishing with nets, lines, trawls, or other fishing apparatus which restrict manoeuvrability, but does not include a vessel fishing with trolling lines or other fishing apparatus which do not restrict manoeuvrability.

**从事捕鱼的船舶**一词,系指使用网具、绳钓、拖网或其他使其操纵性能受到限制的渔具来捕鱼的任何船舶,但不包括使用曳绳钓或其他并不使其操纵性能受到限制的渔具来捕鱼的船舶。

5. The term *seaplane* includes any aircraft designed to manoeuvre on the water.

**水上飞机**一词,包括为能在水面操纵而设计的任何航空器。

6. The term *vessel not under command* means a vessel which through some exceptional circumstance is unable to manoeuvre as required by these Rules and is therefore unable to keep out of the way of another vessel.

**失去控制的船舶**一词,系指由于某种异常情况,不能按本规则条款的要求进行操纵,因而不能给他船让路的船舶。

7. The term *vessel restricted in her ability to manoeuvre* means a vessel which from the nature of her work is restricted in her ability to maneuver as required by these Rules and is therefore unable to keep out of the way of another vessel

**操纵能力受到限制的船舶**一词,系指由于工作性质决定的,使其按本规定条款的要求进行操纵的能力受到限制,因而不能给他船让路的船舶。

The term *vessel restricted in her ability to maneouvre* shall include but not be limited to;

**操纵能力受到限制的船舶**一词,应包括,但不限于如下船舶:

(1) A vessel engaged in laying, servicing, or picking up a navigational mark, submarine cable or pipeline;

从事敷设、维修或起捞助航标、海底电缆或管道的船舶;

(2) A vessel engaged in dredging, surveying or underwater operations;

从事疏浚、测量或水下作业的船舶;

(3) A vessel engaged in replenishment or transferring persons, provisions or cargo while underway;

在航中从事补给或转运人员、食品或货物的船舶;

(4) A vessel engaged in the launching or recovery of aircraft;

从事发放或回收航空器的船舶;

(5) A vessel engaged in mine clearance operations;

从事清除水雷作业的船舶;

(6) A vessel engaged in a towing operation such as severely restricts the towing vessel and her tow in their ability to deviate from their course.

从事拖带作业的船舶,而该项拖带作业使该拖船与其被拖物体驶离其航向的能力严重受到限制者。

8. The term *vessel constrained by her draft* means a power-driven vessel which because of her draft in relation to the available depth and width of navigable water is severely restricted in her ability to deviate from the course she is following.

**限于吃水的船舶**一词,系指由于吃水与可航行水域的水深和宽度的关系,致使其驶离航向的能力严重地受到限制的机动船。

9. The word *underway* means a vessel is not at anchor, or made fast to the shore, or aground.

**在航**一词,指船舶不在锚泊、系岸或搁浅。

10. The words *length* and *breadth* of a vessel mean her length overall and greatest breadth.

船舶的**长度**和**宽度**是指其总长度和最大宽度。

11. Vessels shall be deemed to be in sight of one another only when once can be observed visually from the other.

只有当一船能自他船以视觉看到时,才应认为两船是在互见中。

12. The term *restricted visibility* means any condition in which visibility is restricted by fog, mist, falling snow, heavy rainstorms, sandstorms and any other simi-

lar causes.

**能见度不良**一词,指任何由于雾、霾、下雪、暴风雨、沙暴或任何其他类似原因而使能见度受到限制的情况。

13. The term *Wing-in-Ground craft* means a multimodal craft which, in its operational mode, flies in close proximity to the surface by utilising surface-effect action.

**地效船**一词,系指多式船艇,其主要操作方式是利用表面效应贴近水面飞行。

## (二)附则部分第三章号灯和号型(Part C Lights and Shapes)中,第21条的定义

1. *Masthead light* means a white light placed over the fore and aft centreline of the vessel showing an unbroken night over an arc of the horizon of 225 degrees and so fixed, as to show the light from right ahead to 22.5 degrees abaft the beam on either side of the vessel.

**桅灯**,系指安置在船的首尾中心线上方的白灯,在225°的水平弧内显示不间断的灯光,其安装要使灯光从船的正前方到每一舷正横后22.5°内显示。

2. *Sidelights* means a green light on the starboard side and a red light on the port side each showing an unbroken light over an arc of the horizon of 112.5 degrees and so fixed, as to show the light from right ahead to 22.5 degrees abaft the beam on its respective side. In a vessel of less than 20 metres in length the sidelights may be combined in one lantern carried on the fore-and-aft centreline of the vessel.

**舷灯**,系指右舷的绿灯和左舷的红灯,各在112.5°的水平弧内显示不间断的灯光,其装置要使灯光从船的正前方到各自一舷的正横后22.5°内分别显示。长度小于20 m的船舶,其舷灯可以合并成一盏,装设于船的首尾中心线上。

3. *Sternlight* means a white light placed as nearly as practicable at the stern showing an unbroken light over an arc of the horizon of 135 degrees and so fixed as to show the light 67.5 degrees from right aft on each side of the vessel.

**艉灯**,系指安置在尽可能接近船尾的白灯,在135°的水平弧内显示不间断的灯光,其装置要使灯光从船的正后方到每一舷67.5°内显示。

4. *Towing light* means a yellow light having the same characteristics as the "stern light" defined in paragraph (c) of this Rule.

**拖带灯**,系指具有与本条3款所述"艉灯"相同特性的黄灯。

5. *All-round light* means a light showing an unbroken light over an arc of the

horizon of 360 degrees.

**环照灯**,系指在360°的水平弧内显示不间断灯光的号灯。

6. *Flashing light* means a light flashing at regular intervals at a frequency of 120 flashes or more per minute.

**闪光灯**,系指以每分钟120次或120次以上的频率闪烁的号灯。

（三）附则部分第四章声响和灯光信号（Part D Sound and Light Signals）中第32条的定义

1. The word *whistle* means any sound signalling appliance capable of producing the prescribed blasts and which complies with the specifications in Annex III to these Regulations.

**号笛**一词,系指能够发出规定笛声并符合本规则附录三所载规格的任何声响信号器具。

2. The term *short blast* means a blast of about one −second duration.

**短声**一词,系指历时约1秒的汽笛声。

3. The term *prolonged blast* means a blast of from four to six seconds duration.

**长声**一词,系指历时4~6秒钟的汽笛声。

（四）附则中的附录1中的定义

1. Definition

定义

（1）The term "*height above the hull*" means height above the uppermost continuous deck. This height shall be measured from the position vertically beneath the location of the light.

**"船体以上的高度"**一词,指最上层连续甲板以上的高度。这一高度应从灯的位置垂直下方处量起。

# 四、该公约的定义在"术语在线"中的收录情况

我们将该公约的定义在"术语在线"中进行了查询,结果参阅表3.8。

表 3.8 《COLREG 72 公约》名词在"术语在线"中的收录情况

| 序号 | COLREG 72 定义 | 汉译 | 收录学科及年份 | 术语在线 | 备注 |
|---|---|---|---|---|---|
| 1 | vessel | 船舶 | 船舶工程,1998;航海科学技术,1996 | 船舶,ship,vessel | 可能源自该公约 |
| 2 | power driven vessel | 机动船 | 船舶工程,1998;航海科学技术,1996 | 机动船,power driven vessel,power driven ship | 一定源自该公约 |
| 3 | sailing vessel | 帆船 | 船舶工程,1998;航海科学技术,1996 | 相同 | 可能源自该公约 |
| 4 | vessel engaged in fishing | 从事捕鱼的船舶 | 水产,2002;船舶工程,1998;航海科学技术,1996 | 渔船,海洋渔船,大型渔船,中型渔船,小型渔船,fishing vessel,seagoing fishing vessel,big fishing vessel,middle fishing vessel,small fishing vessel | 未必源自本公约 |
| 5 | seaplane | 水上飞机 | 航空科学技术,2003;航海科学技术,1996 | 相同 | 一定源自该公约 |
| 6 | vessel not under command | 失去控制的船舶 | 航海科学技术,1996 | 失控船,vessel not under command | 一定源自该公约 |
| 7 | vessel restricted in her ability to manoeuvre | 操纵能力受到限制的船舶 | 航海科学技术,1996 | 操纵能力受限船,vessel restricted in her ability to maneuver | 一定源自该公约 |
| 8 | vessel constrained by her draft | 限于吃水的船舶 | 航海科学技术,1996 | 相同 | 一定源自该公约 |

表 3.8(续 1)

| 序号 | COLREG 72 定义 | 汉译 | 收录学科及年份 | 术语在线 | 备注 |
|---|---|---|---|---|---|
| 9 | underway | 在航 | 海洋科学技术,2007;船舶工程,1998;航海科学技术,1996 | 在航;航行补给船;滑行航态湿面积;全球海洋表层走航数据计划 underway; underway replenishment ship; wetted area underway of planning hull; Global Ocean Surface Underway Data Project, GOSUD | 一定源自该公约 |
| 10 | length | 长度 | 物理学,2019;信息科学技术,2008;水产,2002;船舶工程,1998;水利科学技术,1997;航海科学技术,1996;电子学,1993;数学,1993 | 长度,船长,队形长度,混合长度,约束长度,体长,可浸长度,标准长度 length, ship length, length of formation, mixing length, constraint length, body length, floodable length, standard length | 船舶工程的取词,可能源自该公约 |
| 11 | breadth | 船宽 | 管理科学技术,2016;海洋科学技术,2012;土木工程,2003;水产,2002;船舶工程,1998;航海科学技术,1996;石油,1994 | 市场宽度,型宽,最大宽度,船宽,生态位宽度,登记宽度,领海宽度 breadth, moulded breadth, maximum breadth, extreme vessel breadth, maximum breadth, extreme breadth, niche breadth, registered breadth, breadth of the territorial sea | 未必源自本公约 |

表 3.8(续 2)

| 序号 | COLREG 72 定义 | 汉译 | 收录学科及年份 | 术语在线 | 备注 |
|---|---|---|---|---|---|
| 12 | wing-in-ground craft | 地效船 | 教育学,2013;海洋科学技术,2007;船舶工程,1998;航海科学技术,1996 | 工艺,艇,靶船,工程船,水翼艇,craft, boat, target craft, working craft, hydrofoil craft | 未必源自本公约 |
| 13 | masthead light | 桅灯 | 船舶工程,1998;航海科学技术,1996 | 相同 | 一定源自该公约 |
| 14 | sidelight | 舷灯 | 船舶工程,1998;航海科学技术,1996 | 相同 | 一定源自该公约 |
| 15 | stern light | 艉灯 | 船舶工程,1998;航海科学技术,1996 | 艉灯,sternlight, stern light | 一定源自该公约 |
| 16 | towing light | 拖带灯 | 船舶工程,1998;航海科学技术,1996 | 相同 | 一定源自该公约 |
| 17 | all-round light | 环照灯 | 船舶工程,1998;航海科学技术,1996 | 相同 | 一定源自该公约 |
| 18 | flashing light | 闪光灯 | 昆虫学,2000;船舶工程,1998;电气工程,1998;铁道科学技术,1996 | 闪光灯,闪光信号,闪光,flashing light | 昆虫学非本术语含义 |
| 19 | whistle | 号笛 | 船舶工程,1998;铁道科学技术,1997;航海科学技术,1996 | 号笛,笛号,汽笛,号笛控制装置 whistle;whistle and siren control system | 涉海术语一定源自该公约 |

表 3.8(续 3)

| 序号 | COLREG 72 定义 | 汉译 | 收录学科及年份 | 术语在线 | 备注 |
|---|---|---|---|---|---|
| 20 | short blast | 短声 | 航海科学技术,1996 | 相同 | 一定源自该公约 |
| 21 | prolonged blast | 长声 | 航海科学技术,1996 | 相同 | 一定源自该公约 |
| 22 | height above the hull | 船体以上的高度 | 机械工程,2013;航空科学技术,2003;地理学,2006;航海科学技术,1996;数学,1993 | 车架高度,初稳心高度,场面气压高度,纵稳心高度,海拔,height of chassis above ground,initial metacentric height above baseline,longitudinal metacentric height above baseline,height above the mean sea level | 非源自该公约 |

根据表 3.8,22 个词条中全部或者所包含的词被"术语在线"收录,占100%。其收录率相当高,说明我国对该公约十分重视。其中有航海科学技术、船舶工程、海洋科学技术、水产 4 个名词审定(分)委员会收录该公约词条,航海科学技术名词审定(分)委员会是该公约的主学科,海上避碰与船舶驾驶有着密切关联,很显然这也符合收录规律,而船舶工程、海洋科学技术等相关委员会收录较少,船舶工程则是从号灯与号型配备的角度做出定义,海洋科学技术仅对"在航"做了定义。而关联不大的其他学科如:地理学、电子学、电气工程、管理科学技术、航空科学技术、昆虫学、教育学、机械工程、数学、石油、水利科学技术、铁道科学技术、信息科学技术、物理学等 14 个名词审定(分)委员会虽然收录词条中的某词汇,但未必取自该公约,这反映出我国各个术语(分)委员会的协调科学性。

# 第九节　《1979 年国际海上搜寻和救助公约》及其术语研究

《1979 年国际海上搜寻和救助公约》是规范海上或者陆地和海运有关的搜救单位提供或者接受搜救的公约,可简称为《搜救公约》(International Convention on Maritime Search and Rescue,1979,简称"SAR Convention"或者"SAR")。

## 一、公约制定背景

在此公约制定前,很多搜救不仅程序模糊,而且很多在遇险船附近的正常航行船只不施救也得不到应有的舆论谴责或者惩罚。为了协调全球范围内的海上搜救问题,也为了引起全社会都对海上搜救的重视,政府间海事协商组织于 1979 年 4 月 9 至 27 日在汉堡召开国际海上搜寻救助会议,讨论并制定《1979 年国际海上搜寻和救助公约》。公约强调发扬人道主义,规定缔约国在本国的法律、规章制度许可的情况下,应批准其他缔约国的救助单位为了搜寻发生海难的地点和营救遇险人员而立即进入或越过其领海或领土。公约的附则对搜寻救助的组织、国家间的合作、搜寻救助的准备措施、工作程序和船舶报告制度等做了规定。该公约于 1985 年 6 月 22 日正式生效,此后又经过几次修正。比如《1979 年国际海上搜寻和救助公约》1998 年修正案于 1998 年 5 月 18 日在德国汉堡签署,自 2000 年 1 月 1 日起正式生效。

## 二、公约主要内容

该公约的导则共 8 条,分别是第 1 条公约的一般义务(General Obligation under the Convention),第 2 条其他条约及解释(Other Treaties and Interpretation),第 3 条修正案(Amendments),第 4 条签署、批准、接受、核准和加入(Signature, Ratification, Approval and Accession),第 5 条生效(Entry into Force),第 6 条退出(Denunciation),第 7 条保存和登记(Deposit and Registration),第 8 条文字(Languages)。

该公约的附录或者主题部分有五章,主要内容如下:

第 1 章术语和定义(Chapter 1 Terms and Definitions):本章规定了本公约主体词汇的定义。

第 2 章组织和协调(Chapter 2 Organization and Coordination):该章明确了政府的责任。它要求缔约方单独或与其他国家合作,建立搜救业务的基本要素,包括:法律框架,指定负责机构,组织可用资源,通信设施,协调和运营职能及改善服务的过程。该服务包括规划、国内和国际合作关系和培训。缔约方应在有关缔约方同意的情况下,在每个海域内建立搜救区域。然后,各方接受为特定区域提供搜索和救援服务的责任。本章还介绍了如何安排搜救服务和发展国家能力。各方必须建立救援协调中心,并在 24 小时的基础上,由具备英语工作知识的训练有素的工作人员运营。缔约方还必须"确保海事和航空服务之间的最密切的实际协调"。

第 3 章国家间合作(Chapter 3 Co-operation Between States):本章内容是,要求缔约方协调搜救组织,必要时与邻国协调搜救行动。该章规定,除非有关国家之间另有协议,否则一方应在遵守适用的国家法律、规则和条例的情况下,授权其他缔约方的救援队仅为搜救目的立即进入其领海或领土。

第 4 章操作程序(Chapter 4 Operating Procedures):该章规定,每个 RCC(救助协调中心)和 RSC(救助分中心)应掌握该地区搜救设施和通信的最新信息,并应制定详细的搜救行动计划。各方单独或与他人合作时,应能够在 24 小时内接收遇险警报。这些规定包括在紧急情况下应遵循的程序,并规定应在现场协调搜救活动,以取得最有效的结果。该章规定,在可行的情况下,搜救行动应继续进行,直到救援幸存者的所有希望都破灭为止。

第 5 章船舶报告系统(Ship Reporting Systems):包括关于为搜索和救援目的建立船舶报告系统的建议,指出现有船舶报告系统可为特定地区的搜索和救援提供足够的信息。

# 三、该公约的术语与定义

该公约定义只出现在第 1 章中。

## CHAPTER 1　TERMS AND DEFINITIONS

### 第 1 章　术语和定义

1. *Shall* is used in the Annex to indicate a provision, the uniform application of which by all Parties is required in the interest of safety of life at sea.

本附件中使用"**须**"字时,说明为海上人命安全起见,要求所有缔约方一致应用这一条款。

2. *Should* is used in the Annex to indicate a provision, the uniform application of which by all Parties is recommended in the interest of safety of life at sea.

本附件中使用"**应**"字时,说明为海上人命安全起见,建议所有缔约方一致应用这一条款。

3. The terms listed below are used in the Annex with the following meanings:

本附件中所使用的下列名词,其含义如下:

(1) *Search and rescue region.* An area of defined dimensions within which search and rescue services are provided.

**搜救区域**,系指在规定的范围内提供搜救服务的区域。

(2) *Rescue co-ordination centre.* A unit responsible for promoting efficient organization of search and rescue services and for Co-ordinating the conduct of search and rescue operations within a search and rescue region.

**救助协调中心**,系指在搜救区域内负责推动各种搜救服务有效组织的和协调搜救工作指挥的单位。

(3) *Rescue sub-centre.* A unit subordinate to a rescue co-ordination centre established to complement the latter within a specified area within a search and rescue region.

**救助分中心**,系指在搜救区域的特定地区内为辅助救助协调中心而设置的录属于该中心的单位。

(4) *Coast watching unit.* A land unit, stationary or mobile, designated to maintain a watch on the safety of vessels in coastal areas.

**海岸值守单位**,系指定为对沿海地区船舶安全保持值守的固定或流动的陆上单位。

(5)*Rescue unit*. A unit：composed of trained personnel and provided with equipment suitable for the expeditious conduct of search and rescue operations.

**救助单位**,系指由受过训练的人员组成并配有适于迅速执行搜救工作设备的船舶(或航空器)。

(6)*On-scene commander*. The commander of a rescue unit designated to co-ordinate search and rescue operations within a specified search area

**现场指挥**,系指定在特定搜寻区域内对搜救工作进行协调的救助单位的指挥人。

(7)*Co-ordinator surface search*. A vessel, other than a rescue unit, designated to co-ordinate surface search and rescue operations within a specified search area.

**海面搜寻协调船**,系指定在特定搜寻区域内对海面搜救工作进行协调的非救助单位。

(8)*Emergency phase*. A generic term meaning, as the case may be, uncertainty phase, alert phase or distress phase.

**紧急阶段**,系指根据具体情况而指的不明、告警或遇险阶段的统称。

(9)*Uncertainty phase*. A situation when in uncertainty exists as to the safety of vessel and the persons on board.

**不明阶段**,系指对船舶及船上人员的安全处于不明的情况。

(10)*Alert phase*. A situation wherein apprehension exists as to the safety of a vessel and of the persons on board.

**告警阶段**,系指对船舶及船上人员的安全产生令人忧虑的情况。

(11)*Distress phase*. A situation wherein there is a reasonable certainty that a vessel or a person is threatened by grave and imminent danger and requires immediate assistance.

**遇险阶段**,系指有理由确信船舶或人员有严重和紧急危险而需要立即救援的情况。

(12)*To ditch*. In the case of an aircraft, to make a forced landing on water.

**迫降**,系指航空器被迫在水上降落。

# 四、该公约的定义在"术语在线"中的收录情况

将该公约的定义在我国"术语在线"中进行了检索,结果参阅表3.9。

表 3.9　《搜救公约》在"术语在线"中的收录情况

| 序号 | SAR 定义 | 汉译 | 收录学科及年份 | 术语在线 | 备注 |
| --- | --- | --- | --- | --- | --- |
| 1 | shall | 须 | 未收录 | 无 | 该词是英语动词,在汉语中没有收录值 |
| 2 | should | 应 | 未收录 | 无 | 该词是英语动词,在汉语中没有收录值 |
| 3 | search and rescue region | 搜救区域 | 航海科学技术,1996 | 搜救区,search and rescue region,SRR | 一定源自本公约 |
| 4 | rescue co-ordination centre | 救助协调中心 | 航海科学技术,1996 | 救助协调中心,rescue coordinator center,RCC | 一定源自本公约 |
| 5 | rescue sub-centre | 救助分中心 | 航海科学技术,1996 | 救助分中心,rescue subcenter,RSC | 一定源自本公约 |
| 6 | coast watching unit | 海岸值守单位 | 海洋科学技术,2007;地理学,2006;水利科学技术,1997;船舶工程,1998;航海科学技术,1996;石油,1994 | 海岸阶地,潮岸上超,沿海国,滨海气候,海岸带,近岸[大]洋,护卫艇,近岸海 coastal terrace, coastal onlap, coastal state, coastal climate, coastal zone, coastal ocean, coastal escort, coastal sea, coastal water | 尽管名词中好多包含海岸,但是并非来自本公约 |
| 7 | rescue unit | 救助单位 | 航海科学技术,1996 | 救助单位,rescue unit,RU | 一定源自本公约 |

表 3.9（续）

| 序号 | SAR 定义 | 汉译 | 收录学科及年份 | 术语在线 | 备注 |
|---|---|---|---|---|---|
| 8 | on-scene commander | 现场指挥 | 航海科学技术,1996 | 现场指挥,on-scene commander,OSC | 一定源自本公约 |
| 9 | co-ordinator surface search | 海面搜寻协调船 | 航海科学技术,1996 | 海面搜寻协调船,surface search co-ordinator,CSS | 一定源自本公约 |
| 10 | emergency phase | 紧急阶段 | 放射医学与防护,2014;航海科学技术,1996; | 紧急阶段,应急阶段,emergency phase | 放射医学与防护称之为"应急阶段",未必源自本公约 |
| 11 | uncertainty phase | 不明阶段 | 航海科学技术,1996 | 相同 | 一定源自本公约 |
| 12 | alert phase | 告警阶段 | 航海科学技术,1996 | 相同 | 一定源自本公约 |
| 13 | distress phase | 遇险阶段 | 航海科学技术,1996 | 相同 | 一定源自本公约 |
| 14 | ditch | 迫降 | 航空科学技术,2003 | 水上迫降,ditching | 对动词的改造,一定源自本公约 |

从表 3.9 我们可以得出下列几个结论：

该公约 14 个名词中有 12 个词被收录或者部分词中的某个重要部分被收录，收录占比为 85.7%。说明《1979 年国际海上搜寻和救助公约》主体名词都被全国科技名词审定委员会收录，航海科学技术是收录的主科，其他可能借鉴收录的（分）委员会有船舶工程、海洋科学技术、水利科学技术、航空科学技术、地理学、石油、放射医学与防护等 7 个（分）委员会。这也说明"副科从主科"的原则，以及搜救航空与航海的协调。

该公约关注的学科单一，与全方位、多视角立体搜救的理念不相配，我国需要全面重视海事搜救问题，水产、船舶工程等涉海名词（分）委员会，应该根据本行业的特点适当地收录关键词汇为本行业使用。

# 本 章 小 结

本章主要探讨了重要的国际海事公约的基本内容和其主要术语定义。在列举的 8 个国际海事公约中定义最多的是《SOLAS 公约》，其次是《MARPOL 73/78》。公约中相通的几个定义，比如 Administration（主管机关）及 regulation（本规则），分别在上述的《SOLAS 公约》《MARPOL 73/78 公约》《STCW 公约》《ICLL 66 公约》《Tonnage 69》等 5 个公约做出了定义，严格意义上来说，我国并未收录国际海事公约中的该 2 个词的特殊词义，收录的词义仅仅是普通术语定义。Organization 在各海事公约中均指国际海事组织，本例中《SOLAS 公约》《MARPOL 73/78 公约》《STCW 公约》《Tonnage 69》等 4 个公约做出定义，我国收录该词词义也是普通术语的定义。每个国际海事公约的定义就是其术语词，我们研究术语词的收录状况可以分析国际海事公约在我国的使用情况。

对上述海事公约术语和定义被全国科技名词审定委员会作为术语的采纳情况，我们进行了量化研究。本章也是 2021 年全国科技术语审定委员会项目"国际海事公约重要词汇转化为涉海学科术语研究"的主要研究成果。得到的基本结论是我国针对主要的国际海事公约术语名词，收录率最高的是《国际海上避碰规则公约》，以航海科学技术名词审定（分）委员会为主审名词的学科，已经达 100%，收录最少的是《海事劳工公约》。我们按照本章分析的 8 个公约求收录率的平均值，为 75.65%，如果推广至其他未举例的公约，可以估算超过70%国际海事公约的定义已经转化为我国的科技术语名词。收录最多的主学科是 4 个涉海学科，即全国科技名词审定委员会下设的船舶工程科技名词审定

(分)委员会、航海科学技术科技名词审定(分)委员会、海洋科学技术科技名词审定(分)委员会、水产科技名词审定(分)委员会。而影响最广的公约则有 50多个其他科技名词审定(分)委员会收录。非涉海学科名词审定机构中,石油科技名词审定(分)委员会是除了涉海学科外定义涉海科技名词较多的学科。充分说明我国各领域皆对涉海领域发展的高度重视,也说明了我国科技名词与国际涉海领域的接轨现状。从名词收录较多年份来看,2003 年海峡两岸科技名词审定对上述公约术语名词起到了重要的推动作用,体现了中华民族共同智慧推动术语事业发展的成就,也为未来发展我国术语指明了方向。

我国涉海术语收录的不足之处:我国涉海类名词管理(分)委员会对新海事公约及新海事术语概念反应不强,一般要经历几年的时间甚至 10 年以上的时间,才能完成将新术语和新概念转化为我国科技术语。在少数涉海领域,台湾省当地居民使用术语超前于定名,从术语词的定名可以看出,很多在台湾省内使用的术语词在大陆还没有定名。

# 第三篇 从不同语言学视角探究 英汉涉海术语

本篇从不同的语言学视角,分别从语言学、社会学、认知学、地理学、逻辑学多学科和术语学的融合方面,探究涉海领域英汉术语规律。

# 第四章　基于认知语言学视角的涉海英汉术语研究

从涉海术语的认知视角来研究就是从认知学或者认知语言学的维度来剖析术语,认知特征可以从深层次来剖析术语,从术语的认知角度分析术语,使术语的研究更加深入。

## 第一节　我国涉海术语与涉海名词认知研究

涉海术语具有特殊性,因为涉海术语通常会涉及海事名词,虽然其他学科也有涉海术语和名词,但是涉海名词有着自己的特征,人们往往对这些涉海术语和名词有着认知差异。下面我们从认知的层面进行探讨。

### 一、我国术语词汇的认知特点

我们现在探讨社会术语主要是指全国科技名词审定委员会下设的航海科学技术、海洋科学技术、水产、船舶工程等名词审定(分)委员会遴选和定义的科技名词,虽然其称谓也是名词,而且其主要组成也是名词或者名词性词组,但是这些名词的总体组合是从术语学的角度来构成的。也就是说涉海术语是以术语学为视角的特殊词汇,且词的遴选、定义、审定、发布、传播都带有非常明显的特殊术语学特征。换言之,虽然这些词的本身也是名词,但是这些词是涉海术语学旗下的节点词,属于符合术语学特征的词的基本单位,可以说属于涉海术语词一定是名词,但并非所有的涉海名词都是术语词。名词的定义不过是从语法特征角度来说的,凡是属于做主语或者宾语的中心词或者部分修饰中心词的词汇都属于名词范畴。正因为如此,笔者注意到很多学者的论文中提到的术语词都不属于“术语”定义范畴,因此从认知的角度来说,此现象属于术语概念滥用,也就是认知上出现了偏差。因此很多情况下在涉海领域乃至其他领域,“术语”一词被认为是“时髦”提法,术语的概念被误解、错用或滥用。

术语词在我国之所以被称为术语,是按照一定的规划形成的。根据我国现行的术语管理体系,凡是提到术语词,就必须是被我国官方术语管理机构审定并公布,从词库能够查阅到的词。比如,"航向(course)",被航海科学技术名词审定(分)委员会于 1996 年和船舶工程名称审定(分)委员会于 1998 年收录,并经过全国科技名词审定委员会三审后发布,而成为我国科技名词。而"抵消风后实际航向(course made good)"和"抵消流后的实际航向(course over ground)"虽然都是词典中收录的重要名词词组,但是迄今为止,我国名词管理的相关机构并没有审定。故此,这两个词不能称为术语词。

术语概念不可随意乱用,使用该词时必须对"术语"有正确认知。中国"术语"必须符合以下几个特征。

(1)术语首先符合中国术语规划与管理规律。术语本身必须是经过各个名词审定(分)委员会遴选审定的,并报请全国科技名词审定委员会审定后,或者我国其他标准化机构规范过的方能成为术语,而不是随意找一个重要词就界定为术语词。任何词汇如果进入术语的轨道上,就要个体服从群体、组织服从国家。术语本身就是对概念及使用进行规范,术语不能随意乱用,术语本身就是约束。术语使用时要考虑到个人使用和社会群体协同一致,这样才能起到信息传输效率最大化,学科也可以由于规范术语而得到良性发展。总之,我们必须从认知的角度重新认识"术语"。特别是涉海领域,它涉及经济性、社会性、国家战略性等,属于重中之重,因此涉海的术语滥用带来的危害是十分巨大的。滥用术语也否定了全国科技名词审定委员会、国家标准化机构、国家语言文字工作委员会等机构的工作和语言规范权威性,会导致标准化推进困难,影响我国科技术语建设的快速、健康发展。

(2)术语词需要满足术语学特征。我们刚刚分析了,名词是按照语法分类的重要功能词,但是并非所有的名词都适合做术语词。因为术语词必须具有术语功能特征,从词汇的结构特征、表达的定义特征、词汇本身的认知特征等各个方面都必须满足术语特征,选对了术语词对术语学科发展能起到良好的互动;相反,如果滥选术语词,虽然短时间内看不出其危害,但是从学科发展主体上一定会出现术语发展进入瓶颈期。我们看到,术语学在吸纳语言学、逻辑学、翻译学后其研究方法丰富了,但是由于其根基不牢,目前发展已经进入了认知瓶颈期,有时候我们从认知的角度甚至无法区分术语学和语言学。因此我们对术语的认知不要"太宽泛",更不要"太自由",我们必须把术语学的探讨置于术语学研究范式下,不是凡是结合语言学、逻辑学、历史学、翻译学的研究都符合术语学的发展规律。

# 二、海峡两岸普通名词的认知过程对比

在第二章第五节中我们已探讨了涉海术语差异,在此我们从普通术语词汇差异的认知过程的视角加以分析。我国幅员辽阔,术语规范中祖国大陆采用的是同一术语标准,不存在差异问题,而我国台湾省居民的术语词汇则暂时未采用标准名词,我们通过两岸词汇的认知规律研究得出词汇命名背后的认知规律。

我们日常所使用的术语词,从名称看本身也有认知属性,可以通过术语词的名称解读命名时的不同认知过程和认知规律。比如大陆使用"熊猫"作为栖息在四川等地的国宝动物的术语名词,而在我国台湾省居民则使用"猫熊"。"熊猫"术语命名是取熊猫乖巧可爱如猫的认知特点,从名词看,说明人们对该动物的喜爱。而我国台湾省居民使用的"猫熊"这一术语名词,是从动物的属类角度来命名的,说的是像"猫"的熊科动物,中心词是"熊"字,从命名的科学性来看"猫熊"更加科学。再比如计算机的"鼠标",台湾省居民叫"滑鼠",大陆采用的是"外型比喻+作用"的命名方式,台湾省居民则采用"功用+外型比喻"的认知方法。虽然认知手段不同,但是认知结果形成术语词汇相近,也反映了海峡两岸都是中华民族大家庭认知的相似性。

对于同一事物也有外型与功能的差异。比如在大陆对常用电脑使用的术语是"台式电脑"或者"台式机",也就是把放在台面上的电脑称为台式机;而我国台湾省多用"桌上型电脑"一词表达,很显然后者命名方式受到了对英语单词desk top 的认知影响。对比这两个术语,大陆术语名称更加简约合理。

我们从命名的角度可以看出认知属性。比如,我们大陆使用的电脑、电视、手机"屏幕"这一术语,台湾省居民称之为"荧幕","屏"字可以比作屏风、屏障的"屏",认知中有遮挡等含义。"荧幕"在大陆也使用,不过该词属于文学词汇,而非规范的科技名词。再比如大陆使用手机的"视频通话"功能,我国台湾省居民称之为"视讯",显然后者更加简约。大陆的"矿泉水瓶",台湾省居民称为"宝特瓶",很显然前者更加重视其功能,而后者更重视简约。说明中华民族血脉相通,思维也相通。

除了相同之处外,海峡两岸术语词从认知角度分析还有细微的差异。如大陆说的"花生"一词,台湾省居民闽南方言却是"土豆"。"花生"的认知过程是指由"开花"而"生果",而"土豆"的认知过程是生长在"土"里的小"豆豆"。由于我们认知角度稍有差异,就出现了命名差异。大陆称为"土豆"的术语,在台湾省却称为"马铃薯"。从该词看,祖国大陆发展更快,能更快地接受新生术语概念,而宝岛台湾居民由于闭塞的原因保留了我们古时候说法,也是体现了认知的差异。同时也可以证明台湾省居民和祖国大陆有着相同的文化血脉。再比如大陆称为"西兰花"的蔬菜,台湾省居民称为"青花菜",很显然"西兰花"的认知是因为该蔬菜是舶来品,而且菜形像兰花的认知,是"来源+外形"的组合术语词,"青花菜"的命名是因为颜色发青的花菜,从该词来看,两岸因认知角度不同带来了较大差异。再比如大陆称为"包心菜"或者"卷心菜"的蔬菜,台湾省居民称为"高丽菜",前者的认知角度是从该菜的包心特点入手命名的,台湾省居民则是根据这种菜最初是从朝鲜或者韩国引进的来命名的。

再比如大陆称为"橙子"的水果,台湾省居民称为"柳丁",橙子指的是橙子树结的多果,柳丁也是由于像柳树形的树木多果"丁"。大陆把进口水果"牛油果"称为"牛油果",主要是因为该水果中蕴含很多油,有点像牛油的感觉,台湾省居民则称之为"酪梨",也是由于水果中有油脂,像奶酪同时又有梨的形状。再比如祖国大陆称为"三文鱼"名词,主要是从音译的角度,首先是对该词的英语"salmon"的音译"三文",然后加上"鱼"作为补足翻译,而台湾省居民称之为"鲑鱼",显然后者是从学名来说的,显然两岸对其命名角度不同。

综上所述,虽然两岸被阻隔了几十年,但是文化却是相同的。虽然针对具体词的认知稍有差异,但是命名原则、方法整体上是相同的。

## 三、涉海名词的认知特征

涉海领域的重要节点词,有些词可能在未来某个时间将转化为涉海术语词。比如,本文中举例的"抵消风后实际航向(course made good)"和"抵消流后的实际航向(course over ground)"两个词,虽然还不是术语词,但是将来一定会成为术语词。因为这两个词在中国的涉海领域中非常重要,涉及船舶工程学科,比如说在生产或者选用雷达设备中如何计算航向,也涉及航海科学技术、海洋科学技术和水产学科,如使用雷达设备进行船舶的航线设计与规划。因此目前是某位术语使用者首先发现这两个词需要做定义,并通过上述某个(分)委员会或其他学术团体提出,经过相关的名词审定程序,将这两个词纳入国家相关名词规范与标准,然后向社会公布,并对社会群体在使用时进行规范。即术语名词从无到有,经历了发现、初审、复审、终审、定名、收录、公布、传播、使用规范等一系列过程。因此自将其发现并提交起,到最终公布前,此类词进入了"准术语"的窗口期。如果采用认知论的角度,就是在科技发展中一些新的事物出现后,整个社会群体并没有认识到其重要性,正是那些思维和认识超前的业界研究者或者使用者认识到了其重要性,并发起规范步骤后才改变了术语的现状,丰富了国家术语库建设。因此重要的涉海名词本身有着成为术语词的"潜质"。

涉海名词通常也有一定的"随意尺度"或者称为"窗口期"。比如说"抵消风后实际航向（course made good）"，其定义是船舶在抵消风作用影响前需要采取新航向，而船舶实际航行中就按照原计划航向航行了，因为在执行新航向过程中，由于风的作用抵消了航向误差。"抵消流后的实际航向（course over ground）"是船舶在航行中为了抵消海流作用影响需要采取新航向，而船舶实际航行中会回到原来规划的航向，因为在执行新航向过程中，海流作用抵消了航向误差。这两个名词都采用了修饰语比较长的偏正结构，在传播（如写作、出版）中使用比如"抵风航向（course made good）"和"对地航向（course over ground）"等更简略的名词，学者可能会有认知偏差，而消除这些微小认知偏差的方法就是规范、统一名称，在规范之前的窗口期由于认知偏差导致概念模糊也是正常的。

本节从认知的角度区分了涉海术语词、涉海名词、普通名词三者之间的区别和联系，这些词无论正确与否都是由认知差异产生的。从认知的角度，大陆术语使用者和台湾省术语使用者都具有相同的文化、相同祖先、相通的认知方法，只不过是由于两岸分隔，台湾省居民的术语没有得到相同的术语规范。

# 第二节　我国涉海术语的认知概念确立

我国涉海术语的认知概念是指从认知的角度来分析中国涉海术语词或者社会的术语学，并采用认知概念的方法对术语进行分析。哈特曼与斯托克（1981:61），在认知意义上曾经阐明，"词或短语的一种意义，说明外部世界的某些特点（即指示意义）或者智力推理过程中的某些特点。"也就是说，对术语词进行研究可以分析其认知特征，或者背后蕴含的文化特征。认知术语学是一个比较新的术语子学科，是以认知为视角的术语学。中国涉海术语出现在"术语在线"中的数量并不多，从中我们可以对认知术语进行分析。

## 一、以动物为喻体的术语词或类术语词

在涉海领域比较常见的两个词是"虎钳"和"皮老虎"。虎钳的主要定义是由机械工程名词审定（分）委员会规范的，比如"可倾虎钳（tilting vice）"和"V型虎钳（V-type jaw vice）"，在涉海领域的船舶工程和航海技术的维修中都要使用，而定义的主学科是机械工程，其他学科则随主学科命名。"皮老虎"则只

是在民间使用,我国科技名词各个学科中都没有收录。

以"老虎"为喻体且已经被全国科技名词审定委员会收录的词汇在其他领域有很多,比如说建筑学的名词"老虎窗(dormer)"、农学名词"地老虎(cutworm)"、地质学名词"老虎台组(Laohutai Formation)"、冶金学和化工中的名词"老虎口(jaw crusher)"、神经病学名词"虎眼征(eye-of-the-tiger sign)"、显微外科学名词"虎口(first web space of hand,thumb-index space)"、中医药学名词"虎杖(giant knotweed rhizome)"和"虎牙(canine teeth)"、食品科学技术名词"虎皮病(superficial scald)"。老虎是中国语言中具有正能量的词汇,因此老虎作为认知中的喻体和使用喻词频繁出现在我们的汉语使用词汇中,而对应的英语术语词中仅"虎眼征"对应的英语中有"虎(tiger)",从以"虎"为喻体可见中华文化中对虎的正向认知。

鸭嘴钳也是船舶工程和维修的重要工具之一,由于其嘴形酷似鸭嘴而得名,目前也没有被全国科技名词审定委员会的各(分)委员会收录。再比如"牛油(butter)"一词被食品科学技术名词审定(分)委员会收录,然而被收录的"牛油"字面上没有比喻意义,但是"牛油(grease oil)"在涉海领域乃至机械领域中则是一种比喻现象,因为其颜色酷似牛油而得名。

马蹄形卸扣(U shackle)是船舶工程和海洋工程中起到连接作用的器件,由于其外形酷似马蹄而得名,而目前在我国科技名词中也没有收录该词汇。相似的比喻性术语被其他学科收录,比如医学名词"马蹄形肾(horseshoe kidney)""马蹄形裂孔(horse-shoe hole)""马蹄形切口(horseshoe incision)",植物学名词"马蹄形疣(lecotropal papilla)",冶金学和煤炭科学名词"马蹄形支架(U-shaped support)",地质学名词"马蹄形盾地(horseshoe shaped betwixtoland)"等。马也是中国文化中被崇尚的动物,各个子学科都有以马蹄形作为喻词。

象鼻式防毒面具是船上常用的职务安全设备,由于其外形酷似大象鼻子而得名。涉海各个学科并未收录该术语,而非涉海学科则收录了采用象鼻作比喻的词,比如图书馆情报与文献学和编辑出版学分别收录了"象鼻(trunk, elephant trunk)",医学收录了"象鼻术(elephant trunk technique)",煤炭科学技术则曾经收录了"象鼻子碹(pierce through point junction arch)",但后来改名为"穿尖碹岔"。

横向比较一下,涉海子学科对于比喻使用比其他子学科更加慎重,或者说不太愿意收录带有比喻意义的名词。

## 二、以自然界常见物品为喻体的术语词或类术语词

比喻词中很多是以日常生活中常见事物或者物品作为喻体,比如说"浪花(breaker)"在汉语中是指末端细碎如"花"的海浪,是对现象描述创造出了"浪花"一词,而英语对应术语却没有和汉语相应的比喻意境,只是从"打碎"的角度作为比喻,其是从其物理内涵的表述来实现比喻。"琵琶扣(eye of line)"是缆绳的端口,酷似中国乐器琵琶的形状,因此涉海从业者将其比喻成琵琶,同时其形状还像纽扣的眼,因此采用双喻体的方式,就成了琵琶扣,而英语使用群体中由于没有琵琶这一乐器,他们也用了此比喻,喻体则是用了"眼睛",因为其形状也酷似人的眼睛。"防波堤口门(entrance of breakwater)"是指"防波堤(break-water)"开口,汉语中拿"口"和"门"双喻体作为比喻,英语中没有使用"mouth(口)"作为喻体,只是使用了"entrance(门)"。"港池(harbour basin)"是防波堤围成的区域,中文中则把该"围堰"式的区域比作"池塘",因此用"港池"作为喻词。再比如"生铁块(pig iron)"船员采用"面包铁"这一非标准称谓,因为其形状胖乎乎的,汉语使用者联想到面包,因此使用"面包"作为喻体,而英语使用者则用"猪"作为喻体。就此术语词而言,汉语使用者更加有智慧,同时,汉语用词中"猪"作为比喻或者修饰多数不是正面词汇,因此规避使用"猪"以防止出现术语歧义,这是术语的客观性之需要。再比如,在船首可以劈波斩浪的称为"球鼻艏(bulbous bow)",中文使用者因其外形酷似"半球",又像鼻子,于是就采用了双喻体的比喻方式,而英语使用者则认为其外形上更像半个电灯泡,因此就用"bulb(灯泡)"作为喻体。

本组分析中对比了中英文使用者的比喻方式,我们发现术语采用不同的比喻方式,主要是因为使用者看到物品时的联想方式不同。

## 三、以神话或者人物传说为喻体的术语词

"神仙葫芦"是指机械滑车。机械滑车组合形状让我们想起了八仙传说中的铁拐李的酒葫芦,因此其得到神仙葫芦的名称,而且该术语经过航海科学技术委员会的审定,已经变成标准的航海科技名词,是将文学与文化转变为科技术语。"桃园三结义"中的关羽是正面人物,有着高大威猛的形象,正好符合吊杆的正直与挺拔的特征。后来的术语词"双杆作业(union purchase)"即更加印证了将军喻词就是指关羽。20世纪70年代国际海运中流行"杂货船(general cargo ship)",杂货船上有吊杆,此类吊杆通常像鹤形。吊杆立柱名曰"将军柱",两个翅膀则是一大一小,大的称为"大关(hatch boom)",小的称为"小关

(cargo boom)",此处"关"字有两种解释:一种是指关卡,好像是将军前面的两个卫兵;另外一种解释,"关"字就是指关羽。在中文中"吊杆"中的"关"字就是指关羽。再比如"龙卷风(tornado)"是用中国神话的龙作为喻体,远观龙卷风酷似龙吸水,因此而得名,但是英语 tornado 则没有类似的比喻现象。

## 四、以汉字为喻体的术语词或者是类术语词

汉字是世界上特有的象形文字,因此以汉字作为喻体也比较常见。比如"工字钢"(I steel),是指船舶工程中酷似铁轨的钢件名称,因为其酷似汉字的"工"字而得名。在英语使用者中他们也采用比喻,不过他们用的是英语文字中的大写字母"I",英语大写字母"I"确实和汉字"工"字很相似。十字花螺丝刀(cross-shaped screwdriver),由于尖头酷似汉字"十",用此外形作为比喻,而英语使用者中没有这种汉字,他们以"十字架"作为喻体。"一字螺丝刀(flathead screwdriver)"因为尖头处酷似汉字"一"的形状而得名,英语使用者则采用"平头"作为喻体。

因此根据汉字的形状而使用的比喻也是特有的比喻现象,而英语使用者对于相同术语则采用英语文字或者文化现象作为比喻。

根据本节分析,我们得出几个结论:首先,应该确立中文涉海认知学概念,从认知的角度解读术语词的产生规律、认知规律、使用规律。其次,中文涉海认知学与其他语言认知学存在的异同点,相同处反映了人类社会的共同文化属性,也反映了在社会交往中不同民族之间交流属性。不同之处反映了对于概念认知的特有理解,是民族性的体现。

# 第三节 认知视域下英语涉海术语词研究

以比喻词作为术语通常有着令人意想不到的效果,在涉海领域非常常见。在术语研究中,术语的传播性是关键之一。在术语表述中通常会抓住事物的外形、事物的性质、事物的功能,从术语的概念化中用其他概念进行过渡与转换,在涉海英语中有很多这样的例证。比如涉海术语"锚机链轮",英语母语者想到了生活在南欧的吉普赛人,吉普赛人在历史上都是游牧民族,故此 gypsy 后来就变成了"链轮"的代名词了。这样是以人作为比喻,涉海术语中以人为比喻的术语词数量不是很多,而以动物、植物、文字等为比喻的术语词则更多。

# 一、比作动物的术语词

由于涉海中特别是航海技术和渔业两个领域的人员都是常年漂流在海上，所见海上生物非常单调，因此为了寻找生活的乐趣，在其创造名词时就会联想陆地动物，形成了很多涉海术语都与动物有关，例详见表 4.1。

表 4.1　以动物为概念对象的涉海术语词

| 涉海术语词汇 | 汉语意思 | 认知意义 |
|---|---|---|
| bob cat（bulldozer） | 平舱铲车 | bobcat 是分布在北美洲的一种短尾猫，用该动物强调小而灵活的特点 |
| boa knot | 蟒蛇结 | 该绳结酷似蟒蛇形状而得名。 |
| catwalk（promenade deck） | 游步甲板 | 用 catwalk 表示舱盖挤占了甲板大部分空间，空间狭窄 |
| cocked hat（error triangle） | 误差三角形 | 误差三角形特别像公鸡头上的冠子，因此得名 |
| dolphin | 圆顶桩，大力缆桩 | 因该缆桩外形特别像海豚树立在水面的外形而得名 |
| donkey engine（auxiliary engine） | 副机 | 由于比喻中"马"和"驴"是一个属类，马和驴外形相同，而大小不同，主机和发电机也是如此，同是将热能转换机械能得装置，主机体积大、发电机体积小。以马对应主机，以驴对应副机 |
| donkey boiler（auxiliary boiler） | 辅锅炉 | 同样由驴的副机概念而诞生，从副转为辅 |
| donkey man（auxiliary engine staff） | 生火员，副机机工 | 同上 |
| donkey room（auxiliary chamber） | 副机舱和辅机舱 | 同上 |
| donkey topsail | 辅助上桅帆 | 由于上此帆是个力气活，因此以驴为比喻 |
| duckbill pliers | 鸭嘴钳 | 因为其外形像鸭嘴而得名 |
| fin stabilizer | 减摇鳍 | 因其外形类似鱼鳍、其作用是船舶减摇的而得名 |

表 4.1(续)

| 涉海术语词汇 | 汉语意思 | 认知意义 |
|---|---|---|
| halter hitch | 拴马结 | 又称缰绳结或者是帆绳结,以马为喻体 |
| horse engine | 主机 | 参阅副机 |
| miller's knot | 磨房结 | 是磨房扎口袋的绳结,目前已经传播至涉海领域,特别是货运中使用的绳结 |
| monkey island | 瞭望台 | 由于猴子可以爬高处,而帆船时代的瞭望平台很高,需要人攀爬而得名 |
| monkey deck (compass deck) | 罗经甲板 | 从瞭望台发展而来,仍然以猴子作为喻体 |
| monkey fist | 撇缆头结 | 其外形酷似猴子拳头,不能用人手比喻的主要原因是人的拳头大,且也不形似 |
| monkey block (chain block) | 机械滑车,神仙葫芦 | 机械滑车非常灵活,因此英语中用猴子作为比喻的概念体。而汉语中用葫芦主要想到了八仙中铁拐李葫芦 |
| monkey face | 三眼板 | 在吊钩上面的有三个眼的平板,因看上去非常像猴子脸而得名 |
| monkey boat (mooring boat) | 带缆艇 | 该类艇都是瘦小灵活,因此而得名 |
| monkey pipe (hawse pipe) | 锚链孔 | 锚链孔瘦而长,因此用猴子作为比喻 |
| monkey rope | 登高作业绳 | 登高作业绳如同秋千绳一样,自然联想起猴子登高 |
| monkey tail (snake line) | 链条滑车中的尾绳 | 该短绳有点像猴子尾巴而得名 |
| monkey spanner | 活络扳手 | 活络扳手比较灵活,因此用猴子作为喻词 |
| oil head (oil residual) | 油头 | 由于"头"的体积比较小,而且又是首先产生的废油,因此而得名 |
| pecked line (dotted line) | 虚线 | 画图中虚线,有点像实线被鸡啄了后的形状。dotted line 是点线 |
| squirrel cage motor | 鼠笼式电动机 | 由于其转子绕组像鼠笼而得名 |
| wildcat | 锚链轮 | 锚链轮,除了本节开篇介绍以 gypsy 为比喻外,更多的是用野猫作为比喻,采用动物作比喻,也是强调其"动"的属性 |

# 二、以人和其物品为概念对象比喻的涉海术语比喻词

在比喻中的物品都是生活中常见的和触手可及的,反之平时不太使用的物品都不在比喻之中。比喻词举例参阅表4.2。

表 4.2　以人和其物品为概念对象的涉海术语词

| 涉海术语词汇 | 汉语意思 | 认知意义 |
| --- | --- | --- |
| air bottle (air trunk, air reservoir) | 空气瓶 | 空气瓶顾名思义,就是装气体的瓶子,其本身并不是瓶子而是钢制的罐子 |
| bowl | 分离片组 | 分油机内部的分离片非常像倒扣的碗,因此英语中采用碗 |
| blood knot | 手足结 | 如果直译就是"血结",意指此类绳结不容易滑脱,非常牢靠,而汉语中有一个形容感情深厚牢靠的成语为"情同手足",因此而得名 |
| coat | 度,层 | 油漆、香水等涂层,如同穿上了外衣,因此这些层比作外衣 |
| crown knot | 冠头结 | 直译为"皇冠结",由于绳结形状如皇冠而得名,且绳结比较复杂,也表示皇冠之意 |
| diesel engine | 柴油机 | 由于 Diesel(迪赛尔)发明了发动机,因此以迪赛尔名字命名,而目前汉语取语义是从柴油(diesel)而来,作为姓氏首字母大写,后来使用中渐渐改成了首字母小写 |
| drum | 桶 | 葡萄酒桶之类的桶状物非常像鼓,因此用 drum |
| eye nut | 眼环状螺母 | 有些螺母是双环的,非常像人的眼睛,因此采用 eye |
| eye splice | 钢丝绳头 | 钢丝绳头插了一个单眼,因此采用 eye |
| eye of line | 琵琶扣 | 缆绳的端口非常像人的眼睛,因此采用 eye,中国人则认为像琵琶 |
| farmer's knot | 农夫结 | 起源于农夫拴牛马的绳结名称,并推广至涉海领域的绳结 |

表 4.2 续(1)

| 涉海术语词汇 | 汉语意思 | 认知意义 |
|---|---|---|
| female thread | 内螺纹 | 内螺纹在西方人眼睛中更像是女性一样内敛,因此得名 |
| fireman's coil | 消防员收绳结 | 海上消防船上使用的绳结打法之一 |
| fishman's knot | 渔人结 | 是渔船常用的绳结,因此而得名 |
| frame | 船舶肋骨 | 船舶肋骨无论从形状到作用都类似人的肋骨,因此而得名 |
| gangway (accommodation ladder) | 舷梯 | 舷梯上下的人都是一小撮人,因此采用 gang |
| guy (wire rope) | 钢丝绳 | 钢丝绳非常结实,如同小伙子一样,因此得名 |
| gypsy | 锚机上的卷筒 | 根据吉普赛人游牧民族特性而命名 |
| Jacob's ladder (rope ladder) | 绳梯 | 绳梯来自于圣经的人物雅各(Jacob)的名字 |
| Jack | 千斤顶 | 千斤顶是万能工具,又能干脏活和累活,因此用 Jack。在英国 Jack 是普通人的名字,因此 Jack 有万能之意 |
| Jack knife | 水手折刀 | 与千斤顶相似,这里的 Jack 是指普通且万能 |
| Jack flag | 船舶旗杆 | 也是采用 Jack 作为通用的含义,尤指船首旗杆 |
| Jason cradle | 杰森登乘辅助网 | 以发明人杰森命名,也是一种比喻形式 |
| leg | 航道分支 | 航道分支有点像人腿,因此得名 |
| lighter man's hitch | 驳船结 | 又称船夫结,是一种驳船上首先使用并传播至涉海领域的绳结 |
| man-harness knot | 苦力结 | 还称为炮兵结、人力结,是一种耐力很大的绳结,因此称为苦力结 |
| male thread | 外螺纹 | 外螺纹在西方人眼中更像男人张扬,因此得名 |
| master station | 主台 | 主台用主人对应,副台用奴隶对应,该比喻是较老的比喻,不符合现代主流文化特征 |

表 4.2 续(2)

| 涉海术语词汇 | 汉语意思 | 认知意义 |
|---|---|---|
| midshipman's hitch | 船员套结 | 又称副官结,是船员常用的绳结之一 |
| old man | 导向缆桩 | 导向缆桩有点像老人指路一样,比喻是其性质 |
| sailor's knot | 水手结 | 水手结是船上专用的绳结之一,也是水手必须学会的绳结 |
| sailmaker's whipping | 帆工绳端结 | 帆船时代使用的绳结 |
| sea bed | 海床 | 海床比作海上的床,和人类的床相比较 |
| stevedore's hitch | 码头工人结 | 又称船缆结,由码头工人使用并传播至涉海领域的一种绳结 |
| one ear of balancing roller assembly | 独耳型舱盖滚轮 | 其外形与作用酷似人的耳朵而得名 |
| purser | 管事 | 管事是掌管全船的财务,如同拿钱包的人 |
| sea chest | 海底阀 | 阀门的空间如同腔体 |
| sector search | 扇形搜寻 | 因其搜索范围如同折扇的扇面而得名 |
| slave station | 副台 | 参照主台的认知意义 |
| Smith | 打铁 | 在英国,铁匠的姓氏都是史密斯,以姓为喻 |
| spring line | 倒缆 | 倒缆就有最好的调节能力,如果弹簧能伸能缩 |
| squat | 艉下沉量 | 尾部下沉如同人蹲坐 |
| stowaway | 偷渡者 | 直译为"装着即走"。偷渡是令人讨厌的违法行为,对其比喻如同比喻无生物体,是蔑视与贬低 |
| thief knot | 平结 | 直译为"贼人结"或者"小偷结"。用来拴钱袋子一种绳结,因为小偷关注如何解开而得名 |
| Tom fool knot | 愚人节 | 直译为"傻子汤姆结",是一种打法非常简单的绳结,汤姆在美国人眼中好比 Jack,因此认知上意指极其简单凡人都会打得绳结 |
| trucker's hitch | 卡车司机结 | 由卡车司机首先使用并传播至涉海领域的绳结 |

# 三、以文字、图形为概念对象的涉海术语词

此处文字主要是指西方文字,以汉字作为喻体在第二节中已经作了探讨,西方文字不仅仅是英语,还有阿拉伯数字及其他语言,本节主要探讨以英语和阿拉伯数字作为喻体在涉海术语中出现的规律,举例参阅表4.3。

表 4.3　以文字、图形为概念对象的涉海术语词

| 涉海术语词汇 | 汉语意思 | 认知意义 |
| --- | --- | --- |
| A-frame | A 形机架 | 该种机器上小下大,如同字母 A 形状 |
| D boiler | D 形锅炉 | 这种锅炉非常像字母 D 形 |
| D ring | 地令 | 该种环是绑扎固定生根用的,因为像字母 D 而得名 |
| D shackle | D 形卸扣 | 该种卸扣非常像字母 D,因此而得名 |
| diagonal lashing | 十字编结 | 该绳结主要像四边形中对角线而得名 |
| figure of eight | 8 字结 | 由于其形状非常酷似阿拉伯数字 8 而得名 |
| square knot | 方结 | 绳结酷似方形而得名 |
| U shackle | U 形卸扣 | 该种卸扣非常像字母 U,被汉语使用者比作马蹄 |
| V-shaped formation | V 形编队 | 是海上军事船舶及搜救船舶的编队方式,因为酷似字母 V 而得名 |
| star-delta connection | 星形-三角形连接 | 启动时采用英语中星号(＊)形状连接,启动后改成三角形连接,采用星形和三角形两个喻体 |

# 四、以地名为概念比喻对象的涉海术语词

以地名为概念比喻对象在涉海术语中不是很多,举例参阅表4.4。因其盛产地、发明地或者在某地的独特习惯而以地名命名。

**表 4.4　以地名为概念对象的涉海术语词**

| 涉海术语词汇 | 汉语意思 | 认知意义 |
| --- | --- | --- |
| Alphine butterfly knot | 阿尔卑斯山蝴蝶结 | 该绳结由阿尔卑斯山脉附近的人使用并传播到全球的绳结 |
| American whipping | 美式绳端结 | 美国人发明的一种绳端锁紧结 |
| Australia ladder (spiral ladder) | 螺旋梯 | 散货船下舱、邮轮登高螺旋梯,由澳大利亚人发明,主要作用是通过"障眼法"帮助人们克服恐高因素 |
| Chinese knot | 同心结,中国结 | 绳结的一种,中国文化中同心象征着团结,由于发明地在中国而得名 |
| Filipino diagonal lashing | 菲律宾十字编结 | 菲律宾人首先使用的绳结,并传播至全世界的一种绳结 |
| Hague Rule | 海牙规则 | 由于该运输协议在海牙签署而得名 |
| Hamburg Rule | 汉堡规则 | 由于该运输协议在汉堡签署而得名 |
| Japanese square lashing | 日本四方编结 | 由日本人首先使用的绳结,并传播至全世界的一种绳结名称 |
| Manila rope | 白棕绳 | 因制作白棕绳须采用马尼拉盛产的一种剑麻而得名 |
| Panama lead | 船头导缆孔 | 由于船在穿行巴拿马运河时需要使用拖带业务,船头导缆孔就至关重要,因此而得名 |
| Portuguese Bowline | 葡萄牙式称人结 | 因葡萄牙水手使用并传播至全世界而得名 |
| Prusik Knot | 普罗修克结 | 普鲁士结,邮轮上攀岩用的绳结,又称为普鲁士结,是德国人发明的一种绳结 |
| Suez Canal Projector | 运河探照灯 | 船舶在穿行苏伊士运河时,按照运河管理规定需要检查探照灯,因此而得名 |

# 五、以花和植物等为概念对象的社会术语词

　　由于涉海行业中生活单调,工作空间狭窄,陆地上的植物花草也被借用变成了涉海术语,以增加生活与工作情趣。但是其数量不多,例子参阅表 4.5。

表 4.5　以花和植物等为概念对象的涉海术语词

| 涉海术语词汇 | 汉语意思 | 认知意义 |
| --- | --- | --- |
| bowline | 单编结 | 该绳结有点像蝴蝶形状,因此而得名 |
| clove hitch | 丁香结 | 该绳结形状像丁香花,因此而得名 |
| compass rose | 罗经花 | 罗经花比较像玫瑰,因此而得名 |
| walnut knot | 核桃结,拖把结 | 拖把结必须像核桃,因此而得名 |

# 六、其他比喻意义的涉海名词

在上述类别无法包含的涉海比喻意义的英语术语词,举例详见表 4.6。

表 4.6　其他概念对象的涉海术语词

| 涉海术语词汇 | 汉语意思 | 认知意义 |
| --- | --- | --- |
| blackout | 失电 | 船上失电后,船舶漆黑一片,因此而得名 |
| dead reckoning | 推算船位 | 船舶在定位设备"死亡"后的定位方式 |
| devil's claw | 锚链掣 | 一根链条两头带钩,酷似西方世界中描述的魔鬼形象,因此而得名 |
| landfall | 初见陆地 | 在茫茫大海上,海天一色,但是突然有一天,陆地从天而降,说明船舶已经接近了陆地,因此被中文航海学者翻译为初见陆地 |

如果我们从认知术语学角度将汉语涉海术语词和英语涉海术语词做比较,从数量上看,汉语中有比喻意义的涉海术语词数量远远少于英语中涉海术语词的数量。其主要原因大体如下:中国传统文化中强调尊师重教,我们对知识是崇敬的,知识传授也是严谨的;英美等国家对知识却有着戏谑式调侃的一面,因此在西方许多术语使用了诙谐、幽默手法;在汉语中,由于术语的权威性,也导致我国涉海术语中含有比喻意义的术语词数量较少。

# 本 章 小 结

　　本章从认知层面分析汉语使用者和英语使用者对涉海事物的认知过程、涉海术语词的意义、涉海术语词比喻的内涵。意识的表达离不开术语表述,通过对术语词的认知分析,我们又能解读命名者的认知过程。人们的认知可以通过比喻来实现,对概念实现深层次的认识,才能通过比喻的手法,用明喻或者隐喻的语词来表达概念。

# 第五章　基于社会语言学视角的涉海英汉术语研究

从社会语言学的视角研究涉海术语传播中的民族性和国际性等相关问题。涉海术语学的社会语言学视角首先是基于社会语言学，Crystal（2008：440）强调，"社会语言学是语言与社会之间关系的语言学。"同理，涉海术语与社会也有着千丝万缕之联系。术语的载体是语言，术语中蕴涵着概念，而概念的本身有着不同民族文化认知的烙印，因此本章主要从社会语言学视角来剖析术语。

## 第一节　涉海英语术语名词的性别属性研究

人类社会和自然界都是由两极构成的，体现在性别上就是男性与女性，雄性与雌性。在陆地上，两个极性的词语基本都是不同的，相对应的，平衡的。比如：businessman（商人）和 businesswoman（女商人），waiter（服务员）和 waitress（女服务员），actor（演员）和 actress（女演员），gentleman（先生）和 lady（女士），spokesman（发言人）和 spokeswoman（女发言人），host（主人）和 hostess（女主人），等等。而动物的雌雄也有不同词汇，比如 tiger（老虎）和 tigress（雌老虎），dragon（龙）和 dragoness（雌性龙），peacock（雄性孔雀）和 peahen（雌性孔雀），lion（狮子）和 lioness（母狮），boar（公猪）和 sow（母猪），dog（狗）和 bitch（母狗），drone（雄性蜜蜂）和 bee（雌性蜜蜂），等等。这也充分反映出两极性，但是很多雄性名称也是属类名称，从这一点也说明术语使用中从性别角度偏向男性或者雄性一极。这两个极性在涉海领域却不太平衡。

### 一、有关船员术语的男性化

和陆地不同的是，在涉海名词上凡是涉及人的都是男性化的词。比如说 old man（过去驾驶员对"船长"的背地称谓，现指"导向缆桩"），但是没有对应的 old woman；foreman 是"机工长"的英语称谓，但是没有 forewoman；motorman 是"机工"的英语称谓，同样没有 motorwoman；pumpman 是"泵工"的英语称谓，没有 pumpwoman；helmsman 是"舵工"的英语称谓，但是没有 helmswoman；donkeyman 是"生火员"或"副机机工"的英语称谓，但是没有 donkeywoman；seaman 是"海员"的英语称谓，但是没有 seawoman；美式英语中有 longshoreman，是"码头工人"的英语称谓，但是没有 longshorewoman；linesman 是"带缆工"的英语称谓，但是没有 lineswoman；tallyman 是"理货员"的英语称谓，但是没有 tally-woman；waterman 是为船舶进行加水工作的"加水人"的英语称谓，但是却找不到 waterwoman 一词；甚至在浅水区活动的"海盗"一词也有性别差异，ackman 是"浅水区海盗"的英语称谓，也没有 ackwoman 的表达方式；再比如 seamanship 是"船艺"的英语称谓，workmanship 是"工艺"的英语称谓，但是没有对应的 sea-womanship 和 workwomanship；等等。

以上词汇都是从 man 到 woman 演变而来，不能说在术语使用角度存在性别歧视问题。其实 woman 一词本身也是由 man 一词变化而来。在涉海领域中词汇的性别角度偏向男性，其原因应是自帆船时代到现代航海时代，女性加入航海业的数量异常少，海上群体趋向男性化，因此从术语词汇的角度找到 woman 的搭配比较少。

## 二、船舶的女性化

通常船舶被视为女性。比如说船员之间称呼本船为 she 或者 her。比如"停车"的英语用"Stop her."；表达"船舶过船闸"则用"She is passing the lock."。这两个英语例句中无论是主语还是宾语都是女性的代词，都是意指本船。如果用术语的理论进行分析，英语中的代词也具有术语意义，比如第 3 章里很多定义围绕 the regulation 等词，也算作术语定义。如果说性别算两极，船员算是男性一极，船就算女性一极。这也算是涉海术语中的性别平衡的一种方式。

## 三、按照社会语言学的原则将术语男性化表达需要改变

众所周知，船上人员通常以男性为主，但是如今也有很多女性加入航海业，成为重要岗位的船员，因此再用 seaman 作为船员群体概念已经不符合船上实际情况，很多术语词的概念也不再强烈地男性化。在 20 世纪 70 年代以前国际海事公约中表示船员一词多采用 seaman。而目前 seaman 正在被 seafarer 取代，我们在第 3 章第 3 节提到的《STCW 公约》英语名称中就采用了 seafarer 这个词。

虽然包含男女性别的术语词在使用时已经做到了尽量中性化，但是船舶作

为女性对待这一概念却没有改变,这是术语性别平衡非常重要的"平衡压舱石"。涉海术语概念中性别兼顾的新思想正对涉海术语使用者提出新的课题。也许在不久的将来,那些长期使用的包含 man 的表达职务的单词会完全消失,这也体现了对于女性船员的尊重。

## 第二节　涉海英语术语中风名与人名性别问题研究

在社会语言学研究中,对两性名字差异的研究是非常重要的切入角度。社会群体分男性与女性,事务也有两性或两极之分,Anne Curzan (2003:21)在选择事物性别描述时曾论述道,"对于自然事物用'she'是惯例,对于狗有人称'she',也有人称'he',视其情况而定。"显然在事物描述中,有着性别差异问题。台风和飓风名称是航海气象的重要信息,如果我们以术语学的概念为切入点研究这些名词,而忽略性别属性的话,就会导致认知偏差。

### 一、飓风名称性别歧视问题及其演变

几个世纪以来,发生在美洲的强风我们称为 hurricane (飓风),命名方式比较特殊,通常看飓风发生当日是哪个圣徒的纪念日,并以圣徒的名字命名。到了 19 世纪末,英国气象学家 Clement Lindley Wragge (克莱门特·林德利·雷格, 1852 年 9 月 18 日—1922 年 12 月 10 日)用女性名字来命名飓风。他最初的想法是以希腊字母命名,但后来他改用了波利尼西亚神话和政治家的名字来命名。名字被取名为飓风名的政治家包括 James Drake (詹姆斯·德雷克)、Edmund Barton (埃德蒙·巴顿)和 Alfred Deakin (阿尔弗雷德·迪金)。他使用的其他名字包括 Xerxes (薛西斯)、Hannibal (汉尼拔)、Blasatus (布拉萨托斯)和 Teman (特曼)。但是后来雷格也转向用女性名字命名飓风。在雷格退休后的 60 年内,其为气旋命名的做法已经停止使用。

1953 年,美国国家飓风研究中心开始使用人名命名飓风,而且飓风名字都是由女性名字构成。美国民权和女权活动家 Roxy Bolton (罗克西·博尔顿)提出异议,认为用女性名字来命名飓风这种对人类世界带来巨大破坏的自然灾害会带来性别歧视等一系列问题。博尔顿推动了一项旨在改变飓风命名潮流的运动,如果一定要用人名命名,那么男性名字也需要使用,于是一大批美国女性也参与其中,她们抱怨当局将女性名字与自然灾害联系在一起,认为这是对女

性名字的亵渎等。根据女性要求,现代飓风命名体系中男女名字比例几乎相等,以体现性别话语平衡。当时以女性名命名的飓风名有:Abby, Agnes, Bess, Carmen, Clara, Dinah, Dot, Ellen, Elsie, Ellis, Faye, Gay, Hazen, Holly, Ida, Irma, Judy, June, Kelly, Lola, Manie, Marge, Nancy, Nina, Odessa, Orchid, Pamela, Phyllis, Ruby, Ruth, Sarah, Susan, Tess, Thelma, Vanessa, Vera, Winona 等。使用人名来命名气象专名的确存在性别问题。不仅美国认识到了这一问题,国际气象组织也认识到了命名的性别问题。1979 年国际气象学委员会在按照字母排序的表格中选取名字,这个表格中均衡了男性和女性名字。自 1979 年美国气象当局以"Bob"对飓风命名开始,飓风也有了男性的名字。现在男性名如 Alex, Andy, Ben, Bill, Bob, Cecil, Doyle, Dom, Edward, Fabian, Forrest, Gerlad, Georgia, Gordon, Herbert, Ike, Irving, Jeff, Joe, Kit, Ken, Lex, Mack, Maury, Nelson, Norris, Ogden, Owen, Percy, Roger, Roy, Skip, Sperry, Thad, Val, Vernon, Warren, Wynne, Wayne 等也用作飓风名。现在男女名字给飓风命名数量大致相等。

从术语使用角度来看,西方人不太喜欢数字,甚至有些讨厌数字,这也影响了西太平洋台风命名的方式。但是仅仅从性别角度来看,西太平洋台风命名曾经使用"年度+年度编号"的数字表达方式非常合理。

## 二、台风名称规避人名性别歧视的做法

typhoon(台风)泛指西北太平洋(赤道以北、东经 100°到 180°的海域)上空的热带气旋,从狭义的名词角度是指西北太平洋热带气旋中的一个等级,高于热带低压、热带风暴和强热带风暴,低于强台风和超强台风。下文所称的"台风"均取广义,因此所谓"台风名称",就是人们给西北太平洋热带气旋所起的专门名称,属于专名的范畴。

早些时候,人们已经给产生巨大影响(通常是巨大破坏性)的台风命以专名。在全球范围内,气象学家 Clement Lindley Wragge 于 1887 年最早为西南太平洋的热带气旋提出了正式的命名系统。1907 年雷格退休后,这套命名系统也随之弃用。我国早期不用人名为台风命名,而是用"年号+台风的年度编号"方式,比如 8803 是指 1988 年第 3 号台风,早期日本的台风命名也是采用这种编号的方式。1999 年及以前,菲律宾大气地球物理和天文管理局也制定了一套台风名称列表,不过只适用于对菲律宾有影响的台风。

自 2000 年起,日本气象厅得到世界气象组织授权,成为区域专业气象中心,它发布的西北太平洋热带气旋的预报信息也成为国际标准。与此同时,世界气象组织台风委员会又决定借鉴美国为台风命名的经验,制定新的台风名称

系统。这个新系统中的名称由西北太平洋地区及周边的 14 个国家和地区提供,每个国家或地区提供 10 个,总共有 140 个名称,编成 5 个列表,每个列表 28 个名称。这一做法的好处就是采用多国名称的方式,减少对于性别和人名的污化问题。因此各个国家和地区为其提供台风专名时都绕开了人名。比如我国提供的名词有龙王、电母、海葵、玉兔、悟空、海神、风神、杜鹃、海马、木兰、海棠。我们均采用神话中人名或花草名称,我国提供的名称中无一性别问题,可见我国提供名称完全规避了污化男性或者女性的名字问题。日本提供的台风名称多数是星座名,如天兔、北冕、小熊、天平、蝎虎。多数国家提供的台风名称为植物名或花卉名,比如马来西亚的温比亚、浪卡、莫兰蒂、妮亚图、玛娃、茉莉、查帕卡,朝鲜的清松、杨柳、凤仙、蒲公英、桃芝,柬埔寨的娜基莉、科罗旺,泰国的榴莲、山竹、卡努,老挝的灿鸿凯、萨娜,越南的潭美,菲律宾的莫拉菲,密克罗西亚的古超。

我们通过对飓风与台风不同命名体系中可以得到几个结论:

(1)具有破坏力的台风或者飓风如果采用人名命名,无论是男是女,被"撞名"者心情一定不舒畅,任何人都不希望自己的名字被用作自然灾害的名称。

(2)采用国际化的命名,让受到台风或飓风影响的国家提供风的名称,能够消除性别和人名被污化的问题。

(3)用人名做术语名词时,需要考虑性别问题,谨防性别歧视。如果可能,尽量避免用人名命名自然灾害,避免人名被污化。

(4)术语名称不仅仅是称谓,更加体现称谓后面要表达的概念。因此不能像莎士比亚说的那样,"玫瑰改成任何名称,它依然芬芳依旧"。专业名称中渗透着社会属性,不能随意。

# 第三节　涉海英语术语与生活用语文化关联研究

英国曾是航运强国,其语言影响着全世界。陆地上的文化对航运产生影响,并形成和社会相联系的习语。由于船舶的停靠贸易、船员人员休假等原因,船员也把船上用语带到了岸上,并在岸上使用。换言之,海上船员群体和岸上大群体之间有着关联,英语涉海术语和生活用语之间存在哪些文化关联就是本节研究的问题。

## 一、宗教、传说等对海上的影响

船上使用的绳梯叫 Jacob's ladder（雅各梯），其名称源自陆地"天梯"的概念，华泉坤（2001:234）写道，该词源自雅各为了暂避其兄 Esau 的怒气，并娶妻室，动身去 Padan-Aram，晚上睡觉时梦见一个梯子立于地上，梯子的头顶着天，有上帝的使者在梯子上行走。这是《圣经·创世纪》中的片段。希腊有很多神话，其中涉及对海上地理位置的命名，比如说 Atlantis 也是大西洋名称。华泉坤（2001:29）认为，Atlantis 是一个大岛的名字，这个岛国的国王侵略非洲和欧洲，但被击败，后来岛上居民道德沦丧，民风日下，Zeus（宙斯）用海洋把此岛吞没，此说法也曾在柏拉图著作中提到过。可见陆地上的宗教信仰用词对于海员有着直接影响。

## 二、通过文学等对陆地普通人群的影响

船上的一些习语、习俗等通过戏剧等传播渠道，让陆地普通人都了解了涉海及相关行业。比如说，英语国家中常用的"When my ships come home"有当一个人交好运时或者说发财时的意思。华泉坤（2001:426）认为，该习语来自莎士比亚戏剧 The Merchant of Venice（《威尼斯商人》），船舶出航回来后就有钱了，所以就有希望了；再比如：Davy Jones's locker，本来是航海用语，其中 Davy Jones 是传说中的海魔，华泉坤（2001:109）认为，该习语自 18 世纪以来在说英语的船上经常使用，现在进入到普通说英语的人群中，有葬身鱼腹的含义；再比如 Mermaid（美人鱼），是传说中一半像鱼一般像人的动物，上半身是女人形状，在 Homer（荷马）Odyssey（《奥德赛》）中最先开始描述，华泉坤（2001:316）认为，现实生活中用 Mermaid 来形容非常善于游泳的女人或者女子游泳健将；再比如 Trident，原指海神用的三叉戟，华泉坤（2001:479）认为，其源自希腊神话，它是海神 Poseidon（波塞冬）手里的武器，现在引申为制海权；还有一个例子就是大众口语中使用的 Flying Dutchman，也是源自海上传说。华泉坤（2001:166-167）写道，"在好望角人们有时能够看到一艘荷兰船长驾驶的船，他因说了亵渎性诅咒的话，而被罚终生航行，不得靠岸。现在指鬼船。"

正是因为有了涉海相关的行业，才产生了与涉海相关的文学作品，如诗歌、戏剧、小说等，陆地大众可以接触到，于是海上对陆地产生了影响。

## 三、通过涉海操作方式对陆地形成影响

A1 是船检符号，表示船舶状况好，用来标记最好的船只的符号，本来是一

个专业术语,但是通过 *Lloyd's Register of British and Foregin Shipping*(《劳埃德船舶年鉴》)的传播,目前在说英语国家中用 A1 表示"第一流""头等重要"的含义。再比如,pull one's weight 字面意思是划船时有效地利用自己的体重向后倾倒卖力划船,意思是"划桨手划桨时必须竭尽全力"。华泉坤(2001:382)考证过,在说英语国家中该习语表达含义是"尽自己本分"或"努力做好自己的份内工作"。可见涉海领域的做法和习惯传播到陆地上就会形成类似术语的标记词。

## 四、涉海术语向陆地传播

涉海行业活动中一些命令和语言本来是行业用语,后来通过社会传播后被陆地普通人群借用。比如"cast anchor"是抛锚用语,意为"船只抛锚后停泊,结束了航次的颠簸动荡",华泉坤(2001:69)研究该语源后认为,该用语被陆地普通人使用有"定居下来"或者"动荡之后过上了安定的生活"的含义;再比如"give a wide berth"是航海中常用的习语,表示"请宽让"的意思,华泉坤(2001:178)论证到,该习语使用主要表示"远离某人""敬而远之";再比如"keep the weather of"是帆船时代的习语,在帆船时代中表示"有效利用盛行风",华泉坤(2001:258)在考究其语源时认为此习语有"占上风"的意思,在莎士比亚戏剧《特洛伊罗斯和克瑞西达》中被作为重要节点词使用而广泛传播,目前被说英语的国家作为习语所接受;帆船时代还有一个航海习语是"hoist sail",其含义表示"升帆",华泉坤(2001:215)认为,该词在莎士比亚的戏剧中使用后在社会上传播,目前指动身、启程的含义;再如"know the ropes"也是帆船时代的船上用语,由于当时帆船时代有很多不同的帆索,凡是上船的新手都要花费很长时间才能掌握,华泉坤(2001:266)在研究其在普通社会群体传播时,认为该词组演化为"熟悉内幕,懂得诀窍"的含义。

上述的习语都是首先在船上使用,然后通过社会交往,向陆地上普通大众群体传播,然后就变成了通用词汇。

## 五、涉海历史典故在陆地传播

涉海中有很多历史典故,这些典故也具有术语或者准术语的功能,由历史典故归纳的词组也在陆地上传播。"burn one's boats"是西方的一个历史典故,与我国项羽的"破釜沉舟"相似。华泉坤(2001:60)研究其来源时分析到,在 *Putman's Everyday Sayings* 中记载,古时候,从海路入侵外国的将军,抵达彼岸后把船一弄到沙滩上放火烧掉,以此向士兵表明后路已断,想要求生路必须奋勇杀敌。

再如习语"tell it to the marines",从表面上看有"向海讲话"的含义,但是流传至今的含义却是"鬼话、鬼才相信、胡说八道"。华泉坤(2001:463)认为,该习语源于 17 世纪英国作家 Samuel Pepys (塞缪尔·佩皮斯)有一次向英王 Charles II (查理二世)讲述从海军搜集的故事时,提到了"飞鱼"(当时是胡编的,而不是今天人类确实发现了会飞的鱼),现场听到故事的大臣都是表示怀疑,唯有海军陆战队军官说他曾经看到了这种鱼,所以此语意为"胡诌,根本不存在的东西",或者是讥讽"容易上当的人"。

再比如"false flag (false colour)",原义是"挂错了旗"。在海盗盛行的年代,不少海盗船是冒用他船旗帜的。该词在记载中起源于 16 世纪,是一种比喻性的表达,意思是"故意歪曲某人的隶属关系或动机",它后来被用来描述海军战争中的一种诡计,即船只悬挂中立国或敌国的国旗以隐藏其真实身份。这种战术最初是海盗和私掠船用来欺骗其他船只,让他们在攻击之前靠近被攻击船,出其不意,攻其不备。后来研究认为,这是海战中普遍可以接受的做法,但是其前提是攻击船只在攻击开始前需要展示其真实旗帜,而非冒用他船船旗。

再比如"a pretty kettle of fish",在普通英语中表示"一塌糊涂、困境、尴尬境地"的意思。华泉坤(2001:260)认为,这是源自苏格兰边境地区居民的一种风俗习惯,每逢鱼汛时节,人们就结伴到河边野餐。他们把抓来的鲤鱼放进"kettle (锅)"内烧煮,煮好后大家都围着锅享用,但是由于食者众多且无餐具,均用手抓,出现乱哄哄的场面。因此该习语表示一塌糊涂。

最后以"Fleet Street"为例,这是一个代名词,用来指代伦敦的报业、新闻业等,从词的表面直译为"舰队街",在考察其语源时,华泉坤(2001:163)认为,其源自伦敦城外的一条小河,该河名称为"Fleet River (舰队河)"。由于其河水浑浊,1737 年开始掩埋,填平后改名"Fleet Street (舰队街)"。18 世纪,很多新成立的报社在舰队街两旁,因此后来该词变成了伦敦报业、新闻业的代名词。

# 六、一些涉海规律的影响

一些涉海规律是指相关的定理与定律。比如"keep floating"表示创造的协会或者会议等希望一直能够持续下去,来自船舶的浮力定律,"keep floating"就是保持船舶不沉没,换言之,表示船舶处于可用状态。传播到普通英语中就转义为"一直下去"的含义。再比如"between wind and water"的词面意思为"风和水之间",目前在普通英语里是"软肋"或者"最薄弱环节"的意思,华泉坤(2001:504)认为,航海中该用语系指船身与水面相接触的水线部分,该处船体受波浪运动冲击和海水腐蚀,加上干与湿交替等原因,该部位是最容易损坏的地方;再比如"go by the board"的意思为"从船侧出",目前进入普通英语用语中,转义为"断送、丧失、完全失败",华泉坤(2001:182)研究其语源为,该词原指船的桅杆落入水中。

## 七、和航海地理大发现等方面有关的词汇

在地理大发现时代出现了很多伟大航海家,而且发现的大陆也用作殖民地及其他用途,在此过程中也形成了涉海习语,比如和流放有关的习语:"Devil's Island 魔鬼岛"。华泉坤(2001:115)研究其语源认为,该词源自法属圭亚那北岸外一个小岛,曾作为法国囚犯流放地,该囚犯流放地直到1953年才被废弃,现在进入英语使用者人群中表示"监禁的场所"。

Columbus's egg 则是和航海家哥伦布有关。华泉坤(2001:83)研究为,在一次宴会上,哥伦布请别人把鸡蛋立起来,无人能做到,而他把鸡蛋一端打破后鸡蛋就立起来了。传播到现在,该习语已从哥伦布竖鸡蛋的典故转换为"知道诀窍就不难做的事"。

## 八、体现了涉海中的社会交往

航海习语,"three sheets in the wind"从词面意思看是"风中3个帆"。这个习语来自帆船时代船员登岸喝酒的描述,如果归船稍有醉意,走路一摇三晃,像风中吹的3个帆,左右中摇晃,与之相对的是"five sheets in the wind",从词面意思看是"风中5个帆",表示酒后步履蹒跚摇晃得更厉害,那就是伶仃大醉了。

通过本节的分析可以得出,涉海的英语术语除了我们看到的传统词和词义外,背后还蕴含着文化,这些文化都是千百年来积累而成的,而且涉海类术语背后的文化是独特的,虽然和陆地上的文化有着联系,但是区别很大。解读涉海术语文化需要从人类社会中涉海类典籍、俗语中寻找答案。

# 第四节　中文涉海俚语和行话特征研究

中文涉海俚语系指千百年来形成的涉海行业的"土话",这些"土话"是以船上群体为主形成的,并通过社会交往在涉海群体中流行。由于相对封闭,这些中文涉海俚语词汇没有影响学术界,更没有被全国科技名词审定委员会收录。这些中文涉海俚语的存在对准确的中文涉海术语传播构成障碍。哈特曼

和斯托克（1981:318）将俚语（slang）定义为，"话语的一种，其特点是：词汇是新造的，迅速变化的，供青年人或社会、行业集团内部交际时使用，因此，局外人不懂他们说的话。"哈特曼和斯托克（1981:184）又将行话（pidgin）定义为，"某一社会集团或者职业集团使用的一套术语和语词，但该社会的全体成员并不使用，并且经常是并不理解这套术语和语词。术语学中常把行话看成不好的文体。"Burke 和 Porter（1995:9）也总结到，"由于船员职业群要求，每个船员群体都有自己的行话，而工厂里的工人则没有那么多行话。"因此涉海俚语和行话的研究是从社会语言学视角针对涉海术语学词汇传播的研究。

## 一、船岸结合部的土语及成因

有些俚语和行话不完全是船上人员使用的，也有岸上人员对于涉海行业人员的称谓，故该类俚语比较容易被大众接受。Velupillai（2015:25）在研究涉海行话成因时，曾表述过，"船员之间有着不同文化背景和语言背景，当他们在不同船上工作后，因语言融合而产生，而船舶到港后，因为与岸上的工作联系，又将行话传递给岸上人员。"比如"艄公""船家""船老大"三个词都不是标准用语，但是都是对"小船船长"的称谓，而"渔夫""渔翁"又是对从事捕鱼者的称谓，由于此类俚语有岸上人员参与，并很快得到传播，因此很快被大众接受，并出现在文学作品中。比如歌曲《我的祖国》中的"听惯了艄公的号子，看惯了船上的白帆。"在文学作品中"艄公"作为正面词汇被国人接受。"碰海""海碰子"是辽宁南部地区常用涉海行业俚语，是指岸上从事沿岸捕鱼等活动的人，也慢慢在社会中得到了传播。清中后期山东地区通过海上或者陆地来到辽东半岛的人被称为"海南丢"，这一涉海行业俚语背后衬托的是 19 世纪中后期至 20 世纪初期，山东半岛到辽东半岛人口大规模迁徙的现象。

## 二、船上使用的俚语

船上使用的俚语是航运业的俚语的重要组成部分，这些俚语也是受陆地大众词汇的影响而形成的。比如"抄关（jerque）"一词，人们就联想到陆地曾用语"抄家（living house search）"一词，因此"抄关"是指船舶涉嫌走私，海关对涉嫌走私船只进行突击检查。该术语是局部使用的俚语，产生于 20 世纪 80 年代中期，现由于法制化推进及船舶规范程度加深，走私犯罪数量极少，海关的"抄关"行动几乎消失，该词也被淘汰了。再比如"当班（on duty）"或"当值（on watch）"，是指从事船上值班，这一俚语也来自陆地，比如"传达室值班大爷"等，此类俚语现在在船上使用，陆地大众已不太使用了。"铜匠（fitter）"是 20 世纪初出现的词汇,是在制造出钢板船以后,船上增加的一个从事焊接工作的工种,我们可以比照陆地上的"铁匠(Smith)"这一传统名词。该词也是借用陆地上铁匠的概念在船上使用起来了。船员通常称船上的"大服务员(chief steward)"为"大台",主要原因是该职务的人需要打理船上的老式酒吧间(saloon),就是有很大台面的房间,而打理船员三餐的服务员(boy),负责给船员分发餐食,餐食又是摆放在台上,就被称为"摆台"。船上的"电报员(Radio Officer)"被简称为"电报","电机员(Electrical Engineer)"被称为"老电"。船上的轮机员也被依次称为"老轨(Chief Engineer)""二轨(Second Engineer)""三轨(Third Engineer)""四轨(Fourth Engineer)",在渔业行业中也分别称为"大车""二车""三车""四车"等。

船上的舱比较深,看上去有眩晕感,因此为了表示敬畏,船员称之为"大舱(deep hatch)"。再比如船上如果雇用潜水作业人,通常俗称为"大头(diver)",主要是以戴呼吸器具为比喻。因此此类词语多数是涉海行业中使用的非规范词汇,此类的俚语仅船员和与船员打交道的人才使用,具有典型的涉海俚语特征。

## 三、从外语中音译成汉语的俚语

在晚清至新中国成立前,中国处于贫穷与落后状态,我国的船舶行业也出现严重衰败的景象。该时期人们使用的很多航海新术语来自西方。这些新术语在刚开始进入汉语使用时,汉语使用者会采用一些音译,而音译词汇属于洋泾浜性质,很少有进入术语词汇中进行传播的。比如:康顶升(condensor),现在规范为冷凝器;欧令(O-ring),现在规范为"圆形垫片";盘根(packing),现在规范为"填料";金不落儿(chain block),现在规范为"机械滑车"或者"神仙葫芦";卫丝(waste),现在规范为"抹布";卡代(cadet),现在规范为"实习生";备令(bearing),现在规范为"轴承";嘎斯(gas)现在规范为"可燃气体";地灵(D-ring),现在规范为"D型环";考克(cock),现在规范为"旋塞";凡士林(vaseline),目前规范为"凡士林"或者"润滑油";卫婆儿(wiper),现在规范为"机舱清洁工";瑞丢色(reducer),是油船的异形管接头,目前规范为"异形接头";令(ring),目前规范为"垫片";劳克簿(logbook),也是音译,为了适应汉语特点结尾变成了元音,目前规范为"船舶日志"。

## 四、采用音译加意译相互结合的俚语词

涉海行业中还有一些词汇是采用音译加意译的俚语词汇,中文中最早的外来涉海词是来自阿拉伯语中的kappal,被我们翻译成"舶"。目前该字已经本土化,成为

雅词。在之前很长时间里,"舶"字表示"借用",比如"舶来品"有两重含义,既有外来的意思,也有船舶运来的含义。翻译用语在本土化之前最初经历的就是外来俚语。

"司令扣"是对英语术语词 sling 的音译加意译,目前趋向于"两端带环钢索",但是全国科技名词审定委员会并未给予规范的汉语术语;"司舵间"是对 storeroom 的音译加意译,目前趋向规范为"储藏间";"中盖"和"边盖",分别是对 middle guy 和 side guy 的音译加意译,目前趋向规范为"辅助索"和"主索";"马克笔"是对 mark pen 的音译加意译,目前规范为"记号笔";"泵浦间"是对 pump room 的音译加意译,目前已规范为"泵舱";"劳克柜"是 locker 的音译加上对 locker 含义的补偿翻译,也是一种意译词,目前趋向使用"衣帽柜"。

以上我们探讨的是我们中文圈子中使用的涉海俚语和行话,这些俚语和行话符合社会语言学的基本特征,并没有进入到社会使用者的群体中,从某种意义上来说这些俚语形成了自身的封闭体系,对于标准术语传播形成障碍,因此从涉海术语的传播角度来看,需要打开涉海术语的传播壁垒,为术语传播创造必要条件。

要在俚语和行话浓重的以中文为母语的涉海领域传播准确的中国涉海术语,需要做到以下三点:首先是研究中文俚语和行话特征,将成熟的有学术价值的俚语和行话吸纳成术语,比如可以将"考克"吸纳为涉海术语,与"旋塞"并行使用;可以吸纳"引水"为术语与"引航员"并行使用。第二,加强涉海人员和陆地社会群体的交流,减少俚语和行话的使用。第三,进一步树立全国科技名词审定委员会的权威性,从出版物、新闻媒体、教材、课堂等多渠道认真把握住术语关,保证传播用词为规范的涉海术语。

# 第五节　英语涉海俚语和行话特征研究

船员是处于相对封闭社区的海上工作人群,按照社会语言学基本原则,封闭群体中能够产生相对封闭的语言。封闭语言中会产生相对标准的语言,从业者也会将上述语言整理出来以定义的方式给新从业者学习,让新从业者很快融入这个语言封闭群体中。

船上俚语和行话会形成一种新的传播现象,该传播现象对于研究社会大群体的术语传播有着非常大的帮助。封闭群体通常是组织性较强的,比如船员群体、学校群体、社会兴趣爱好团体等都会形成俚语传播。前文我们已经给出了俚语和行话的定义,Crystal(2008:369),进一步论证到"行话是社会语言学的术语,指和其他语言对比有意识地进行语法省略、改变词汇和文体的一种方式。行话不同于任何一种自然语言形态"。简言之,涉海俚语和行话是游离于标准术语和社会大团体之间的一种表达形式。英语世界中存在大量的俚语与行话。

# 一、英语世界船上的俚语和行话样式

在该类船上俚语有着其特有的方式,外界或者新从业者要了解其方式必须从其定义中了解,并通过使用的方式,完成俚语的传播,例详见表 5.1 所示。

表 5.1 有关英语世界中船上俚语及定义举例

| 俚语词 | 定义 |
| --- | --- |
| bucko<br>欺压下属的上司 | A bullying and tyrannical officer.<br>一个恃强凌弱、暴虐的高级船员。 |
| burgoo<br>燕麦粥 | An seaman's name for oatmeal porridge.<br>海员对燕麦粥的称呼。 |
| camel<br>中空容器 | A hollow vessel of iron, steel or wood, that is filled with water and sunk under vessel. When water is pumped out, the buoyancy of camel lifts ship. Usually employed in pairs. Very valuable aid to salvage operations. At one time when usual means of lifting a vessel over a bar or sandbank. It was used in Rotterdam in 1690.<br>铁、钢或木制成的中空容器,装满水并沉入容器下。当水被抽出来时,中空容器的浮力会使沉船上浮,通常成对使用。此类容器对于打捞作业有很大用途。曾经也用于将正常船只摆渡过横杆或沙洲等障碍物。该容器自 1690 年开始在鹿特丹使用。 |
| catching-up rope<br>系绳 | To continue sailing under the same canvas despite the worsening of the wind. Light rope secured to a buoy to hold vessel while stronger moorings attached.<br>系在浮筒上用以固定船只的细绳,同时系上更牢固的系泊装置,以便船只能够在风越来越大时继续使用同一船帆航行。 |
| cat's skin<br>清风 | Light, warm wind on the surface of sea.<br>海面上的清风,暖风。 |
| chuch<br>导缆孔 | A name sometimes given to a fairlead.<br>有时候指导缆孔。 |

**表 5.1**(续 1)

| 俚语词 | 定义 |
| --- | --- |
| clock calm<br>无风 | Absolutely clam weather with a perfectly smooth sea.<br>绝对是平静的天气,海面非常平坦。 |
| close aboard<br>近靠 | Close alongside, very near.<br>靠近靠泊,非常近。 |
| creep<br>匍匐前进 | To search for a sunken object by towing a grapnel along the bottom.<br>沿着海底拖曳抓斗搜寻沉没的物体。 |
| crimp<br>人贩子 | A person who decoys a seaman from his ship and gains money by robbing and, forcing him on board another vessel in want of men.<br>将海员从船上引诱出来,并通过抢劫和强迫他登上另一艘船以获取钱财的人。 |
| dingbat<br>笨蛋 | A slang term for a small swab made of rope and used for drying decks.<br>俚语,指用绳子做成的小拭子,用于烘干甲板。 |
| ditty box<br>百宝箱 | A small wooden box, with lock and key, in which seamen of R. N. Sometimes it is used to keep valuable, stationery, and sundry small stores.<br>带锁和钥匙的小木箱,皇家海军的海员有时会在里面存放贵重的文具和杂物。 |
| donkeyman<br>司炉工 | Rating who tends a donkey boiler, or engine, and assists in engine room.<br>在机舱起到辅助作用的普通船员,通常指辅锅炉或辅机机工。 |
| donkey's breakfast<br>驴的早餐 | The merchant seaman's name for his bed or mattress.<br>商船海员对其床或床垫的称呼。 |
| farewell buoy<br>告别浮标 | The buoy at seaward end of channel leading from a port.<br>港口在向大海方向的末端航浮。 |
| feather spray<br>浪花 | Foaming water that rises upward immediately before stem of any craft being propelled through water.<br>由于小船推进产生作用,在艏柱部位激起泡沫状的水花,泡沫向上升起。 |
| freshen the nip<br>整理绳索 | To veer or haul on a rope, slightly, so that a part subject to nip or chafe is moving away and a fresh part takes its place.<br>稍微松或者紧绳索,使受挤压变形或扭结部位理顺平整,整理好的绳索备用。 |

表 5.1(续 2)

| 俚语词 | 定义 |
|--------|------|
| full and by<br>满帆 | Sailing closed-hauled with all sails drawing.<br>帆船航行时,所有的帆都拉满了。 |
| gilliwatte<br>宝贝船 | The name given to Captain's boat in the 17th century.<br>17 世纪对船长小艇的昵称。 |
| glory hole<br>存物洞 | Any small enclosed space in which unwanted items are stowed when clearing decks.<br>清理甲板时存放不常用物品的任何小型封闭空间。 |
| growler<br>小冰山 | Small iceberg that has broken away from a larger berg.<br>由大冰山撞裂成的小冰山。 |
| hazing<br>阴霾 | Giving a man a dog's life by continual work, persistent grumbling and tyranny.<br>让人持续不停工作、抱怨,并施以暴力,使人活得像狗一样。 |
| idler<br>闲人 | Member of a crew who works all day but does not keep night watches, such as carpenter, sailmaker.<br>船上只上白班,不用值夜班的海员,比如木匠和帆船缝帆工。 |
| Jack nastyface<br>撑起难看的门面 | Nick name for an unpopular seaman. originally, it was written in a nom de plume of a seaman work in a pamphlet about conditions in Royal Navy in early years of 19 century movable installation consisting of a large deck with legs which may be jacked up. During operation, the legs are resting on the seabed, and the vessel "jacked up", leaving the deck in secure position high above the surface of the sea. When moved, the legs are retracted and the installation floats. Usually not equipped with own propulsion machinery. (Maximum water depths 110 to 120 metres.)<br>对特种船海员的昵称。最初,一位海员以笔名"de plume"写了一本关于 19 世纪早期英国皇家海军的工作环境的小册子。其中描写了一个带腿的大甲板,它可以移动,可以被顶起。在操作过程中,支腿固定在海床上,船只被"顶起",甲板高于海平面。航行时,支腿缩回,船舶处于漂浮状态。通常该船自身无动力推进装置。(使用支腿的最大水深为 110 至 120 米。) |
| jerque<br>抄关 | Search of a vessel, by Customs authorities, for unentered goods.<br>因怀疑有未申报物品,海关机构查抄船舶。 |

表 5.1(续 3)

| 俚语词 | 定义 |
|---|---|
| Jimmy bungs<br>船舶合作者 | A nickname for a ship's cooper.<br>船舶合作者的昵称。 |
| kelter<br>准备妥当 | The ship is in good order and readiness.<br>秩序井然,准备就绪。 |
| kenning<br>知晓距离 | A 16th century term for a sea distance at which high land could be observed from a ship. Varied between 14 and 22 nautical miles according to average atmospheric conditions in a given area.<br>16 世纪的术语,指从船上可以观察到高地的海上距离。根据给定地区的平均气象条件,通常这个经验值为 14 到 22 海里。 |
| killick<br>锚 | A nautical name for an anchor. Originally, a stone was used as an anchor.<br>锚的航海名称。最初,是用一块石头做锚。 |
| kippage<br>船舶设备 | The former name for the equipment of a vessel, and it included the personnel.<br>船舶设备的曾用名,包括其人员。 |
| kraken<br>挪威 | Norway. Sometimes mistaken for an island.<br>挪威,有时也被误认为是岛屿的"岛屿"名。 |
| lubber<br>笨人 | A clumsy and unskilled man.<br>一个既笨拙又不熟练的人。 |
| lumper<br>包干 | 1. Man employed in unloading ships in harbour, or taking a ship from one port another.<br>2. Paid "lump" sum for services.<br>受雇于在港口卸货或从一个港口到另一个港口接船的人。<br>一次性支付服务费。 |
| lurch<br>横摇 | Sudden and long roll of a ship in a seaway.<br>船在航道中突然而长时间地横摇。 |
| marry the gunner's daughter<br>嫁给枪手的女儿 | An Old Navy nickname for a flogging, particularly when across a gun.<br>旧时英国海军对持枪者的昵称。 |
| off and fair<br>换件 | Order to take off a damaged member of a vessel, to restore it to its proper ship and condition, and to replace in position.<br>命令将受损的船舶部件拆下,并维修使其恢复到正常船舶和可用状态,并更换替换的部件。 |

表 5.1(续 4)

| 俚语词 | 定义 |
|---|---|
| offing<br>将临 | Sea area lying between visible horizon and a line midway between horizon observer on shore. to keep an offing is to keep a safe distance away from the coast.<br>位于可见地平线和海岸上地平线观测者中间的一条线之间的海域。保持距离就是与海岸保持安全距离。 |
| purser's grin<br>管事的皮笑肉不笑 | The hypocritical smile, or sneer.<br>虚伪的微笑,或冷嘲热讽。 |
| rector<br>船长 | A name given to Master of a ship in the 11th and the 12th centuries.<br>11 和 12 世纪对船长的称谓。 |
| rummage<br>搜查全船 | Originally meant "to stow cargo". Now, means "to search a ship carefully and thoroughly".<br>原意是"货物积载"。现在意指"仔细彻底地搜查船只"。 |
| sea battery<br>海电池 | An assault upon a seaman, by Master, while at sea.<br>在海上,由船长下令海员发起攻击。 |
| sea dog<br>海狗 | 1. Old and experienced seaman. 2. Elizabethan privateer. 3. Dog fish.<br>经验丰富的老海员;伊丽莎白时代的私掠船;狗鱼。 |
| sea smoke<br>海烟 | Vapour rising like steam or smoke from the sea caused by very cold air flow over it. Frost-smoke, steam-fog, warm water fog, water smoke.<br>由非常冷的空气对流引起的,从海上升起的像水汽或烟雾一样的雾气。霜烟、蒸汽雾、温水雾、水烟。 |
| short stay<br>短暂锚泊 | Said of a vessel's anchor, or cable when the amount of cable out is not more than 1.5 times the depth of water.<br>当锚链送出量不超过水深的 1.5 倍时,船舶锚泊。 |
| sighting the bottom<br>见船底 | Drydocking, beaching, or careening a vessel and carefully examining the bottom with a view to ascertaining any damage it may have.<br>船舶进坞、抢滩、修理。在船舶可能损坏时,仔细检验船底以勘验损失情况。 |
| sixteen bells<br>16 响船钟 | Customarily the ship bell was struck at 16 when new year commences. The first 8 bells are for 24 hours of passing year and the second 8 bells are for hours of New Year.<br>传统情况下船钟在新年伊始时需要敲 16 下。敲 8 下意思是送走旧年,再敲 8 下意思是迎接新年。 |

表 5.1(续 5)

| 俚语词 | 定义 |
|---|---|
| son of a gun<br>海之子 | The seaman who was born on board a warship. As this was once considered to be of the essentials of the perfect seaman it has long been a complimentary term.<br>在军舰上出生的海员。因为这曾经被认为是完美海员的必备条件之一,所以长期以来一直是一个赞美海员血统的词。 |
| splice main brace<br>穿梭航行 | Running directly before wind and sea.<br>在风和浪中间穿梭航行。 |
| petty officer<br>水手长 | An intermediate rank between officer and rating, and in charge of ratings. Usually messed apart from ratings, and has special privileges appropriate to his position.<br>在高级船员和普通船员之间的一种职位,通常与普通船员在一个餐厅吃饭,有着和高级船员相似的特权。 |
| suck the monkey<br>偷偷喝酒 | Originally, it refers to that the crew suck rum from a coconut—into which it had been inserted, as the end of the nut resembling a monkey's face. Later, it refers that the crew illicitly drinks the sea spirit from a cask by means of a straw.<br>最初指船员从插入的椰子中吸出朗姆酒,由于椰子的末端类似猴子的脸。后来,船员通常通过吸管从运输的酒桶中偷酒喝。 |
| sun over foreyard<br>日上三竿 | A nautical slang. It refers to "Time we had a drink."<br>航海俚语,指"到了我们喝一杯的时间了。" |
| swallow the anchor<br>不做海员 | To leave the sea and settle ashore.<br>离开船上工作,上岸定居。 |
| warming the bell<br>换班鸣钟 | To strike the bells for 8 times before time at the end of a watch.<br>每个班次结束时敲钟 8 下。 |
| way enough<br>足够水域 | An order given to a boat's crew when the ship is going alongside under oars. Denotes that boat has sufficient way, and that oars are to be placed inside the boat.<br>用桨靠泊时的桨令。表示船有足够的空间,并且桨要放在船内。 |
| whistling for wind<br>口哨招风 | Based on a very old tradition that whistling at sea will cause a wind to rise<br>基于一个非常古老的传统,即在海上吹口哨会引起风的形成。 |

表 **5.1**(续 6)

| 俚语词 | 定义 |
|---|---|
| whistling psalms to the taffrail 对牛弹琴 | Nautical phrase that means giving good advice that will not be taken. 航海用语,意思是说向无知者提出了好建议,但是被当作耳旁风。 |
| white horses 白马 | Fast-running waves with white foam crests. 白色泡沫波峰的快速波浪。 |
| wholesome 好船 | Said of craft that behaves well in bad weather. 指在恶劣天气下表现良好的小船。 |
| wind dog 风狗 | An incomplete rainbow, or part of a rainbow. It issupposed to indicate appropriateness of a storm. 不完整的彩虹,或彩虹的一部分。它应该表明风暴的适应性。 |

通过表 5.1 可以看出,船上俚语是船上特有的语言,并不出现在其他场所中,如果不结合其定义,就无法正确解读用语的含义。

## 二、英语世界俚语的特点

(1)涉及船上的文化,比如有记录帆船时代开始的每个班次敲钟 8 下,新年伊始敲钟 16 下的传统,目前商船已经废弃。即使是目前商船船员也不能解读帆船时代的用语。

(2)涉及船上的生活习惯,比如说帆船时代在茫茫大海上风平浪静无事可做时,船员养成了日上三竿喝一杯的恶习,而当今现代化的船舶规定禁止饮酒,因此有些帆船俚语也消失了。

(3)旧时帆船存在着欺压人的船长或者高级船员,从一些俚语中可以看出。

(4)俚语中包含对自然界的观察,比如对气象现象、海浪、风力、雾气等自然现象的描述用语。

(5)对照本章第 4 节的中文俚语,可以发现由于文化不同,社会形态不同,生活习惯等不同,创造的俚语就完全不同。中文俚语中多数和工作有非常大的关联,而西方大量俚语和船上生活相关,这也充分说明从涉海行业的角度,中国人更加勤奋,工作更加努力。

# 第六节　计量单位术语的区域国别视角研究

不同国家与地区有着不同风格的计量单位,而计量单位又是重要的科技术语,国家之间存在一定的差异,我们引入区域国别视角对计量单位术语进行研究。"区域国别"概念源自 2021 年 12 月国务院学位委员会将"区域国别学"确定为"交叉学科"门类下的一级学科中的"区域国别"。朱翠萍(2021:2)将区域和国别解释为,"区域是含糊的地理空间,通常基于特定的民众、文化或者地理而进行区别。也就是说,区域的构成单元是人文或者地理,而地区的构成单元是国家。基于人文或者地理塑造的区域可能和国家构成的地区重叠,也可能不重叠。国家是构成世界的本位和基础。从国家的视角来看,区域具有国际的性质,因此称区域为国际区域。国际区域是由多个国家构成的,因此,关于国际区域的研究,也被称为'区域国别研究'"。因此,本研究从国家和地区视角在社会语言学的维度上谈术语的区域国别中的异同现象。

## 一、英制与公制的概念符号的区域性特征

英制是英国、美国、加拿大、澳大利亚、新西兰等大多数原英联邦国家使用的一种度量制。长度主单位为英尺,质量主单位为磅,容积主单位为加仑,温度单位为华氏度。因为各种各样的历史原因,英制的进制相当繁杂。公制亦称"米制""米突制"。1795 年 4 月 7 日法国国会颁布《米突制条例》。1840 年以后采用米突制的国家逐渐增多。1858 年《中法通商章程》签定后,该体系由法国传入我国,成为一种国际度量衡体系。1875 年 17 个国家在巴黎签订了《米突制公约》,该公约于 1876 年 1 月 1 日生效。

英制中最具有代表性的一个术语符号概念词就是 foot(英尺),是以人的脚长为计量单位的,一般人脚长为 25~34 厘米,选取特定值为英尺,美国在 1959 年定义为 30.48 厘米。1790 年 10 月 27 日至 1791 年 3 月 19 日,法国科学学会研究报告建议采用 10 进制,并建议采用地球表面北极到南极经度线的千万分之一为一个长度计量基本单位,并从希腊语中取测量一词进行改造,就成了 metre,在我们中文中采用音译的方法,就变成了"米"这一长度计量单位。长度单位中除了"米"之外,在英制中还有独特的其他长度单位在涉海行业中被广泛使用,比如 fathom(拓,英寻)(1 拓等于 6 英尺)、shackle(节)(1 节等于 25 米),而在公制中(1 节等于 27.5 米)、cable(链)(1 链等于 1/10 海里)。

英制和公制中,不仅长度单位不一致,温度单位也不一致。公制的温度单位是 Celsius (汉语译名是缺省的音译,如果采用全部音译应该叫"摄尔修斯",在我国为了术语传播方便,对姓氏的第一个音节采用了音译"摄",然后采用"氏"作为意译补偿,组合起来就是摄氏,再加上一个表意的"度"补偿,就变成了"摄氏度"),度量名称也可以称为 Degree Centigrade(百分温度),它是 1742 年瑞典天文学家 Anders Celsius (安德斯·摄尔修斯)提出来的。他选取了常见物质"水"的温度变化作为自然界温度的衡量单位。在 1 标准大气压下,他把水的沸点定为 100 摄氏度,水的凝固点定为 0 摄氏度,其间分成 100 等分,1 等分为 1 摄氏度。这就是该量值单位也称为 Degree Centigrade 的原因,其量值具有科学性。定义人非英联邦国家的人,因此这属于公制术语单位。该术语单位缩写采用了 Celsius 姓氏的第一个字母 C。

华氏度的来源是 1714 年德国人 Fahrenheit (法勒海特,在我国译名和摄氏翻译方法相似,取该姓氏第一个音节"Fa"作为翻译,由于闽南方言中 F 和 H 音混淆,因此第一个音节音译就变成了"华"然后加"氏"作为补偿,再加表意"度"进行补偿,变成了华氏度)以水银为测温介质,制成玻璃水银温度计。然后选取和摄氏度不同的零点和 100 度标准,从而发明了华氏度。尽管华氏度不是英联邦国家的人发明的,但是由于在英联邦国家广泛使用,华氏度成了英联邦的术语单位。该术语单位缩写采用了 Fahrenheit 第一个字母 F。

在运输中质量的公制单位是 ton (汉译名为"吨"),而英制单位中却有 long ton (长吨)和 short ton (短吨)两个单位,英国人喜欢使用长吨,美国人喜欢用短吨。公制单位"吨"是标准吨,就是 1 000 千克。1 长吨 = 1.016 吨,1 短吨 = 0.907 吨。

英制与公制不仅仅反映出计量问题,而且有着非常强烈的民族烙印。比如,使用英制单位的国家意识形态及外交政策,包括国际合作等许多方面有着相似性,比如现今的英、美、澳等国家。

## 二、涉海时间单位的概念符号的区域国别特性

涉海时间单位的概念符号也是文化符号,或者说有着文化情结和不同表述方式。船舶不论航行到哪里都要用 LT (英语全拼是 local time,汉语译名为当地时间)为作息时间。用 4 位数表达,如 1015 LT 表示的是当地时间 10:15,这明显区别于陆地上的时间表征。当地时间也有着自己的区域国别烙印。比如我国使用的东 8 区,中国标准时间(北京时间)就是非常好的术语概念符号,针对中国国内而言,北京时间不仅仅是表现出北京的时间,也表示中国的时间。

　　但是无论是什么样的当地时间,在涉海行业中都有一个参照时间或者叫中介时间,这个中介时间名称也有民族烙印。这就不得不牵扯到零区时间,零区的定义,就是子午线是零度的线,以格林尼治天文台的时间为标准时间,在英语的术语概念中称之为 GMT（Greenwich Mean Time,格林尼治平时）,中文中曾经翻译为格林威治平时,其实 Greenwich 中的"w"字母是不发音字母。国际时间局(注:Bureau International de l'Heure,国际性的时间服务机构,1912 年 10 月在巴黎由法国经度局组织的国际会议上提议成立,1922 年开始活动,总部设于巴黎)决定于 1981 年起全球的标准时间采用 UTC（Universal Time Coordinated,协调世界时）取代 GMT。从此 GMT 由区域性转化成国际性。

## 三、其他度量单位的区域国别特性

　　以我国度量衡为例,千年以来对于谷物衡量都是以"斗"为衡量器具单位。"斗"字从能盛东西引申为量具。十升为一斗,十斗为一石(dàn 担)。在《汉书·律历志上》中也有这样的记载:"十升为斗,十斗为斛(hú 湖）。"我们的长度单位还有"丈""尺"及"寸",1 丈 = 10 尺,1 尺 = 10 寸;1 丈 = 3.33 米,1 尺 = 3.33 分米,1 寸 = 3.33 厘米。我们的一华里也是特有概念,一华里等于 0.5 公里。还有我们丈量土地用的单位是"亩",亩也是中国面积单位特有的文化符号,一亩约等于 667 平方米。这些都构成了中国古代的度量衡术语概念体系。其他国家也同样有着自己的计量方式。瑞典的一里等于 10 英里。这是由于瑞典地广人稀,人们将地理长距离概念缩短的一种独特的认知方式。

## 四、其他物理量值单位名称的区域国别特性

　　从古至今,多数物理量值单位都显示出不同国别和区域特性,也反映出术语的地区和民族特性。这些量值单位有的甚至已经具备了世界属性,但是其含义始终离不开原来产生的区域与国别属性。我国古代科学家祖冲之（429—500 年）,是世界上最早研究圆周率的科学家,圆周率又称为"祖冲之率",这是我们国人的骄傲,反映出中国对于世界科学领域探索的巨大贡献。现代物理学许多量值单位都是以科学家的名字命名,比如 Henry（亨利）是电感的国际单位,符号表示为 H。此单位是以美国物理学家 Joseph Henry（约瑟夫·亨利,1797—1878 年）的名字命名的,不仅仅代表其家族,也是国家的荣誉。Rudolf Diesel（鲁道夫·狄赛尔,1858—1913 年）是柴油机的发明人,被誉为柴油机之父。因此以他的姓氏作为柴油机的标签术语词,也是德语术语界的一面旗帜。

# 五、国际吨位丈量法的区域国别特性

在《国际吨位丈量公约》出台之前全世界的丈量法则中显示着各个民族的智慧,比如我国曹冲称象就体现了利用相等浮力等于相等重力的计量方式。公元前 119 年,汉武帝刘彻(前 156—前 87 年)颁布了《算缗令》,其中"船五丈以上为一算"的相关船体长度测量验收的明文法律规定,是我国有史记载以来最早的船舶丈量征税管理条例,在中国古代船检史上占有重要的地位。英国的海运对今天世界上使用的吨位计量的起源影响最大。中世纪初期开始,英国和法国之间有酒的运输贸易,对酒征收一种称之为"Prisage"的税,其税率为 10 tun 或 10~20 tun 收 1 tun,20 tun 以上收 2 tun。"ton"这个词是从中世纪的古英语中的"tun"演变过来的。中世纪修道院内使用的拉丁语中把酒桶(wine-barrel)称之为"tuna"。这种用于装酒的容器最初其容量不尽相同,后来慢慢地统一了。1423 年(一说 1416 年)容积为 40.32 立方英尺(252 加仑,1.13 立方米)、质量为 2 240 磅的大酒桶使用最为普遍,通常以装载这样大小的酒桶数量来衡量船的大小。1849 年英国总丈量师 George Moorson(乔治·摩逊)提出一个较为合理而适用的丈量船舶内部容积的丈量法(摩逊法)。该法基本上是用辛浦生(Simpson)第一法丈量计算船舶内部体积,以 100 立方英尺(2.832 立方米)作为"一吨位"(称 1 登记吨)。这就是后来国际上每 1 登记吨等于 100 立方英尺(或 2.832 立方米)的由来。乔治·摩逊自 1849 年提出的新方法,直到 1854 年才被政府纳入英国商船法规内。因此"摩逊法"虽然是以提出人命名的术语词,但是本身有着独特的民族性。按"摩逊法"丈量的吨位有两种,一种吨位是量计除"免除处所"以外的全船所有"围蔽处所"的吨位,叫作总吨位 GT(Gross Tonnage);另一种吨位则是从总吨位中减去船员舱室和机舱处所等非营利容积后所余下的容积,称为净吨位 NT(Net Tonnage)。该方法后来推广为国际化。

北欧国家的 Last(拉斯特)计量法,最初 Last 是质量单位,但后来也和容积相关联,具有双重特征。1254 年左右瑞典就采用这个单位作为容积的测定单位。这个 last 是一辆四轮马车的装载量,不同的港口或同一个港口不同的货物其容积是不同的。通常采用装载黑麦 last(约相当于 3.105 立方米)的数量来丈量,一个黑麦 last 的质量相当于 4 000 磅(约 2 000 公斤)。

法国是很早采用吨的国家。早期船舶装载的容积用"吨"来表达,计算方法为:货物的长乘以宽和深的积再除以 200。中世纪法国从布鲁阿日(Brouage)以及卢瓦尔河口(Loire)至吉伦特河口(La Gironde)之间的港口出口盐对船的尺度也有影响。当时采用的是质量单位"brouage",稍大于 1/6 吨。

综上所述,术语单位不仅仅显示了各国与区域特性,也显示了这些量值单位的民族性,因此术语单位的区域国别特征在术语研究中占重要地位。

# 第七节　涉海物理量单位名称的术语国际性

国际计量单位名称具有国际性,这一点毋庸置疑。正因为计量单位的国际化才能促使全球一体化,从而促进科技的全球发展。

## 一、Nautical Mile（海里）的定义

海里最初出现在 16 世纪,刘军坡等（2021:19）在《航海学》中给出定义,"航海上最常用的距离单位海里（n mile）,它等于地球椭圆子午线上一分所对应的弧长。可以推导出的公式为,1 n mile = 852.25 - 9.31cos 2Ω（m）,可见,地球椭圆子午线上一分纬度弧长不是固定不变的,它随纬度的不同而略有差异。"在赤道附近时,1 海里的长度最短,为 1 842.94 米;在两极附近时为 1 861.56米。约纬度 44°14′处,1 海里的长度等于 1 852 米。至此,海里概念便出现在了人们的海上航行生活中。通过海里,人们可以计算航行的里程,也可以推导出船只的运行速度。海里是国际通用的,无论船舶的国籍和船舶所航行的区域,海里这一单位被广泛使用,在涉海领域作为长度的衡量单位。

## 二、Gross Tonnage（总吨）的定义

总吨是指按照吨位丈量规范丈量所得的船舶内部容积的总和,一般以吨位表示。按照《船舶吨位丈量规范》中的规定,一吨位等于 100 立方英尺（或 2.83立方米）。船舶总吨通常用于船舶登记和检验,所以又称登记吨位。这个吨位是由船舶封闭空间体积转换而来,吨位大说明船舶的封闭空间较多,载重量也大。

## 三、Longitude（经度）和 Latitude（纬度）的位置信息

众所周知,地理位置划分更多的是考虑地域性,为什么说它具有国际性呢?就是地理位置划分的地域性本身也具有国际性。地理位置的经纬度之所以被国际社会广泛认同,是因为目前的大地坐标体系被全世界认同,经度线零度是在英国穿过 Greenwich Royal Observatory（格林尼治天文台,GRO）的那条子午线,我们又叫它 prime meridian（本初子午线）,作为划分起算点,向东计算。纬

度是以 equator(赤道) 为起算点, 向北半球及南半球计算。因此无论在哪里, 都是参照起算点的相对位置, 只要使用了经纬度位置信息, 就等于说我们纳入了国际系统。

## 四、UTC (协调世界时)

我们在民族性中也探讨了协调世界时, 当然刨除 UTC 参照的地区色彩外, 由于时间的协调性, 所有的当地时间都可以参照 UTC 时间。比如中国使用时间是东 8 区时间, 也就是说 CST (China Standard Time) = UTC+8:00; 韩国使用的是东 9 区时间, 也就是说 KST (Korea Standard Time) = UTC+9:00, 日本也使用的是东 9 区时间, 也就是说 JST (Japan Standard Time) = UTC+9:00。那么 JST = CST+1:00。这些关联的基础就是以 UTC 为中介时间。换言之, 去掉 UTC 术语的民族性色彩后, 让 UTC 更加国际化, 国际化的术语才具有国际时间参考量值意义。在 20 世纪 80 年代至 90 年代, 标准时间通常是以各国首都名称的名词, 而目前多数都换成国家名称, 说明了国家与国际时间接轨的重要性, 国际与国内相互联系, 相互影响。

## 五、涉海数值表述的国际化

在物理量值之前都是数字表述, 这些数字表述也具有国际化特征。这些数字在表达上有着固定的格式, 时间用四位数表述, 比如中国时间 11 点半, 表述为 1130 CST, 中国时间下午 2 点半, 表述为 1430 CST, 而且数字的语音也可以使用标准的拼读方式, 详见表 5.2。其中 SMCP (Standard Marine Communication Phrases, 《标准航海英语》) 是《1995 年海员培训、发证、值班标准国际公约》推荐的拼读方式, 而 ALRS (Admiralty List of Radio Signals, 《英版无线电信号表》) 是英国的出版物, Interco (International Code of Signals, 《国际信号规则》) 是国际规则。笼统地讲, 《标准航海英语》的数字采用单一英语概念表达, 而《英版无线电信号表》和《国际信号规则》则是以 "拉丁语+英语" 的双重概念来表述, 尽管二者的术语概念仍略有差异, 但是二者在国际化中都有着至关重要的作用。

表 5.2  数字拼读的国际化举例

| 数字 | 英语 | SMCP 中发音 | ALRS 和 Interco 中发音 |
|---|---|---|---|
| 0 | zero | ZEERO | NAH-DAH-ROH (Nadazero) |
| 1 | one | WUN | OO-NAH-WUN (Unaone) |

表 5.2(续)

| 数字 | 英语 | SMCP 中发音 | ALRS 和 Interco 中发音 |
|---|---|---|---|
| 2 | two | TOO | BEES–SOH–TOO（Bissotwo） |
| 3 | three | T–REE | TAY–RAH–TREE（Terrathree） |
| 4 | four | FOWER | KAR–TAY–FOWER（Katefour） |
| 5 | five | FIFE | PAN–TAH–FIVE（Pantafive） |
| 6 | six | SIX | SOK–SEE–SIX（Soxisix） |
| 7 | seven | SEVEN | SAY–TAY–SEVEN（Setteseven） |
| 8 | eight | AIT | OK–TOH–AIT（Oktoeight） |
| 9 | nine | NINR | NO–VAY–NINER（Novenine） |
| 1000 | thousand | TOUSAND | TOU–ZAND |
| . | decimal point | Point | DE–CI–MAL |

再如航海中的航向表述是三位数,如果不足三位前面需要填零补足。比如航向 5°,表述为 005（course zero zero five）;航向 25°,表述为 025（course zero two five）。

位置信息中的数字目前也多数倾向于不足位数前面加零补齐,纬度是两位,经度是三位。比如 8°3′13″N,12°16′2″E 就要表述为,08°03′13″N,012°16′02″E。这不仅仅是前面加 0 的简单问题,而是一种概念化。比如纬度是 2 位,从 00~90,经度是 3 位,从 000~180。前面加 0 能表示整体有多少位。

此外也采用数字表达无线电守听信号,比如表达信号通信质量时,用 1（很差,very poor）、2（差,poor）3（适中,fair）、4（好,good）、5（很好,very good）来分级。虽然是数字,但却对应着单词,即这是有着术语性质的数字。

再比如危险品的等级也是采用数字分类,数字中所对应的英语单词作为术语,详见表 5.3。

表 5.3　危险品等级对应的术语概念

| 危险品等级 | 对应术语及定义 |
|---|---|
| CLASS 1<br>1 级 | Explosives.<br>爆炸物。 |
| Division 1.1<br>1.1 级 | Substances and articles which have a mass explosion hazard.<br>具有大规模爆炸危险的物质和物品。 |

表 5.3(续 1)

| 危险品等级 | 对应术语及定义 |
|---|---|
| Division 1. 2<br>1.2 级 | Substances and articles which have a projection hazard but not a mass explosion hazard.<br>具有一定的爆燃危险,但不具有大规模爆炸危险的物质和物品。 |
| Division 1. 3<br>1.3 级 | Substances and articles which have a fire hazard and either a minor blast hazard or a minor projection hazard or both, but not a mass explosion hazard.<br>具有起火火灾风险、轻微爆裂危险或轻微爆燃危险或两者兼有的物质或物品,但该物质但具备大规模爆炸风险。 |
| Division 1. 4<br>1.4 级 | Substances and articles which present no significant hazard.<br>Subdivision 1. 4S contains substances and articles so packaged, or designed, that any hazardous effects arising from accidental functioning are confined within the package unless the package has been degraded by fire, in which case all blast or projection effects are limited to the extent that they do not significantly hinder fire-fighting or other emergency response efforts in the immediate vicinity of the package.<br>无重大危害的物质或物品。第1.4等级所含物质和物品的包装或设计应确保因意外而产生的任何危险影响均限制在包装内,除非包装因火灾而使其保护功能下降,在此情况下,所有爆炸或投射效应都被限制在不会显著阻碍机组附近的消防或其他应急响应工作的范围内。 |
| Division 1. 5<br>1.5 级 | Very insensitive substances which have a mass explosion hazard.<br>具有大规模爆炸危险的非常不敏感的物质。 |
| Division 1. 6<br>1.6 级 | Extremely insensitive articles which do not have a mass explosion hazard.<br>不具有大规模爆炸危险的极不敏感物品。 |
| CLASS 2<br>2 级 | Gases, compressed, liquefied or dissolved under pressure.<br>压缩、液化或在压力下溶解的气体。 |
| Class 2. 1<br>2.1 级 | Flammable gases.<br>易燃气体。 |
| Class 2. 2<br>2.2 级 | Non-flammable, non-toxic gases.<br>不易燃,非有毒气体。 |
| Class 2. 3<br>2.3 级 | Toxic (poisonous) gases.<br>有毒气体。 |

表 5.3(续 2)

| 危险品等级 | 对应术语及定义 |
|---|---|
| CLASS 3<br>3 级 | Flammable liquids. Flammable liquids are grouped for packing purposes according to their flashpoint, their boiling point, and their viscosity.<br>易燃液体。易燃液体根据其闪点、沸点和黏度进行包装分类。 |
| CLASS 4<br>4 级 | Flammable solids. Substances liable to spontaneous combustion; substances which, in contact with water, emit flammable gases.<br>易燃固体；易自燃的物质；与水接触会释放易燃气体的物质。 |
| Class 4.1<br>4.1 级 | Solids having the properties of being easily ignited by external sources, such as spark and flames, and of being readily combustible, or of being liable to cause or contribute to a fire or cause one through friction.<br>具有易被外部来源(如火花和火焰)点燃，易燃烧、易引起或促成火灾或通过摩擦引起火灾的特性的固体。 |
| Class 4.2<br>4.2 级 | Solids or liquids possessing the common property of being liable spontaneously to heat and to ignite.<br>具有易自热及点燃的共同特性的固体或液体。 |
| Class 4.3<br>4.3 级 | Substances which, in contact with water, emit flammable gases.<br>与水接触会释放易燃气体的物质。 |
| CLASS 5<br>5 级 | Oxidising substances (agents) and organic peroxides.<br>氧化物质(剂)和有机过氧化物。 |
| Class 5.1<br>5.1 级 | Substances which although themselves are not necessarily combustible, but may, either by yielding oxygen or by similar processes, increase the risk and intensity of fire in other materials which they come into contact with.<br>这些物质虽然自身未必有可燃的风险，但通过产生氧气或类似的过程，可能会增加其接触的其他材料的火灾风险和强度。 |
| Class 5.2<br>5.2 级 | Organic peroxides.<br>有机过氧化物。 |
| CLASS 6<br>6 级 | Toxic and infectious substances.<br>有毒和传染性物质。 |
| Class 6.1<br>6.1 级 | Toxic substances liable either to cause death or serious injury or to harm health if swallowed or inhaled, or by skin contact.<br>有毒物质，如果误咽或误吸，或不慎通过皮肤接触，可能导致死亡或严重伤害，或危害健康。 |

表5.3(续3)

| 危险品等级 | 对应术语及定义 |
|---|---|
| Class 6.2<br>6.2 级 | Infectious substances.<br>感染物质。 |
| CLASS 7<br>7 级 | Radioactive materials.<br>放射性物质。 |
| CLASS 8<br>8 级 | Corrosive substances. Substances, which, by chemical action, will cause severe damage, when in contact with living tissue or, in case of leakage, will materially damage, or even destroy, other goods or the means of transport. Many substances are sufficiently volatile to emit vapour irritating to the nose and eyes.<br>腐蚀性物质。通过化学作用,当与生物组织接触时会造成严重损害的物质,或者在泄漏的情况下,会对其他货物或运输工具造成物质损害,甚至破坏。许多物质具有足够的挥发性,会散发出刺激鼻子和眼睛的气体。 |
| CLASS 9<br>9 级 | Miscellaneous dangerous substances and articles.<br>其他危险物质和物品。 |

从以上对于国际数值的分析可以看出,数据结合领域可以表达不同的含义,在涉海领域中数值也是有表达单位的一种概念符号。鉴于涉海领域国际化的需要,所使用的度量衡单位必须是与国际接轨的,否则就阻碍了涉海事业的发展,无法满足国际一体化的航运需要。

# 第八节  不当涉海专名造成负面情感及消除方法探讨

众所周知在人类共同价值观中,不能接受种族歧视的概念。而某些涉海术语或者专名如果使用不当,的确会带来不良影响,而认识到此类不当术语或者专名后必须采取措施,以消除影响。

## 一、谨防使用以民族作为形容词的术语被污化

当民族一类词汇作为术语或者是准术语词汇时,一定要思考其词义中是否

有贬义。比如吉普赛作为一个漂泊的民族,在欧洲土地上四处漂泊,没有固定的领地,饱受屈辱。而涉海行业中却以吉普赛人为喻词创造了一些不该有的涉海术语,比如 gypsy 锚链筒、gypsy capstan 卷缆绞盘、gypsy wheel 持链轮、gypsy winch 手推绞盘(金永兴,2002:692),这些涉海类名词中 gypsy 成了修饰语。gypsy 做形容词包含着"流浪"的含义。看上去没有任何问题,但是我们分析以后可以得知,有些以民族作为形容词的不当表述可能带来伤害民族情感等问题,故此从术语使用层面上需要规避此类词汇的使用。比如 Dutch(荷兰人)本来是中性词汇,由于英国和荷兰曾经进行过海上霸权争夺战,在一段时间内,在英国,英语中以 Dutch 为形容词都会有负面语义的感觉,比如 Dutch treat(AA制),Dutch roll(荷兰式盘法),看上去都是非常常规的做法,但是如果将 Dutch 做形容词修饰 woman 就是脏话。因此涉海术语中凡是涉及以民族名称为形容词的术语,在使用前一定要考量是否存在贬义,最好减少使用。

## 二、涉海准术语概念表述不当被贴上不平等标签举例

Flag of Convenience(方便旗),Brodie(1997:76)定义为,"船舶在某国注册主要是为了税收低廉",这会造成对于配员和船舶维护要求不严格等其他负面影响。很显然方便旗的名词如此定义,自然而言会带来 Flag Discrimination(船旗歧视),这和全世界主流价值观背道而驰。这是对巴拿马、利比亚、塞浦路斯等国家的一种污名化。这样的不当涉海术语的广泛传播自然会引起"方便旗"国家的反感。因为术语名词背后的概念包含着负面的意思,即为了刻意关照非本国国籍的船舶,通过其注册而获益。我们以巴拿马为例,如果船舶在巴拿马注册,那么船舶在通过巴拿马运河时享有过境费减免、手续便捷等好处。任何一个国家都不会接纳非外交关系的船舶挂靠其港口,而这些船舶如果在这些方便旗国家重新注册,则船舶通商就会得到非常多的便利。为了更改这些错误的术语名词表达方式,方便旗国家建议将 Country of Flag Convenience(方便旗国家)统一更名为 Open Register(开放注册国)。

从术语词义的角度来分析 open 一词作为形容词的含义,该词有着褒义和贬义两种含义。其褒义是开放注册国家对于涉海领域表现出开放与包容。当今国际航运的发展需要国际化,需要开放,需要全球一体化。其贬义就是有无差别的、不设防、不选择,如果按贬义解读以 open 开头的术语,也能构成另外一种污名化的解读。如果从此立场解读方便旗的术语概念,就变成只是收钱注册船舶而不管船舶的运营安全。这样下去在其他国家无法生存的低标准船就会去方便旗国家注册,导致国际监管困难。因此术语的解读也需要对事物综合了

解,不能思想狭隘,以偏概全。针对此类术语首先应该做到正确地解读与剖析,其次是准确地使用和该类术语搭配的意义,防止出现负的语义韵(negative prosody)。特别是有些名词做形容词使用时,所构成的术语可能会产生伤害其他群体的歧义,这些词汇更要避免使用。

## 三、以地名作为疾病名称的涉海术语被污名举例

由于涉海行业是国际化融合的行业,船舶停靠在全世界各大港口,船员可能在港口感染上各种疾病,这些疾病一旦在船舶上流行,会随船停靠传播至全球各大港口,带来国际危害,因此人们会对这些疾病听名生厌。如果这些疾病名字中包含地名,人们自然会把涉及的地名和疾病联系起来,让人对该地产生反感。

世界卫生组织在颁布命名新规则之前,很多流行病都包含地域名称,比如Zika virus disease(塞卡病毒病):"塞卡"原是非洲丛林的名字,后来病毒爆发,科学家分析成因时发现这种病毒来源于这片非洲丛林的一群猕恒河猴,于是将这种病毒命名为塞卡病毒。Ebola virus disease(埃博拉病毒疾病):"埃博拉"是刚果(金)(旧称扎伊尔)北部的一条河流的名字,1976 年,一种不知名的病毒在这里出现,疯狂地虐杀埃博拉河沿岸 55 个村庄的百姓,致使数百人死亡,有的家庭甚至无一幸免,"埃博拉病毒"也因此而得名。Spanish flu(西班牙流感):该病毒并不是从西班牙起源的,它最早出现在美国堪萨斯州的芬斯顿(Funston)军营中(1918 年 2 月),后来流感传到了西班牙,总共造成 800 万西班牙人死亡,这次流感也就因此得名"西班牙流感"。German measles(德国麻疹):1814 年,1 名德国医师首次将风疹当作一个独立的疾病名称提出,故称之为德国麻疹。Mediterranean anemia(地中海贫血病):最早在地中海周边的国家发现,由患者基因突变引起的。Middle East respiratory syndrome(中东呼吸综合症):由一种冠状病毒导致的呼吸窘迫综合症,由于第一例患者在沙特阿拉伯发现,因此命名为中东呼吸综合症,又被称为 MERS 冠状病毒。Lyme disease(莱姆病):是一种由蜱虫叮咬传播的细菌性传染病,最早在美国康尼狄克州的老莱姆地区被发现,在 1981 年成功分离出致病菌,因此而得名。West Nile virus(西尼罗河病毒):1937 年从乌干达西尼罗地区一名发热的妇女血液中分离出来而被发现,因此而得名。水俣病(minamata disease):因 1953 年首先发现于日本熊本县水俣湾附近的渔村而得名。以地域名命名的病毒,如果被恶意的人使用,会导致衍生地域歧视。非常多的疾病在某地首次发现,但疾病源头非来源于被发现地,现在以地名命名的医学术语词也在逐渐被正确的命名取代。

2015 年 5 月世界卫生组织颁布了"人类新传染疾病命名成功实践",其中提到在命名疾病时要尽量减少疾病会带来的负面影响,命名要科学、上口,避免歧视原则。世界卫生组织推荐了以下几个命名准则,第一,用描述性术语,如 respiratory disease（呼吸疾病）、hepatitis（肝炎）、neurologic syndrome（神经综合症）、watery diarrhea（水样腹泻）、enteritis（肠炎）。第二,使用形容词修饰术语,如 progressive（持续的）、juvenile（青少年患的）、severe（急剧的）、winter（冬天患有的）；第三,如果致病细菌已知,应该按照某类疾病继续添加形容词命名,如 novel coronavirus respiratory syndrome（新型冠状病毒呼吸窘迫综合征）；第四,名称要简短,比如 H7N9（禽流感的一种）、rabies（狂犬病,恐水症）、malaria（疟疾）、polio（脊髓灰质炎或小儿麻痹症）；第五,如果名称较长,应该使用缩写词,比如 AIDS（Acquired Immuno Deficiency Syndrome,获得性免疫缺陷综合症）；第六：命名必须符合国际疾病分类（International Classification of Diseases, ICD）颁布的内容相吻合。由于涉海领域国际船员较多,流行性疾病会随时可能发生,使用的疾病术语要尽量靠近相关的官方机构的术语名称。

## 四、其他涉海准术语词汇可能被污名分析

术语使用与传播者也需要重视污化后术语名词的传播问题,当明显违反主流社会价值观时我们就需要主动减少相关术语使用。比如 17 世纪曾经用 shanghai 一词表达西方殖民者来中国欺骗华工上船后被卖到欧洲等地做苦力,把 shanghai 用成了一个标签词,但是此 shanghai 非我们心中的上海城市的地理术语,我们认识到以后就减少了对于 shanghai 作为非地理名词的词语使用,现在该用法已经被世人淡忘了,也就不再使用。当今英语中再提 Shanghai 当然是指中国的上海市,而且首字母需要大写。涉海术语和其他专业术语一样,有着非常强的民族印记,有些术语的同一词的不同搭配往往会有民族赞扬或者污名的时候。比如说 China Town（唐人街,中国城）不论在哪个国家都是正确的地标类术语词,也属于涉海类术语词汇,但是并非所有的"China+名词"的用法都合理,也有的是因为满清时期中国国力较弱,国外对当地华工的侮辱性称谓。针对此类词汇我们要抵制使用,此类污名词由于没有传播途径而死亡。同时也靠我们的经济强大、国防坚固、人民安居乐业的强盛中国为 China 组合术语词增加光辉的民族色彩。

总之,在准术语的应用过程中,应该考虑到以地名、民族等词作为修饰语时是否含有贬义,是否会伤害到他人的情感。

# 本 章 小 结

本章从社会语言学视角解读涉海术语的形成、传播等属性以及群体、性别等社会语言学因素,也是根据近年来术语学吸收了社会语言学后,两者相结合进行的研究。本章也体现出涉海社会群体与社会大群体之间的联系纽带,分析了术语的国际性、民族性、传播性等基本特性,从社会语言学的视角分析与解读涉海术语。本章从国际性的角度分析了术语国际化的重要性,从民族性的角度分析,很多术语具有民族特色,只有在某个民族广泛接受的前提下术语才能得到广泛传播,即术语的传播要依附于社会群体并考虑到民族因素、心理因素等各种因素。

# 第六章 涉海英汉术语的历时研究

历时研究是语言学的一种研究方法。哈德曼和斯托克(1981:98)曾将其定义为,"语言研究的一种方法,集中研究语言在较长历史时期所经历的变化。"我们借用历时语言学的研究手段,对于跟踪涉海术语词汇变化的研究可以采用历时研究的方法,在研究体系构建成熟时甚至可以称之为涉海历时术语学。

## 第一节　古代涉海英语术语个例词溯源研究

西方世界中发展崛起的一个重要标志就是航海的发展,殖民主义者通过航海进行资本扩张和掠夺。记录航海历史的许多术语词都有着自身的来历,我们从词汇历时发展的角度对术语展开研究。

### 一、port（左舷）和 starboard（右舷）的来历

port 和 starboard 是航海、造船、渔业三大涉海领域的重要英语术语,为什么"港口"是左舷,而"星星板"是右舷呢？这只是从文字表面的理解,需要通过词的历时演变来理解。

首先是在古英语中 lar 是左侧的意思,左舷就是 larbord,左边那块板,中世纪英语里 larbord 就变成了 laddebord,而右舷不是想当然的"right+board",而是"操纵"的意思,在小船刚刚兴起的时代,人们还是用桨（oar）划船的,而且当时船只非常小,基本不需要像今天赛艇比赛那样多人划桨（paddle）,一个人撑船,通过桨（oar）可以同时实现提供船舶动力和控制船舶方向两种功能。在船舵发明以后,桨（paddle）才分化出来,专门用来产生行进的动力。大部分人都以右手为惯用手（favourable hand）,因此,在没有船舵时期,撑船人要想划好桨必须是人站在右侧,用右手为主要手划桨,因此右侧被称为"steorbord"。从词的组成看,steor 同现代英语中的 steering,bord 同现代英语中的 board。由于桨很长,因此船在靠岸时只能采用左侧靠岸。因此在古英语中 larbord 和 stoerbord 共同用

了很久,由于船小,这个术语肯定是准确且持续使用了很久。直到在帆船时代以后船舶越来越大,需要驾驶台与船头船尾之间沟通,问题就出现了。主要是因为 larbord 和 stoerbord 两个单词尾音相同,在距离稍远时沟通就很困难,这一问题被达尔文注意到了。他在 1844 年随捕鲸船出海时,建议在沟通时用 port 取代 larboard(注意在近代英语里 bord 已经改写为 board)。而且英国官方也赞同这个用法,并推荐给了整个英国航运业。这就是左舷和右舷的英语词语源。

## 二、log(日志)是否和原木有关联

船舶日志的术语通常是 logbook 或者简称 log,而 log 来自古北欧语言(Old Norse,即今天北欧诸多语言之始祖)。liggjia 有躺下的意思,后来也简化成 lag,该词在 14 世纪进入英语以后就变成了 log,并在陆地人群中得到广泛应用,比如 1770 年美式英语里出现了 log cabin(原木小屋),1839 年惯用语 falling off a log(原木倒下,比喻是容易做的事情)出现,等等。

早期的帆船上用原木来做桅杆,航海人每天用刀在原木桅杆上划道以记录航行日期,此桅杆因是用原木做成,而英语单词 log 又是指尚未切割的原木,因此用 log 表示航海日志。在出现了纸张以后,为了纪念当时的事件,仍将英语的"航海日志"的英文名命名为"log"或"log book",而后面发明的飞机的记录也采用了"log book"这一名称。再后来科技界也借用了 log 一词,比如"登录"作为动词时也用 log,也是借用了从航海日志扩大到"记录"的含义,再由"记录"词义演化为登录。

## 三、sextant(六分仪)与"性"是否有关

六分仪中为什么会有 sex,和"性"有关系吗?答案是否定的,其实 sex 是丹麦语中的数字 6。六分仪的产生和 1/6 圆有关系。六分仪是一种通过测量天体对水平面的角度的仪器,最早命名的是丹麦天文学家 Tycho Brahe(第谷·布拉赫,1546 年 12 月 14 日—1601 年 10 月 24 日)。他第一次使用 sextāns 一词,丹麦语中 sex 是 6 的意思,首次出现在英语中的记录来自 1628 年。在现代拉丁语中也出现了由此演化来的词汇 sextus,也指六分仪。

## 四、viking(北欧海盗)为什么不写成 North European Pirate(北欧海盗)

在涉海术语中海盗是个热议词汇,而北欧海盗却写成 viking,为什么是这样

呢？在 Old Norse（古北欧语言）中，víkingr 指那些生活在 fjords（北欧峡湾）的人们，也指 freebooting voyage（海上抢劫），可以说英语 viking 是从该词借用的。1801 年英国历史学家 Sharon H. Turner（1768—1847）在其 *The History of the Anglo-Saxons* 一书中使用该词，意指 Scandinavian pirate（斯堪的纳维亚海盗）。还有一种说法认为该词本来就源自古英语，比上述记载至少早 300 年以上，古英语中用"wic"指峡湾，与此同时 Middle High German（中高纬德语）用"wich"，采用 -ing 形式，古英语就有了"wicing"，古弗里斯兰语（Old Frisian，古德语的一个分支）有了"wising"，但是不论是何种起源，该词都没有 pirate。可见这也是一种文化符号的术语词。

## 五、航海活动创造的地理名称

由于欧洲的扩张和殖民掠夺，创造了很多地理名称。现在举例介绍如下。

Canada（加拿大）命名大约在 15 世纪 60 年代，易洛魁人是在圣劳伦斯河谷生活的印第安人的一个分支，在他们的语言中 Canada 有村庄或者是小镇的含义，而法国航海家 Jacques Cartier（雅克·卡蒂亚，1491 年出生于圣马洛，1557 年逝世）借用 Canada 作为国家名为加拿大命名。

再比如加拿大西海岸城市 Vancouver（温哥华），是英国航海家 George Vancouver（乔治·温哥华，1757—1798）命名的城市。1792 年 Vancouver（温哥华）和 Cook（库克）两位航海家测绘了该城市的太平洋海岸，因此采用 Vancouver（温哥华）作为该城市名。

## 六、英语中 voyage（航次）术语词的来历

据考证，voyage 取拉丁语 via（way）的意思，via 来自 viāticum，该词有 provisions for a journey（一个航次的供给）的意思，因此 via 就出现在英语的前缀里。英语 voyage 是来自于 Old French（古代法语）的 veiyage，在 1300 年左右该词进入了 Anglo-Norman（安格鲁诺曼语）中就变成了 voiage，非常接近于现代 voyage。这也是为什么今天英语单词"bon voyage（航次平安）"中的 voyage 一词仍然保留法语发音。

## 七、position（位置）的来历

position 在进入英语之前是拉丁文 positiō，该词源自古法语，古法语其名词为 posit。在拉丁文中它还有其动词过去分词形式，pōnere 表示放置的意思，在 1300—1400 期间传播至英语中。今日英语中包含 pose 词素的动词仍然保留其

共同含义如：compose、depose、dispose、expose、impose、interpose、oppose、repose、suppose、transpose。古代法语中该词写作 posicion，到了现代法语中才写作 position。

## 八、canoe（独木舟）的来历

canoe 本来是美洲土著居民使用的"轻便小舟"的名词，哥伦布第一次抵达美洲的西印度群岛时，见到当地人使用一种非常轻便的小舟，用挖空的树干做成，仅能容纳一人，当地人用它在大洋的各个岛屿中往来。当地的阿拉瓦克人将这种小舟称为 canaoua。哥伦布将其翻译为西拔牙语 canoa，并在航海日志中做了记载。英语单词 canoe 就来自西班牙语 canoa，仅在拼写上略有变化。

涉海术语中许多尚在使用的词汇都有着不同的词源，每个词源都有自己的历史，因此研究词汇的历时发展可以推知涉海术语词汇的发展走向。

## 九、boat（小船）的来历

boat（小船）一词来自欧洲北部语言，当时的古北欧语是 beit，进入古英语中是 bāt，至现代英语才转化成 boat。当时的制作方法和中国古代记载的"刳木为舟，剡木为楫"相似，记载中有"making a boat by hollowing out a tree trunk"及类似语句，即把树干的中部掏空，制作成小船。更加古老的语源也是古北欧语言中的 bait，词汇变迁中只是因发音不同而采用不同字母书写，而不是像我们中文那样的象形文字。各语言之间相互影响，比如在法语中该词是 bateau，很有可能来自古英语。

## 十、barge（驳船）的来历

barge 在 1200—1300 年之间进入拉丁语中，当时写作 barca，有"船"的意思，特指平底船，更加具体的源头应该来自古埃及人用来运输货物的拖船。这是古埃及人发明最早的驳船，在科普特语中称为 baris。这种船宽敞结实，据古代历史学家希罗多德在其名著《历史》一书中记载，该种船可以装载上千塔兰特（古代质量单位，1 塔兰特大约等于 60 千克）的货物。因此今天涉海术语中的 barge 仍然保留其最原始的"驳船"含义。

通过本节中列举的 10 个涉海词汇的来源，我们可以得出结论：涉海术语无论如何改变，其中的词汇含义仍然保留着原始词义的要素，尽管有些词的词义在进化过程中发生了一定的改变，但是其中的概念因素始终受到原始词义的影响。涉海术语的概念有着传统要素，除非发生重大历史转变，比如人类迁徙、战争、重大社会变革等影响。比如 1066 年的诺曼征服事件,促使英法词汇互相借鉴,法语把有着拉丁语特征的词汇传到了英国,使今天英语中很多关键词都是法语。

# 第二节 中世纪以后涉海英语术语个例词历时研究

在涉海领域中涉海术语的发展十分显著,很多变化都和科技发展、概念变化、认知发展等息息相关。

## 一、术语词的发音变化

很多术语词在发展演变中发生了语音的变化,比如说在中世纪以前,英语中表达右舷词是"stoerbord",由两个词复合而成,stoer+bord,而 stoer 对应的现代英语词是 steer,bord 对应的英语词是 board,因此英语术语词"右舷"应该是 steer board,而现在英语中却变成 starboard。现在 Ammiral 变成了 Admiral(旗舰);ballace 变成了 ballast(压载);boson 变成了 boatswain 或者 bosun(水手长);boulene 变成了 bowline(张帆索);afore 变成了 before;bidhook 变成了 boathook(艇篙);bittacle 变成了 binnacle(罗经柜),等等。

术语名词中也有发音保留下来,比如 forecastle 不能按照现代英语词素组合理解为 fore+castle 的发音组合,而是 for+k+sle 的组合方式。这也反映出该词的发音方式延续了至少近千年的中古世纪的英语发音方式。因此从词的发音变迁来看,变化是永恒的,不变只是相对的。

## 二、称谓的淘汰

在航海各个时代都有好多英文名称被淘汰,如 barre(塞纳河潮汐名)、bawse(母船上的救生艇),再比如 20 世纪使用的船舶导航设备术语词 Loran(罗兰)、Decca(台卡)、Omega(奥米枷)、RDF(无线电测向仪)、Inmarsat-A(国际海事卫星 A 站)、Inmarsat-B(国际海事卫星 B 站)等已经退出历史舞台。ancient 是旧时对船旗 ensign 的称谓。帆船上很多结构和部件的名称由于使用范围较窄也逐渐被淘汰,比如 halyard(升降索)、jib(三角帆)、genoa(大三角帆)、stays(副支索)、transom(艉板)、spinnaker(大三角帆)、sheets(帆脚索)、painter(系船索)、shrouds(拉线)。

## 三、科技发展带来的认知变化

1800 年,美国工程师罗伯特·富尔顿设计的"鹦鹉螺号"潜艇下水,1807 年设计制造的"克莱蒙特号"汽船在纽约港下水,开启船舶动力革命。在蒸汽机用在船上并取代了桨和帆以后,加之陆地上蒸汽机的发明,蒸汽机的功率大小也和拉马车的成年马匹相比较,于是人们的认知概念就有了变化,衡量机器动力就用 horse power(马力),即蒸汽机功率与多少匹成年马所产生的拉力相当。随着现代涉海行业发展,该单位很快被更加科学的功率词汇 Watt(瓦特)取代,过渡期内二者具有以下换算关系,即 1 马力(hp)= 75 千克力(kilogram)× 米/秒(metre per second)= 735.498 75 瓦特(Watt)。可以说在船用推进系统革命刚刚完成时,人类将船舶推进力与陆地传统牵引方式相比较,就会有相关的马匹词汇。不但如此,连船舶主机和副机的称谓也由此类比而诞生。比如说完成类似马拉车的动力系统的主机,在英式英语中曾被称为 horse engine(能产生马力的机器),即能对传播产生牵引动力的机器,这些机器通过消耗燃料把热能转换为机械能,并驱动船舶航行。再把 horse engine 进行概念拓展,形成新的术语概念也是产生术语的一个手段。众说周知,船用发电机也是一种能量转换装置,它将热能转换成机械能,然后再将机械能转化成电能。将原理相同,而尺寸比主机小的副机就比成 donkey engine(驴的机器),也就是发电机的标签词。这两个比喻类别的词汇使用了近半个世纪后,直至今日才被 main engine(主机)和 auxiliary engine(副机)取代。

## 四、用 20 世纪 80 年代的航海者视角观航海技术中消失的术语

观测航海术语消失的词汇一定要从专业名词的词典出发来观察使用。Layton 在 1987 年出版的 *Dictionary of Nautical Words and Terms*(《航海词汇和术语词典》)和数据中就列举了目前已经不再使用的航海术语。以下术语名词如果不看到其定义就不会知道其含义,例子详见表 6.1。

表 6.1　《航海词汇和术语词典》中标记的消失词汇

| 航海名词 | 定义 |
| --- | --- |
| Almucantars<br>阿尔穆坎塔尔 | Circles parallel to horizon and passing through each degree of the vertical circles.<br>平行于地平线并穿过垂直圆的每个角度的圆。 |
| Almucantar's Staff<br>阿尔穆坎塔尔物件 | An old instrument, made of pear wood or boxwood with a 15-degrees arc. It was used for measuring amplitude.<br>老式仪器,由梨木或黄杨木制成,弧度为 15°。用于测量振幅。 |
| ancient<br>旗 | An old name for "ensign".<br>船旗的古名。 |
| antigropelos<br>防水绑腿 | Waterproof leggings.<br>防水绑腿。 |
| Armilla<br>阿米拉 | Former astronomical and navigational instrument consisting of rings that represented great circles of the celestial sphere. When aligned with and suspended from a point that represented the zenith it indicated the position of Ecliptic or Equinoctial. Equinoctial armilla was used to determine the arrival of Equinox, and solstitial armilla was used to measure the Sun's altitude.<br>以前的天文和航海仪器,由代表天球大圆的圆环组成。当对齐并悬挂在代表天顶的点上时,它表示黄道或等时的位置。春分圈用来确定春分的到来,而冬至圈用来测量太阳的高度。 |
| bagpipe the Mizen<br>后桅板迎风 | To haul on weather mizen sheet until the mizen boom is close to weather mizen shroud, and sail is aback.<br>拖上风雨桅板,直到桅板吊杆接近天气后桅罩,帆迎向后方。 |
| barnacle paint<br>防污漆 | Preparation formerly put on ships' bottoms in an endeavour to prevent the attachment of barnacles and other marine life. It was forerunner of anti-fouling paints.<br>以前,为了防止藤壶和其他海洋生物的附着,在船的底部进行了涂装。这是防污涂料的先驱。 |
| bibbs<br>桅肩加强板 | Pieces of timber bolted to hounds of mast to secure trestle-trees. Hounds are sometimes called "bibbs".<br>用螺栓固定在桅杆上,以固定栈桥树木的木块。猎犬有时也被称为"bibbs"。 |

表 6.1(续1)

| 航海名词 | 定义 |
| --- | --- |
| bittacle<br>罗盘 | An old name for binnacle and it was from Latin "*habitaculum*" (lodging place), or it was from French "*boite d'aiguille*" (box of the needle).<br>罗经盘的旧名称。来自拉丁语"habitaculum(住宿地)",或来自法语"*boite d' aiguille*(针盒)"。 |
| bongrace<br>防撞垫 | Matting made of an old rope and it was used for protecting the exterior of a vessel when working amongst ice.<br>用旧绳子编成的垫子,用于在冰中工作时保护船外。 |
| bordage<br>边板条 | Planking on sides of the wooden ship.<br>木船两边的木板。 |
| bowge<br>迎风 | Rope fastened to the middle line of a sail to make the sail lie closer to wind.<br>系在船帆中线的绳子,使帆更好迎风。 |
| bowl<br>瞭望所 | Cylindrical fitting at the mast head for lookout man to stand in.<br>桅杆顶部的圆柱形配件,以供瞭望人员站立使用。 |
| brace<br>海之臂 | Arm of the sea. Mandevill calls St. George's Channel "Brace of Seynt George".<br>海之臂。曼德维尔称圣乔治海峡为"圣乔治拥抱"。 |
| brake<br>刹车 | A name given to handle the ship's bilge pump.<br>处理船舶污水泵的名称。 |
| caban 或 cabane<br>住舱 | The old spelling of "cabin".<br>"住舱"一词的曾用拼写方式。 |
| cable bends<br>绳头编 | Two small ropes used for lashing one end of hemp cable to its own part after it had been bent to anchor ring.<br>两根小绳子,用于将麻绳弯曲成锚环后将其一端绑在其自身部分。 |
| cable hook<br>锚链掣 | Chain Hook. Devil's Claw.<br>锚链掣。 |
| cable stopper<br>止索结 | Short length of very strong rope, securely attached to deck, with stopper knot at outboard end. Cable was lashed to it while inboard part was passed around the riding bitts.<br>短又结实的绳索,用止索结将舷外端牢固地绑在甲板上,绳索内端应该用8字结缠绕在双桩上。 |

表 6.1(续 2)

| 航海名词 | 定义 |
|---|---|
| cablet<br>缆索 | Hemp cable not exceeding 10 inches in circumference. Like cables, it was 101 fathoms in length.<br>麻线周长不超过 10 英寸。其长度和其他绳索一样,同为 101 英寻。 |
| cable tier<br>绳索平台层 | Special platform built right forward, between decks and used for flaking rope cable clear for running out.<br>在船首正前方两层甲板之间的特殊平台名称,该平台用于清解绳索,以防绳索意外滑落入海。 |
| cable tire<br>线胎 | The coils of a rope cable.<br>绳索盘卷。 |
| cagework<br>装饰工作 | A name once given to the uppermost decorative work on the hull of a ship.<br>曾是装饰船体上层工作的名称。 |
| calk<br>推算运势 | 1. An old astrological word for the calculating of a horoscope. 2. An old spelling of "caulk".<br>古老的占星术语,用于计算星座运势。"caulk"的古拼写。 |
| canera<br>卡内拉 | A type of ship formerly used in Black Sea.<br>黑海一带曾用船舶种类名称。 |
| catch<br>双桅帆船 | The old form of "Ketch".<br>双桅帆船旧称。 |
| cat holes<br>系缆洞 | Two small holes, for mooring ropes, in stern of the old ships.<br>船尾的双小洞,用于系绳的。 |
| closeharbour<br>人造港 | An old name for aharbour made by engineering skill and excavation; to distinguish it from a natural harbour.<br>旧时对工程技术挖掘建造的港口称谓,区别于天然形成的港口。 |
| coach<br>艉楼 | An old name for a poop.<br>艉楼的旧称。 |
| coach horses<br>驾驶员团队 | An old name for the 15 picked men who formerly manned the Captain's barge in the Royal Navy.<br>15 名曾在皇家海军所属的船长驳船任过职的团队。 |

表 6.1(续 3)

| 航海名词 | 定义 |
|---|---|
| coadherent<br>舭龙骨 | An old name for a bilge keel.<br>舭龙骨的旧名称。 |
| cock boat<br>公鸡形船 | A small, light boat used in sheltered waters.<br>在有遮蔽的水域中使用的轻便小船。 |
| coggle<br>小船 | An old name for a small cog, or boat.<br>小船的旧称。 |
| cowner<br>贪污 | The old corruption of ship's "counter".<br>船上账房先生的坏账。 |
| croziers<br>南十字座 | The constellation Crux Australis, or "Southern Cross".<br>南十字座。 |
| Eilliot's eye<br>埃利奥特绳结 | Splice formerly made in rope cable. One strand was unlaid into three smaller ropes: two of these ropes were long-spliced together, and the third was eye-spliced. Thimble was then fitted into the two eyes thus formed; the whole being finished off with a seizing and keckling.<br>以前在绳子插接方式。其中一股绳被解开,分成三股较小的绳;其中两股绳子是长插接在一起的,第三股为眼式拼接。然后将套管套上,由此形成的两只眼环;整个拼接后封尾,完成插接。 |
| enavigate<br>驶出 | To sail out.<br>驶出。 |
| falconet<br>旧式小炮 | An old ordnance firing a shot of 1 1/4 to 2 lb. 6 ft. in length; weight 4 cwt.<br>旧式军械名称,一颗炮弹质量是 1.25~2 磅,长度是 6 英尺,质量 400 磅。 |
| flam<br>烟火信号 | A former name for flare of ship's bows.<br>船头火焰的原名。 |
| height<br>维度 | An Elizabethan term for Latitude.<br>伊丽莎白时代对纬度的称谓。 |
| helmstock<br>舵柄 | An old name for a "tiller".<br>舵柄的旧名。 |
| herring buss<br>小帆船 | Sailing drifter of 10 to 15 tons.<br>10~15 吨的帆船。 |

表 6.1(续 4)

| 航海名词 | 定义 |
|---|---|
| high charged<br>高大船 | Said of a vessel with lofty superstructure.<br>指具有高大上层建筑的船只。 |
| hog chain<br>防中拱链 | An iron chain tautly stretched between the stem and the stern posts. It was formerly fitted in some ships to prevent hogging.<br>铁链拉紧地伸展在船首和船艉柱之间。以前安装在一些船上以防止船舶中拱。 |
| hollow sea<br>空涌 | The swell that is not due to a prevailing wind.<br>不是由于盛行风引起的涌浪。 |
| horne<br>大熊座 | A 17th- century name for constellation Ursa Major.<br>17 世纪大熊座的名称。 |
| husband<br>船东代表 | The owner's representative who formerly went with ship to take charge of stores, arrange for repairs and transact ship's business. In Plantagenet times, the word refers to the sailing master.<br>船东代表,曾随船负责库房,安排船舶维修和交易业务。在金雀花王朝时期,该词指"帆船船长"。 |
| naufrage<br>沉船 | The shipwreck.<br>沉船。 |
| naulage<br>过路费 | Freight, passage money or ferry charge.<br>运费、通航费或轮渡费。 |
| raker<br>瞄准 | Guns so placed as to rake an enemy vessel.<br>瞄准敌舰的枪炮。 |
| reeving<br>加密 | Forcing open seams inside of a wooden ship so that caulking can be inserted.<br>强行撑开木船内部的接缝,使得填料可以填入。 |
| sea reeve<br>海警 | Former official who kept watch on seaward borders of estate of a lord of the manor. The main duty is to prvent smuggling.<br>在海边替国家守卫防止财产损失的前官员称谓,主要职责是防止走私。 |
| spindle<br>轴 | Timberforming the diameter of a "made" wooden masts.<br>做成木制桅杆的木材轴。 |

**表 6.1**(续 5)

| 航海名词 | 定义 |
|---|---|
| tilt<br>倾斜 | A canvas awning over stern sheets of a boat.<br>船尾板上的帆布遮阳篷。 |
| tilt boat<br>倾斜船 | A small rowing boat having an awning, or a tilt, for the protection of passengers.<br>有遮阳篷或倾斜的小船,以为旅客遮阳。 |

# 五、涉海操作历史中源于分级理念而产生的涉海术语

风的等级是人类有精密测速仪器前的一项伟大发明,这是根据不同等级的风、浪、涌、能见度在视觉中展示的现象来定级,把一个连续的谱系改成台阶式的分级,并冠以术语名称的方式。尽管目前对于海上的风、浪、涌、能见度的测量都是采用精密仪器,但是这些历史上出现的术语至今仍然使用。

1805 年英国海军将领 Commodore Francis Beaufort (弗朗西斯·蒲福海军准将)提出风从 0 到 12 级的分级方式 (参阅表 6.2),1874 年世界气象组织接受了该提法,1905 年由 G. C Simpson 修正,1926 年改用风速表示,渐渐淡化使用风级,但如今很少用风速,人们还是使用蒲福风级的表示方法。

道格拉斯浪级是由英国海军气象业务前主任 Sir Henry Dogulas (亨利·道格拉斯爵士,1876—1939)提出的海面涌浪 0 到 9 级分级,显然该等级分级也晚于风的风级,由于是道格拉斯首次提出来的,目前在涉海领域将浪和涌的分级称为"道氏分级"。

**表 6.2　蒲福风级一览表**

| 风级 | 风速<br>/(m/h) | 术语定义 | 海面现象描述 | 说明 |
|---|---|---|---|---|
| 0 | 0~1 | calm<br>无风 | glassy (like mirror)<br>水平如镜 | 从英语术语的角度,0 和 1 级风同属于无风系列。通过海面现象反推风速,水面如镜当然就是无风 |
| 1 | 1~3 | light wind<br>软风 | rippled surface<br>表面有涟漪 | 从汉语术语"风"的形容词来看,1~5 级风属于较小风级组别。通过海面现象反推风速,稍有涟漪风速当然很小 |

表 6.2(续 1)

| 风级 | 风速 /(m/h) | 术语定义 | 海面现象描述 | 说明 |
|---|---|---|---|---|
| 2 | 4~7 | light breeze 轻风 | small wavelets 小小波纹 | 从英语术语的角度看,第 1~6 级风属于较小风系列。通过海面现象反推风速,风速稍大形成波浪 |
| 3 | 8~12 | gentle breeze 微风 | large wavelets, scattered whitecaps 大波纹,零星有白花 | 通过海面现象反推风速,水面出现较大波纹,说明风又在上一个风级基础上稍微变大了 |
| 4 | 13~18 | moderate breeze 和风 | small waves, frequent whitecaps 小波浪,频繁的白花 | 通过海面现象反推风速,已经生成小波浪说明风增大了。而和风说明吹在皮肤上比较舒服的感觉 |
| 5 | 19~24 | fresh breeze 清风 | moderate waves, numerous whitecaps 中浪,无数白花 | 通过海面现象反推风速,形成中浪说明是日常生活中常规现象 |
| 6 | 25~31 | strong breeze 强风 | large waves, white foam crests 大浪,白色泡沫波峰 | 从风级组别来看,6 级风以上算是较大风 |
| 7 | 32~38 | moderate gale 疾风 | streaky white foam 条纹状白色泡沫 | 从英语术语的角度,7~10 是同性质组,属于强风系列。通过海面现象反推风速,风大起来就要在海面上掀起泡沫 |
| 8 | 39~46 | (fresh) gale 大风 | moderately high waves 中等高度的大浪 | 从"风"的汉语形容词来看,8 级风以上属于危险性较大的风,也是我国海事局对于客船控制航行的风级。通过海面现象反推风速,中等高度的大浪必有大风 |
| 9 | 47~54 | strong gale 烈风 | high waves 狂浪 | 通过海面现象反推风速,大浪的高度在增高,说明风更大 |
| 10 | 55~63 | whole gale 狂风 | very high waves, curling crests 非常高的狂波,卷曲的波峰 | 通过海面现象反推风速,浪高到一定程度后就要打卷 |

表 6.2(续 2)

| 风级 | 风速/(m/h) | 术语定义 | 海面现象描述 | 说明 |
|---|---|---|---|---|
| 11 | 64~73 | violent storm 暴风 | extremely high waves, froth and foam, poor visibility 极高的狂波、泡沫和泡沫,能见度低 | 从英语术语的角度来看,第 11 和第 12 级风是一个组别,属于超大风级。通过海面现象反推风速,浪高极高,并形成小气泡,能见度变低,说明风力非常大 |
| 12 | >73 | hurricane 飓风 | huge waves, thundering white spray, visibility nil 巨大的狂浪,雷鸣般的白色喷雾,能见度为零 | 通过海面现象反推风速,这是用语言描写的极限值了 |

根据表 6.2,我们从汉语的对应等级词里可以看出术语词的差异,"风"字前的形容词分别有"无、软、轻、微、和、清、强、疾、大、烈、狂、暴"共 11 个,修饰程度越来越强。日常生活中我们却不咬文嚼字,不会将形容词的细微区别来表达不同风级,但在文字表达上,用形容词的细微差别来表达不同风级的用法已经存在,比如成语"和风徐来",我们只从词语中意会到吹在皮肤上比较舒服的风,而真实地表达 4 级风扑面吹来的意境,而成词语"清风扑面",则是递进了一步,是 5 级风扑面而来。

风的英语术语也是以中心词聚类的,比如说 2 级风至 5 级风,都是"X+breeze"的术语表达,前面 X 的形容词有 light、gentle、moderate、fresh、strong,其程度也是由低到高;第 7 至 10 级风,都是"X+gale"的术语表达,前面 X 的形容词分别是 moderate、fresh、strong、whole,其程度也是越来越强。可见术语名词可以等级化,而且等级可以根据采用前置形容词的不同而不同。

除了风的分级外,道格拉斯对浪级分级详情,参阅表 6.3。

表 6.3　道格拉斯浪级一览表

| 浪级 | 浪高/m | 术语定义 | 海面现象描述 | 说明 |
|---|---|---|---|---|
| 0 | — | calm sea (glassy) 海面如镜 | 海面光滑如镜或仅有涌浪存在 | 从镜子般的感觉表达的是无风状态下的无浪,从等级来看是 0 级 |

表 6.3(续)

| 浪级 | 浪高/m | 术语定义 | 海面现象描述 | 说明 |
|---|---|---|---|---|
| 1 | 0~0.10 | calm sea (rippled) 微波 | 波纹或涌浪和波纹同时存在 | 从汉语术语中心词来看,1级和2级浪属于一个组别 |
| 2 | 0.10~0.50 | smooth sea 小波 | 波浪很小波峰开始破裂,浪花不显白色而呈玻璃色 | 从汉语术语修饰词看,"小"比"微"要稍微大一些,体现出浪级的升级 |
| 3 | 0.50~1.25 | slight sea 轻浪 | 波浪不大,但很触目,波峰破裂,其中有些地方形成白色浪花,即白浪 | 从汉语术语中心词来看,3级至7级属于一个组别 |
| 4 | 1.25~2.50 | moderate sea 中浪 | 波浪具有明显的形状,到处形成白浪 | 在浪级这一自然现象中,该类别是常规类别,是起到承上启下的浪级,故以"中浪"命名 |
| 5 | 2.50~4.00 | rough sea 大浪 | 出现高大的波峰,浪花占了波峰上很大面积,风开始削去波峰上的浪花 | 从汉语术语比较来说,"大"比"中"更加强烈,从英语的角度来说,rough 比 moderate 更加强烈 |
| 6 | 4.00~6.00 | very rough sea 巨浪 | 波峰上被风削去的浪花,开始沿着波浪斜面伸长成带状,有时波峰出现风暴波的长波形状 | 从英语形容词来说,very rough 比 rough 更加强烈 |
| 7 | 6.00~9.00 | high sea 狂浪 | 风削去的浪花带布满了波浪斜面,有些地方到达波谷,波峰上布满了浪花层 | 是汉语术语"浪"的命名中最高等级的术语,加上前面等级最强烈的形容词"狂"字,表达了较大的浪级 |
| 8 | 9.00~14.00 | very high sea 狂涛 | 稠密的浪花布满了波浪斜面,海面变成白色,只有波谷内某些地方没有浪花 | 从术语中心词来看,第8级和9级浪属于一个组别,属于"涛"的等级 |
| 9 | >14.00 | phenomenal 怒涛,非凡现象 | 整个海面布满了稠密的浪花层,空气中充满了水滴和飞沫,能见度显著降低 | 该种现象极为少有,故采用 phenomenal 这一形容词 |

通过表 6.3 我们可以看出,从汉语术语中心词来说用了镜、波、浪、涛,四个名词形容的强度由低向高,三个形容"波"的形容词分别是"微、小、轻",其程度由低到高;而形容"浪"的形容词分别是"轻、中、大、巨",其程度也是由低到高;"涛"字的形容词"狂、怒",其程度也是由低到高。从汉语的角度来说,浪级像是走了三组台阶,每组台阶都有个平台,这个可以避免从低到高垂直高度太高的情况,通过中心词攀升,每个中心词采用形容词攀升两级的方式解决了形容词描述匮乏问题。从英语术语角度,该文主要采用了"X+sea"的搭配方式,中心词 sea 前面的形容词 X 分别是 calm、smooth、slight、moderate、rough、very rough、high、very high,其浓烈程度由低到高。"涌"和"浪"的概念有着本质不同,"浪"主要强调的是高低,即垂直方向为主的参数,"涌"主要强调的是长短,即水平方向为主的参数。道格拉斯涌级表请参阅表 6.4。

表 6.4    道格拉斯涌级表

| 浪级 | 对应风级 | 术语定义 | 海面浪与涌现象综合描述 | 说明 |
|---|---|---|---|---|
| 0 | <1 | no swell<br>无涌 | 海面平静。水面平整如镜,或仅有涌浪存在。船静止不动 | "涌"的术语概念无论是汉语还是英语都是采用统一的方式 |
| 1 | 1~2 | short（or average）low swell<br>短(或中长)低涌 | 波纹、或涌浪和小波纹同时存在,微小波浪呈鱼鳞状,没有浪花。寻常渔船略觉摇动,海风尚不足以推动帆船航行 | 从英语术语角度,1级涌和2级涌的中心词都是 low swell (低涌) |
| 2 | 3~4 | long low swell<br>长低涌 | 波浪很小,波长尚短,但波形显著。浪峰不破裂,因而不是显白色的,而是仅呈玻璃色的。渔船有晃动,张帆时每小时可随风移行 2~3 海里/小时 | 从英语术语修饰语的角度,long 比 short 更加强烈,从汉语术语修饰语的角度,"长"比"短"语气更加强烈 |

表6.4(续1)

| 浪级 | 对应风级 | 术语定义 | 海面浪与涌现象综合描述 | 说明 |
|---|---|---|---|---|
| 3 | 4~5 | short moderate swell<br>短中涌 | 波浪不大,但很触目,波长变长,波峰开始破裂。浪沫光亮,有时可有散见的白浪花,其中有些地方形成连片的白色浪花——白浪。渔船略觉簸动,渔船张帆时随风移行每小时3~5海里/小时,满帆时,可使船身倾于一侧 | 从英语术语角度来说,3、4、5级涌的中心词都是 moderate swell(中涌) |
| 4 | 5~6 | average moderate swell<br>中长中涌 | 波浪具有很明显的形状,许多波峰破裂,到处形成白浪,成群出现,偶有飞沫。同时较明显的长波状开始出现。渔船明显簸动,需缩帆一部分(即收去一部分帆) | 3、4、5级涌中,4级在中间,因此该英语术语中形容词采用了 average 这一词 |
| 5 | 6~7 | long moderate swell<br>长中涌 | 高大波峰开始形成,到处都有更大的白沫峰,有时有些飞沫。浪花的峰顶占去了波峰上很大的面积,风开始削去波峰上的浪花,碎浪成白沫沿风向呈条状。渔船起伏加剧,要加倍缩帆至大部分,捕鱼需注意风险 | 从英语术语的角度,三个形容词分别是 short、average、long,其强烈程度依次提高。从汉语术语修饰语中,采用了"短、中长、长",其表述涌的长度也越来越长 |
| 6 | 8~9 | short heavy swell<br>短高涌 | 海浪波长较长,高大波峰随处可见。波峰上被风削去的浪花开始沿波浪斜面伸长成带状,有时波峰出现风暴波的长波形状。波峰边缘开始破碎成飞沫片;白沫沿风向呈明显带状。渔船停息港中不再出航,在海上则下锚 | 从英语术语角度来说,6、7、8级涌中心词都是 heavy swell(长高涌)。从汉语术语角度来看,6级以后出现"浪"和"涌"的结合,两个维度 |

表 6.4(续 2)

| 浪级 | 对应风级 | 术语定义 | 海面浪与涌现象综合描述 | 说明 |
|---|---|---|---|---|
| 7 | 10~11 | average heavy swell 中长高涌 | 海面开始颠簸，波峰出现翻滚。风削去的浪花带布满了波浪的斜面，并且有的地方达到波谷，白沫能成片出现，沿风向白沫呈浓密的条带状。飞沫可使能见度受到影响。汽船航行困难。所有近港渔船都要靠港，停留不出 | 6、7、8 级涌中，7 级在中间，因此该英语术语中形容词采用了 average 这一词 |
| 8 | 12 | long heavy swell 长高涌 | 海面颠簸加大，有震动感，波峰长而翻卷。稠密的浪花布满了波浪斜面。海面几乎完全被沿风向吹出的白沫片所掩盖，因而变成白色，只在波底有些地方才没有浪花。海面能见度显著降低。汽船遇之相当危险 | 英语术语的角度，三个形容词分别是 short、average、long，其强烈程度依次提高。从汉语术语修饰语中，采用了"短、中长、长"，其表述涌的长度也越来越长 |
| 9 | >12 | confused swell 乱涌 | 海浪滔天，奔腾咆哮、汹涌非凡。波峰猛烈翻卷，海面剧烈颠簸。波浪到处破成泡沫，整个海面完全变白，布满了稠密的浪花层。空气中充满了白色的浪花、水滴和飞沫，能见度严重地受到影响 | 从英语程度来说，confused 是多种复合，达到涌的极致 |

从表 6.4 我们可以看出，从汉语术语中心词"涌"的角度，10 个形容词分别是"无、短低、长低、短中、中长中、长中、短高、中长高、长高、乱"，其横向维度越来越强，同时也伴随着纵向维度，可见涌和浪是无法分割的两个概念。英语的术语采用"X+swell"的方式，其使用的形容词主要包括：no、short low、long low、short moderate、average moderate、long moderate、short heavy、average heavy、long heavy、confused 等共 10 个，强烈程度也是由低到高。

通过表 6.3 和表 6.4 我们能够看出，对于多等级的涌浪来说，可以通过中心词升级来表达自然现象的"质变",用形容词的改变代表同一类别组中的量变。比如汉语浪级名词的"浪"与"涛"就属于从"大"到"具有破坏性质更大"的质变,而"波"与"浪"则是人的心理感受从"愉悦"转向了不舒服。而英语术语涌级从 low swell、moderate swell、heavy swell 的"三级跳",都使中心词发生转变。同一性质组中,上下等级差异则采用形容词的细微变化,如表 6.4 中的 short、average、long 三个形容词的变化。

　　除了上述的风、浪、涌等级外,能见度分级也是海上常用的,其分级详见表6.5。

表 6.5　能见度一览表

| 浪级 | 能见度/nm | 术语定义 | 海面现象描述 | 说明 |
|---|---|---|---|---|
| 0 | 0~0.03 | dense fog 大雾 | 通常被认为为零 | 根据英语术语,0 到 3 级属于一类,都属于能见度妨碍作业的程度。从汉语术语的角度,0 至 4 属于一类,都和"雾"字相关 |
| 1 | 0.03~0.1 | thick fog 浓雾 | 能见度极差 | 从单一修饰语比较,thick 要比 dense 轻,即 dense 更加浓烈 |
| 2 | 0.1~0.25 | fog 雾 | 能见度很差 | 雾是常见的现象,因此此处采用独立词,而不用其他形容词修饰即0修饰现象 |
| 3 | 0.25~0.5 | moderate fog 中雾 | 能见度较差 | 4 个以 fog 为中心词的修饰词分别是 dense、thick、0、moderate,可见程度是依此减轻,即视线逐渐变好 |
| 4 | 0.5~1.0 | mist（haze） 轻雾 | 视野不清晰 | 轻雾是比较常见的现象,汉语中又说成"霾",因此该术语是独立词 |
| 5 | 1.0~2.0 | poor visibility 能见度不良 | 视野不清晰 | 从英语术语的角度,5 至 9 级能见度都是属于能见度尚可,不过是程度不同的分级。从汉语的术语角度,也是属于可见的等级 |

表 **6.5**(续)

| 浪级 | 能见度/nm | 术语定义 | 海面现象描述 | 说明 |
|---|---|---|---|---|
| 6 | 2.0~5.0 | moderate visibility 能见度中等 | 视野一般 | 之所以采用 moderate 作为修饰词,说明此类能见度是我们常见的能见度 |
| 7 | 5.0~10.0 | good visibility 能见度良好 | 视野较好 | 从修饰语的角度,good 比 moderate 要好,好比评分中良好分数比中等分数要好一样 |
| 8 | 10.0~30.0 | verg good visibility 能见度很好 | 视野非常清晰 | 从修饰语的程度来说,very good 比 good 要更好,因此能见度就变得更好 |
| 9 | >30 | excellent visibility 能见度极好 | 视野异常清晰 | 从修饰语来说,分别采用了 poor、moderate、good、very good、excellent,程度从重到轻到好 |

从表 6.5 我们可以看出,英语术语中心词分两组,一组是 fog 表示能见度非常不良的情形,采用"X+fog"的搭配,另外一组是能见度尚可的情形,采用"X+visibility"的搭配。第一组形容词从 dense、thick、moderate 来看,雾的等级越来越轻,第二组形容词从 poor、moderate、good、very good、excellent 来看,能见度越来越好。汉语术语描述也分两个阶段,分别是"雾"和"能见度"。雾的修饰语分别是"大、浓、中、轻"表示雾的程度越来越小,能见度的修饰也是从"不良、中等、良好、很好、极好"表示视线越来越好。

如同英语术语表达一样,汉语术语表达中也有表达不同程度的字,用来准确表述术语含义。此外比术语表达更准确的就是用数字量化来表达,只不过日常生活中我们对数字不敏感,而比较喜欢实用形容词。因此从术语意义上来说,术语描述虽然不如具体数值准确,但是更加适用。

通过对自然现象的观察,采用分级的方式,对于当时没有进行精密测量,这一分级术语定义在当时是最佳的尝试。通过对 20 世纪及之前的涉海天气等方面的术语分析,我们可以推知今日涉海术语的发展走向,初步总结出涉海术语的特点。

## 六、20 世纪和 21 世纪旧涉海术语词的淘汰与新术语词的诞生

　　本节是从历时的角度探讨涉海英语术语词,我们从术语词的历史角度来谈及术语发展规律。术语的更替主要取决于涉海领域技术的诞生与灭亡。20 世纪开始,涉海领域的发展进入了快车道。20 世纪产生的且仍然在使用的涉海设备术语名称有:雷达(radar)、自动雷达标绘仪(ARPA)、电子海图(ECDIS)、应急无线电示位标(EPIRB)、测深仪(echo sounder)、声呐(sonar)等。当然也有在 20 世纪被淘汰掉的设备,如台卡(Decca)、罗兰 A(Loran A)、罗兰 C(Loran C)、奥米珈(Omega)、无线电测向仪(Radio Direction Finder)、北斗导航系统(Beidou)、全球导航系统(GPS)。21 世纪诞生并使用的涉海设备有:自动识别系统(AIS)、远距离识别与跟踪(LRIT)、驾驶台值班报警系统(BNWAS)。21 世纪淘汰的术语有国际海事卫星 A 站(Inmarsat-A)及国际海事卫星 B 站(Inmarsat-B)等。随着时间的推移,新的术语会不断涌现,而对于被淘汰的设备,其术语名称也同时被淘汰。比如我们今天再提台卡、罗兰、奥米珈等术语词,很多业内青年人士都不知所云,因为这些词随着其物件的淘汰而淘汰。

　　有的术语词名称发生了改变,比如搜救雷达应答器(SART),随着自动识别系统的 SART 投入使用,该术语词分化为搜救雷达应答器(radar-SART)和自动识别系统应答器(AIS-SART);美国研究的第一代卫星导航系统曾经名称是(Navy Navigation Satellite System,简称 NNSS,1964—1996),目前已经被"GPS 系统"取代。即"GPS 系统"前身名称为"NNSS"。

　　本节主要从历史的角度来探讨涉海英语术语词,包括很多今天消失的涉海术语词,我们也可以通过本节研究的词汇推知当时的概念含义和使用情况,以及消失的原因等。

# 第三节　我国涉海术语名词协调与发展研究

　　我国的涉海术语自 20 世纪 90 年代开始就有了很大的发展,有些词汇从无到有,有些词汇增补了其他意思,也有的词汇增加了英语术语的其他表达方式。我们通过这几十年来跟踪涉海术语的发展来说明这些变化。

## 一、增加英语名称

大副是船上第一个辅助船长的高级船员,在我国航海科学技术(分)委员会定名之初只给了 Chief Officer 这一个英文名称。同理二副、三副也只给了 Second Officer 和 Third Officer。如此势必会影响对外翻译的规范。在很多场合将船舶驾驶员称为 Officer 是错误的,比如船舶体系文件中,如果船长及大副、二副、三副共同出现时,采用 Officer 就不合适,应该采用 Mate 一词。因此目前在"术语在线"公布的标准术语名词中,大副英语名称为 Chief Officer 或 Chief Mate,二副英语名称为 Second Officer 或 Second Mate,三副英语名称为 Third Officer 或 Third Mate,而且这些词条将来还有增补的空间。比如国外英语术语中大副还可以用 First Officer 或者 First Mate,若这样的术语名词在我国中华外译中根据语境来用,做到准确地表达含义,因此其也需要在未来纳入"术语在线"中。

## 二、涉海术语定义的不足之处

术语工作者没有深入行业实际。我们目前面临的最大问题是定名者多是院校的学者,而学者是从名称的科学出发对名词做出改变,有些改变是非常不合理的。比如航海科学技术学科成立之初,当时 pilot 是能把船舶从港外、运河口引航到指定位置的航海技术人员。这个术语经过全国科技名称审定委员会规范后为"引航员",而台湾省居民至今仍然使用"引水"一词。这个名词在 20 世纪 90 年代初规范时,首先,只考虑到了"引水"会产生的歧义。比如提起"引水"一词,会使人联想到将水引进到什么地方。这个不符合"引航"的概念,因此自航海科学技术名称审定(分)委员会做了修改并由全国科技名词审定委员会终审后发布为"引航员(pilot)"。通过几十年的使用,发现该名词修改非常不恰当。因为在规范之前,大陆和台湾省都使用"引水",但是规范改变以后,台湾省居民的用法并没有改变,结果导致与海峡两岸涉海行业交流出现了不顺畅的情况,并且为了与台湾省的涉海行业进行沟通,大陆业界也使用"引水"一词,导致两岸涉海术语不平衡的问题。其次,没有考虑到"引航员"作为形容词修饰的其他词汇,也会出现名词长度增加问题。如我国涉海名词中包含"引航员"的其他词汇有:船舶工程定义的引航员椅(pilot ladder)、引航员梯试验(proof test for pilot ladder)、引航员软梯(pilot ladder)、引航员升降装置(pilot hoist)等词,该类词汇都增加了汉字长度,而我国台湾省相关术语仍然使用"引水"一词作为其他名词修饰语,更加简洁,使用也方便。在出版物和课堂教学中均停止使用"引水",而改用"引航员",而当今的涉海业务业界,"引水"一词由于其传统性、简洁性,虽然不符合名词推荐标准,但仍然在业界广泛传播。由"引水"做形容词修饰的术语词也由于其简洁性保留了"引水",比如标准术语"引航员软梯",业界俗称"引水梯",规范是 5 个字,而实际使用只有 3 个字。在甚高频通信等应用场合,使用者不会考虑标准的但不合理的术语,更多地会选择合理的非标准用法。因此不能盲目地批评使用者不使用推荐术语,而应让术语制定者审视术语名词定义时的缺陷,改变不合理的术语词,以满足术语传播的需要。

还有一个例子就是"船舶所有人(shipowner)"这一术语,该词系指船舶的拥有单位或者个人者,1996 年由航海科学技术名词审定(分)委员会定义的术语名词将该词进行了规范。但是目前该词只停留在规范层面,业界很少按照该规范,都习惯俗称"船东"。也就是说,无论我们新闻媒体、出版物、教学课堂如何规范,而在业界使用中都习惯用"船东"。因为有比对性,比如普通术语中经常使用"房东",而很少采用"房屋所有人",因此将 shipowner 称为"船东"也顺理成章。

国家名词管理机构相关人员需要做好深入实际的调查研究,真正把业界常用又好用且词义简明的术语纳入规范的范畴,对于已经使用的术语,尽管有些或许有瑕疵,但是不要轻易对其做出改变。这样传统的、好用的术语词汇就更加接地气。

从上述的例子中可以得到一个事实,就是无论术语基本规则有多少,简洁性永远是首先要考虑的原则。如果制定标准术语名词时,任何与简洁性原则相冲突的,一定要优先考虑简洁性,否则在应用中就无法推广已经制订的标准术语。

## 三、涉海术语名称指称彼此不同

有些术语名词有着相同的含义,但是表达方式不是一个,这是因为全国科技名词审定委员会不同(分)委员会就同一名词给出不同的表达形式,加上定名审核后又没有很好地协调,才出现这种情况。

我们以"拖轮"和"拖船"为例:1994 年石油名词审定(分)委员会将其定义为"拖轮(towing vessel,tug boat)";而 1996 年航海科学技术名词审定(分)委员会将其定义为"拖船(tug,towing vessel)";1998 年船舶工程名词审定(分)委员会将其定义为"拖船(tug,tugboat,towing vessel,tow boat)"。显然同一术语词表达方式存在差异,而目前的涉海行业大众使用中,"拖轮"才是最常用的术语。

再比如,"油轮"与"油船",1994 年石油名词审定(分)委员会将其定义为"油轮(oil tanker)"而 1996 年航海科学技术名词审定(分)委员会将其定义为

"油船（oil tanker）";1998 年船舶工程名词审定（分）委员会将其定义为"油船（oil tanker, oil carrier）"。上述两个例词，反映出命名理念不同，即涉海类各学科在规范名词时尽量规避"轮"字。除了上述两个例子外，还有客船、货船等其他船，而其他（分）委员会则采用"轮"字，就出现了命名的矛盾问题。如果从时间上看，石油名词审定（分）委员会定名最早，其他两个涉海（分）委员会需要参照石油名词审定（分）委员会的定名；如果按照主科与副科的原则，则石油名词审定（分）委员会应该参照其他两个（分）委员会并对不当定名做出修改，因此在定义同一名词时，需要增加（分）委员会之间的交流，各（分）委员会定名时应该首先查阅该名词是否已由其他（分）委员会定名，特别是当涉及名词已经由其他是学科定名后，如果定名与已定名不一致，定义前需要和（分）委员会及全国科技名词审定委员会进行沟通、协调与请示。

## 四、未及时规范新的涉海术语名称

由于涉海的不断发展，新兴事物不断出现，出现后的名词如果不及时规范定义，新的问题就会出现。在实际名词术语应用中总是能发现，很多业界需要使用的术语名词都无法在全国科技名词审定委员会的"术语在线"数据库中找到。由于缺乏规范同时又需要使用，于是就出现很多不规范的说法。我们以"邮轮（cruise ship 或 cruiser）"为例，该词理应由航海科学技术（分）委员会或者船舶工程（分）委员会做出定义。按照涉海各（分）委员会定名原则来推测，如果要定名则应该采用"邮船"或者"游船"。遗憾的是没有（分）委员会考虑对该词进行定名。正是因为没有定义，业界俗称"邮轮"已经被广泛使用，如果按照涉海机构定名原则中不用"轮"字作为船舶种类名词的话，那么即使将来将其定名为"邮船"，将来业界还是会使用"邮轮"这一名词。换言之，定名过晚的话，导致非规范说法泛滥，正确术语得不到有效推广，故及时规范也是涉海（分）委员会紧要工作之一。每个（分）委员会每年应该至少做两次定名工作，而且每个（分）委员会都要设专职秘书从事定名的管理工作。

总之，通过本节对我国涉海术语名词的探讨，可以得知我国的涉海类术语工作还存在不完善之处。需要做的是经常深入使用者中观察有多少术语推行不下去，从顶层设计层面来管理，术语必须和使用者无缝对接，不能仅仅靠强制手段来推行术语。术语制定时必须认真听取业界使用者的意见，要尊重术语制定前某些俚语和行话已经在业界广泛传播的事实。

# 本 章 小 结

　　术语和专业名词都是有变化的,我们在各章节做比照的研究都是共时研究,而术语和专业名词都是变化的。随着时代的发展、宗教的形成、文化的传播、科技的进步,术语会产生,会改变,也会消失。本章从历时的角度谈涉海术语与专名,不仅仅能"窥见"早期人类使用的涉海词汇,也能预测未来术语名词的发展规律。

# 第七章 结合符号学理论的涉海图片术语词汇功能研究

该章是结合"符号学"的视角来研究国际涉海图片的术语规律。哈特曼和斯托克（1981：303）如此描述符号学，"符号学是瑞士语言学家索绪尔（F. de Saussure, 1857—1913）所创立的学科,研究语言符号的能指与所指。"也进一步阐明,就是能指（signifier）和所指（signified）及本体（tenor）的三者之间的关系。本章借鉴了索绪尔三者之间的关系论,来探索图片的术语意象。涉海术语最大的特点就是有图片作为交流手段之一,而且图片有着自身符号学视角下的概念表达规律。冯志伟（2011：30）在研究索绪尔符号学中的能指、所指、术语概念之间关系时曾指出,"任何语言符号都是由概念和音响形象结合而成的;概念叫作'所指',音响形象叫作'能指',能指和所指之间的关系是约定俗成,具有任意性。术语与其他语言符号的区别在于,术语的语义外延是所指的关系而不是能指的关系确定的。在术语学中,当辨明了一个语言形式（既能指）之后,就核查属于该语言形式的一个或数个意义（即所指）,从而判断术语的语言形式(能指)是否符合术语的意义（所指）的要求,因此,术语学需要从概念（能指)出发去考虑这个概念的名称（所指）是什么,也就是说,在术语学中,概念先于名称。"因此本章将研究图形形式的能指及所指与涉海术语学对应的概念和名称之间的对应关系。

## 第一节 国际涉海安全图贴中颜色表达的含义

涉海安全图贴对涉海类专业来说非常重要,图片的作用和书写语言类似,都是传达人类共知信息,只不过不像文字有着自身的发音。在涉海图片中图片的颜色不是随意使用的,和我们日常生活中相似,会用"绿色食品""蓝海白帆""一张白纸""灰色地带""杀红了眼""黑暗"等说法表达含义、心情与想法。

# 一、各国颜色与含义的关联

颜色在不同国家和民族之间有着不同的理解。下面我们列举一些国家对颜色的偏好。瑞典人喜欢黄色,因此黄色就出现在国旗上。丹麦人喜欢红色,因此红色就出现在国旗上。英国的航运业曾经非常强大,因此他们崇尚蓝色,于是蓝色就出现在国旗上。还有阿拉伯很多国家喜好白色,认为白色是纯洁的象征。我们中国人喜欢红色,甲骨文中用红色记录吉利事,而用白色或者黑色记录凶事。因此涉海图标中的颜色有着非常重要的研究价值。

任何颜色在不同国家都有不同的解释。但是我们目前说的涉海安全图贴中涉及的是国际性的,而非针对某个国家而言。国际海事组织安全标识包括:逃生及急救标志、平台及楼层标志、安全标志(绿色)、低位发光透明标志、方向指示标志、强制性标志(蓝色)、通用消防安全标志、消防标志、有害物标志、《国际危规》的危险品标志、禁止标志、国际船舶和港口保安标志、悬挂标志、组合标志、公共场所标志、客船终点港标志。这些不同类型的标识的作用也是千差万别的,了解这些标识代表的含义对水上乘客以及船员来说是有必要的。"国际海事组织推荐的安全标识"是参照国家有关船舶标志的符号标准生产制作,包括船舶救生安全标志和船舶防火控制识别标志两大类船用标贴产品,用于船舶紧急疏散通道指示、标志线、楼梯标识、疏散通道、地面标识、墙面标识、甲板方向、救生设备标识、消防设备标识等,指导人们在紧急情况发生时能及时处理或逃离船舱到达安全区域。但是只有"国际海事组推荐的安全标识"贴在舷墙上是不够的,必须还有各种救生装备(如救生衣、救生艇、救生筏等)、消防设备等,以保障船上人员的安全。

# 二、涉海中的红色色标含义

红色是世界上使用最多的颜色。红色非常鲜艳,有着非常强烈的提醒含义。国际社会使用红色代表非常强烈的提醒或者是禁止做某事。红色也是消防中常用的色标,比如消防队、消防车、消防器具都是采用红色作为标记。因为红色可以很快与普通颜色区别开来,因此在涉海安全图贴中用红色来标记消防器材以及禁止做的事情,比如禁止吸烟等。

# 三、涉海中的橙色色标含义

橙色比红色略微淡些,因此橙色色标表示的含义和红色相近,但是程度不如红色的重,因此橙色用于对事情的提醒方面。橙色表达的是警告,而红色表达的是禁止,其程度不同。以美国为例,在安全等级中红色等级高于其他颜色,因此红色等级表示安保等级最高级。

## 四、涉海中的蓝色色标含义

在涉海图贴中蓝色接近于海洋,海洋的颜色在涉海人眼里代表的是常规,因此涉海图贴中蓝色表示的是工作中需要注意的安全事项,比如工作中需要戴安全带、戴口罩、穿工作鞋、穿工作服、戴护目镜,等等。这些颜色都用蓝色显示出来。

## 五、涉海中的绿色色标含义

在人类共同认知中,绿色代表植物、生命、生机和求生。因此在涉海行业中绿色代表求生。所有的救生设施都采用绿色为标记色,救生艇、救生筏、救生衣、救生圈、救助艇的标记都是以绿色为主色调。

## 六、涉海中的白色色标含义

白色象征着纯洁,象征着没有恶意。战争中举白旗表示投降,代表无攻击性。白色在涉海领域中用来和其他颜色搭配,起到颜色的对比参照作用。上述每个颜色要表达画面则必须与其他颜色配合使用,而用作配色最多的颜色就是白色。白色本身不代表任何含义,因此它是最佳参照颜色。比如说如果蓝色底色,白色轮廓勾画的戴帽子人,则表示工作中需要戴安全帽;再比如红色底色,白色盘卷,则表示的是消防皮龙。

## 七、涉海中的黑色色标含义

在涉海图贴中黑色也是配色,黑色配色不代表含义,只是和白色一样表现画中轮廓。使用黑色时图贴中通常不是两种颜色,而是三种颜色。

## 八、涉海图贴中色彩搭配规律探讨

在涉海图贴中搭配两种颜色的方式有以下四种。第一种:绿色和白色搭配,表现比较融合,象征着安逸。该搭配用于救生设施,几乎所有的安全设施出口、救生设施都是绿色背景,白色则表现物品的搭配方式。第二种:红色与黄色搭配。由于消防设施需要强烈的颜色提醒,同时又要体现画面物品,需要配黄色以表现色差,因此大多数的消防设施采用红色与黄色的搭配方式。第三种:蓝色与白色搭配,几乎所有的安全工作须知都采用该种搭配。第四种:黄色与黑色搭配,主要用于提醒标记。比如防止滑倒标记,整个底色都用黄色,中间画一个黑色轮廓的险些滑倒的人,表示提醒。国际海事组织推荐的标准格式中多数是这两种颜色。

不同国家会根据国际海事组织的推荐创造自己的新标记。三种以上色彩搭配中有以下几种色彩搭配:第一种:红色、黄色、黑色,此类三色也是国际海事组织推荐的三色。此类搭配表现的是与消防相关的物品,比如便携式灭火器,灭火器的圆柱体是红色的,背景是黄色的,而喷射管使用的是黑色,也接近实物颜色。此外,消防器材需要标记文字时采用黑色标记。第二种:黄色、白色、黑色标记,有些安全图贴需要有文字或者图形提醒时,会采用这种搭配。再比如一个黑色风扇状物体,加上黑色三角框,底色是黄色。底下配另外一个白色三角框,并添加黑色文字,写着 Radioactive 7,表示是第七类危险品放射性物质。第三种:绿色、红色、黄色搭配,此类搭配主要是表现消防设备,比如消防炮里下边是绿色表示消防介质,摇臂是黑色,而整个底色是红色,表达消防装置。第四种:黄色、白色、蓝色。我们以 start water supply(供水)为例,其中的核心区以蓝色为主线条,定性为属于工作中须知的安全问题,就是指在工作中需要提供水,否则会出现安全问题。在蓝色圆圈里用白色绘成洒水和底下的收集器,而整个背景色是黄色,有提醒之意。

总之,色彩和色标搭配不是任意的,而是运用了人类社会共同认知规律,通过颜色来表达特定的安全含义。索绪尔认为符号学的本质是任意性,能指与所指之间没有必然联系,而从我们对于颜色的分析来看,在符号概念中,至少从颜色概念中存在着必然性,这一结论和符号学基本结论不一致,说明图片的符号学和文字符号学有一定的差异。

# 第二节　国际涉海图贴术语符号中特定元素使用研究

在涉海类相关符号中采用不同方式提示现场作业人员安全,这些提示包括利用文字、符号标记、颜色等多种方式,颜色问题分析已经在上一节论述了,本节分析图贴的其他要素所产生的图贴的术语概念规律。

## 一、国际海事组织对于涉海安全图贴的分类

2017 年 12 月 5 日,第 30 届国际海事组织大会通过了 Resolution A. 1116

(30)决议,其中将安全图贴分为8类,该决议的起草也参照了国际标准化组织ISO 7010。IMO规定分别是①MES（means of escape signs）,即提供逃生标识,该类主要是绿色标记;②EES（emergency equipment signs）,主要提供急救设施和便携式安全设备;③LSS（life-saving systems and appliances signs）,提供救生系统和设施使用操作指导和位置标记;④FES（fire-fighting equipment signs）,提供消防设备使用操作指导和位置标记;⑤PSS（prohibition signs）,禁止标记,该种标记都是采用禁止的反斜线符号标记;⑥WSS（hazard warning signs）,提供避免危险标记;⑦MSS（ mandatory action signs）,提供强制提醒和指导信息;⑧SIS（safety and operating instructions）,该内容针对培训人员。

# 二、使用辅助文字

在国际海事组织以前的相关决议中,文字和图没有明显区别,各缔约国可以根据自己的情况公布相关的文字。由于历史等原因,国际涉海领域采用的语言是英语,因此国际涉海标识采用的标记语言是英语。

1. 采用完整的句子

国际涉海图贴中,有不少采用简单的句子来辅助表达图贴上的含义,比如:

(1)Wear high visibility clothing（穿有反光带的服装）;

(2)Push door on the right-hand side to open（向右侧推开）;

(3)Do not extinguish with water（不要用水灭火）;

(4)Wear eye protection（戴护目镜）;

(5)Start water supply（开始供水）;

(6)Release falls（解艇索）;

(7)Caution! Mind your head（留神头上）;

(8)Danger! Solvents（溶液有毒）;

(9)No access for fork lift trucks and other industrial vehicles（叉车及其他工业车辆无法驶入）;

(10)Connect an earth terminal to the ground（接地点）。

请注意这些文字的运用不是主体,只是让那些不太了解图片含义的人通过文字表述来理解图贴的含义,而且通常句子都是无主语句子。换句话说就是将使用的文字减少到最低程度。

2. 采用词组

大多数情况下不是采用句子而是采用词组表示该物件,比如:fixed fire extinguishing bottle（固定灭火系统钢瓶）、medical grab bag（可吊装急救包）、

wheeled fire extinguisher（舟车式灭火器）、lifebuoy with line（有绳救生圈）、line-throwing appliance（抛绳器）、thermal protective aid（保温袋）、smoking area（吸烟区）、exits（出口）、embarkation rope（登艇索）、emergency telephone（应急电话）、survival craft portable radio（救生艇用便携式无线电）、rescue boat（救助艇）、radar transponder（雷达应答器）、liferaft（救生筏）等。

### 3. 采用缩写词

有的标识已经有了固定缩写，因此采用缩写词作为图贴提示语，比如说TPA（保温袋）是 thermal protective aid 的缩写，但是在图贴上则采用缩写；SART（搜救雷达应答器）是 search and rescue transponder 的缩写；EEBD（应急逃生呼吸器）是 emergency escape breathing device 的缩写；EPIRB（应急无线电示位标）是 emergency position indicating radio beacon 的缩写。如果在图贴制作需要加文字时，则一定要采用最简短的文字形式，即采用缩写。

### 4. 采用单字母

安全图贴中有时候也用字母，通常都是用黑色字母对图贴加以补充说明。以灭火器为例，有些灭火器的图贴相同，区别就是图贴右上方有个字母标记，字母 W 表示 water（水），N 表示 nitrogen（氮气），$CO_2$ 表示 carbon dioxide（二氧化碳），F 表示 foam（泡沫），C 表示 control（控制），等等。

## 三、部分标志图释

### 1. 表示禁止的情况举例

如何表达禁止做某事的 IMO 类别是 PSS，该类别标志有个共性符号，就是一个圆圈加上一条由西北往东南方向画的斜线。该种标志在陆地上常见的是禁止吸烟标记。我们可以通过图 7.1 PSS 标记来看其中的含义。

（a）　　　　（b）　　　　（c）　　　　（d）

**图 7.1　PSS 标记**

图 7.1（续）

图中 7.1(a) 是禁止吸烟标志。图 7.1(b) 显示的是划着的火柴,因此是禁止用明火标志。7.1(c) 很普通,代表禁止穿行的标志。7.1(d) 表示自来水禁止饮用,如果饮用可能会对健康造成巨大危害。7.1(e) 的心形代表心脏,其中心脏外的引线代表心脏出问题进行心脏的支架手术等,因此该图标表示心脏进行过相关手术的人不能进入相关区域,因为辐射等会对此类人群的健康带来影响或造成的伤害。7.1(f) 此类标志代表相关区域内禁止使用手机,否则会造成危险。如闪燃形成爆炸等。7.1(g) 中有钥匙和手表,这也是人们通常口袋里有的,表示禁止兜里有钥匙和手表之类的物品,此类标志一般用于船上安检。7.1(h) 要表现的就是禁止用手触碰。7.1(i) 图中表示的就是禁止推动。7.1(j)表示的是禁止坐。7.1(k) 表示的是禁止踩踏表面。7.1(l) 表示的是火灾中禁止用电梯。7.1(m) 表示不许携带犬类。7.1(n) 展示的是便当和饮料,表示不允许吃喝。7.1(o) 用箱子表示障碍物,寓意是禁止阻挡。7.1(p) 表达的是禁止踩踏。

以上标志利用了人类社会共知,不论是哪种语言,只要看一下标记就知道是什么安全提醒。如果我们寻找共知的比喻,那么男女厕所的标记是最好的说明,在厕所标志上英语国家可能会用 Men 和 Women,我国会用"男"和"女",但是外国人未必认识图贴中的语言,如果换成男性和女性的图画,不需要识别这些标识语的文字,只要看一眼图画就可以明白其含义,因此图片需要有标准。图片采用了人类社会的常识。我们再回到本文中提及的"禁止"标记,只要看到这个红色圆圈中间有一条由西北往东南方向画的斜线并覆盖要表达内容的图,就知道它表示的是禁止,不论观图者是否明白对应的标识语文字。

通过图 7.1 的例子,我们可以总结几个规律。首先是通用性,图贴采用的是人类社会共知下的图,并不代表哪个特定民族或者国家。比如图 7.1(c)中所展示的人,是人的象形概念,不特指男女老少,或者人种和肤色,而就是人的概念,就像汉语中"人"字一样,一个抽象的概念符号。第二是每个符号都是最简约和最形象的表达方式。第三是运用人类对于颜色所代表的冷暖的认知,红色表示极度高温,衍生意义是不能触摸,故此红色表示"禁止"。

2. 表示操作的指示举例

关于操作指示,国际海事组织将其归为 MES 类。我们以下通用图操作为例进行解读。这些图采用绿色和白色搭配。图 7.2(a)和图 7.2(b)是推拉门的示意图,箭头表示推拉方向。图 7.2(c)和图 7.2(d)是旋转方向示意图,图 7.2(c)表示逆时针旋转,图 7.2(d)表示是顺时针。图 7.2(e)和图 7.2(f)表示的是向外开门的示意图,图 7.2(e)示意的是左手门向外开,图 7.2(f)表示的是右手门向外开。图 7.2(g)和图 7.2(h)则是显示向内开门方向。图 7.2(g)表示右手门向内开门方向,图 7.2(d)表示左手门向内开门方向。通过图 7.2 的例子,我们可以不通过语言,而通过直观的图来表达含义,并利用我们生活中的常识就可以完成准确操作,从而实现人与人无语言的图片沟通。

通过图 7.2 展示,我们能够得到,采用绿色作为安全图贴,表达的是安全操作的意思,采用绿色表达"安全"也成为人类社会共识。比如"绿灯"表示通行,"绿色食品"表示食用安全食品等。该结论也符合索绪尔符号学表达的能指、所指关系理论。

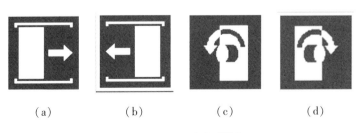

(a)　　　　　(b)　　　　　(c)　　　　　(d)

**图 7.2　MES 标记举例**

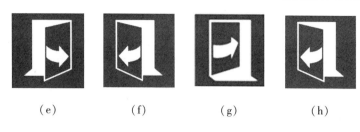

(e)     (f)     (g)     (h)

图 7.2(续)

3.消防类的图贴举例

国际海事组将消防类图贴划分为 FES 类,颜色搭配主要是红色与白色,从图绘上也能看出其特征,参阅图 7.3 的示意。图 7.3(a)展示的是右手去按按钮,由于大部分人惯用右手,而且在按键时多数人会使用食指。因此图示采用这一方法,加上右侧的火的形象画,则可以让人意识到这是一个展示报警按钮的图贴,表示附近一定有一个实际的报警按键。图 7.3(b)中能够看到四个并联的钢瓶,通常数量大于 3 就认为是众多,因此该图从数量看表示多,通过右侧的火的形象示意,左侧钢瓶显然表示里面装的是灭火剂。因此该图就表示固定灭火系统,即保存大量灭火剂的储存站,火灾较大时启用该系统来灭大型火灾。图 7.3(c)的左侧是一个手推车,上面放一个钢瓶,右侧又表现出火的形状,很显然该图是舟车式灭火器的象形表达。图 7.3(d)的左侧是一个便携式灭火器的最简单的轮廓图,右侧用火的形状进一步烘托左侧就是一个灭火器,因此该图所展示的就是便携式灭火器。图 7.3(e)的左侧展示的像淋雨一样,而且右侧采用火的形状烘托,说明淋浴喷头展示的不是洗澡喷头,而是着火以后灭火的喷淋系统。图 7.3(f)左侧展示的是一个大型罐子,右侧是火的形状,这是表示左侧的大型罐子里面盛装的一定是灭火剂,因此其表现的含义和图 7.3(b)相近,属于固定灭火装置。图 7.3(g)表现的是图 7.3(f)的侧视图,该图要表达的含义和图 7.3(f)相似,只是呈现方式不同,巨型钢瓶成了整个画面的主体,而非像图 7.3(f)那样更加直观地显示钢瓶。图 7.3(h)看起来有点像 20 世纪 40 年代越战时期使用的高射机枪,其实该图取的就是这种概念,故业界也称为"消防炮"。这是一种可以向高处火灾喷射灭火剂的装置。左上角表示的是阀门或者是转向装置,加上右侧的火的外形表示这不是用于军事上的高射机枪符号,而是灭火使用的消防炮。

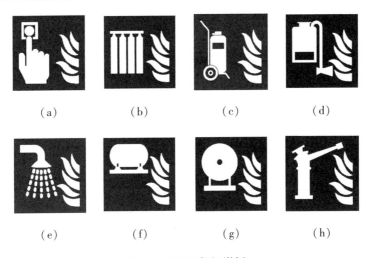

图 7.3　MES 标记举例

图 7.3 中所有图的背景色都是红色,符合人类社会中采用红色代表消防与灭火的器材与使用方法,比如陆地消防队的标志性颜色是红色,消防车也是红色,这也符合人类社会共知。

4. 日常工作中必须遵守的图贴

日常工作中必须要做的工作属于基本安全和职务安全类别,采用蓝白色搭配,蓝色为背景色,图贴举例请参阅 7.4 所示。

观图 7.4(a),展示的是一个人戴墨镜,其实是强调戴护目镜。图 7.4(b)左侧示意是墙壁,右侧是箭头,表示断开插头的意思。图 7.4(c)与图 7.4(a)非常相似,但是比图 7.4(a)时眼镜小,要表达的是需要戴遮光度好的护目镜,比如焊接作业等。图 7.4(d)可以非常清晰地表达出必须穿工作鞋的含义,而且此类工作鞋必须是高筒的工作靴。图 7.4(e)表示必须戴手套。图 7.4(f)表示必须穿连体工作服。图 7.4(g)表达操作前必须先洗手。图 7.4(h)表达的是必须扶扶手以防摔倒受伤。图 7.4(i)含义是戴保护面部的风挡,主要是从事电焊工作的人需要戴。图 7.4(j)用该头像表示一定需要戴头盔。值得说明的是,在英国等欧洲国家用的是白人轮廓,而 IMO 使用版本中无法断定属于何种人群,这也说明图片的中性化才能标准化,进而国际化。图 7.4(k)表达的是需要穿有高亮度反光显示的背心,在有些作业场合必须突出人的存在,以防止出现伤亡事故,比如飞机跑道上指挥飞行人员。图 7.4(l)表示必须戴口罩。图 7.4(m)所戴的示意图表示的是有活性炭的呼吸器,该类呼吸器主要是在滤除粉尘(如散货船扫舱作业)时必须配戴的。图 7.4(n)表达是必须系安全带。图 7.4(o)是非常专业的电焊用的防护档,表达的是在焊接中必须对人的眼睛和面部进行防护。图7.4(p)表达的是必须戴护耳器。图7.4(q)表达的是必须按照操作规程办事,图中显示一个人在翻书,表明需要按照操作规范办事。图7.4(r)所示的惊叹号就是提醒,代表对于常规工作必须按规定操作。图7.4(s)表现的是接地,很显然该标记是提醒必须接地,以保证用电安全。

图7.4　MSS标记举例

图 7.4 中示意的是和操作者所携带与使用的安全设备,因此我们可以称之为职务安全设备(occupational safety),即和工作有关,由于船舶在大海中航行,每天都能看到大海,蓝色就成了常规工作的标记颜色,符合人类共知。也适用于索绪尔符号学所阐述的能指、所指之间的紧密关系链。

5. 救生类的安全图贴

救生类图贴主要涉及逃生手段,在图形颜色上使用的是绿色和白色搭配,参阅图 7.5 的举例。

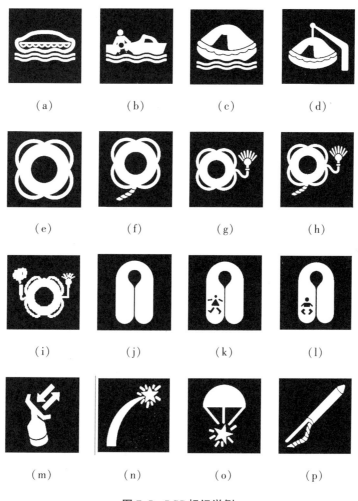

(a)　　　　　(b)　　　　　(c)　　　　　(d)

(e)　　　　　(f)　　　　　(g)　　　　　(h)

(i)　　　　　(j)　　　　　(k)　　　　　(l)

(m)　　　　　(n)　　　　　(o)　　　　　(p)

**图 7.5　LSS 标记举例**

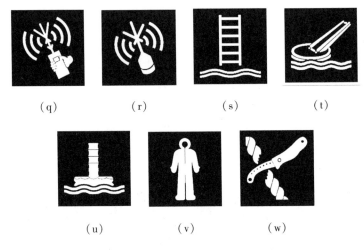

（q）　　　　（r）　　　　（s）　　　　（t）

（u）　　　　（v）　　　　（w）

图 7.5（续）

　　图 7.5（a）是救生艇的示意图,因此表达在图贴的附近有救生艇。图 7.5（b）展示的是一个在拖拽水中的人,背后是一个半封闭的救生艇,示意附近有救助艇。图 7.5（c）是救生筏的轮廓,代表附近有救生筏。图 7.5（d）也是救生筏图贴,不过图中多了吊装设备,表示附近有艇架吊装设备的救生筏。图 7.5（e）至图 7.5（i）均表示救生圈,不过种类有所区别:图 7.5（e）是普通救生圈,图 7.5（f）是带绳救生圈,图 7.5（g）表示带自亮灯的救生圈,图 7.5（h）表示带绳和自亮灯救生圈,图 7.5（i）则表示带自亮灯和烟雾信号的救生圈。图 7.5（j）至图 7.5（l）均表示救生衣,不过种类有所区别:图 7.5（j）是普通成人救生衣,图 7.5（k）是儿童救生衣,图 7.5（l）是婴幼儿救生衣,其图中差别在于救生衣上的白色人物,即不加任何标识的是最常见的救生衣,而加上儿童和幼儿图像则是把 3 岁以下的婴幼儿和未成年人也区别开来了。图 7.5（m）的上部分表示“反射”,该图贴表达的是附近有雷达反射器。图 7.5（n）像过年放的烟花,该图表达的含义是附近有救生信号。图 7.5（o）的主体图形是降落伞,这是火箭降落伞信号。图 7.5（p）特别像火箭,尾端还有绳索,这展现的是抛绳器,表示附近有抛绳器。图 7.5（q）特别像老式手机,上端还显示了收发信号,其表达的含义是附近有双向甚高频电话可用。图 7.5（r）表现的是应急无线电示位标的外形,上部表达发信号,与图 7.5（q）的区别是底下的物件不同。图 7.5（s）主体示意图是梯子,显然要表达登乘梯。曾经的登乘梯标记下部还有一个箭头指向,而目前采用的图贴更加简洁,该图贴也表示附近有登乘梯可用。图 7.5（t）乍一看像吃饭的勺子,该图底下的圆形是烘托,以表达救生筏一类的救生器具,而右侧“勺子柄”表示的是滑道。这个图贴表达的含义是撤离滑道。图 7.5（u）

和图 7.5(t)表现手法有些相近,表达的是船用撤离伞状滑梯。图 7.5(v)表达的是救生服,图 7.5(w)是刀具,表现的是水手折刀。

从图 7.5 所展示的这些图形符号来看,均是用最简单的符号表达实物。采用绿色背景表示生命与生机,增加遇难者的求生意识,符合人类社会共知,也符合索绪尔符号学的基本观点。本节的图形符号可以看作是语言符号的一种,"索绪尔认为,能指(声音形式)和概念都受心理因素所影响。能指可以解释为符号的物理形式,就是可以看到的、听到的、闻到的、尝到的。"(Chandler,2002:18)索绪尔将符号学与语言哲学相结合并强调,"符号只根据其意义而存在;意义只根据符号而存在,符号和意义只根据符号之间的差异而存在。"(聂志平,2023:172)图画式符号虽然没有所表示的声音含义,却在大脑意象中缩短了能指、所指、本体之间的距离,使之联系更加紧密,并可以指导行动。

本节所示意的是"国际海事组织安全图贴"是通过图形示意、箭头示意、位置示意等多种表达方式,与文字具有等价的效果,因为人们看到不同的图像会有不同的反应,所以可以从符号学的角度对其规律加以分析。符号学和术语学也是紧密相关。图形是术语概念的特殊形式,本身就有着人类共识作为烘托的标准化,它的辨识靠国际社会共知,而民族化和个性化的东西需要尽量避免。如果从索绪尔符号学的角度来看,图形符号的样式、颜色构成涉海术语学中的概念"能指",与要表达概念"所指"之间存在着涉海固定性关联,即索绪尔所说的任意性,表达的概念优先于能指。概念的内涵是全人类的共识与共智。

# 第三节　等效涉海术语的国内标准图形符号研究

除了全国科技名词审定委员会推荐的标准名词外,我国国家质量监督检验检疫总局和中国国家标准化审定委员会也发布强制性的国家标准(GB),我们以 GB/T 4099—2005《航海常用术语及其代(符)号》为例。该符号是在记录时替代文字的标准符号,航海技术名词审定(分)委员会建立后,除探讨航海类标准符号外,还探讨了图形符号标准,以下符号即我国使用的标准符号。

## 一、涉海天气图形符号

海上天气图形符号,参阅表 7.1。该类别符号自 20 世纪 90 年代开始至今,一直都推荐在船上使用,并作为行业标准。虽然这些符号使用率并不高,但是这些符号在创造时就有一定的科学性,研究其符号和概念的关联非常有意义。

表 7.1　中国涉海天气图形符号

| 符号 | 天气现象描述 | 符号 | 天气现象描述 |
|---|---|---|---|
| ○ | 晴天(云量 1/4 以下) | ☀ | 雨夹雪 |
| ⊕ | 半晴(云量 1/4~1/2) | ⊃⊂ | 阵雪 |
| ⊕ | 云天(云量 1/2~3/4) | ▲ | 冰雹 |
| ⊕ | 阴天(云量 3/4 以上) | ⊓ | 露 |
| U | 天气阴恶 | ≡ | 雾 |
| · | 雨 | ＝ | 轻雾 |
| ' | 毛毛雨 | ∞ | 霾 |
| ▽ | 阵雨 | ⋈ | 龙卷风 |
| ∧ | 一时暴风雨 | ↳ | 雷暴 |
| ✳ | 雪 | ↳ | 雷雨 |

　　表 7.1 中的天气符号主要考虑到一些意会因素,比如晴天是完整的太阳,而半晴天有少许乌云遮日,云天则是乌云遮日,阴天则是完全遮日。上述的区别在于竖条的多少,条状的多少代表云的数量。天气阴恶是一个特殊符号,有点像字母 U。雨的符号用"点",该符号表示的是雨滴,毛毛雨表示雨滴变小,形似逗号。阵雨则是三角形向下表示下雨时间短。雪则是用类似星号的图形符号,雨夹雪则是雨和雪的两个符号叠加,但是雪的符号中间变成了空心。阵雪则是雪的符号和三角形符号的叠加。三角形符号的底下一角表示时间短,冰雹用实心表示坚硬。露水的符号像一个弧状物放在物品之上,有一种漂浮之上的

感觉,好比露水在树叶之上的漂浮感,是一种意会。雾和轻雾都用实心的横线代表连绵的感觉。而霾则用两个颗粒符号表达其含义。龙卷风如同上下宽中间窄的水柱通道。雷暴和雷雨都有闪电的成分,区别在于雷雨有雨和雷电的叠加。

通过对表7.1图形符号的逐一分析,我们可以得出以下几个规律:

首先,符号是最简化最写意的画法,这种画法首先要考虑到的不是图画的惟妙惟肖,而是如何采用简化的方法把要表达的图形画出来。

其次,上述图形符号还需要有一定的象形,这些象形是抽象的,不是专门画外形,而更多的是人类社会中的常用符号,比如雪花符号,不仅仅在我国标准中如此应用,在国际气象符号中雪花符号也是如此应用。

再者,上述图形符号没有发音规律,即图形符号虽然可以像文字一样表意,但不能像文字一样表音,因此索绪尔符号学的能指与所指规律及图形符号规律出现重合,转而出现概念与名称的对应联系规律。

# 二、车钟令记录符号

船长或者引航员在驾驶台上机动操纵船舶时,车钟命令与执行非常频繁,车钟需要快速操作并记录。为减轻车钟操纵人员的负担,便用图的方式进行表达,也就是车钟令图形符号,详见表7.2。

表7.2　车钟记录符号

| 符号 | 含义 | 符号 | 含义 | 符号 | 含义 |
|---|---|---|---|---|---|
| ⊗ | 备车 | ○ | 完车 | ⊗ | 主机定速 |
| ∨∨ | 微速前进 | ∨ | 车进一 | ⤙ | 车进二 |
| ⤛ | 车进三 | ⤜ | 再进三 | × | 停车 |
| ∧∧ | 微速后退 | ∧ | 车退一 | ⤚ | 车退二 |
| ⤝ | 车退三 | ⤞ | 再退三 | P(S)<br>⤳ | 双车微速后退 |

表 7.2(续)

| 符号 | 含义 | 符号 | 含义 | 符号 | 含义 |
|---|---|---|---|---|---|
| P(S) ✓✓ | 双车微速前进 | P(S) ✓ | 左(右)车进一 | P(S) ✗ | 左(右)车进二 |
| P(S) ✗✗ | 左(右)车车进三 | P(S) ✗(✗) | 左(右)车停车 | ✗  ✗ | 双车停 |
| ✓(✗)(✗✗) | 双车进 X | ∧(∧✗)(∧✗✗) | 双车退 X | PS(S) ∧(∧✗)(∧✗✗) | 左(右)车车退 X |

从表 7.2 可以分析出,当船舶处于备车状态下,车没有行进,因此该符号和停车符号相近,但是多了一个"○",备车的圆圈表示主体指船舶主机,而"✗"表示停车情况下的准备。主机定速则用圆形表示和推进系统有关,圆形内部符号和前进三相同,表明船舶全速行进后的定速。车的前进如同大雁向上飞,表示船舶向前进,通常画图时船首均向上,表示船舶的行进方向。对号中表示数量的线段能够表达船舶的行进速度。同理"大雁"向下的方向就表示船舶后退,线段多少也表示船舶速度。如果是双车则采用 P 表示 port,即左车,S 表示 starboard,即右车。微速前进则有两个小"✓"号,表示向前方向上的多次微速调整,车进 1、车进 2、车进 3 则用向前,在开口向上对号的右侧有不同"✗"做标记,"✗"的数量越多表示船速越快,因此前进三的符号右侧是 2 个标记,前进二符号的右侧是一个标记,前进一的符号右侧则没有标记。表示后退的符号和前进的符号基本相似,不过"大雁"抽象画的翅膀方向和前进正好相反。

通过图 7.2 的图形分析,我们可以得出以下几个结论:

首先,在图形符号表达左右时,最佳方式是采用字母标记。此用法是指首先要满足图形符号绘制的可操作性,上述图形符号本身就是要取代文字,如果画图本身比写文字还要复杂,那么图形符号就没有意义。

其次,图形符号的方向表示船舶行进的方向,该用法是一种会意性质的文字表述方法。

最后,图形符号没有语音,因此也无法准确区分索绪尔符号学里面能指与所指的关系,从术语的角度存在着概念表述方式与概念之间的关系。

## 三、定位方式的图形

在航海科学技术和水产领域中都涉及船舶定位方式,定位方式也可以用图形符号表示,详见表7.3。

**表7.3　定位方式图形符号**

| 符号 | 含义 | 符号 | 含义 | 符号 | 含义 |
|------|------|------|------|------|------|
| ⊙ | 陆测船位 | ◎ | 天测船位 | —┼— | 积算船位 |
| —┼— | 推算船位 | △ | 雷达船位 | ◇ | 电测船位 |
| ☆ | 卫星船位 | ◉ | 联合船位 | ⊡ | 测深船位 |
| ⊗ ⊗ | 移线船位(陆测,天测) | ⚓ | 锚位 | ⊡ | 罗兰船位 |

陆测船位只是一只眼睛,表示用眼睛观测的。天文船位则多了个圈,表示是通过镜片观测的,比陆测船位麻烦些。采用积算方法得到的船位就不再用眼睛作为标记了,而换成如计算尺的示意图。推算船位与积算船位的示意图雷同。雷达船位外观加了个三角符号,三角符号还能表示误差三角形,表示定位精度提高。电测船位的外观改成了菱形,卫星船位则采用了五角星,中间的点表示定位。五角星用法让使用者将其和星星联系起来。联合船位则是用方形和圆形组合表示。测深船位则比较形象,将位置设在海平面以下。移线船位表示移动中。锚位是用形象的锚的符号表示。罗兰定位则用方形表示采用基线的方式定位。

我们从表7.3的图形规律中能够发现,图中的点基本都是表达船位,而点的周边则表达定位的方法,这些定位示意图如同在海图上标绘船位一样,是一种意会。锚的画法既象形又简洁,符合上节分析的基本规律。从能指与所指的关系来看,图形同样不代表语音,也无法完全符合索绪尔总结的能指和所指的联系规律。

表7.1、表7.2、表7.3的图形自20世纪90年代使用至今几乎没有大的转变,这些图形符号属于语言符号。语言符号符合索绪尔的相对稳定的论断,正如廖杨佳(2018:190)所言,"语言符号的不变性,指能指和所指之间关系相对固定,不由个人或者社会大众随意对其加以改变。"图形符号的相对固定,才使得标准制定有意义。

# 本 章 小 结

从对图形符号的研究中可以发现,图形符号与文字符号最大的区别是缺乏对应的表音形式,即能指和所指的高度结合,形成涉海图形符号的三个要素和普通符号学研究有所不同。这三个要素包括:第一,社会大背景形成的人类共同认知,比如分析中的红、绿、蓝、黄、白表达的含义;第二,是能指与所指的结合,即图形符号;第三,术语表达的概念,如果把人类共同认知当作是必然的要素,那么涉海术语学中的图形就能体现出图形和图形表达的概念之间的必然联系。

# 第八章　基于应用语言学的
## 涉海英语术语研究

　　涉海术语词汇的相关特点在于应用,在应用之中可以发现其应用规律,以便于更好地创造新的术语,更好地传播术语。桂诗春(1993:20)曾言,"从字义上看,应用语言学当然是语言理论对语言的描述,但实际上它视所要解决问题的需要,综合地应用了有关学科,包括哲学、逻辑学、心理学、数学、人类学、社会学、文艺学、教育学、神经生理学、信息科学、计算机科学、统计学等。这就是很多应用语言学强调的应用语言学的中介功能,即根据需要,通过应用语言学的媒介融合吸收各个学科的有用的东西来解决问题。"刘海涛(2007:46)认为,"应用语言学是一种解决语言问题的学科。有些学者认为单用语言学的理论和方法就可以解决这些问题,但绝大多数学者相信,要解决现实世界的语言问题,只局限在语言学内部是不行的,也需其他学科结论和方法的支持。"Crystal(2008:19)定义应用语言学为,"语言学的分支,主要研究的是语言理论、方法的应用,通过该领域的经验来分析语言问题。"本章用应用语言学的思想方法来研究涉海英语术语问题,将研究的逻辑重心放在融合多种理论的应用实践上。

## 第一节　涉海英语术语缩写词的
## 缩略和语音研究

在涉海英语术语中有很多缩写词,这些缩写词有着自身的术语特征。

## 一、涉海英语术语缩写词的意义

　　涉海英语术语采用缩写的意义,就是在概念的表征中包含更多的信息。众所周知,术语表征的是概念,而概念是通过术语外形表达出来的,二者有着千丝万缕的联系。现代社会节奏快,信息量大,人们不满足原来词汇表达单一的信息量,但是信息量扩大就会造成词汇表达更复杂,词长就会增加,而且词组的形态也会变得复杂,因此人们在术语使用中需要考虑到术语的长度、复杂度、信息量、发音等多种要素。使用缩写词,是为了既得到较低的复杂度,同时又能得到更大的信息量。

## 二、已转化为单词的涉海类术语词

在涉海类术语中,有些缩写词长期使用,而且缩写词已经具备向单词转化的基本条件,就做好了向单词转化的第一步准备。这里说的基本条件主要是指发音条件和拼写条件。发音条件系指在整个缩写词拼写中有着合理的元音字母和辅音字母的组合。一个单词必须形成以元音字母为中心的发音音节,这也形成缩写词向单词转化的基本条件之一。拼写条件和发音条件二者是统一的,就是形成具有和普通英语单词相近的拼写模式。我们以 Inmarsat 为例,该词是从 International Maritime Satellite 缩略而来,分别取了三个词的词头的第一个音节,由于最后一个单词第一个音节是元音结尾,为了追求响音结尾,取了第二个音节的 t 字母。由于该缩写词使用了 20 多年,逐渐向单词转化,首先第一步是将缩写词的全部大写转变为首字母大写,也就是完成了转变的第一步。由于该缩写单词取自原型中的首个音节发音特征,将其重新组合后仍然保留原来的音节发音特征,因此该词就形成了 in-mar-sat 三个音节,而且该缩写词聚集了三个单词的语义组合,即"国际海事卫星"。在此基础上还可以扩大,如"国际海事卫星组织",将省略掉的组织也纳入其中,即 International Maritime Satellite Organization。但一个术语包括四个词汇就不"经济"了,从使用的角度会带来不少麻烦,结果很有可能会使使用者嫌麻烦而最后采用了非术语。反观与之同期的缩写词 GMDSS ( Global Maritime Distress and Safety System,全球海上遇险及安全系统),由于创造之初只是采用了首字母组合的形式,而没有将缩写词转变为具有音节的字母组合形式,因此无法将 GMDSS 缩写词转化为独立单词,故此该缩写词的使用率也大为降低。以上分析说明两点:其一,缩写词作为术语要比非术语的全拼名称更加实用;其二,同样是缩写词,包含元音字母的缩写词转化成术语词的概率高于全部由辅音字母组合的缩写词。

我们再以已经转换为英语单词的涉海术语 radar(雷达)为例,如果我们不特地说明,不会有人把 radar 视为缩写词,原因就是该缩写词由两个 a 字母形成发音的音节,也就是形成了 ra 和 dar 两个音节的词汇。该缩写词取自英语词组 radio detection and ranging,而且是为了发音而组合,从第一个单词中取了前两个字母。可见当时的缩写词创造者就有将其转化为单词的考量。该词汇在 20 世纪 40 年代发明后不久,由于使用频度非常高,公众便很快熟悉,这样在公众中就有了转变的可能。目前不仅涉海领域,而且整个国际社会都对英语"radar"一词非常熟悉,该术语词汇自然而然地转变为独立单词,成为独立单词后,人们就不再关心其缩写词的全部英文表述了。如此看来,缩写词作为术语对应的表述与术语概念和缩写词全拼对应的术语概念有着一定的偏差。

# 三、涉海领域缩写词的类别

涉海领域缩写词汇比普通类别的缩写词更多,更加专业。我们从内容上将其进行分类说明。

1. 国际海事公约

几乎所有的海事公约都需要用缩写词表达,因为每个国际海事公约都包含数个不同的语词信息,这些信息如果用完整的语句表达则不便于记忆。我们在"第三章:国际海事公约及涉海术语研究"中已经展示过,这里不再赘述。

2. 先进的科学技术

科学技术突飞猛进,新技术在不断涌现,形成新概念就要产生新术语。比如:NAVTEX（navigational telex,奈伏泰斯）表达自动发射与接收航警电传设备的系统;AIS（automatic identification system,自动识别系统）表达能够实现船舶间相互识别的设备和技术;SSAS（ship security alert system,船舶保安报警系统）是能够自动向全球发射船舶正在遭遇海盗袭击的系统和设备。Sonar（sound navigation and ranging,声呐）是能够检测水下情况的仪器和技术。DSC（Digital Selective Calling,数字选择性呼叫）能够发射与接收遇险报警呼叫、通信联络呼叫和值班呼叫,并能传送简单信息的通信技术。EGC（enhanced group calling,增强群呼）是通过国际海事卫星 C 船站发射与接收的群呼信号。

3. 相关的国家海事组织机构

比如 IMCO（intergovernmental maritime consultative organization,政府间海事协商组织）及后来更名为 IMO（international maritime organization,国际海事组织）是联合国的海事代理机构。AMVER（automatic mutual assistance vessel rescue system,美国船舶自助互救系统）是美国的气象导航系统。AMSA（Australia maritime safety authority,澳大利亚海事安全局）是澳大利亚海事监管的最高机关。ILO（international labour organization,国际劳工组织）是有关保护国际劳工权益的机构。ITF（international transportation worker federation,国际航运工人联合会）是保护国际航运工人利益的民间机构。IMB（international maritime bureau,国际海事局）是一个专门帮助国际船舶防止海盗袭击的民间组织。

# 四、缩写涉海术语词的缩略方式

缩写涉海术语词有自己独特的方式,通常有两大类,分别是首字母缩略类(acronym)和其他缩写类(abbreviation)。首字母缩略类是严格按照首字母或者基本按照首字母的缩写方式。比如 NKK(日本船级社)是 Nippon Kaijin Kyokai 的缩写;DNV(挪威船级社)是 Det Norske Veritas 的缩写;BV(法国船级社)是 Bureau Veritas 的缩写。基本按照首字母缩略方式的缩写词则更多,比如 RINA(意大利船级社)是 Registro Italiano Navale 的缩写,为了使缩写符合原来意大利语习惯,最后一个词取了两个字母,以使得缩写词以元音字母结尾;《SOLAS 公约》是 Safety of Life At Sea 的缩写,是早期没有成为国际公约前的拼写方式,后来成为国际公约后,又在名词前面加了"International Convention for",这样才由首字母缩略方式变成了其他缩略方式;再如《STCW 公约》是 Standard of Training, Certification, and Watchkeeping for Seafarers,再加上前面的 International Convention on,此类缩写词采用关键词的首字母组合的基本原则。

其他缩写方式,系指非首字母缩写方式,包含各类缩写方式。

第一种,采用词组中关键词的缩略方式。《1972 年国际海上避碰规则》的英语全称为"The International Regulations for Preventing Collision at Sea, 1972"。构成这个词组最重要的词汇有三个,第一个是 collision(碰撞);第二个是 regulations(规则);第三个是年份,代表 1972 年制定。20 世纪时,人们在缩略时往往忽略前面的百年,只保留最后两位,因此该公约缩略为"COLREG 72"。三个关键词汇缩略代表了整个公约,这无疑是该公约缩写最具有代表性的词汇组合了。与之相似的缩写还有如《MARPOL 73/78》,其英语全称为"The Protocol of 1978 to the International Convention for Marine Pollution Prevention from ships, 1973."取出其中 1973 和 1978 年份作为术语名称一部分,并且选取 Marine 和 Pollution 的 6 个字母构成缩写词,而且上述词汇在缩略之初都构想了日后成为术语词的可能发音方式,以便于术语的传播。

第二种,运用符号和数字,在涉海缩写词中有数字,比如 H24(全天候)、GA+(请发过来)。

第三种,改变字母,比如 facsimile 缩写成 fax,是将 cs 换成雷同发音字母 x。

第四种,非完全首字母组合方式,比如 ARQ(自动重复请求)是 automatic repetition request,其中最后一个单词取的是第二个音节的首字母。再比如 SART(搜救雷达应答器)是 search and rescue radar transponder,并非完全是首字母组合。

## 五、含有元音字母发音的语音学理据

张晓峰(2016:92)研究中得出,"通常缩写字母中包含 A、E、I、O、U 元音字母,以及 Y 字母会形成特有单词发音,而且这类缩写还必须经历 10 年以上广泛使用期或者让更多非专业领域人员知晓的情形下,有可能蜕变为单词。"比如 SOLAS、Inmarsat、Scuba、ARPA、EPIRB、SART、ECDIS、IMO、MOLOO、radar、Interco、sonar、COLREG 72、MARPOL 73/78 等等。这些术语词发音有两种不同的方式,缩写词第一种发音方式是按照单词的发音,此类词的规律是广泛使用 10 年以上,从时间和使用频率都符合了转变条件,比如 radar;第二种是仍然按照缩写词的处理方式,缩写词的字母需要一个一个拼读出来,而不考虑字母的组合是否构成单词发音条件,比如 AIS(自动识别系统)是 automatic identification system 的缩写,仍然按照 A-I-S 的方式发音。

本节探讨的是涉海领域中的术语名词一旦成为缩写词表达后所形成的术语的音和义,以及是否形成新的术语名词的问题。本节是从应用语言学的角度出发来探讨术语的问题。

# 第二节 涉海英语术语词相似比照研究

涉海英语术语有着自己的指向特征和概念特征,我们在使用中经常会出现混淆,混淆的形式也是多种多样。本节从术语相似性角度对术语进行比照分析研究。

## 一、词形相近但是所指不同

在英语术语中有的是词形相近而所指代的实物完全不同,这些术语如果转到汉语中极其可能导致混淆,其中最典型的是 navigation aids 和 aids to navigation。navigation aids 是"助航仪器"的意思,也可以缩写为 navaids。这些助航仪器配备在船上。助航仪器是一个上位词,其下义词是一个具体属类,比如 traditional navaids(传统助航仪器)和 modern navaids(现代助航仪器)。传统助航仪器是指那些发明年代久远的助航仪器,比如 sextant(六分仪)、anemometer(风向仪)、magnetic compass(磁罗经)、binoculars(双筒望远镜)thermometer(温度计)、barometer(气压计)等。传统助航仪器中磁罗经使用最早,由古代中国人发明,在汉语术语中被称为"指南针",用在船上被称为"罗盘",现代航海以后被称为"罗经"。这些称谓变化其实是功能一种改变,指南针发明之初只是指南的作用,绝对不可能像今天船用磁罗经那样有刻度,有观测孔。从指南针到罗盘再到罗经是中国使用者各个阶段对其赋予的新称谓。英语也有自身的变化规律。compass 一词于 1300 年从法语借用而来,是个动词,有"范围"的含义。14 世纪中期该词使用作为 mariners' directional tool(航海者方向工具)来表述,也就开始作为"罗盘"名称词了。在大脑中形成的概念就是以 radar(雷达)、echo sounder(回声探测仪)、GPS(全球定位仪)、ECDIS(电子海图)、CCTV(闭路电视监控系统)、SONAR(声呐)、gyrocompass(陀螺罗经)、AIS(自动识别系统)、VDR(船用黑匣子)等传统助航仪器和现代助航仪器构成了助航仪器术语的认知概念。

助航设施则是以导航为目的,为航行船只服务的固定设施,它的下义词支撑的是 lighthouse(灯塔)、buoy(浮标)、light vessel(灯船)等。助航设施是固定的,通常不发生位置变化,而助航仪器配备在运载工具上,随着运载工具的运动而发生位移,这两个术语需要分清楚。

在我的科技名词收录系统中,aids to navigation 定义为"助航标志",navigation aids 定义为"导航设备"。可见此类容易混淆的涉海名词已经在我国得到很好的应用。

## 二、同一概念的不同表述

术语名词的核心就是词汇所指向的概念,有的概念指向某个事物,但是可以从不同角度对该事物做出定义。以"船舶最高负责人,对船舶负有责任"的这个人为例。这个人在汉语里主要以船长为代表。而英语中往往需要以很多词为代表。比如 Shipmaster 或者 Master,源自 master(主人)的含义,有一种居高临下的威严感,因此采用 Master 不适用于口语称谓,是在文字上表述有责任的意味。船长作为一种职位一定是用 Shipmaster,如果采用 Master,一定是概念上的简化,就是使用者群体在共同约定的使用场合,双方头脑中都明确 Master 一定是指船长,而非"硕士"或者"主人"等其他意思。Skipper 则是把该词分层次了,我们可以想象一下,一个超级油船的船长被称为 Shipmaster,那么如果驾驶一个几十吨的交通艇的艇长也使用 Master 术语名称,那么如何分出船长水平高低呢?因此在英语中,skipper 专门用于如 pilot launch(引航船)、communication boat(交通艇)、fire float(消防船)、tug(拖船)、SAR vessel(搜救船)、fishing vessel(渔船)、oil barge(油驳)等船的船长。skipper 一词源于 14 世纪中叶,荷兰语 scipper,而 scip 相当于英语的 ship,但是该词进化中没有变成 shipper,而转化成 skipper，由于非正统性，加上在荷兰和英国争夺海上霸权的战争中，英国击败了具有海上马车夫之称的荷兰，因此同样是船长，skipper 只能表示小船船长，从应用术语学的角度，该词使用属于"术语歧视"。

同样的概念，口语英语术语，使用 Captain 一词作为一种尊称，而且首字母需要大写。船长是船上的最高长官。如果按照建制来说，船长对应的军队官阶就是陆军上尉。该词来自拉丁文 capitaneus（chief 或者是 the head of an organization or a team）。英语中真正的借用来自古法语 capitain。在 15 世纪 60 年代引用到了海军舰只上，再引入到其他商船上，称呼 Captain 带有尊重与威严，要求属下服从命令听从指挥。船长名头上写上 Capt. 表示自己的地位或者他人对船长的尊敬。

The Old Man（船长）是一种非正式的用法，是一种口语用法，是船员之间或者更具体的是船舶驾驶员之间对船长的称谓。因为船上有一整套的升职系统，要有足够的时间才能升到一定的职位，而要做到船长职位需要的时间较长，因此升到船长岗位的多数也会是年长者，因此这是对船长的昵称。

如果是特定船只，比如说当出现海难事故时需要弃船，这个时候当人员撤离到救生艇上时的指挥者就是 lifeboatman（救生艇艇长），相当于 skipper。

在上述名词的概念表述中，不论采用何种词汇，其中表达的概念都是指无论何时何地始终对船舶负责的那个人，即船长。即对船长不论采用何种称谓，概念指向都相同。

## 三、名词概念的聚合

术语名词表述中，通常会有一组词从不同的角度表达术语概念，或者需要用不同的词叠加后表达出完整的词义。这就是聚合。

我们可以用"在码头，船舶装卸货作业和人员上下的场所"为例。从大的概念上有 port、harbour、haven 等表述。port 来自拉丁文 porta，并通过古代法语 porte 传到古英语中，有 gateway 的意味，因此港口 port 概念就构成了一个水陆连接点的意思，这样就构成了概念集合中的连接属性。如果用 airport（机场）来验证，"接口"作为概念就非常深深地刻画在脑海之中。

harbour 一词来自古北欧语 herbergi，出现在古英语中就是 herebeorg。最原始的含义是 a shelter for a crowd or an army（人群或者部队避风地）。这个属性也是港口最重要的特点之一，它反映出港口的用途。从名词概念来看在本概念外延的这两个词是最大的语义场了。

haven 一词也来自古北欧语 höfn 或者 hafn，进入古英语后变成 hæfen。古英语中 hæf 是海的意思,加 en 相当于加了定冠词。也就是说使用该词的含义大概率是和海相连,因此该词对于整体概念的贡献是港口中的"海"的概念。以下各英语词从不同角度对"码头"概念给出表述。

pier 在 12 世纪中期拉丁语中为 pera,古北部法语中是 pire,英语来自法语,该词最原始词义是"桥墩支撑"或"辟水防波",15 世纪中期形成了今天的"船舶停留码头里的固定设施"的含义。也就是该词保留的最初码头建造概念,在语词概念中一定包含码头吊杆灯意味。

wharf 一词也在形成码头类词汇中起到重要作用。现代英语 wharf 有码头含义,最初古英语中写成 hwearf,来自 Proto-Germanic 词汇 hwarfaz,Middle Low German 语中写成 werf,也有"岸边或者河岸,可以泊船的地方"的含义,最初有"河岸"或者"海岸"的意思,后来又指"建在海面或者河岸的设施"之意。该词给出两个意象,一个是人工建设,第二是泊船的意思。在德语中该词写作 werft,还有船厂之意,荷兰语中写作 werf 也是船厂的意思。综合其含义,wharf 向港口概念中添加了人工建设的可以停船或者修船的码头。今天的概念意象起始于 18 世纪 30 年代。

dock 一词从狭义来看可理解为"船厂",即一个可以修船的场所。该词极大可能是源自靠近现代的拉丁语"ductia",原来有导向的意思,也可能来自中古荷兰语"doc",今日荷兰语中写作"dok",而进入英语中写作 dock。延伸意思是引导船舶进入的场所或者区域,也是表空间的词汇。该词和 pier 和 wharf 有相近的地方,英语中表达船厂码头有时还需要加上 yard,即为 dockyard。从概念多样性的角度来说,该词还有可以造船或修船的码头之含义。

pontoon 一词有两个重要词义,一个是"趸船",属于平底船的一种,另一个是"浮码头"。古拉丁语中 pont 表示"浮桥",进入古法语中就是 ponton,再进入今日英语,仍然保留"浮起物"的意思,也为"码头"贡献了一个"浮动"的功能。

terminal 一词于 15 世纪中期进入英语中,有"边界"的意思,用作"码头"词义的时间不长。在 20 世纪 80 年代超大型船只出现以后,由于这些超大型船只吃水深,靠码头困难,码头需要向海里延伸,于是就出现"终端"的用法。从码头属性来看,该类码头有终端延伸至海里的含义。

quay 是中古英语单词"key"的变体,1300—1400 年从古法语进入英语中,指码头或经过加固的河岸,在此可往船上装货或卸货。该词受到了法语单词"quai"的影响,"key"在中古英语中有"码头"之意,"key"在现代含义中还保留着类似的含义"暗礁;礁;低岛;珊瑚礁",这其实是源于法语单词"cay"。

jetty 一词也贡献了向海突进的一个语义,jetty 来自古法语 jetee,即 jeter 的阴性过去分词,有"扔,抛出"的意思,在中世纪英语中变成了 getti 或者 jettie,有了"突堤,建筑物突出物"的意思。该词也有码头可以向海延伸的意思,但是较 terminal 延伸向海的距离短。

berth 一词,汉语翻译为"泊位",采用了音译加意译结合的方式。在中世纪英语中写成 birth,而该词又和"出生"相近。也有学者考察该词来自 bear,和 bear 是同源词,该词的概念表达了码头的空间属性,也就是从物理的角度,码头是需要一定占位的。船舶掉头操作区都可以使用 berth 来表示"占据的空间",也引申为远离。

以上英语词中的各种"港口或码头"的概念延伸共同营造了"港口和码头"的延伸功能。

## 四、采用准确细化的概念区分

有些涉海术语的概念可以用准确的对应概念来参照,这些对应概念能够反映出不同的语义。

stranding 和 grounding 在使用中有细微差异。如果我们查词典可以发现这两个词都对应中文的"搁浅",就是船舶"坐"在底部无法自由航行。既然词义相同,为什么需要两个英语单词标记这一船舶非航行状态呢?在使用时通常都是 grounding,只有当发生严重搁浅时才使用 stranding。如果采用船舶的 UKC(Under Keel Clearance)的数据表述,UKC 等于零就是 grounding,UKC 小于零就是 stranding,也就是通过物理量数据大小来区别使用 stranding 和 grounding。

sinking 和 foundering 在使用时有细微差异。我们通过查词典可以发现,这两个词都是"沉没"的意思,都是船舶失去了"浮起"特性的一种状态,为什么使用两个不同的词来表达相同概念呢?从语料库的统计对比来看,书面语中 foundering 和 sinking 几乎相同,差异在于口语表述中几乎不用 foundering 一词。如果从词义来看,foundering 多指漏点偏上的沉没,而 sinking 多指漏点偏下的沉没。同样地,联想到家庭中"下水"用 sinking 一词,就不难理解这两个词的差异。

collision、allision、contact 三词在使用时有差异。从使用频度来看,collision 至少占八成,allision 和 contact 在海事调查报告中使用时表达的是普通碰撞事故。从词的构成上看,collision 和 allision 可以形成联想,co- 有合作的意思,-lision 有联系的意思,collision 就是两艘船发生的碰撞,俗话说"一个巴掌拍不响",碰撞多数是两艘船发生的碰撞;a-llision,就是一艘船发生的碰撞,或者说是船舶撞了码头、航浮灯固定设施。而 contact 和词缀 -lision 不同,说明碰撞性质不同,通常为非直接撞击,而只是"擦碰"了一下,尽管也是两船之间,但碰撞入射角几乎趋近平行,因此用 contact。

heel、list、trim 之间的使用差异。在词义上 heel 和 list 都有横向倾斜的意思,就是指船舶左右倾斜,而纵向倾斜词汇用的是 trim。横向和纵向的差异显而易见,不需要多解释,但是为什么表述"横向"需要有两个词呢?这是因为导致横向倾斜的原因有两个,即内因和外因。如果是风与流等外部因素导致的横倾,通常使用 heel 一词;如果是由于装载货物不平衡及压载不平衡等原因导致的横倾,则使用 list 一词。

draught 和 air draught,从使用的角度这两个词不会混淆,因为 draught(吃水)是指船舶在水中的深度,air draught(净空高度)是指船舶在空气中的高度。我们反向思考一下。船在水介质中的深度叫"吃水",船在空气介质中的高度就是"吃气"了。汉语的"吃"有"占据"的意思,二者有着可参照的属性,ship height(船舶的高度)= draught(吃水)+air draught(净空高度),我们可以通过二者的参照属性来区别二者的使用。

wheelhouse 和 steering gear room 之间的使用差异。wheelhouse(操舵室)安排在驾驶台上,是舵令发出的工作场所,在汉语中用"操舵室"表示。steering gear room(舵机房或者舵机间),系指接收舵令并实施的场所。两个英语词的共性都是场所,而且都和改变船舶运动方向这一动作有关,不过一个是命令发出端,一个是命令接收端。

以上是从词汇使用差异角度进行的分析。

# 第三节　涉海英语术语词的英语动词特征研究

从普通的术语认知角度,动词是连接主语和宾语的连接词,也是动作的描述词。生活中英语动词都是从语言学的角度进行研究,而术语词多数是名词,正如全国科技名称审定委员会的关注点一样,关注的多数词是"名词",而不是动词、形容词、副词、连词等其他词性的词。因此机构名称才用"名词"作为关键词。然而动词本身也有着术语的标记。很多动词甚至可以不用看到其词义搭配就具有术语意义了。这也是本节探讨的意义所在。由于其重要性,有时候在术语词典中也给出定义,旨在缩小词义范围,达到术语的效果。

并非所有动词都有术语特征,不能体现特征的动词往往是最常用的,搭配最多的动词。比如说 be 动词,在涉海英语中 be 动词用途非常广泛,比如 Is the bot cab available?(船舶装卸货习语,有平舱铲车吗?)如果我们单独看 be 动词,并不能形成术语联想。再比如说 get,可以是 get alongside(系泊用语,系泊),get into the engine room now(船上工作用语,现在下机舱),get the engine ready(船上工作用语,车备妥)。因此 get 也不能构成术语意义。再比如 make 可以搭配为 make fast(系泊用语,绑牢),make a lee for me(航海用语,为我船做下风)。因此,此类动词不具有术语特征。

# 一、具有术语标记的动词举例

有不少动词从语义的本身和使用特征来看都能推断出其术语作用,也就是说虽然它们是动词,但是在涉海领域中和术语一样具有标志性,它们很少用于其他场合。比如 diverge 和 converge 这两个相反意义的动词通常用于船舶操纵的雷达标绘中,在其他涉海领域几乎不用。shift 通常表示船舶的起止位置发生了变化,在涉海其他行业中 shift 也有使用,但是其频度远远小于作为船舶动态的使用频度。因此 shift 也具有术语作用,具有术语意义的涉海英语常用动词举例见表 8.1 所示。

表 8.1　具有术语意义的涉海英语常用动词举例

| 使用领域 | 动词举例 | 例句 |
| --- | --- | --- |
| 船舶操纵 | manoeuvre（操纵）, operate（操作）, slacken（减速）, alter（转）, move（运动）, increase（增加）, pull（拉）, push（推）, diverge（背离）, converge（汇聚）, fix（定位）, overtake（追越）, approach（接近）, transit（穿越） | 1. You must slacken speed（你需要减速航行）. 2. Please push her on the starboard side（请从右舷顶推大船）. 3. Large ship is approaching（大船在接近）. |
| 船舶靠离 | moor（靠）, unmoor（离）, berth（靠泊）, unberth（离泊）, shift（移泊）, anchor（抛锚）, embark（登船）, disembark（下船）, suspend（暂停）, resume（恢复） | 1. She is mooring（船舶正靠泊）. 2. Your berthing plan is suspended（你的靠泊计划未定）. 3. The pilot embarked（引航员已登船）. |

表 8.1(续 1)

| 使用领域 | 动词举例 | 例句 |
|---|---|---|
| 航海气象 | veer（正旋）、back（逆旋）、deteriorate（恶化）、improve（改善）、pass（通过）、move（移动）、blow（吹） | 1. The wind is veering in the south hemisphere（南半球风正旋）.<br>2. The wind is backing in the north hemisphere（北半球风逆旋）.<br>3. The ice situation will be deteriorated（冰况将恶化）. |
| 航海通信 | command（命令）、control（控制）、coordinate（协调）、cooperate（合作）、communicate（沟通）、advise（建议）、recommend（建议）、alert（报警）、acknowledge（确认） | 1. The Shipmaster commands to summon up all crewmembers（船长命令所有船员集合）.<br>2. The VTS recommends us to avoid this area（船舶交管中心建议我们避免航行在此区域）.<br>3. Your mayday alerting has been acknowledged（你的遇险信息已经被确认）. |
| 海洋捕捞 | shoot（释放）、catch（捕获）、detect（探测到） | 1. She is shooting the net（船在放网）.<br>2. We are catchingtunas（我们正在捕获金枪鱼）.<br>3. Fish schools have been detected（已经探测到鱼群了）. |
| 船舶工程 | deform（变形）、repair（修理）、refit（修理）、assemble（组装）、disassemble（拆卸）、survey（检验）、inspect（检查）、test（测试）、renew（换新）、delete（删除）、expand（膨胀）、blind（盲上）、fit（安装）、commission（调试） | 1. My ship will be refitted at the next port（我船在下一港口修船）.<br>2. Please renew it（请换新）.<br>3. Blind the pipeline（盲堵管线）. |

**表 8.1**(续 2)

| 使用领域 | 动词举例 | 例句 |
|---|---|---|
| 检查 | inspect（检查）,review（回顾）,rectify（修正）,assess（评估）,evaluate（评估）,check（检查）,detain（滞留） | 1. Your ship will be detained in this port(你船在该港口将被滞留)。<br>2. I will evaluate your performance in the life drill（我评估一下你们在救生演习中的表现）。<br>3. Please rectify before arrival at the next port（请在抵达下一个港口前纠正）。 |
| 海事事故 | jettison（弃货）,collide（碰撞）,sink（沉没）,founder（沉没）,contact（擦碰）,capsize（倾覆） | 1. The cargo was jettisoning for refloating（船舶搁浅后弃货,以期望再次浮起来）。<br>2. My ship collided with an unknown ship（我船和不明船只相撞）。<br>3. The ship is foundering（船舶正在下沉）。 |
| 货物运输 | stow(堆装,积载),wrap(包装),crush(压碎),damage(损坏),clean(清洁),load（装）,unload（卸）,discharge（卸） | 1. Stow the cargo in Hatch No. 2.（将该货物装载在 2 舱）。<br>2. The cargo had been damaged before loading（装货之前货物就损坏了）。<br>3. Please discharge the cargo carefully（请小心卸货）。 |

值得注意的是,少数动词在词典上有明确使用定义,见表 8.2。

**表 8.2　有明确使用定义的动词**

| 词 | 按照术语的方式定义 |
|---|---|
| anchor<br>抛锚 | To drop the anchor.<br>抛锚 |

表 8.2(续)

| 词 | 按照术语的方式定义 |
|---|---|
| contact<br>擦碰 | It includes ships striking or being struck by an external object, but not another ship or the sea bottom. This category includes striking drilling rigs/platforms, regardless of whether in fixed position or in tow.<br>它包括撞击或被外部物体撞击的船只,但不包括撞其他船只或触底。这一类别包括撞击钻机/平台,无论是处于固定位置还是拖曳状态。 |
| flake<br>脱落 | To coil a rope so that each coil, on two opposite sides, lies on deck alongside previous coil, so allowing rope to run freely.<br>将一根绳子缠绕起来,使每根绳子在相对的两侧与前一根绳子并排放置在甲板上,这样允许绳索自由收进。 |
| moor<br>系泊 | 1. To secure a ship in position by two or more anchors and cables.<br>2. To attach vessel to a buoy, or buoys.<br>3. To secure a vessel by attaching ropes to position ashore.<br>1. 用两个或多个锚和缆绳将船固定到位。<br>2. 将船只系在一个或多个浮标上。<br>3. 通过将绳索系在岸上的位置来固定船只。 |
| reach<br>抵达 | Straight stretch of water between two bends in a river or channel.<br>河流或河道中两个弯道之间的笔直河段。 |
| refit<br>换齿轮 | Removal of worn or damaged gear and fitting of new gear in replacement.<br>拆卸磨损或损坏的齿轮,并在更换时安装新齿轮。 |

# 二、采用动词词组

动词词组比单一动词更加具有术语词的指向性,即更加具有术语词的意义。比如 arrive in（抵港）、depart from（离港）、heave up（起锚等）、make fast（绑牢缆绳等）、speed up（加速）、carry on（执行指令）、carry out（颁布）、set in（下雾等）、veer out（松出缆绳等）、switch on（打开开关等）、switch off（关闭开关等）、slack away（松缆绳等）、let go（解掉）。在涉海行业英语词典中,有些甚至还给出了定义,给出定义的动词词组更加具有术语词的意义,详见表 8.3。

### 表 8.3　动词词组的涉海术语举例

| 词或词组 | 按照术语的方式定义 |
|---|---|
| arbitrate to<br>仲裁 | To determine a dispute between the parties to a charter party, bill of lading or any form of contact by means of arbitration.<br>通过仲裁方式解决租船合同、提单或任何形式的合同当事人之间的争议。 |
| arrest<br>扣押 | Seizure of a ship by authority of a court of law either as security for a debt or simply to prevent the ship from leaving until a dispute is settled.<br>法院授权扣押船舶，作为债务的担保，或者仅仅是为了在争端解决之前阻止船舶离开。 |
| crack on<br>满帆航行 | To carry sail to full limit of strength of masts, yards, and tackles.<br>使帆达到桅杆、帆码和索具的最大强度。 |
| carry on<br>续航 | To continue sailing under the same canvas despite the worsening of the wind.<br>继续在同一块帆布下航行，尽管风越来越大。 |
| close to<br>停装 | To stop receiving cargo for loading. Generally only said of a liner ship.<br>停止接收待装载的货物。通常是针对班轮而言。 |
| freshen the nip<br>理绳 | To veer or haul on a rope, slightly, so that a part subject to nip or chafe is moving away and a fresh part takes its place.<br>在绳索上稍微转向或拖动，使受挤压或擦伤的部分理顺后，便能重新使用。 |
| hull down<br>可见 | Said of a distant ship when her hull is below horizon and her masts and up works are visible.<br>谈到一艘遥远的船时，船体在地平线以下，桅杆和高空作业都可见。 |
| pay off<br>解聘 | 1. To discharge a crew and close Articles of Agreement of a merchant ship.<br>2. Terminate commission of H. M. ship. 3. Said of ship's head when it moves away from wind, especially when tacking.<br>解除商船船员的职务并终止商船的协议条款；终止英国船的调试；当船远离风时，尤其指帆船逆风航行时的船头。 |
| lying to<br>侧风而立 | Said of a vessel when stopped and lying near the wind in heavy weather.<br>指的是在恶劣天气下，船只停下来并依背风而立。 |
| ship to<br>装船 | To put goods in a ship.<br>船舶装货。 |

**表 8.3**(续)

| 词或词组 | 按照术语的方式定义 |
|---|---|
| sweep the holds to 清理舱底 | To clear rubbish from the holds of a ship after a cargo has been discharged so that they are clean in readiness for the next cargo. It is often a requirement of time charter-parties that the holds of the ship be clean or clean-swept on delivery to the time charterer at the beginning of the period of the charter and, similarly, on redelivery to the shipowner at the end of the charter. Such rubbish or leakage is known as sweepings<br>在卸下货物后清除船舱里的垃圾,使其干净,为下一批货物做好准备。定期租船合同通常要求,在租船期开始时交付给定期租船人时,以及在租船期结束时重新交付给船东时,船舱必须是干净。这种垃圾或泄漏和被称为"剩余垃圾"。 |

# 三、演变成动名词的动词

动名词系指由"动词+-ing"逐渐演化成的具有名词性质的词,而且逐步形成了涉海行业独特的含义。换言之,此类名词有了术语词的特征,举例参见表8.4。

**表 8.4  涉海领域动名词的定义举例**

| V+ing 的名词 | 按照术语方式定义 |
|---|---|
| backing 补焊 | A material or device placed against the backside of the joint, or at both sides of a weld in electroslag and electrogas welding, to support and retain molten weld metal. The material may be partially fused or remain unfused during welding and may be either metal or nonmetal.<br>在电渣焊和电气焊中,紧贴接头背面或焊缝两侧放置的一种材料或装置,用于支撑和保持熔化的焊缝金属。该材料可以在焊接过程中部分熔化或保持未熔化,并且可以是金属或非金属。 |
| ballasting 压载 | The procedure during which seawater ballast is introduced in specific tanks to achieve a desired stability, draught and trim.<br>将海水装入特定的压载水舱,目的是达到所需的稳性、吃水、平吃水特性。 |

表 8.4(续 1)

| V+ing 的名词 | 按照术语方式定义 |
|---|---|
| bearing<br>轴承 | A common item in any mechanical system where two parts move relative to one another. A bearing enables the transfer of forces with a minimum of frictional losses.<br>任何机械系统中的一种常见部件,其中两个部件做相对移动。轴承能够以最小的摩擦损失传递力。 |
| bunkering<br>加油 | To replenish bunkers, such as fuel oil, diesel oil.<br>补充燃料,比如燃油、柴油。 |
| calving<br>融冰 | Breaking away of a mass of ice from a glacier or iceberg.<br>从冰川或冰山上脱离一团冰。 |
| derating<br>除鼠 | Extermination of all rats aboard a vessel.<br>消灭船上所有的老鼠。 |
| dumping<br>向海中丢弃垃圾 | Throw the garbage overboard.<br>将垃圾扔到海上。 |
| fleeting<br>换船东 | Shifting the moving block of a tackle from one place of attachment to another place farther along. Moving a man, or men, from one area of work to area next it.<br>将滑车的移动块从一个连接位置移到更远的另一个位置。将一个人或多个人从一个工作区域转移到下一个工作区。 |
| heaving<br>垂荡 | To throw or toss.<br>船舶在海浪作用下抛起来。 |
| hogging<br>中拱 | It is the longitudinal bending of the ship after being subjected to local stresses and loads at the fore and aft ends.<br>它是船舶首尾载荷过重,船舶中部出现的纵向弯曲。 |
| hulling<br>穿体 | 1. Floating, but at mercy of wind and sea. 2. Piercing the hull with a projectile.<br>任凭风和海的作用漂浮;用炮弹刺穿船体。 |
| keckling<br>绕绳 | Winding small rope around a cable or hawser to prevent damage by chafing. The rope with which a cable is keckled.<br>将小绳子缠绕在缆绳或缆索上,以防止摩擦造成损坏。用来系住缆绳的绳子。 |

**表 8.4**(续 2)

| V+ing 的名词 | 按照术语方式定义 |
|---|---|
| pitching<br>纵摇 | To dip bow and stern alternately.<br>艏艉交替埋向水中。 |
| racking<br>横向剪切力 | Global transversal shear force trying to deflect the upper parts of the vessel in athwart direction in relation to the lower hull.<br>试图使船的上部相对于下船体沿相反方向偏转的横向剪切力。 |
| rafting<br>叠冰 | Overlapping of edges of two ice-floes, so that one floe is partly supported by the other.<br>两块浮冰的边缘重叠,使得一块浮冰部分由另一块支撑。 |
| rigging<br>索具 | The lines that hold up the masts and move the sails.<br>支撑桅杆和移动船帆的绳索。 |
| rolling<br>横摇 | To move or rock from side to side:<br>船舶横向摇摆。 |
| rooming<br>操纵水域 | The navigable water to leeward of a vessel.<br>船下风处的可航行水域。 |
| panting<br>纵向运动 | It is the in and out motion of the shell plating caused by fluctuation in water pressure because of water waves.<br>它是由水波引起的水压波动引起的船壳板进出运动。 |
| pounding<br>入水撞击 | In heavy weather when the ship is heaving and pitching, the fore end emerges from the water and reenters with a slamming effect which is called pounding.<br>在恶劣天气下,当船只垂荡起伏和纵摇时,前端从水中露出并重新入水,产生砰的一声,称为"撞击"。 |
| sagging<br>中垂 | It is the longitudinal bending of the ship that is caused after being subjected to local loads and stresses at the centre of the ship.<br>船舶中心部位的局部载荷过重后,产生的中部纵向弯曲现象。 |
| sallying<br>突破冰封 | Rolling a vessel, that is slightly ice-bound, so as to break the surface ice around her. May sometimes be down when a vessel is slightly around, but not ice-bound.<br>摇动一艘轻微冰封的船只,以打破其周围的表面冰。有时船舶只是附近有冰况,但并无冰封时采用的脱困方法。 |

**表8.4**(续3)

| V+ing 的名词 | 按照术语方式定义 |
|---|---|
| shipping<br>航运 | 1. A term relating to all aspects of marine transport. 2. The transport of goods by sea.<br>和海运有关所有方面的术语词;海上货物运输。 |
| swaying<br>偏荡 | The act of moving from side to side with a swinging motion.<br>船舶在涌、浪等作用下左右摆动。 |
| surging<br>纵荡 | To move in a billowing or swelling manner in or as if in waves.<br>在波浪中或像在波浪下前后移动。 |
| winding<br>连船 | Turning a vessel end for end between buoys, or alongside a wharf or a pier.<br>在浮标之间,或在码头或码头旁边,将艉艉相连。 |
| yawing<br>艏摇 | To turn about the vertical axis. Used in a ship, an aircraft, a spacecraft, or a projectile.<br>绕垂直轴旋转。用于船舶、飞机、宇宙飞船或飞弹的运动姿态描述。 |

# 四、采用过去时态

按照常规的语言问题自然会问,动词的过去时和过去分词不就是语法现象吗? 怎么和术语相关联了? 这个问题要结合涉海行业才能做出正确的回答。涉海行业在沟通时需要传递信息,比如下达命令后需要按照指令进行操作,操作完毕后向下达命令者报告,完成一个命令链条的闭环。因此动词的过去时和过去分词不是简单的语法现象,而是语义现象,上升到术语学的理论高度,涉海特有动词的过去时和过去分词可以形成术语词或者类术语词组,比如 report injured person 中的 report 是下命令的用语,injured person reported 中的 reported 是表示完成命令规定动作的用语,此处 reported 有着术语特征,有些过去时或者过去分词还形成了完整的术语词定义,例词参阅表8.5。

**表8.5　形成术语语义的动词过去时举例**

| 词-ed 形式 | 按照术语的方式定义 |
|---|---|
| dedicated<br>专用的 | Said of a piece of equipment, or of a facility, designed and used for a specific purpose.<br>指为特定目的而设计和使用的设备或设施。 |

表 8.5(续)

| 词-ed 形式 | 按照术语的方式定义 |
|---|---|
| delivered<br>送达 | Sales term denoting that the seller is responsible for arranging and paying for the carriage of the goods to the place agreed in the contract.<br>销售术语,表示卖方根据合同负责安排并支付将货物运输到约定地点的费用的模式。 |
| hove to<br>调整 | Lying nearly head to wind and stopped, and maintaining this position trimming sail or working engines.<br>几乎逆风而卧,停了下来,并保持这个位置,调整船帆或动力装置。 |
| wrecked/stranded<br>沉船/搁浅 | That includes ships striking the sea bottom, shore or underwater wrecks.<br>包括船只撞击触底、撞岸或水下残骸。 |
| sewed<br>堵漏 | Said of a vessel when water level has fallen from the level at which sea works float. Also said of the water that has receded and caused a vessel to take ground.<br>当水位下降到船舶工作点以下时,当水位了已经退去并导致船只搁浅的进水。 |

# 五、动词叠用

涉海领域中两个动词叠用完全可以锁定其动词意义,比如 lash and secure(装卸货用语,绑扎与系固),通常是装卸货准备开航前的货物安全性动作,具有非常鲜明的术语词特征,再如 load and unload(装卸货用语,装货和卸货)和 load and discharge(装卸货用语,装货和卸货),表示货物装卸的整体性阐述,因此也有非常强烈的术语特征。再比如 berth and unberth(船舶靠港用语"靠离泊"),moor and unmoor(船舶靠港用语"系泊和离泊"),也有着非常明显的术语特征。touch and go(事故用语,表示船舶短暂搁浅后又脱浅),而且该用法还可以从涉海术语词典中找到定义,To touch the ground, with the keel, for a minute or so and then proceed again. 再比如船舶避让中 pass and clear 是非常明确的动词术语词,表达驶过并让清。let go 的连用可以马上锁定的是抛锚或者解掉缆绳的用语,因此比照单动词,动词叠用使其术语意义更加强烈,指向更加明确,概念意义更加清晰。

本节中涉及到的动词术语意义可以说是涉海领域的一种独特现象,术语不仅仅和民族语言有关联,同时术语还和学科密切相关,也就是说同样是以英语为研究基础,文学、历史学等其他学科动词未必像本节探讨的动词一样有着明确的术语词概念,这也是涉海学科区别于其他学科的标志之一。总之,术语只能是名词的这种想法和说法是片面的,我们从本节对于有特征动词或者动词形式的分析可以看出,特定动词、动词形式、动词搭配本身也能产生术语的概念、意义或作用。

# 第四节 涉海英语术语词的标记性形容词特征研究

对于普通术语研究,形容词通常与术语不相关,除非形容词作为术语名词中心词的修饰成分。但是涉海领域中由于文本应用的固定性,其形容词不像在生活用语中那么宽泛。我们用一些形容词作为例子来进行分析。

## 一、对某一语义的形容词的选用

在英语中表示"明显的"的形容词有很多,比如:Matin H. Manser(1989:241)对该类词总结为,"obvious, apparent, clear, conspicuous, distinct, evidencing, glaring, manifest, noticeable, open, patent, perceptible, plain, prominent, pronounced, recognizable, self‐evident, self‐explanatory, straightforward, transparent, unconcealed, undeniable, unmistakable, visible."尽管不是每个词都有"明显的"的直接含义,但是至少包含"明显的"含义词有 obvious, apparent, distinct, prominent, outstanding, highlighted,等等,而且每种至少都有 10 个以上的不同含义,其中 obvious 用途最为常见,但是在涉海领域中主要使用 conspicuous 来表达"明显的"意思。该形容词主要来自《国际海上人命安全公约》中的表述,因此在许多表达"明显的"相关场合都会使用该词。因此在涉海业界形容词的使用也体现了自身特征。

再比如船舶航行中,表达"反向的"的形容词,Matin H. Manser(1989:244)给出了"opposite, adverse, antagonistic, conflicting, contradictory, contrary, contrasted, corresponding, different, differing, diverse, facing, fronting, hostile, inconsistent, irreconcilable, opposed, reverse, unlike"在这些有关"反向的"核心词义词条中甚至都没有 reciprocal 一词,但是"反向"一词的其他旁义上,Matin H. Manser(1989:288)给出了"reciprocal, alternate, complementary, correlative, corresponding, equivalent, give‐and‐take, interchangeable, interdependent, mutual, shared"。很显然,在表达"反向的"词义时,reciprocal 不是最佳选择,而且甚至都不是"反向的"的意思,但在实际应用中表达"反向的"的词义时,特别是在避碰操作中只使用"reciprocal"一词,尽管在日常使用中最先想到的形容词是"opposite",这也是涉海形容词的特色。

再如表达"严重的"的词义,Matin H. Manser(1989:316)总结有"severe, acute, arduous, biting, bitter, critical, cruel, cutting, dangerous, demanding, difficult, disapproving, distressing, extreme, fierce, forbidding, grave, grim, hard, harsh, inexorable, intense, oppressive, pitiless, punishing, relentless, rigid, rigorous, scathing, serious, shrewd, sober, stern, strait-laced, strict, tough, unbending, violent, ascetic, austere, functional, plain, restrained, simple, unadorned, unembellished",在生活英语中主要使用的是 serious,而在涉海领域中用作术语的形容词主要是 severe、critical、rigid,可见涉海领域中使用的形容词有着自身特征,这打破了我们通常认知中的形容词不具备术语特征的认知。

以上例证说明,形容词的固定使用也使形容词具备了术语特征。术语的一个重要特征就是用法固定。涉海术语学也使用固定形容词作为术语词。

## 二、放弃形容词的使用

放弃形容词系指在术语搭配中,不适合使用形容词时而改用其他方式,特征最明显的就是 emergent 和 urgent 这两个形容词,Matin H. Manser(1989:379)归纳有,"emergent, urgent, compelling, critical, crucial, eager, earnest, exigent, immediate, imperative, important, insistent, instant, intense, persistent, persuasive, pressing, top-priority",但是只有 emergent 和 urgent 两个形容词通常不用于修饰名词,而是用 emergency 和 urgency 两个名词,比如 emergency shutdown(应急关断)、urgency communication(紧急通信)都是用名词修饰的名词,而不是用形容词修饰的名词。这也是说放弃使用形容词,我们可以说"零使用"形容词也是涉海术语学的特征之一。

## 三、广泛地使用某个形容词

以上是涉海领域术语或者习语缩小了形容词使用范围的举例,涉海术语或者习语使用中还有另外一个极端现象,就是某个形容词被"滥用"。比如 clear,在涉海领域中这个是用途最广的形容词,它承载着非常多的含义,在甚高频通信中 clear 表达明白,在靠离泊中 clear 表达泊位无船,在任务完成角度它又表示完成了任务,因此如果将其视为术语的边缘,那么该术语的表达具有很多的含义,而且每个含义都是独立应用的。

综上所述,在涉海术语中部分形容词也有着自身特征。如果我们把术语词本体比作萝卜,那么形容词就是萝卜的叶子,叶子和萝卜当然有着关联,槐树叶不能长在萝卜上,也就是萝卜和叶子的关系,有着自身的本质特征规律,只有转换视角才能正确认识涉海领域中的术语。

# 第五节　涉海方位英语的副词、介词和介词词组的术语化问题

每种语言都有该语言的术语特征,比如汉语是孤立语言,汉语中探讨副词、介词等方式通常和术语不发生紧密关系,但是英语是黏着语言,其副词、介词等功能词在起到语法功能时也带有语义功能。比如 into 和 onto 两个副词就有着动词意味,表达的是一个过程。比如 in 是静止状态,into 就是从外向内的动作状态。在涉海方位中由于需要很多相互关系参照,因此副词、介词和介词词组的语义功能变得强大,有时候甚至强大到盖过名词的术语功能、动的连接功能。前面我们从应用语言学视角对于少数的动词、形容词的术语特征做了分析,本节我们分析副词、介词和词组可能带来的术语问题。

## 一、涉海英语方位复合副词的术语功能

inward (向内航行)和 outward (向外航行)是两个标记性的方位副词,也是方位形容词,不像 inbound (向内航行的)和 outbound (向外航行的)只是形容词,而没有副词功能。inward 和 outward 如果修饰名词应该置于名词的后面,比如 vessel inward 和 vessel outward,因此如果 inward 和 outward 两个副词单独出现则具有方位意义。

## 二、涉海英语中由名词变化的方位副词的术语功能

普通英语中也有由名词加 a 转换成副词的变法,如从 way 到 away,这让 away 用法过于普通而没有标记性意义。然而我们忽略了其表示离开的特定方位标记,比如说 go away,表示走开,away 的含义被夸大,因此 go away 就是一句非常有敌视性的话,并演变成骂人的话。

在涉海术语词汇中,许多名词变为副词后具有方位指示功能,比如 head 变为 ahead,表示"向前地",在 go ahead 词组中,go 是普通词汇,而 ahead 就有了术

语标记性功能。同理,stern 变为 astern 后表示"向后地",在 go astern 中,动词 go 也是普通词汇,不具备标记性含义,只是起到动词作用,而 astern 的术语功能就凸显出来了。beam 本是船舶正横部位的横梁,从 beam 到 abeam 也表达正横方位的含义,比如 pass abeam 中的动词 pass 只是一个普通动词,这样就突出了船舶正横方位。以上三个词的含义都体现出船舶名词向外延展的词义意象,以此来表示方位。side 到 aside 表达"靠边地"的意思,比如靠边停泊 pull aside 也是普通类型的动词,pull 同样是突出了 aside 的方位术语功能含义。aweather 的使用也是从 weather 而来,但是其形成更早,表示帆船利用气候,就是受风的含义,helm aweather 表示"迎风使舵"。名词 loft 变成 aloft,就是屋顶向上的意思,在涉海领域中看到这个词独立出现,必定会联想到 work aloft(登高作业)及该作业的安全须知,因此 aloft 本身有着相同术语的标记意义。

thwart 表示"横向的"或者"横向地"的概念,也就是它有副词含义,变成 athwart 后,从语气上加强了"船舶横向方位"的含义。aback 是由 back 变化而成的,back 表示后背,因此 aback 和 astern 就有相同的含义。abaft 是由 aft 变化而来,也和 aback 有相似的意味,但是未必是正后方,可能是侧后方。amidship 是由 midship(船中)而来,amidship 不再是一个简单的方位副词,而是变成一个单独的术语词,表示"正舵"的含义。

## 三、涉海英语方位副词的动词意味

在普通的英语中,apart 从 part 变化而来,part 前面加 a 不仅是从名词转化为副词,而且含义上还有了否定意味,part 本身有加入的意思,比如 take part in,而变成 apart 就刚好相反,有分离之含义。虽然其词性是副词,却有着非常强烈的动词意味,表示由合到分的倾向及过程。

在涉海领域中,aboard 是由 board 变化而来的,该词有聚合性的意思,表示聚集在船上,因此 aboard 具有方位指向,有由外聚内的含义。相反地,ashore 是从 shore 变化而来,表示聚集在岸上,ashore 就有上岸的意味。因此 aboard 和 ashore 除了有方位指向含义外还有动词含义,aboard 表示从岸到船过程,而 ashore 表示从船到岸的过程。

## 四、涉海英语介词短语的术语功能

在涉海领域中由于方位的重要性,介词短语有时候不是模糊的含义,而是有非常形象与具体的含义。如果我们把船舶首尾线比作是指北的方向线,那么下列词组就有了具体的方位,详见表 8.5。

**表 8.5　船舶的方位介词短语**

| 介词短语 | 离船首线的角度（单位为（°）） | 汉语意思 |
|---|---|---|
| on the stem | 000 | 船首向 |
| on the starboard bow | 045 | 右舷船首方位 |
| before the starboard beam | 067.5 | 右舷正横前方位 |
| on the starboard beam | 090 | 右舷正横方位 |
| abaft the starboard beam | 112.5 | 右舷正横后方位 |
| on the starboard quarter | 135 | 右舷船尾方位 |
| on the stern | 180 | 船尾方位 |
| on the port quarter | 225 | 左舷船尾方位 |
| abaft the port beam | 247.5 | 左舷正横后方位 |
| on the port beam | 270 | 左舷正横方位 |
| before the port beam | 292.5 | 左舷正横前方位 |
| on the port bow | 315 | 左舷船首方位 |

比如 against the sun（逆时针）表示和太阳运行相反的方向，因此也是一种非常具体的具有术语作用功能的词组。再比如 down by head（船舶首倾），一定是艉吃水小于艏吃水，船舶埋头航行；down by stern（船舶艉倾）正相反，一定是艉吃水大于艏吃水，船舶仰起头航行。由以上分析可知，涉海领域介词词组有着特有的和方位、位置等有关的术语词功能。

## 五、方位介词连用

方位介词连用的术语功能词不多，比如 up and down，用来指抛锚后锚链方向是直上直下的。因此这也是准确的方位，具有明显的术语功能。

本节涉及的副词和介词或者介词词组在起到术语的作用时都和方位有关联，其功能特征非常窄，是方位类型的术语。

## 本　章　小　结

本章从应用语言学的视角来研究海事术语的特性，其中包括英语术语缩写词和看似不具备术语特征的功能词的术语特征，从分析中突出了涉海英语的特征,也进一步说明涉海术语学这一特殊术语学区别于普通术语学的一些特征。从另外一个层面来说,术语之所以被称为名词,是因为绝大多数术语词都是名词,但是通过本章从术语应用的角度加以分析,我们发现将术语和名词划等号是狭隘和错误的,在英语中,动词、形容词、副词、介词等词也可以做术语词。从应用语言学层面进行术语研究能够得到很多新结论,有助于推动术语学的多元发展。

# 第九章 基于地理语言学视角的
# 涉海英汉术语研究

地理语言学和涉海术语有着密切关联。比如:船舶航行到不同地域,涉及许多地名,"一带一路"建设中涉及很多涉海地理名称问题。因此地理术语学也是将来我国相关领域研究的重要课题。Crystal(2008:210)将地理语言学定义为,"按照区域分布研究语言和方言。由于不同地理位置语言会贴上自身的标签,有些语言学工作者喜欢用区域语言学来表达,说明方言与地理有关。"因此本章从地理视角研究地理术语问题。

## 第一节 国外涉海地名英汉术语名称研究

涉海地理中涉及的术语很多,大到海洋名称、国家名称、州的名称、岛屿及港口名称,小到专业码头、航道、灯塔、灯标等名称,这些名词不能仅归纳到名词的范畴,因为名称本身有着民族性、国际性,也有很强的政治性、经济性、文化性、艺术性。涉海地理名词是重要的术语,需要从不同角度对涉海地理术语加以研究。

### 一、涉海新旧地名的术语英汉名称问题

在欧洲殖民者进行殖民掠夺后,很多地理名词都参照其故国名词进行命名。有以 New 命名的国家,如 New Zealand(新西兰)、Papua New Guina(巴布亚新几内亚)等。新西兰是一个涉海国家,其本身是一个大型岛国。巴布亚新几内亚是和印度尼西亚接壤的岛国。有以 New 作为修饰语的州名,美国州名,如 New Jersey(新泽西州)、New Mexico(新墨西哥州)、New Hampshire(新罕布什尔州)、New York(纽约州),澳大利亚州名 New South Wales(新南威尔士州),加拿大省名 New Brunswick(新不伦瑞克省)。还有岛屿名称,如加拿大的 Newfoundland(纽芬兰)。还有以 New 命名的港口城市,如美国的 New London(新伦敦港)、New Orleans(新奥尔良港)。以 New 开头的地名进入汉语中有两

种不同的翻译,一个是意译为"新",这通常是翻译国家名和州名,主要是把殖民者的故国名称作为地理名词的意图展现出来。第二种就是音译,比如翻译成"纽",比如纽约,这一译名充分体现出地名的非本土化的意味,其他以 New 开头的地名,参阅表 9.1(辛华,1976:426-427)。

表 9.1　以 New 开头的世界著名涉海地名举例

| 序号 | 英语地名 | 标准汉译 | 属地 |
|------|----------|----------|------|
| 1 | New Bethlehem | 新伯利恒 | 美国 |
| 2 | New Boston | 新波士顿 | 美国 |
| 3 | New Braunfels | 新布朗费尔斯 | 美国 |
| 4 | New Brighton | 新布赖顿 | 南非 |
| 5 | New Britain | 新不列颠 | 美国;大西洋 |
| 6 | New Brunswick | 新不伦瑞克 | 加拿大 |
| 7 | New Caledonia | 新喀里多尼亚 | 太平洋 |
| 8 | New Canaan | 新坎南 | 美国 |
| 9 | New Castile（Castilla） | 新卡斯蒂利亚 | 西班牙 |
| 10 | New Castle | 纽卡斯尔 | 美国;南非;澳大利亚;英国;新西兰 |
| 11 | New Clare | 新克莱尔 | 南非 |
| 12 | New England | 新英格兰 | 美国 |
| 13 | New Georgia I. | 新乔治亚岛 | 太平洋 |
| 14 | New Hampshire | 新罕布什尔 | 美国 |
| 15 | New Hampton | 新汉普顿 | 美国 |
| 16 | New Haven | 纽黑文 | 美国;英国;新西兰 |
| 17 | New Hebrides | 新赫布里底群岛 | 太平洋 |
| 18 | New Kandla | 新坎德拉 | 印度 |
| 19 | New Kopisan | 新咖啡山 | 马来西亚 |
| 20 | Newland Ra. | 纽兰山脉 | 澳大利亚 |
| 21 | New Milford | 新米尔福 | 美国 |
| 22 | New Norcia | 新诺西亚 | 澳大利亚 |
| 23 | NewNorfolk | 新诺福克 | 澳大利亚 |
| 24 | New Rochelle | 新罗歇尔 | 美国 |
| 25 | New Romney | 新罗姆尼 | 英国 |

**表 9.1**(续)

| 序号 | 英语地名 | 标准汉译 | 属地 |
|------|----------|----------|------|
| 26 | New Ross | 新罗斯 | 爱尔兰 |
| 27 | New Town | 新城 | 美国 |
| 28 | New Ulm | 新阿尔姆 | 美国 |
| 29 | New Washington | 新华盛顿 | 菲律宾 |
| 30 | New Valley | 新河谷 | 埃及 |

可见涉海地名中带有 New 单词的多数和殖民有关,比如命名 New Jersey 的时候,一定是联想到英国位于英吉利海峡中的 Jersey(泽西),命名 New York时,一定和英国东部郡 Yorkshire(约克郡)产生联想。地名术语中的 New 通常和殖民扩张与统治有关,是命名者不忘故土的一种命名方式。我们在对"New+故国名字"进行翻译时,一般采用音译和意译两种方式,也就是说翻译成"新XXX"或者是"纽 XXX"。我们从表 9.1 中可以看出绝大多数采用意译方式,少数采用完全音译(纽 XXX)的方式,这些地名的汉译术语需要规范。

## 二、相同或相似地名地理术语的汉译问题

由于欧洲的殖民主义,殖民者有着相似的文化背景,他们走到世界各地对于其殖民地地名均采用相似的命名方法。比如 Sydney(悉尼),位于澳大利亚的东南沿岸,是澳大利亚新南威尔士州的首府。还有一个 Sydney(悉尼)是加拿大新斯科舍省东部的一个城市,位于布里顿岬岛(另译为布里敦角岛)东岸的悉尼河口,是新斯科细亚省(Nova Scotia)的第三大城和重要海港城市。这两个地名都是涉海地名。由于这些涉海类英语地名的英语与汉语均相同,因此在使用上往往会引起误解。而对于 Cambridge 的汉译问题就有所改变。Cambridge(剑桥),是音译与意译合成的地名,就是"剑河桥"的意思。由于是修建在剑河之上的桥而得名,这座城市名也取自该桥名,在徐志摩诗文中也译为"康桥",完全源自 Cambridge 的第一个音节音译加"桥"字作补偿翻译。而 Cambridge(坎布里奇),也是美国马萨诸塞州波士顿市紧邻的一个市,与波士顿市区的查尔斯河相对,属于波士顿都市区。这里是世界著名大学哈佛大学和麻省理工学院的所在地。

还有的地名如 Newcastle(纽卡斯尔)分别位于英国英格兰东北部、加拿大New Brunswick(新不伦瑞克省)、美国 Pennsylvania(宾夕法尼亚州)、南非 Natal

（纳塔尔省）、澳大利亚 New South Wales（新南威尔士州）。这些地方拥有相同的汉语译名。

上述地名相同或相似也是由地理大发现时期欧洲的殖民扩张的结果。对于多数地理术语，其对应的汉语术语名词之间需要体现出差异，地理名称不同才能做出概念的区分。

## 三、语源相同且拼写相同或相似的英汉地理术语

有些涉海地名在口头传播方面相同或者相近，而按照音译翻译成汉语时却不同。

比如位于美国加利福尼亚州的奥克兰（Oakland），是加州人口第 8 大城市，地处旧金山湾区东北部，西临旧金山湾，北接著名大学城伯克利（世界著名高等学府加州大学伯克利分校所在地）。奥克兰（Auckland），新西兰北部的滨海城市，也是新西兰的最大城市，奥克兰有很多帆船，被称为"帆船之都"，是南半球主要的交通航运枢纽，也是南半球主要的港口之一。

再比如 Santiago（圣地亚哥）是智利的首都，也是智利的最大城市，而 San Diego（圣迭戈），是美国加利福尼亚州的一个太平洋沿岸城市。此外古巴还有两个城市名 San Diego（de los Banos 巴尼奥斯的圣迭戈）和 San Diego（de Valle 瓦列的圣迭戈），这几个城市名称拼写语源相同，拼写相同或稍有差异，故地理术语名词汉译后也容易混淆。

通过本节对涉海地理术语名称及译名的分析，我们可以初步得到以下几个结论：

（1）涉海地名术语中有很多地点不同但是名词术语相同与相似的问题存在。

（2）对于易混淆的涉海术语名称需要注意在使用中找到良好的区分方法。

（3）涉海地名术语翻译成汉语时需要有统一的翻译规律，否则也会在使用中带来相似术语困扰。

（4）强调外国地名术语翻译成规范的汉语地名，不仅有利于术语的规范，更是对他国的领土主权的尊重，体现出地名的神圣性。比如对于有争议的岛屿，各自国家都有自己的说法，我们在出版物或者论文中不能任意选择其中一种说法，需采用国家公布的正确译名。

# 第二节　不同地域"海洋、海峡、港湾"英式专有名词研究

在涉海地理中,海洋、海峡与港湾非常重要,因此这些地名用哪些方式进行表达也十分重要。本研究中以 United Kingdom Hydrographic Office (英国水道测量机构)对外公布的涉海地名为范本。

## 一、对"洋"的英语术语地名的表述方式

在涉海地名上能够以 Ocean 命名的只有四个,即 Pacific Ocean(太平洋)、Atlantic Ocean (大西洋)、Indian Ocean (印度洋)、Arctic Ocean (北冰洋),其他的海或洋不能采用 Ocean 命名。

## 二、对"海"的英语术语地名的表达方式

对海的表达方式中有一种是以颜色命名的,如 Black Sea (黑海)、White Sea (白海)、Yellow Sea (黄海)、Rea Sea (红海)等。

以 Sea of 的表达形式命名的海,如 Sea of Okhotsk (鄂霍次克海)、Sea of Japan (日本海)、Sea of Marmara (马尔马拉海)、Sea of Azov (亚速海)等。

以地名加 Sea 命名的海,如 Caribbean Sea (加勒比海)、Laptev Sea (拉普特夫海)、Bering Sea (白令海)、Banda Sea (班达海)、Arafura Sea (阿拉富拉海)、Mediterranean Sea (地中海)、Sulu Sea (苏鲁海)、Timor Sea (帝汶海)、Celebes Sea (西里伯斯海)、Beaufort Sea (波弗特海)、Greenland Sea (格陵兰海)、Barents Sea (巴伦支海)、Kara Sea (喀拉海),Arabian Sea (阿拉伯海)等。上述的 Sea of…和… Sea 没有明显的使用规律,从海的大小来看有大有小,从形状来看各式各样,从所在洋区来看也没有明确规律。

以位置加 Sea 命名的海,如 North Sea (北海),因在欧洲北部而得名,South China Sea (中国南海)因在中国南部而得名,East China Sea (中国东海)因在中国东部而得名。

以形容词后加 Sea 命名的海,如 Caspian Sea (里海)和 Baltic Sea (波罗的海)。

以名词加 Sea 命名的海,如位于澳大利亚附近的 Coral Sea (珊瑚海)。

## 三、"海湾"的英语术语表达方式

在英语地理术语名词中,有 8 种和 Gulf 有关的表达形式。

第 1 种海湾是以"定冠词 The+Gulf"的方式命名,即命名 The Gulf。该海湾由于其地理位置非常重要,被称为第一湾,用 the 修饰,其周边有伊朗、伊拉克、科威特、约旦、萨特阿拉伯等盛产石油的国家。

第 2 种海湾是以"Gulf of+名称",如 Gulf of Mexico（墨西哥湾）、Gulf of Panama（巴拿马湾）、Gulf of Oman（阿曼湾）、Gulf of St. Lawrence（圣劳伦斯湾）、Gulf of Campeche（坎佩切湾）、Gulf of Carpentaria（卡奔塔利亚湾）、Gulf of Mexico（墨西哥湾）、Gulf of Aden（亚丁湾）、Gulf of Finland（芬兰湾）、Gulf of Riga（里加湾）、Gulf of Suez（苏伊士湾）、Gulf of Naples（那不勒斯湾）、Gulf of Paria（帕里亚湾）,等等。

第 3 种海湾是以"名称+Gulf"的方式命名,如 Persian Gulf（波斯湾）。

以上采用 Gulf 命名的湾,对其形状进行比对,发现凡是以 Gulf 命名的港湾出口一定窄小,其形状有点像葫芦。

第 4 种海湾是以"Bay of+名称"的方式命名,如 Bay of Fundy（芬迪湾）、Bay of Biscay（比斯开湾）、Bay of Bengal（孟加拉湾）等。

第 5 种海湾是以"名称+Bay"的方式命名,如 Chesapeake Bay（切萨皮克湾）、Cape Cod Bay（科德角湾）、Kiel Bay（基尔湾）、Baffin Bay（巴芬湾）、Commonwealth Bay（英联邦湾）、Yakutat Bay（雅库特湾）、Bristol Bay（布里斯托尔湾）、Trinity Bay（三一湾）、Placentia Bay（普拉森舍湾）、Seine Bay（塞纳湾）、Kiel Bay（吉尔湾）、Botany Bay（博特尼湾）等。

第 6 种海湾是以"Bay+名称"的方式命名,如 Bay St. George（圣乔治湾）。

第 7 种海湾是以"颜色+Bay"的方式命名,如 White Bay（白湾）。

在上述第 4 至第 7 种对海湾的英语表述中,采用 bay 一词表示的海湾在海图上显示都比采用 gulf 表示的海湾要小,而且 bay 的形状是喇叭形的,即开口较大。

第 8 种峡湾,此类海湾都出现在北欧水域,都使用丹麦语、瑞典语和挪威语的 fjord（峡湾）一词。如 Andfjord、Ofofjord、Saltfjord、Glomfjord、Balsfjord、Tysfjord、Oslo fjord 等。由于中国人不常去,因此目前没有规范的中文翻译。

## 四、"海峡"的英语术语表达方式

在英国水道测量机构公布的海峡名称术语中有四个主要词,即 strait、channel、passage、belt。使用中有以下几种形式。

第 1 种海峡是以"Strait of+名称"的方式命名,如 Strait of Gibraltar(直布罗陀海峡)、Strait of Malacca(马六甲海峡)、Strait of Dover(多佛尔海峡)等。

第 2 种海峡是以"名称+Strait"的方式命名,如 Torres Strait(托雷斯海峡)、Bass Strait(巴斯海峡)、Sunda Strait(巽他海峡)、Bering Strait(白令海峡)、Davis Strait(戴维斯海峡)、Denmark Strait(丹麦海峡),在命名上有一个特点就是靠近欧洲的海峡多数采用 Strait of,而靠近亚洲或者没有海峡则用…Strait。

第 3 种海峡以"名称+Channel"的方式命名,比如 St. George's Channel(圣乔治海峡)、English Channel(英吉利海峡)、Bristol Channel(布里斯托尔海峡),采用 Strait 和 Channel 区别不是很大,也就是说英语的国家习惯以 Channel 为海峡名称。

第 4 种海峡以"名称+Passage"的方式命名,比如位于南美的 Drake Passage(德雷克海峡)。

第 5 种海峡以"名称+Belt"的方式命名,此种海峡比较规则,形状像皮带。位于丹麦境内的 Great Belt(大贝尔特海峡),也是世界上仅有的以 Belt 命名的海峡。

本节探讨的涉海地名主要是全球近岸不同国家英语地名的使用,其实这些地名只有英国人使用。各国都有自己的领土主张,很多地名术语命名都有其渊源及国家主权象征意义。

# 第三节 我国涉海英语地名术语在域外的使用情况研究

我国涉海地名包括属于我国海洋疆土在内的岛屿、礁石、航道、灯塔、灯浮等自然或者人工设立物的名称,由于全世界不同国籍船员航行参照的需要,这些地理名词须用英语标注在海图上。国际上比较流行的观点是,涉海类地名以英国水道测量机构的地理专名为准。本节研究我国涉海英语地名在国外的使用情况。我们选取英国水道测量机构 2007 年出版的《英版灯标及雾号表》亚太地区卷(*Admiralty List of Lights and Fog Signals–Bay of Bengal and Pacific Ocean, North of Equator*)及 2021 年出版的《英版灯标及雾号表》亚太地区卷(*Admiralty List of Lights and Fog Signals–North part of South China and Eastern Archipelagic Seas, plus Western part of East China, Philippine and Yellow Seas*)中的中国涉海地名为研究对象,因为其中涉及我国详细的涉海地名。

# 一、汉语拼音式的命名方式

按照世界英语地名命名惯例,凡是涉及本土地名,应首先考虑当地居民对其地名的本土语言发音,并用表音法对该地名进行英语命名。汉语是我国的官方语言,使用汉语拼音作为我国涉海地名的英语表达自然是最正确的一种表达方式,该类命名占英版出版物的绝大多数。我国汉语拼音式的涉海地名,请参阅表9.2。

**表 9.2　汉语拼音式中国涉海地名举例**

| 序号 | 例词 | 地名回译 | 位置 | 2007 年地名编号 |
|---|---|---|---|---|
| 1 | Haikou Gang. Baisha Jiao | 海口港白沙礁 | 20°03′.98N 110°33′.90E | F3347.8 |
| 2 | Yangpu Jiao | 洋浦礁 | 19°42′.83N 109°10′.13E | F3338.7 |
| 3 | Shanban Zou (Shan-pan Chou) | 舢板洲 | 22°43′.03N 113°39′.46E | F3466 |
| 4 | Guishan Dao (La-sa-wei). Ma Wan | 桂山岛马湾 | 22°08′.10N 113°48′.80E | F3521.2 |
| 5 | Shantou Gang (Chiang). Biao Jiao (Hao-wang-Chao) (Piao Chiao) | 汕头港白礁 | 23°14′.28N 116°48′.41E | F3588 |
| 6 | Xiamen Gang. Zhenhai Jiao. Yandun Shan | 厦门港镇海角烟墩山 | 24°16′.14N 118°07′.90E | F3607 |
| 7 | Minjiang Kou | 闽江口 | 26°08′.00N 119°39′.45E | F3635.42 |
| 8 | Taishan Liedao. Xitai Shan | 台山列岛之西台山 | 27°00′.50N 120°41′.63E | F3648 |
| 9 | Wenzhou Wan. Chi Yu | 温州湾赤屿 | 27°49′.61N 121°12′.10E | F3658 |
| 10 | Haimen Gang. Changshun Ba | 海门港长顺坝 | 28°41′.46N 121°26′.02E | F3677 |

**表 9.2**(续)

| 序号 | 例词 | 地名回译 | 位置 | 2007 年地名编号 |
|---|---|---|---|---|
| 11 | Niubishan Shuidao. Banyang Jiao (Bamchoao Jiao) | 牛鼻湾水道 半阳礁 | 29°16′.28N 122°08′.06E | F3684 |
| 12 | Bijia Shan | 笔架山 | 29°39′.60N 122°14′.20E | F3693.5 |
| 13 | Ningbo Gang. Xiaozhou Shan | 宁波港小舟山 | 30°13′.89N 122°08′.62E | F3716.709 |
| 14 | Xima'anshan Dao | 西马鞍山岛 | 30°33′.98N 122°08′.44E | F3717.8 |
| 15 | Xiaoheshang Jiao | 小和尚礁 | 30°30′.78N 122°16′.16E | F3718.823 |
| 16 | Xiaoji Shan | 小鸡山 | 30°42′.81N 122°03′.05E | F3747.6 |
| 17 | Huangpu Jiang. Zhagang | 黄浦江闸港 | 31°01′.00N 121°29′.10E | F3788 |
| 18 | Wangjia Cun | 王家村 | 35°16′.10N 119°24′.40E | F3807 |
| 19 | Laoshan Tou | 崂山头 | 36°08′.16N 120°42′.65E | F3850.6 |
| 20 | Beichangshan Dao (North Changshan) | 北长山岛 | 37°59′.22N 120°44′.85E | F3894 |

根据上述地名例子能够看出以下几个规律：

地名应先大后下,大小地名之间用句号隔开。此种方式和西方传统地名表述不相符。此外,如果地名中最后一个音表示地名的性质,如岛、礁、水道、角、村、山、湾等,则该音需要和前面表示地名的音分开,就形成"地名+性质"的表述方式。

## 二、威妥玛拼写式的英语命名方式

张欣欣(2011:561)曾记叙,"威妥玛拼音(Wade-Giles system),习惯称为威妥玛拼音或威玛式拼音、韦氏拼音、威翟式拼音,是一套用于拼写中文普通话

的罗马拼音系统。19 世纪中叶由英国剑桥大学汉语教授威妥玛（1818—1895）
在华任职期间创立，后由翟理斯完成修订，并编入其所撰写的《汉英字典》。该
拼音系统主要为方便外国人(使用英语的人)学习和掌握汉语，后来被普遍用于
拼写中国人名和地名，并成为 20 世纪中文主要的音译系统。"从英国水道测量
机构对中国地名的威妥玛拼写来看，2007 年的《灯标及雾号表》自 162 页至 176
页使用了威妥玛拼音，主要涉及我国香港水域。2021 年的《灯标及雾号表》的
第 69 页至第 73 页使用了威妥玛拼音，也就是说总体数量在下降。这反映了我
方主张的中国英语涉海地名被国际社会的接受程度。2007 年和 2021 年《灯标
及雾号表》中香港水域使用的威妥玛拼写例词参阅表 9.3。

表 9.3　香港水域使用的威妥玛拼写例词

| 序号 | 例词 | 地名回译 | 2007 年位置信息 | 2007 年地名编号 | 2021 年变化说明 |
|---|---|---|---|---|---|
| 1 | Tai Tam Peninsula. Wong Ma Kok (Bluff Head) | 赤柱半岛（黄麻角） | 22°11′.71N 114°12′.84E | F3577 | 未变 |
| 2 | Wong Chukchi Kok (Huangzhu Jiao) | 黄竹角 | 22°12′.52N 114°09′.60E | F3577.4 | 未变 |
| 3 | Shek Kok Tsui | 石角咀 | 22°14′.11N 114°06′.25E | F3577.46 | 未变 |
| 4 | Pak Kok | 白角又名北角 | 22°14′.33N 114°07′.29E | F3577.44 | 未变 |
| 5 | Wong Mau Chau (South Gau) No. 118 (Huang Mao Zhou) | 黄茅洲 | 22°26′.91N 114°23′.68E | F3578.4 | 未变 |
| 6 | Chek Kok Tau (Chijiao Tou) | 赤角头 | 22°33′.30N 114°17′.50E | F3578.6 | 位置有变化，22°33′.31N 114° 17′.52E |
| 7 | Tang Chau (Bush Reef) | 灯洲 | 22°26′.82N 114°15′.47E | F3580 | 位置有变化，22°26′.81N 114°15′.46E |
| 8 | Pok Liu Chau (Lamma Island)-Yuen Kok | 博寮洲（圆角） | 22° 10′.90N 114° 08′.95E | F3577.2 | 未变 |

**表 9.3(续)**

| 序号 | 例词 | 地名回译 | 2007 年位置信息 | 2007 年地名编号 | 2021 年变化说明 |
|---|---|---|---|---|---|
| 9 | Fo Yeuk Chau. Magazine Island | 火药洲 | 22°14′.61N 114°08′.28E | F3577.6 | 名词发生变化，只保留 Magazine Island |
| 10 | Chek Mun Hoi Hap (Tolo Channel) | 赤门海峡 | 22°28′.99N 114°19′.96E | F3579.4 | 位置有变化，22°28.99N 114°19.97E |
| 11 | To Tau Tsui (Lo Fu Wat) | 老虎笏 | 22°28′.11N 114°16′.48E | F3579.6 | 位置有变化，22°28′.11N 114°16′.49E |
| 12 | Tai Po Hoi (Tolo Harbour)–Pak Share Tai Chau (Baishatou Zui) | 吐露港－白沙頭洲 | 22°26′.90N 114°14′.95E | F3580.2 | 位置有变化，22°26′.91 N 114°14′.94E |
| 13 | Ngau Mei Hoi (Port Shelter). Sai Kung | (牛尾海)西贡 | 22°20′.47N 114°15′.98E | F3580.63 | 名称和位置都发生了改变，Baishuiwan，22°20′.38 N 114°16′.13E |

由于历史和文化原因，英版出版物对上述地名仍然采用威妥玛用法，但是第 13 项已经从威妥玛拼音变成了汉语拼音，可见也是有很大的进步。同时，由于港澳台地区方言与普通话差异较大，故与北方涉海标记相比，向拼音罗马化的转变过程较慢。尽管如此，我们发现有个别地名以威妥玛标记的同时也给出了汉语拼音，这说明中国香港及周边水域地名英译开始由威妥玛拼写方式向拼音转变。

从英国水道测量机构对中国涉海地名使用威妥玛拼写方式来看，我国英语地名命名工作还需要做很多准备：

(1)应该让相应机构知晓采用威妥玛方式来表述中国涉海地名是不妥当的，需要采用汉语拼音方案。该转变需要时间，同时也需要他国相关机构能够积极采用中国汉语拼音来撰写中国涉海地名，并希望各国海员乐意接受和使用汉语拼音方案作为中国涉海地名，二者需要相向而行。

(2)根据我国《关于地名标志不得采用"威妥玛式"等旧拼法和外文的通知》,在翻译我国的部分涉海地名时,应该有较高的政治站位,坚决不得使用威妥玛方式拼写。中国香港特别行政区等已经使用威妥玛拼音作为涉海地名的,应该加速采用汉语拼音的标记方式,可以在过渡期内采用威妥玛和汉语拼音两种方式做标记。

# 三、完全采用英语拼写习惯的地理专用名词

在中国涉海英语地名中也有少量采用英语拼写。这些地理术语名称多数是灯塔、灯浮、专业码头等。例词请参阅表9.4。

表9.4 完全采用英语拼写的地理专用名词举例

| 序号 | 例词 | 地名回译 | 位置 | 2021年地名编号 |
|---|---|---|---|---|
| 1 | Wan Chai Public Cargo Working Area No. 1 | 湾仔1号公共货物作业区 | 22°17′.05N 114°10′.86E | P3551 |
| 2 | Kowloon. China Ferry Terminal | 九龙国家渡船码头 | 22°18′.01N 114°09′.95E | P3548 |
| 3 | Huizhou gang. International Container Pier | 惠州港国际集装箱码头 | 22°41′.76N 114°33′.06E | P3581.249 |
| 4 | Yuedong LNG. leading lights 359°45′. Front | 粤东液化天然气码头导标359°45′前标 | 22°56′.13N 116°21′.91E | P3585.85 |
| 5 | Nan′ao Bridge Pier Warning Mark. Notice Board. No. 12 | 南澳大桥码头警告标记第12标记 | 23°26′.70N 116°55′.60E | P3587.321 |
| 6 | Shantou Marine Survelliance Base Pier. No. 1 | 汕头海运监督1号码头 | 23°27′.65N 116°58′.27E | P3587.599 |
| 7 | Xiaojinmen Dao. Fishing Harbour | 小金门岛渔港 | 24°25′.30N 118°15′.50E | P3612.13 |
| 8 | Jimei Daqiao Bridge. Opening. | 集美大桥开口处 | 24°34′.14N 118°07′.35E | P3618.31 |
| 9 | Xiaozhui Dao. North Reef | 小嘴岛北暗礁 | 22°48′.74N 118°45′.94E | P3621.2 |

表 9.4(续)

| 序号 | 例词 | 地名回译 | 位置 | 2021 年地名编号 |
|---|---|---|---|---|
| 10 | Zhonghua Piepline. No. 4 | 4 号中华管线 | 25°02′.70N 119°01′.08E | P3627.613 |
| 11 | Minhai Energy Pier. No. 2 | 闽海 2 号 能源码头 | 25°25′.89N 119°15′.68E | P3627.9485 |
| 12 | Pingtan Haixia. Railway Bridge | 平潭海峡 铁路大桥 | 25°41′.09N 119°38′.04E | P3633.421 |
| 13 | Donghai Wind Farm. Tower. No. 1 | 东海风电 1 号 | 30°47′.46N 121°58′.13E | P3717.98 |
| 14 | Changjiang Kou. Tide Station Warning | 长江口潮汐观 测站警报装置 | 31°02′.26N 122°27′.74E | P3750.8 |
| 15 | Sanjia Gang Hydrological Warning. No. 5 | 三甲港水文 报警 5 号站 | 31°13′.97N 121°46′.50E | P3769.2 |
| 16 | Changxing Dao. North Side. No. 1 | 长兴岛 北侧 1 号 | 31°25′.02N 121°41′.95E | P3779.64 |
| 17 | Qingdao Ferry. Breakwater South | 青岛渡船码头 防波堤南 | 36°04′.08N 120°17′.64E | P3846.6 |
| 18 | Fenghuangwei. Yuantong Outfitting Pier. Breakwater. Head | 凤凰尾圆通舾装 码头防波堤头 | 36°50′.95N 122°10′.50E | P3857.7 |
| 19 | Beihai Salvage Pier. Head | 北海救助局 码头起首 | 37°35′.64N 121°23′.47E | P3881.6 |
| 20 | Hangu Marine Observation Station | 汉沽海洋 气象观察站 | 39°06′.13N 117°50′.57E | P3911.88 |

此类方式标注的中国涉海地名有以下几个特征：

(1)此类完全采用英语书写习惯的地理术语词多为航道、专业码头、海上固定标志等，这些物标在不涉及领土主权的情况下采用英语做标记，方便航海者使用。

此外，比较 2007 版和 2021 版《灯标及雾号表》，该类专名数量呈现减少趋势。如果上述地名不涉及国家领土主权的话语安全，那么采用全英语的方式无疑能够帮助航海者很快辨识海上物标。如果其中涉及领土主权，比如说域内国家不顾事实觊觎本属我国领土包括海上物标,那么这些地名和附属物必须采用汉语拼音命名方为合理。

很显然,对于中国涉海地名,采用汉语拼音的方式也是规范地名术语的很好方式,国内使用者应该站在提高国家领土话语主权的高度来看待,同时在对外宣传中积极地采用拼音方式,让更多的国际友人主动使用规范的汉语拼音作为中国涉海英语地名。

# 第四节　我国对本国海疆地名英语命名方式的研究

不少涉海地名使用者在使用我国的涉海英语地名时忽略了其神圣性。所谓神圣性主要是从政治的角度来探讨的。我们从话语体系安全的角度,都应该自觉维护国家的领土主权的话语体系,防止因自己滥用、错用地理名词而被西方反华势力抓住借口制造侵害国家领土主权及领土完整的谬论。

中国涉海地名中如果按照地理的角度可以分成以下两类:第一类是在中国的地理腹地,比如长江、渤海等,此类地名已经完全采用汉语拼音的方式,也是反华势力无法图谋制造侵害我国领土主权安全的话语。第二类就是位于和其他国家交界的"前哨",此类地点属于中国领土,但是其他国家对此地有觊觎之心,时刻制造对我国不利的话语,比如黄岩岛、钓鱼岛等。因此英语地名使用中存在着话语体系上的风险,作为中国公民应从自身的角度维护国家领土主权的话语体系,使用我国主张的代表领土主权的汉语地名和其英语名称。周雅娟(2013:58),指出"1987 年 12 月,国务院下发了《关于地名标志不得采用"威妥玛式"等旧拼法和外文的通知》,指出地名标志上的地名,其专名和通名一律采用汉语拼音字母拼写,不得使用'威妥玛式'等旧拼法,也不得使用英文及其他外文转写"。

## 一、中国涉海地名的准确表述

中国涉海地名的准确表述首先是考虑到了历史沿用,即有些地名以前就在使用,比如 Yellow Sea(黄海)、East China Sea(东海)、South China Sea(南海),此类地名沿用以前的不会构成话语风险。我国在黄海、东海、南海中都有着本国海疆领土。

## 二、钓鱼岛诸岛的英语表述

钓鱼岛的英语名称应该是完全采用汉语拼音的两个词组,其中"钓鱼"为名称,"岛"为性质,岛相当于英语的 islands,钓鱼岛整个名词是 Diaoyu Dao,由于中文中没有单复数之分,因此在英语名称中不需要加 s。钓鱼岛是中国人先发现并命名的,因此采用中国名称,其附属岛屿有 Huangwei Yu（黄尾屿）、Chiwei Yu（赤尾屿）、Beixiao Dao（北小岛）、Nanxiao Dao（南小岛）、Bei Yu（北屿）、Nan Yu（南屿）、Fei Yu（飞屿）等,此外还有周边的几十个岛屿都在定义范围内。

按照我国 1979 年向联合国提交的关于我国地名翻译成英语的说明,我国地名、人名等外文撰写当遵从汉语拼音原则。钓鱼岛历来都是中国领土,不与其他国家形成共同边界,因此其命名当遵从汉语拼音原则。对钓鱼岛和诸岛屿在翻译中容易犯的错误是将最后的"岛"翻译成了 islands,将"屿"翻译成 islet,该处理方式也十分不妥,看起来似乎是将汉语翻译成英语的翻译问题,实际上是地理术语名称的表达问题。钓鱼岛等岛屿的命名绝不可采用其他国家对其作出的命名称谓。中国的涉海地理名词是神圣的、不可篡改的术语名词,其称谓必须遵照我国官方发布的名称。

## 三、黄岩岛等中国岛屿的英语表述

众所周知,中国对黄岩岛等南海诸岛屿享有领土主权,因此黄岩岛的英语名称也必须以拼音拼写,即 Huangyan Dao,其他任何方式的拼写都是对中国领土主权的话语侵犯。黄岩岛历来都是中国的专属领土,神圣不可侵犯。常犯的错误是将"岛"字翻译成 Island,从表面上看 Huangyan Dao 写成 Huangyan Island 是小错,但这其实是命名错误,不要把命名和翻译混为一谈。按照《地名管理条例》和《地名管理条例实施细则》,应使用汉语拼音拼写中国地名。我们应当站在维护国家和民族利益的高度看待涉海地名术语名称,因为这些名称是非常严肃的政治术语名词。

## 四、南海诸岛的英语表述

2016 年 8 月 16 日,国家测绘地理信息局发布信息,"南海诸岛是我国最南方的领土,是南海中许多岛、礁、沙、滩的总称。北起北卫滩,西起万安滩,南至曾母暗沙,东至黄岩岛。按其所处位置一般分为四个群岛:东沙群岛、西沙群岛、中沙群岛、南沙群岛。其中,东沙群岛归广东省管辖,其余都属海南省管辖。

南海诸岛处在太平洋和印度洋之间的咽喉要道上,是东亚通往中东、南亚、非洲和欧洲最快捷的海上之路,也是我国的海防前哨。"

南海诸岛均是我国领土,因此在南海诸岛的滩、沙洲、屿等的英文名称都应该采用汉语拼音拼写。

此外代表我国领海疆界线的九段线,目前我国主流媒体(如中国日报)对于该线的英语表述多用 nine dash line 或者 nine-dashed line,2014—2019 年多用 nine-dotted line,2014 年以前多用 nine-dash U-shaped line 表述。由于该线不是地名,是用于划定界限的,为了让全世界都能快速知晓,该线段采用全英语表述。这符合术语的认知规律和传播规律。

2022 年 5 月 1 日起在我国实行的《地名管理条例》"第三章地名使用"规定,"地名的罗马字母拼写以《汉语拼音方案》作为统一规范,按照国务院地名行政主管部门会同国务院有关部门制定的规则拼写。"因此我国涉海地名也应该遵守此原则。

需要纠正的一个误区,部分人认为,中国地名的外语必须是符合外国人习惯的英语,结尾需要用 mountain、river 之类的补足语来说明地理特性,比如长江用 the Yangtze River,其实这是不对的。我们考察英国水道测量机构对长江的英语表述,其已经使用标准的汉语拼音"Changjiang",这才是规范的名称。外国人尚且使用汉语拼音,我们就更应该使用汉语拼音 Changjiang 来作为长江的英语名称。地名的表述反映了使用者的立场,地理术语不仅要注重用词,更要表达其术语概念,一个得当的涉海地名术语的英文表达,不仅是让外国人在说中国地名时尊重汉语使用者,而且是要尊重我们的海洋疆土主权主张。比如钓鱼岛、黄岩岛等地名,必须采用汉语拼音拼写作为其英文名称。

我国涉海地名术语不容小觑,它承载着语情安全,对于国外使用者而言,正确使用地理术语,代表着对中国海疆领土主权的尊重。因此使用我国涉海地名时应该做到规范化,一个地名的英语表达应该只有一个标准的表述,而且需要对全世界公布,需要逐年添加与完善。中国涉海地名的英语表述应该上升到国家话语体系规范化的战略高度。戚开静(2021:230)认为,"地名是国家领土主权的象征,地名的拼写与译写都应当维护我国领土主权和民族尊严"。同时在我国涉海地名外宣时,让外国人知道中国每寸海疆都是不可侵犯的,并从话语角度为守土有责贡献自己的力量。

# 第五节　涉海英语术语的地理性探讨

涉海英语是区别于其他专业英语的一种语言。船舶作为运输工具可以航行至全世界的任何有港口的角落，船上英语就成了全球性的贸易用语。在涉海英语中很多术语都是有地域性的，即不同地理位置有着不同的术语词。

## 一、英美国家对于同一涉海事物不同术语词的表达

我们知道英式英语与美式英语在发音、拼写等方面存在差异，而这些差异在语言学中已经做了很多阐述，但是无人从涉海术语学的角度做探讨。比如，码头工人或者装卸工人，在英国是 stevedore，在美国是 longshoreman，这就是同一术语在不同地方的不同表达。

当一艘商船航行至英国及其他国家时，需要用无线电和港口的船舶交管系统进行联络，当收听到信息后，会使用 roger 表示收到了，这是全世界通用的涉海语言。然而当船舶进入美国水域时，收到信息则用 ten-four 来表达，这是源于美国人为了解决无法听懂方言时采用编码的一种做法。比如 ten-twenty 表达的是船舶的位置。这些编码都是 10 开头。美国的通信代码源于 20 世纪初期警察通信系统常用代码，由于南北方等语言差异，在无线电通信中非常难于沟通，于是他们采用数字代码表示含义，其中 10 开头的数字代码最常用，特别是表达收到的 10-4 更是常用，后来该数字代码扩展到普通民用系统中，在美国船舶交管系统中也就开始使用这些常用的编码。

## 二、欧洲的法语词作为通信术语

20 世纪中叶，法国的通信也非常发达，其法语词如 mayday（遇险）、panpan（紧急）、securite（安全）、seelonce fini（静默结束）、seelonce mayday（静默以守听遇险信息）、prudonce（恢复常规通信）已经进入国际标准，不再有地域性。但是有些词确实有地理的标记性，比如"船与船相会"的术语通常用 make rendez-vous，该用法通常是在欧洲水域，而且使用者多数是欧洲式英语口音。该术语融合了法语术语词，体现了欧洲地域术语文化。make rendezvous 已经于 2002 年纳入标准航海英语中，经过 20 多年的使用推广，目前全球航海英语使用者都使用 make rendezvous 表达引航员与被引航船会船信息，以及搜救中搜救单位之间的会船信息。

## 三、时间单位术语的地域性

我们在民族性的角度探讨了时间单位的民族性,通常从地域性的角度也可以对时间单位进行诠释,比如船舶进入东 8 区,使用时间就是中国标准时间(CST)[20 世纪 90 年代也称为北京标准时间(BST)],该时间是我国测量与公布的标准。船舶进入东 9 区,使用的时间就是日本和韩国的时间,日本当地时间的术语表述就是日本标准时间(JST),而韩国当地时间的术语表述则是韩国标准时间(KST)。不同地理位置有不同的当地时间的表达。这些时间单位和地理名称结合在一起。

## 四、东亚及东南亚对轮机员的不同术语词

东亚及东南亚国家有日本、韩国、菲律宾、马来西亚、印度尼西亚等,这些国家在涉海领域中对轮机员表达方式有着不同,以国际涉海英语术语名词作为术语标准,轮机部高级船员,分别是 Chief Engineer(轮机长)、Second Engineer(大管轮)、Third Engineer(二管轮)、Fourth Engineer(三管轮),这些词也是国际标准术语词,我们可以从 STCW 公约中看到。然而,在上述国家却有着与国际标准术语词不同的表述方法,如 Chief Engineer(轮机长)、First Engineer(大管轮,实际上是 First Assistant Chief Engineer 的简略说法,即第一个辅助轮机长的人)、Second Engineer(二管轮,实际上是 Second Assistant Chief Engineer 的简略说法,即第二个辅助轮机长的人),Third Engineer(三管轮,实际上是 Third Assistant Chief Engineer 的简略说法,即第三个辅助轮机长的人)。这样的概念其实和汉语词完全相对,属于东方人的概念体系,汉语中除了大车、二车、三车、四车及老轨,二轨、三轨、四轨这些非标准用法外,轮机长、大管轮、二管轮、三管轮和英语完全对应,这也反映了东亚地区的术语有着自身特色。

通过以上的地理涉海术语词的不同现象,我们可以设想,如果从地理的角度进行深入研究,可以理顺出地理与术语的关系,从而描绘出术语地理图谱来,这将为术语地理研究带来新的思路。

# 本 章 小 结

  本章从地理语言学的视角分析了地名术语的不同用法,深入剖析了中国涉海地名的使用状况。地理名称之所以应该纳入术语的范畴,是因为一旦地理专名被错误使用会造成领土主权等方面的话语风险,需要引起足够的重视。本章还提示了需要正确树立及规范涉海地名术语,避免地名术语被错误地使用或者解读。外来地名术语需要按照统一的方式进行规范,避免在新地名中再出现如纽约(New York)和新西兰(New Zealand)等翻译原则不统一的情况。

# 参 考 文 献

[1]  BABICZ J. Encyclopedia of Ship Technology[M]. 2nd ed. Helsinki, Finland, 2015.

[2]  BURKE P, PORTER R. Languages and Jargons [M]. Oxford: Blackwell Publishers Ltd. , 1995.

[3]  BRODIE P. Dictionary of Shipping Terms[M]. 3rd ed. London: LLP Limited, 1997.

[4]  CHANDLER D. Semiotics: The basis[M]. London: Routledge, 2002.

[5]  CRYSTAL D. A dictionary of linguistics and phonetics [M]. 6th ed. Malden: Blackwell Publishing, 2008.

[6]  CURZAN A. Gender Shifts in the History of English[M]. Cambridge and Michigan: University of Michigan, Cambridge University Press, 2003.

[7]  International Maritime Organization. IMO Resolution A. 1116 (30) [M]. London: IMO Publication, 2017.

[8]  LAYTON C W T. Dictionary of Nautical Words and Terms [M]. Glasgow: Brown, Son & Ferguson, Ltd. , Glasgow G41 2SD, 1987.

[9]  SAGER J C. A Practical Course in Terminology Processing [M]. Amsterdam: John Benjiamins Publishing Company, 1990.

[10]  United Kingdom Hydrographic Office. Admiralty List of Lights and Fog Signals−Bay of Bengal and Pacific Ocean, North of the Equator [M]. London: Crown, 2007.

[11]  United Kingdom Hydrographic Office. Admiralty List of Lights and Fog Signals−North Part of South China and Eastern Archipelagic Seas, plus Western Part of East China, Philippine and Yellow Seas [M]. London: Crown, 2021.

[12]  VELUPILLIAI V. Pidgins, Creoles and Mixed Languages: An Introduction [M]. Amsterdam: John Benjamins Publishing Company, 2015.

[13]  World Health Organization. World Health Organization Best Practices for the

Naming of New Human Infectious Diseases[R]. Geneva：WHO，2015.

[14] 冯宋明. 科技术语的主旨是概念的内涵：谈谈几个术语修订的缘由[J]. 自然科学术语研究，1991(2)：69-73.

[15] 冯志伟. 现代术语学引论[M]. 北京：商务印书馆，2011.

[16] 费尔伯，布丁. 术语学理论与实践[M]. 邱碧华，译. 哈尔滨：黑龙江大学出版社，2022.

[17] 桂诗春. 应用语言学和认知科学[J]. 语言文字应用，1993(3)：19-26.

[18] 海峡两岸海洋科学技术名词工作委员会. 海峡两岸海洋科学技术名词[M]. 北京：科学出版社，2012.

[19] 海峡两岸船舶工程名词工作委员会. 海峡两岸船舶工程名词[M]. 北京：科学出版社，2003.

[20] 海峡两岸航海科技名词工作委员会. 海峡两岸航海科技名词[M]. 北京：科学出版社，2003.

[21] 哈特曼，斯托克. 语言与语言学词典[M]. 黄长著，林书武，卫志强，等译. 上海：上海辞书出版社，1981.

[22] 华泉坤，盛学莪. 英语典故词典[M]. 北京：商务印书馆，2001.

[23] 胡正良，朱建新. 国际海事条约：第五卷[M]. 大连：大连海事大学出版社，1994.

[24] 霍世荣. 水产科学名词术语审定与标准化简则[J]. 淡水渔业，1990，20(2)：44.

[25] 金永兴. 英汉航海轮机大辞典[M]. 上海：上海交通大学出版社，2002.

[26] 廖杨佳. 论索绪尔语言学的共时观与历时观[J]. 戏剧之家，2018(1)：190-191.

[27] 刘海涛. 从比较中看应用语言学[J]. 北华大学学报(社会科学版)，2007，8(2)：42-51.

[28] 刘军坡，张正生，沙小进. 航海学：天文、地文、仪器：二/三副[M]. 大连：大连海事大学出版社，2021.

[29] 刘青. 中国术语学概论[M]. 北京：商务印书馆，2015.

[30] 卢慧筠. "声纳"与"声呐"[J]. 中国科技术语，1993(1)：23-24.

[31] 陆忠康. 关于海峡两岸渔业科技名词术语统一工作若干问题研究的探讨[J]. 现代渔业信息，1996，11(4)：8-14.

[32] 聂志平. 从《论语言的二元本质》看索绪尔的语言哲学[J]. 学术界，2023(3)：170-176.

[33] 维斯特. 普通术语学和术语词典编纂学导论:第 3 版[M]. 邱碧华,译. 北京:商务印书馆, 2011.

[34] 戚开静. 科技期刊中地名英语翻译问题[J]. 学报编辑论丛, 2021(1): 228-232.

[35] 钱伯斯. 英语同义词和反义词词典[M]. 上海:世界图书出版公司,1990.

[36] 施荣康,袁启书,马金顺,等.关于统一我国常用航海名词的术语及其代号的调查研究[J].大连海运学院学报,1981(2):14-30.

[37] 水产名词审定委员会. 水产名词:2002[M]. 北京:科学出版社, 2002.

[38] 王吉辉. 术语的性质与范围[J].中国科技术语,1992(1):14-20.

[39] 王渝丽. 论海峡两岸术语的统一[J].中国科技术语,1991(2):48-51.

[40] 危敬添,杜大昌. 国际海事条约:第三卷[M]. 大连:大连海事大学出版社,1993.

[41] 吴凤鸣. 一门新兴的交叉学科:术语学:发展历史及现状[J].中国科技术语,1985(2):39-46.

[42] 吴兆麟,王逢晨,王昊. 国际海事条约:第二卷[M]. 大连:大连海事大学出版社,1993.

[43] 习近平. 高举中国特色社会主义伟大旗帜 为全面建设社会主义现代化国家而团结奋斗:在中国共产党第二十次全国代表大会上的报告[N]. 人民日报, 2022-10-26(1).

[44] 辛华. 世界地名译名手册[M]. 北京:商务印书馆, 1976.

[45] 交通部国际合作司. 国际海事条约汇编:第 1 卷[M]. 大连:大连海事大学出版社, 1993.

[46] 袁启书. MP 的汉语译名[J].中国科技术语,1993(1):37-40.

[47] 张钦良,施壮怀. 国际海事条约:第四卷[M]. 大连:大连海事大学出版社,1993.

[48] 张晓峰. 与船东、验船师沟通技巧[M]. 上海:上海浦江教育出版社,2015.

[49] 张晓峰. 海事行业含元音字母英语缩写词和缩略语之英汉读音规律[J]. 大连海事大学学报(社会科学版), 2016, 15(5):85-89.

[50] 张欣欣. 从《红楼梦》杨译本中的人名翻译看威妥玛拼音翻译的利弊[J]. 科技信息, 2011(12):561-563.

[51] 中国船级社.国际海上人命安全公约(2009 年综合文本)[M]. 北京:人

民交通出版社,2010.

[52] 中华人民共和国海事局. 航海常用术语及其代(符)号:GB/T 4099—2005[S].北京:中国标准出版社,2006.

[53] 周雅娟. 中国地名转写问题探析[J]. 中国出版, 2013(11):57-60.

[54] 朱翠萍. 区域国别研究的难点与学术启示[J]. 印度洋经济体研究, 2023(1):1-15.

[55] 朱丽. 牛津·外研社英汉汉英词典[M]. 北京:外语教学与研究出版社, 2010.